JN409636

알기쉬운 자동차 기관

송기홍 · 이재득 · 강금원 공저

최근 우리나라의 자동차산업은 경제 및 사회적 변화에 따라 자동차의 수요가 급증하고 있으며, 자동차에 대한 소비자의 요구가 점차 고급화, 경제화 되어가고 있다.

이에 대한 대응으로 자동차의 고출력, 저연비, 저소음, 친환경, 고 승차감 등을 실현시키고자 각종 시스템에 대한 기술개발이 시도되고 있다.

특히, 자동차의 주요 핵심장치 중 하나인 기관의 성능향상, 연비절감, 배기가스 규제에 부응하기 위하여 기관의 전자제어화 기술이 급속도로 발전하고 있으며, 각 부품이나 센서류의 다양화로 구조가 복잡해지고 다양해지는 추세이다.

자동차 기관의 기본 시스템이나 원리, 구조는 기관의 열역학적 사이클 이론이 변화하지 않았기 때문에 초기에 개발된 기관과 큰 차이가 없다. 단지, 성능 향상을 위한 각 부품의 구조와 기능이 크게 변화되었을 따름이다.

이러한 시점에서 자동차 기관에 대한 책은 국내외에 많이 출간되어 있고 앞으로도 계속 나올 것으로 예측되나, 어떻게 하면 좀 더 쉽고 신속하게 자동차 기관에 대한 지식을 필요한 사람들에게 전달할 수 있을까 고민한 끝에 부족한 점이 많지만 대학에서 여러 해 동안 강의한 경험을 살려 이 책을 계획하게 되었다.

이 책에서는 현재와 미래의 신기술을 중심으로 이해하기 쉽도록 기본원리와 실제를 체계적으로 기술하였으며 기계적인 원리로부터 전자제어시스템까지를 다양하면서도 상세하게 구성하여 학습효과를 줄 수 있도록 하였다.

그러나 처음 욕심과는 달리 여러 가지 아쉬움이 앞서고 많은 부분에서 부족한 점을 느낀다. 이에 선배 여러분의 계속적인 지도와 도움을 받아 지속적으로 수정 보완할 것을 약속드리며 자동차 분야에 관련 있는 분들에게 이 책이 조금이나마 도움이 되기를 기대한다.

끝으로, 이 책을 집필함에 있어 많은 국내외의 도서와 문헌의 삽화, 사진, 표, 내용 등을 인용하게 되었으며 참고가 된 문헌의 저자 여러분과 이 책의 출간을 위해 도움을 주신 모든 분들에게 깊은 경위와 감사를 드린다.

저자

chapter 01_열기관 ▸ 7

1.1 열기관 개요 ··· 9
1.2 내연 기관 일반 ··· 13

chapter 02_가솔린 엔진 ▸ 37

2.1 개 요 ··· 37
2.2 실린더 블록 ··· 39
2.3 실린더 헤드 ··· 46
2.4 피스톤 ··· 57
2.5 커넥팅 로드 ··· 73
2.6 크랭크 축과 플라이 휠 및 토셔널 댐퍼 ··· 76
2.7 엔진 저어널 베어링 ··· 98
2.8 밸브 기구 ··· 104
2.9 캠 축 ··· 112
2.10 밸브 ··· 114
2.11 밸브 타이밍 ··· 130

chapter 03_냉각 장치 ▸ 135

3.1 개 요 ··· 135
3.2 수냉식의 구조와 기능 ··· 137
3.3 냉각액 ··· 150
3.4 공랭식 ··· 154

chapter 04_윤활 장치 ▸ 155

4.1 윤활 장치의 작용과 목적 ··· 155
4.2 윤활유의 성상 ··· 158
4.3 윤활 방식 ··· 167
4.4 윤활 장치의 구성품 ··· 168

chapter 05_연료 장치 ▸ 179

5.1 개 요 ········· 179
5.2 기화기 ········· 187
5.3 LPG 연료 장치 ········· 205

chapter 06_흡기, 배기 장치 ▸ 227

6.1 개 요 ········· 227
6.2 구조 및 기능 ········· 228

chapter 07_가솔린 전자제어 엔진 ▸ 265

7.1 개 요 ········· 265
7.2 전자제어 연료분사장치의 분류 ········· 267
7.3 전자제어 연료분사장치의 구조와 기능 ········· 271

chapter 08_기타 신기술 엔진 시스템 ▸ 311

8.1 희박연소 엔진 ········· 311
8.2 가솔린 직접 분사 엔진(GDI) ········· 317
8.3 LPI 엔진 ········· 330
8.4 하이브리드 자동차(Hybrid Car) ········· 342

chapter 09_디젤 엔진 ▸ 349

9.1 디젤 엔진의 기초 사항 ··· 349
9.2 디젤 엔진의 개요 ··· 350
9.3 디젤 엔진의 작동 개요 ··· 354
9.4 연소실 ··· 359
9.5 디젤 엔진의 연소과정과 노크 ··· 367

chapter 10_디젤 엔진의 연료 장치 ▸ 373

10.1 연료 장치의 개요 ··· 373
10.2 연료 공급 계통 ··· 375
10.3 연료 분사 펌프 ··· 378
10.4 전자제어 디젤분사 장치 ··· 409
10.5 시동 보조 장치 ··· 444

제1장 열기관

1.1 열기관 개요

자연계에 존재하는 열 에너지, 기계 에너지, 운동 에너지, 위치 에너지 등을 실생활에 이용하는 것은 우리 인류에게 주어진 숙제이며 특권이었다.
원시 이래 우리들의 조상은 오늘날에 이르기까지 이의 실현과 발전을 끊임없이 추구하여 왔으며, 이러한 노력은 인류가 존재하는 한 영구히 계속될 것이다.
열 에너지, 기계 에너지, 위치 에너지는 에너지 상태를 변화시키지 않아도 그대로 직접 이용할 수 있어 연료의 연소열, 태양열, 지열, 풍력, 수력 등은 태고부터 우리생활에 활용해왔다. 또한 간단한 장치를 고안하여 이들 에너지를 더욱 능률적으로 이용하는 것도 시도되어져 왔다.
16세기에서 17세기사이에 에너지에 관한 이론이 확립되고, 그것에 기초하여 무수히 많은 실험이 이루어진 결과, 원시시대 이래 주로 체험만을 기초하여 생각되어 왔던 각종 에너지의 이용은 눈부신 발전을 이룩하였다. 자연 에너지 그대로의 상태로 이용할 뿐만 아니라, 에너지의 변환에 의한 활용을 꾀하게 되었다.
기계 에너지는 쉽게 열 에너지로 바꿀 수 있으나, 열 에너지를 기계 에너지로 바꾸는 것은 매우 곤란하며, 이것을 극복하기 위한 장치로서의 열 기관의 시도는 이미 17세기부터 시작되었다.
우리들의 생활에 특히 필요한 기계 에너지로서의 동력을 잠재열 에너지를 가진 연료에서 끌어내려고 하는 노력은 18세기 중엽에 드디어 열매를 맺어 석탄의 연소열을 근원으로 하여 연속적인 동력을 발생하는 증기 엔진을 완성하였다.
이 획기적인 원동기의 출현이 직접 동기가 되어 산업혁명이 일어나 그때까지 여러 사람들에게 숙명적으로 짓누르고 있던 중노동으로부터 해방되기에 이르렀다.
그러나 이미 획득한 것에 대해서 만족하지 않는 많은 사람들은 더욱 이용 범위가 넓고 능률이 높은 경제적인 열기관의 출현을 열망하여 1886년, 오토(N. A. Otto)

는 그 자신의 열 사이클에 기초하여 가연 가스를 연료로 하는 실용적인 내연 엔진을 완성하고, 이어서 클러크(Z. Clerk), 다임러(G. Daimler), 디젤(R. Diesel) 등의 노력에 의해 내연 기관은 눈부신 진보를 하게 되어 원동기의 꽃으로서 오늘날에 이르게 되었다.

그림 1.1 오늘날의 복잡한 엔진 구성품

열 기관은 연료의 연소 방법, 작동 유체의 종류와 팽창 과정, 기관의 주기구, 발생 동력의 상태 등에 의해 다음과 같이 분류된다.

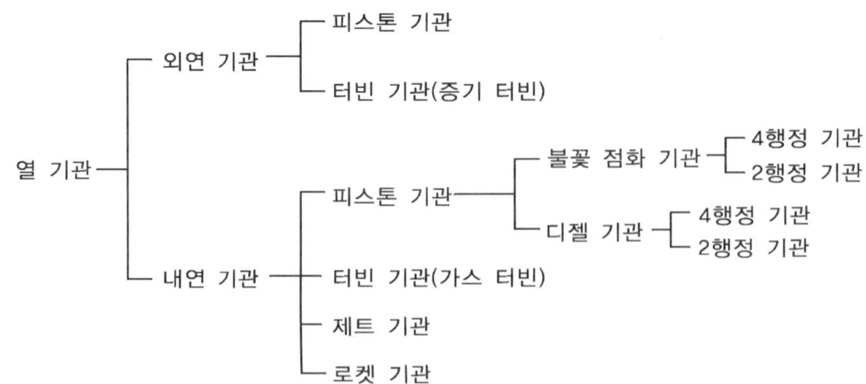

1. 외연 기관

외연 기관은 실린더 바깥쪽에 설치된 연소장소에서 연소시켜 얻은 열에너지(증기)를 실린더 내부로 도입하여 피스톤에 압력을 가하여 기계적 에너지를 얻는 방식이기 때문에 증기 엔진이라고도 불리고 있다.
증기 엔진에는 작동 유체의 팽창 압력을 피스톤의 왕복 운동으로 변화시켜 이것을 크랭크 축의 토크로 바꾸는 피스톤식(용적형)과 작동 유체의 압력을 회전 날개 차에 받아 그 날개차 축에 토크를 일으키는 터빈식(속도형)으로 나누어진다.

2. 내연 기관

내연 기관은 연료를 실린더 내에서 연소폭발시켜서 그 동력을 얻는 방식의 열기관이기 때문에 보일러 등의 대형 연소 장치가 필요 없고 소형, 경량이라는 큰 특징을 가지고 있다.
내연 기관의 종류는 크게 작동 유체의 팽창 압력이 직접 피스톤에 가해져 피스톤의 왕복 운동으로 변환되고 이로써 크랭크 축에 토크를 일으키도록 하는 피스톤식, 작동 유체의 팽창 압력을 회전 날개 차로 받아 그 축의 토크로 사용하는 터빈식, 작동 유체의 팽창 압력을 엔진 외부의 일정한 방향으로 분출시키고 그 반동을 동력으로 사용하는 제트식으로 대별된다.
이들 내연 기관은 기관 내로 연료와 작동 유체를 끌어들이기 때문에 엔진 스스로의 힘으로도 시동할 수 있다.
일반적으로 엔진의 중량, 용적 등에 따라 소출력으로부터 대출력까지 광범위하게 제작할 수 있기 때문에 자동차, 항공기, 철도, 선박 등의 원동기로 가장 널리 이용되고 있다.

1) 피스톤식 기관

피스톤식 내연 엔진은 실린더, 피스톤, 커넥팅 로드, 크랭크 축의 각 요소로 이루어지며, 피스톤이 운동하여 실린더 압력이 대기압보다 낮아졌을 때, 실린더 내로 연료와 작동 유체를 끌어 들여 연소를 통해 연소실의 압력이 대기압보다 높아지면 피스톤이 대기압 측으로 밀리게 되며 그 운동을 커넥팅 로드를 통하여 크랭크 축의 토크로 사용하는 것을 반복하는 방식의 용적형 엔진이다.

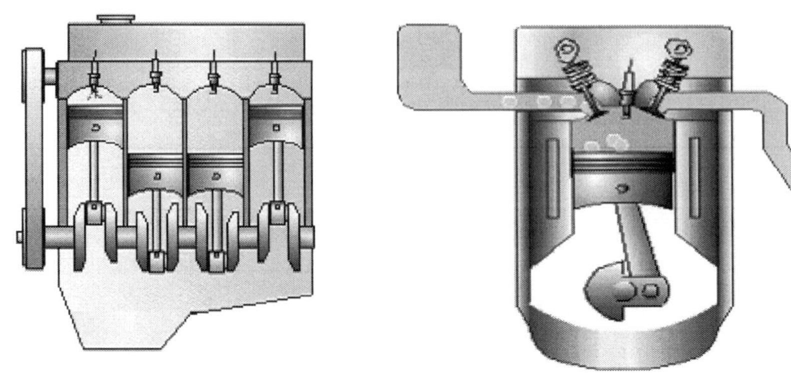

그림 1.2 피스톤식 기관

2) 터빈식 기관(회전형 기관)

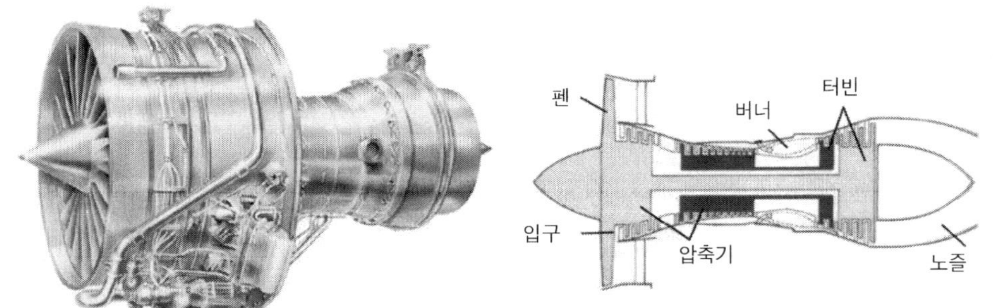

그림 1.3 가스 터빈기관

가스 터빈은 외연 엔진의 증기 터빈에서 도입하여 발달한 내연 엔진이며, 압축기, 연소기(가열기), 터빈, 열 교환기 등의 각 요소로 조합되어 연료의 연소열을 이용하여 직접 출력축(터빈축)을 회전시키는 방식이다.

피스톤식 엔진이 작동 유체의 열팽창에 의한 용적 변화를 이용하는 용적형 엔진인 것에 비하여 가스 터빈은 작동 유체의 열팽창에 의한 저압부에의 유동을 이용하는 속도형 회전형엔진이다.

3) 제트식 기관(분사 추진형 기관)

제트 엔진은 개방 사이클 가스 터빈과 마찬가지이며, 대기중에서 공기를 끌어들여 압축하고, 이것에 연료를 혼합하여 연소시켜 작동유체의 폭발압력을 일정한 방향의 기관 바깥쪽으로 분출시켜 그 반동력을 동력으로 하는 형식이다.

그 대표적인 것으로서의 터보 제트는 이미 항공용 엔진으로 많이 활용되고 있어 귀중한 위치를 확보하고 있다.

로켓은 제트 엔진의 계열에 있는 분사 추진 엔진이지만, 제트 엔진에서는 연료를 연소시키기 위하여 공기와 작동 유체를 대기 중에서 끌어들이는 것에 비하여 로켓에서는 연료와 함께 연소에 필요한 산소도 엔진 내에 가지고 있어 대기와 무관하게 연소 생성물만을 작동 유체로 하는 점에 차이가 있다.

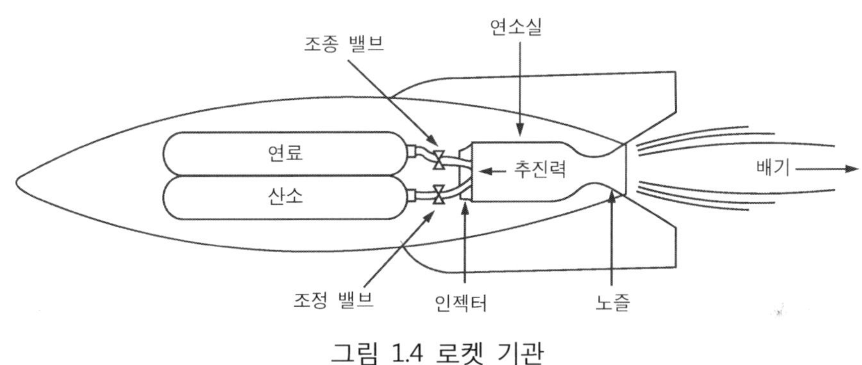

그림 1.4 로켓 기관

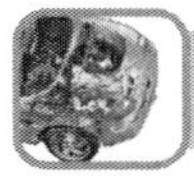

1.2 내연 기관 일반

1. 내연 기관의 작동원리

자동차에 사용되는 가솔린 엔진은 연료의 연소로 열에너지를 발생시켜 이것을 운동 에너지로 바꿈으로써 차를 주행시키고 있다.

엔진의 기본적인 작동은 흡입, 압축, 팽창, 배기의 4행정이 반복되며 그 사이에 피스톤은 2왕복(크랭크 축 2회전) 한다. 이것이 엔진의 행정이며 여기서는 승용차용의 주류인 4행정 가솔린 엔진을 중심으로 설명한다.

1) 가두어 놓고 폭발력을 이용한다

1그램의 가솔린을 완전 연소시키는 데는 무게로 따져서 약 15배의 공기가 필요하다. 가솔린은 석유의 정제로 얻어지는 비점이 낮은 탄화수소이며, 액체 그대로 발화시키면 불완전 연소하지만 기화시켜서 공기와 혼합하면 가지고 있는 에너지를 발휘하여 완전히 연소하게 된다. 상온에서 (-50℃ 정도까지) 쉽게 휘발하여 공기와 혼합한다.

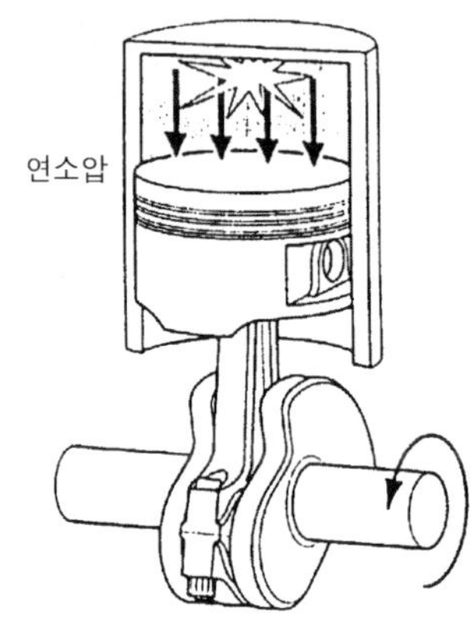

그림 1.5 연소압의 동력화 메카니즘

발화점은 약 500℃이며 불을 접근시키면 바로 연소하여 팽창하므로 이 압력을 이용한다.

1그램의 가솔린을 포함하는 혼합기의 압력은 1.5톤의 물건을 1m 들어 올리는 정도의 파워가 있다.

이 에너지를 이용하여 피스톤을 밀어 내리게 되고 여기서 발생되는 동력을 바퀴에까지 전달하여 자동차를 달리게 한다.

2) 상하 운동을 회전 운동으로 바꾼다

피스톤이 상하 운동하는 것만으로는 차륜을 돌릴 수 없다. 피스톤의 왕복 운동을 회전 운동으로 바꾸는 데는 커넥팅 로드와 크랭크 축이 필요하다.

마치 자전거에 탔을 때 발과 페달의 관계를 생각하면 알기 쉽다. 무릎 부분은 상하 운동이지만 발은 원운동이 되어 달린다.

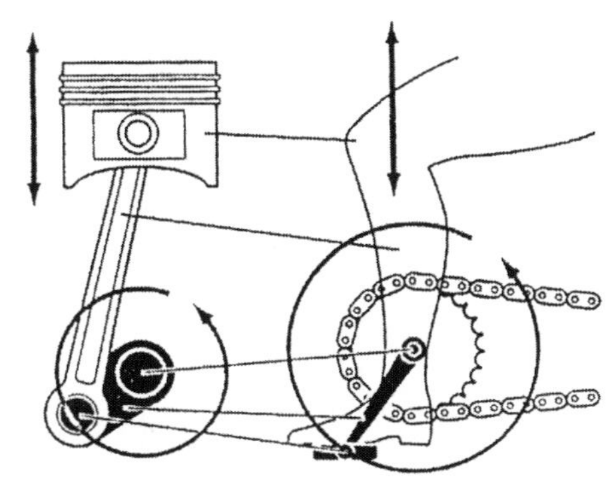

그림 1.6 자전거 페달과 피스톤 상하 운동의 관계

무릎이 피스톤, 무릎 밑으로부터 발목이 커넥팅 로드 페달이 크랭크 축에 상당한다. 그리고 무릎이 페달을 밀어내릴 때에 피스톤은 연소에 의한 팽창으로 하강하게 된다.

2. 내연 기관의 분류

1) 사이클 형식에 따른 분류

(1) 4행정 사이클 기관

아래의 그림에서 보는 바와 같이 4행정 동안에 1회의 폭발동력을 얻는 엔진을 4사이클 가솔린 엔진, 또는 4행정 엔진이라고 부른다.
4행정 엔진은 피스톤의 왕복 운동을 이용한 엔진을 말하며 가솔린을 이용하는 가솔린엔진과 그 외에 디젤 오일을 사용하는 디젤엔진과 회전 운동을 이용하는 로터리 엔진이 있다.

① 흡입 행정(흡기 밸브 열림, 배기 밸브 닫힘)
피스톤이 하강하면 실린더 내는 부압이 되므로 흡기 밸브로부터 가솔린과 공기의 혼합기가 흡입된다.

② 압축 행정(흡기 밸브 닫힘. 배기 밸브 닫힘)
피스톤이 하강으로부터 발전하여 상승하며 실린더 내에 충만한 혼합기의 체적을 압축하여 연소실내에 가두어 넣는다.

③ 연소·팽창 행정(흡기 밸브 닫힘, 배기 밸브 닫힘)
피스톤이 상사점 가까이 이르렀을 때 점화 플러그에 전류가 흘러 불꽃이 튀

어서 혼합기에 점화한다.

혼합기는 연소함으로써 가스가 팽창하여 피스톤을 밀어 내린다. 이것이 동력에너지가 된다. 폭발 행정이라고도 하는데 정확하게는 연소·팽창 행정이다.

폭발행정은 4개의 행정 가운데 동력을 발생하는 유일한 행정으로 나머지 3행정은 플라이 휠의 관성력으로 작동된다.

④ 배기 행정(흡기 밸브 닫힘, 배기 밸브 열림)

연소에 의해서 하강한 피스톤은 반전하여 실린더 내의 팽창한 가스를 배기밸브로부터 밀어낸다. 그 후에 또다시 ①로 되돌아간다.

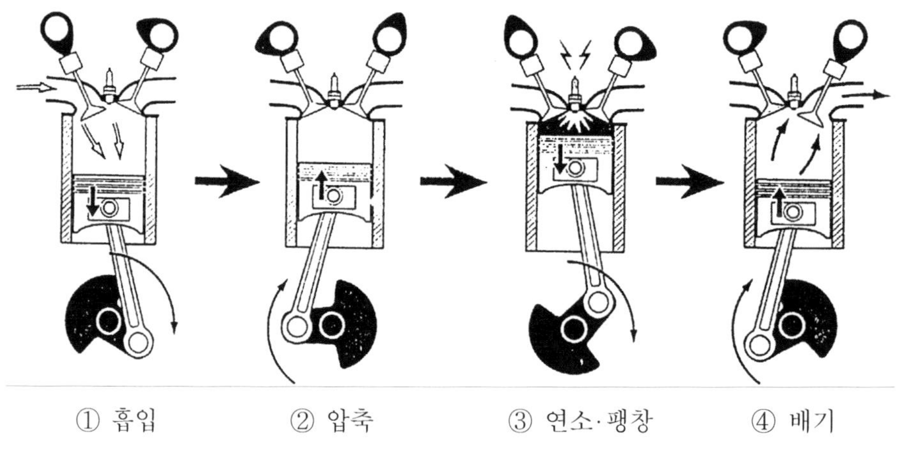

① 흡입 ② 압축 ③ 연소·팽창 ④ 배기

그림 1.7 4행정 사이클 엔진의 작동

(2) 2행정 사이클 기관

기구가 4사이클 엔진에 비해서 간단하므로 배기량이 작은 경자동차에 사용되었다. 그러나 최근에는 배기가스 문제 등으로 오토바이에도 사용이 크게 줄고 다만 스쿠터나 농업용 기계 등에 사용되는 정도이고 승용차에는 사용되고 있지 않다.

기계적으로는 혼합기가 기화기에 의해서 만들어지며 흡·배기의 밸브 기구가 없는 것이 커다란 특징이다.

① 흡입·압축 행정 : 피스톤이 상승하여 실린더 내의 혼합기가 압축되면 동시에 피스톤 아래쪽의 부합에 의해서 흡기관으로부터 크랭크 케이스에 혼합기가 흡입된다.

흡기관에는 리드 밸브(역지밸브 = Check Valve) 등이 붙어 있어 흡입할 때만 열린다.

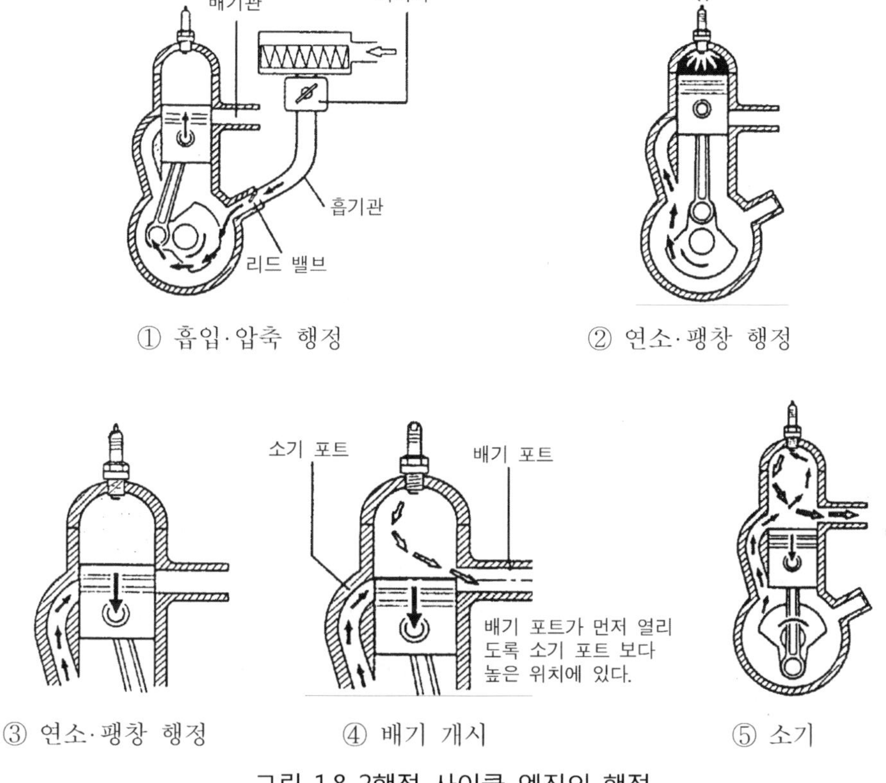

① 흡입·압축 행정 ② 연소·팽창 행정

③ 연소·팽창 행정 ④ 배기 개시 ⑤ 소기

그림 1.8 2행정 사이클 엔진의 행정

② 연소·배기 행정 : 피스톤이 상사점에 도달하는 시점에 점화 플러그에 의해서 점화하여 혼합기가 연소하여 피스톤은 하강한다.

그 도중에 실린더의 배기 포트가 열려서 배기를 시작한다.

계속해서 피스톤이 내려가면 소기 포트가 나타나며 그 시점부터 크랭크 케이스에 있던 혼합기가 분출하여 실린더에 충진되며, 연소 가스를 밀어내고 피스톤이 하사점에 이르는 시점에는 실린더 내는 혼합기만 남게 되고 다시금 흡입·압축으로 돌아간다.

이와 같이 토크를 발생하는 연소·팽창은 피스톤이 1왕복 하는 동안에 한번 일어난다.
소기 포트를 복수로 만들어 여러 가지 각도를 갖게 하고 있으므로 실린더 내에 분출한 혼합기는 실린더 내면에 반사하여 천장에 부딪쳐 반전해서 연소 가스를 밀어낸다. 이 작용을 "소기"라고 한다.

2) 점화 방식에 따른 분류

(1) 불꽃점화 기관(Spark Ignition Engine)

예전에는 보통 기화기를 사용하여 공기와 가솔린의 혼합기를 만들었으나, 근래 들어서는 기화기가 사라지고 컴퓨터에 의한 전자제어 방식으로 혼합기를 형성시킨다. 이 혼합기를 실린더 속에 흡입·압축한 후에 점화 플러그에 의해 스파크를 일으켜 점화시키는데, 가솔린기관, 석유기관, 가스기관 등이 여기에 속한다.

(2) 압축착화 기관(Compression Ignition Engine)

기화기나 점화플러그가 필요 없으며, 먼저 공기만을 흡입, 이를 비교적 고압으로 압축하여 온도가 높아진(500℃~600℃) 곳에 연료분사 펌프에 의하여 고압으로 만든 연료를 직접 분사함으로써 자연발화를 시킨다.
따라서 압축된 공기의 온도로 점화를 시키는데 디젤 기관이 여기에 속한다.

(3) 소구착화 기관(Hot Bulb Ignition Engine)

세미 디젤기관(Semi Diesel Engine)이라고 부르며, 디젤 기관과 같이 공기만을 흡입 압축하여 이것에 연료를 분사하는 것이지만, 디젤 기관과 같은 정도의 고압으로는 압축되지 않으므로 압축열이 낮아 시동할 때에만 실린더 헤드에 마련한 소구를 적열하여 소구의 열과 압축열로 분사된 연료를 점화한다. 이 점화법을 열면점화라고도 부른다.

3) 실린더의 배열에 따른 분류

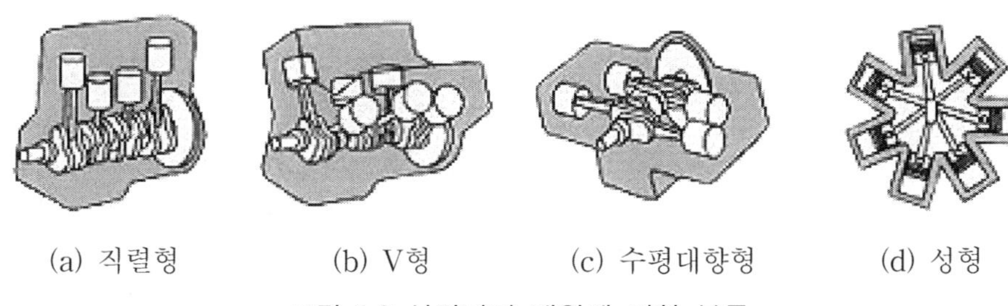

(a) 직렬형 (b) V형 (c) 수평대향형 (d) 성형

그림 1.9 실린더의 배열에 의한 분류

(1) 가로 놓임과 세로 놓임의 배열

자동차용 엔진은 배기량에 따라 다르지만, 4기통으로부터 8기통이 많다. 하나의 실린더 크기에는 제한이 있으므로 그의 배열은 직렬, V형, 수평 대향 등으로 구별된다.

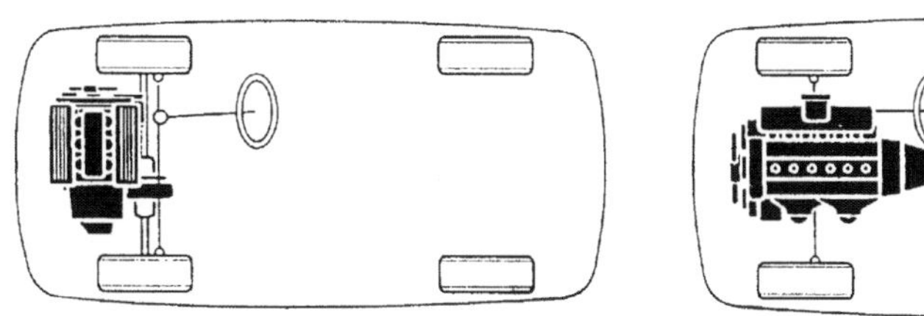

그림 1.10 가로와 세로 놓임 엔진

왼쪽의 것이 가로 놓은 것으로서 FF차에서 흔히 볼 수 있으나 엔진의 전장이 길어지면 공간적 제약을 받으므로 직렬 6기통의 가로 놓임방식을 적용하는 것은 쉽지 않다.

오른쪽의 엔진의 세로 놓임의 경우에는 기본적으로는 엔진의 길이의 제한은 없다고 할 수 있다.

(2) 직렬형

직렬형은 다기통 실린더를 한 줄로 늘어놓은 것을 말한다. 보통 2~6기통 엔진에서의 일반적인 실린더 배열이다.

V형 엔진에 비해 구조가 간단하기 때문에 중·소형차에서 많이 쓴다.

특히 직렬형 6기통 엔진을 사용함으로서 V형 6기통 엔진에 비해 조용하고 부드러운 출력특성을 나타내기도 한다.

현재 승용차용의 엔진으로서 가장 일반적인 것은 역시 직렬식 실린더 배열이라고 할 수 있다.

이것은 직렬형이 엔진의 사이즈, 흡배기 시스템의 설계의 자유도, 생산성, 생산가격 등이 종합적으로 균형이 좋기 때문에 배기량이 550cc에서 3000cc까지 광범위하게 채용되어 왔다. 예전에는 2000cc~3000cc의 배기량에서는 대부분이 직렬 6기통 엔진이었지만, 근래에는 V형 6기통이 주류를 이루어 왔으며, 최근 다시 직렬형 6기통 엔진이 등장하기 시작하고 있다.

직렬 4기통 엔진은 세로로 탑재한 뒷바퀴 굴림 및 가로로 탑재한 앞바퀴 굴림의 어느 쪽에도 대응할 수 있는 엔진의 개발이 가능하다.

직렬형의 실린더 배열은 보어를 크게 하는 것만큼, 실린더 수를 늘려 전체길이가 증대하며 크랭크 축도 길어진다.

크랭크 축이 길어지면 고회전역에서의 크랭크 축의 비틀림도 커진다.

그러므로 직렬형 엔진에서는 용적감소의 장점과 엔진소음, 연소효율 등의 최대공약수로서 직렬 4기통이 주류로 되어 있다.

직렬형 엔진 중 직렬 2기통이라면 소형 경량에서는 진동과 소음이 크다.

직렬 6기통에서는 정숙성은 높지만 스페이스와 가격면에서 소형차에는 적합하지 않다.

따라서 대부분의 직렬형 엔진이 4기통으로 되어 있는 것은 성능과 가격면에서 최선의 타협점을 추구하기 때문이다.

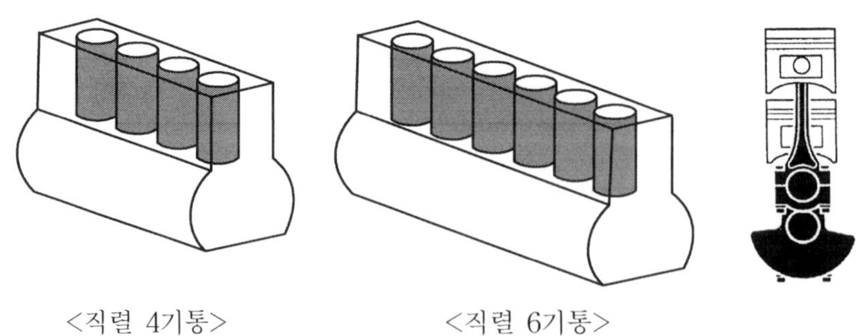

<직렬 4기통> <직렬 6기통>

그림 1.11 직렬형 엔진

(3) V형 및 수평 대향형

① V형 엔진

실린더가 V자형으로 마주 보고 있는 배열이며 엔진의 길이를 짧게 할 수 있고 전장이 짧은 엔진으로 만들 수 있기 때문에 점차로 사용이 많아지고 있다.
드물게 4기통도 있으나 V형 6기통이 주류이며, V형 8기통이 다음으로 많이 적용된다.
경주용에는 V형 10기통 대배기량의 고급차에서는 V형 12기통도 있다. V형의 열리는 각도는 뱅크각이라고 하는데 V6에서는 90°, V8에서는 60°가 균형이 좋다.
V형 엔진은 같은 기통수의 직렬 엔진에 비해 부품수가 많고 무거우며 시끄러운 것이 단점이지만 공간절약에 유리해 많은 메이커들이 직렬에서 V형으로 옮겨오는 추세다.
V형 엔진은 2분할한 실린더 블록을 V형으로 배치해 엔진을 섀시에 탑재하기 용이하게 하고, 다기통 엔진의 원활성을 그대로 살린 것이 특징이다.
V형 엔진은 다기통 엔진이 가질 수 있는 원활한 토크 특성과 정숙성 및 엔진의 용적이 작을 수 있다는 이유로 해서 승용차용 엔진에 적합하나 생산가가 높기 때문에 탑재할 수 있는 차종이 한정된다.
V형의 실린더 배열을 갖는 다기통 엔진은 원활하고 강한 토크를 얻는 것을 첫째 목표로 하고 있다.
또한 크랭크 축의 전체길이를 짧게 할 수 있기 때문에 고회전역에서 크랭크 축의 변형이 적어진다.
최근에는 알루미늄 블록으로 무게를 줄이고 카운터샤프트로 진동을 억제하는 등 단점을 많이 보완했다.

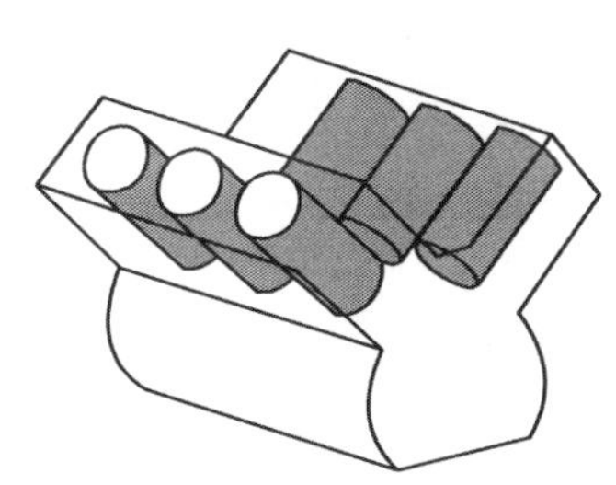

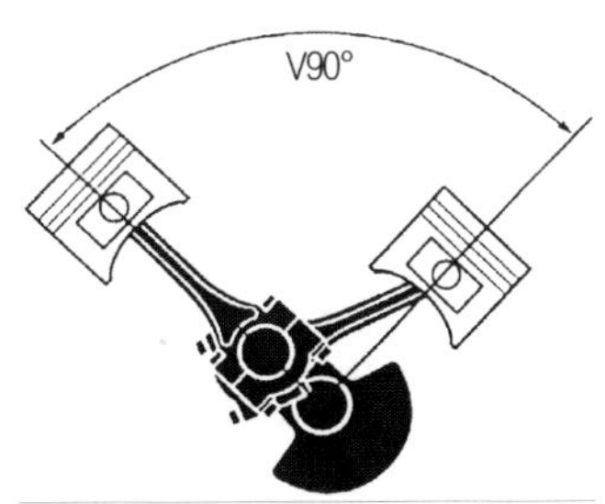

그림 1.12 V형 6기통 엔진

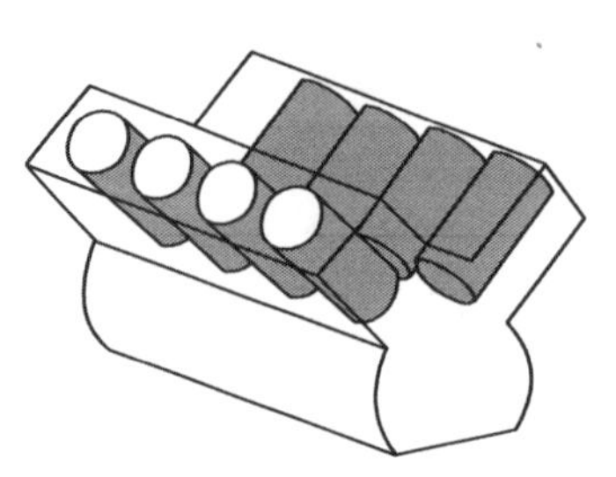

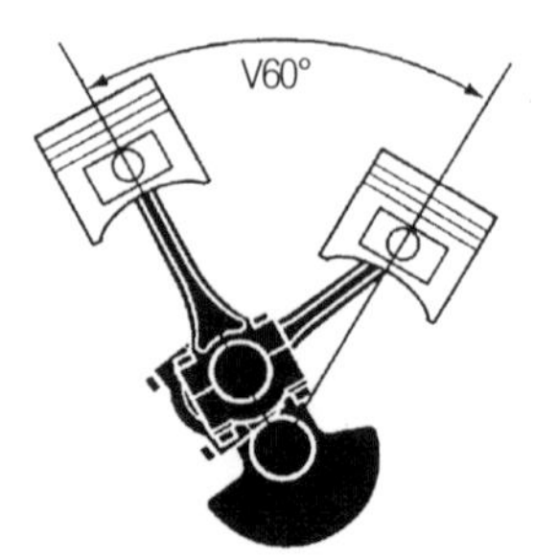

그림 1.13 V형 8기통 엔진

② 수평 대향형 엔진

수평대향형 엔진은 V형 엔진과 같이 실린더 헤드는 2개가 되며 기구적으로 복잡해진다. 수평대향형 엔진은 높이가 낮아 스포츠카에서 유리하지만 윤활이 어렵고 배기 매니폴드 배치도 까다롭다는 문제가 있다.

또한 엔진의 높이는 낮게 할 수 있으나 옆으로 길어지기 때문에 그 길이를 억제하기 위해서 보어가 큰 단행정 엔진이 되며 고성능 엔진이 많다.

실린더가 수평을 이루고 있는 수평대향 엔진은 마주본 피스톤이 권투선수가 주먹을 부딪치듯 움직인다고 해서 '복서'(Boxer)라는 별칭으로도 불린다.

따라서 지금은 극소수의 스포츠차에만 채용하고 있다.

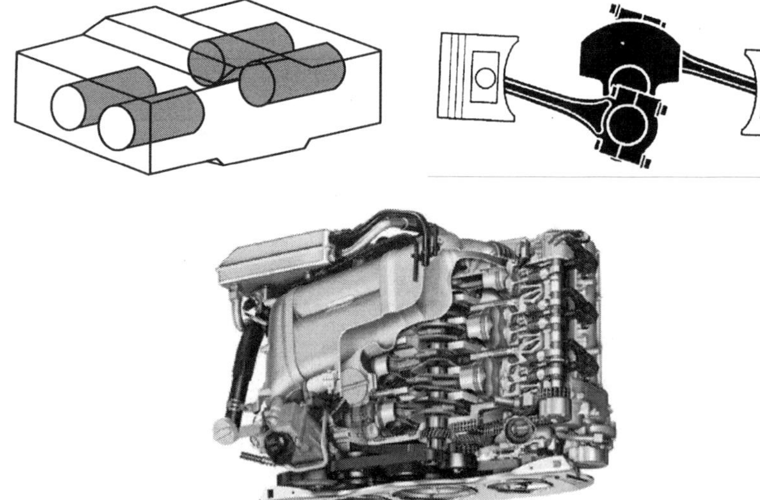

그림 1.14 수평 대향 엔진 및 실물도

(4) 직렬형 엔진과 V형 엔진의 비교

엔진을 크게 구별하면 엔진본체와 엔진 부속장치로 나눌 수 있으며 엔진에서 실린더가 직렬 혹은 V형 등 실린더의 나열형태에 따라 "직렬형 엔진" 또는 "V형 엔진"이라 한다.

각 실린더 안에는 피스톤이 있으며 커넥팅 로드의 한쪽 부분이 연결되어 있으며 다른 끝은 크랭크 축에 장치되어 있다.

피스톤이 왕복운동을 시작하면 동시에 크랭크 축이 회전운동을 하는데 그 힘으로 자동차가 움직이게 된다.

승용차에서는 실린더 수가 2~8개가 일반적이며 특수한 스포츠카에서는 12기통도 있으나, 일상 우리들이 접하는 승용차용의 엔진은 대부분 4기통 및 6기통이다.

같은 기통이라도 실린더의 배열은 여러 가지이므로 각각의 배열에 의해 그 엔진이 어떤 목적을 가지고 개발되어 있는지, 또 어떤 성격을 가진 엔진인가를 대략적으로 알 수 있다.

4사이클의 1실린더 엔진에서는 크랭크 축이 2회전(720°)하는 동안에 동력을 얻는 행정은 1회뿐이며 다른 각 행정은 반대로 동력을 낭비한다고 볼 수 있다.

따라서 1실린더와 2실린더와 같이 기통수가 적은 엔진에서는 크랭크 축의 회전이 원활하지 않다.

특히 최초동력 발생 시점에는 엔진에 큰 진동이 일어난다.

이 때문에 자동차용으로는 실린더가 4, 6, 8개 있는 실린더 엔진이 널리 사용되고, 각 실린더의 동력이 크랭크 축의 전회전각도(720°) 내에서 고르게 가해지도록 배분되어 있다.

실린더 수를 많게 하면 출력이 커질뿐 아니라 회전변동이 적고, 밸런스도 좋아져 회전이 원활하게 이루어진다.

따라서 플라이 휠이 작아도 충분하다. 회전속도의 변화범위가 넓어지며 발생마력에 비해 중량도 가벼워지는 이점이 있다.

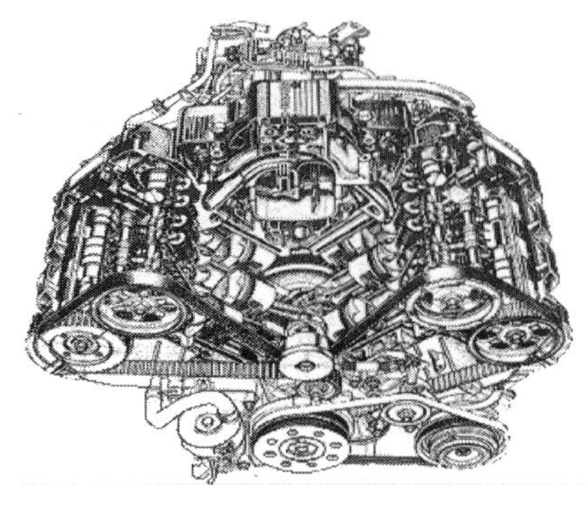

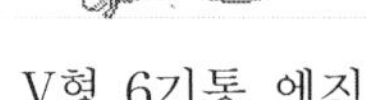

V형 6기통 엔진 직렬형 6기통 엔진

그림 1.15 V형 엔진과 직렬형 엔진

그러나 실린더 수를 불필요하게 많이 해도 부품수가 늘어나 제작과 취급이 어렵게 되는 결점이 생긴다.

엔진의 실린더 수를 총배기량에 따라 분류해 보면, 1000cc 이하의 소형차에는 2~4실린더, 1000~2000cc 정도의 중형차에는 4~6실린더, 2000~3000cc의 중, 대형 자동차에는 6~8실린더가 대부분 사용된다.

또한 3000cc 이상의 고급자동차에서는 8실린더 엔진이 많지만 때로는 12실린더 엔진도 이용된다.

실린더의 배열방법에는 실린더를 직렬로 나열한 직렬형, 피스톤이 수평상태로 접동하도록 되어있는 수평형, 실린더를 마주보게 만든 대향형, V자형으로 나열한 V형, 기타 H형, W형 등이 있다.

실린더의 배열은 크랭크의 배치와 관계가 있으며 이것이 엔진의 밸런스 등에 큰 영향을 준다.

예를 들면 직렬 4실린더 엔진에서는 구성부품이 비교적 적고, 구조도 간단하기 때문에 실용적이지만 회전력이 균일하지 않고 진동이 심하므로 고속용 대형 엔진에는 사용되지 않는다.

따라서 실린더 배열은 직렬형이 일반적이지만 8~12실린더 엔진을 일렬로 나열하면 크랭크 축이 길어지고 여러 가지 장애가 생기므로 주로 2열로 배열한 V형의 엔진이 많이 사용된다.

V형 엔진은 엔진의 전체 길이를 짧고 높이를 낮게 할 목적으로 사용한다. V형 엔진의 좌우 실린더 중심각도는 크랭크 축 중심에서 교차하는데, 이 각도는 45

도, 60도, 90도 등이 있으며 각각 45도 V형, 60도 V형, 90도 V형이라고 한다.
실린더 블록은 엔진의 구성부품 중에서 가장 크며, 재질은 일반적으로 주철이나 알루미늄 합금이 사용된다.
실린더 블록에는 실린더를 냉각시키기 위한 워터 재킷이 설치되고 크랭크 축이 고정되어 진다.
실린더 블록은 엔진의 실린더 수와 배기량 및 실린더 배열 방법에 따라 모양이 결정된다.
따라서 V형 6기통, 직렬 6기통, 수평 대향형 4기통 등의 실린더 배열은 실린더를 어떤 형으로 고정하고 있는가를 나타낸다.

3. 기관의 효율과 성능

1) 기관의 손실

이론적 공기 사이클에 비해 실제 사이클은 작동유체의 성질이 다르며 또 그 성질은 사이클 각 점의 온도나 연소 등의 경과와 더불어 변화하며 여러 가지 손실이나 변화의 시간적인 차이 등으로 마력이나 효율은 더욱 저하된다.
실제 사이클의 손실을 공기 사이클에 비교하여 구체적으로 설명하면 4행정 사이클인 경우 다음과 같다.

(1) 흡·배기저항에 의한 손실

흡기과정에서는 흡기밸브의 저항으로 흡기압력은 대기압보다 낮고 배기과정에서는 배기저항으로 대기압보다 높은 배기압으로 배출되기 때문에 음의 일을 하게 된다.
이 손실을 펌프손실(Pumping Loss)이라 부르며 가솔린기관에서 교축밸브를 교축시킨 저부하시에 문제가 된다.

(2) 냉각손실(Cooling Loss)

기관은 반드시 냉각을 시켜야 하는데 공급열량의 일부는 실린더 벽이나 기타 등으로 냉각매질에 흘러가는 손실이 발생한다. 보통 공급열량의 약 30%가 이에 해당한다.

(3) 불완전연소에 의한 손실

실린더 내에서는 반드시 불완전연소가 되어 연료발열량을 100% 이용할 수 없다. 다시 말하면 연소효율이 1보다 작기 때문에 발생하는 손실이다.

(4) 열해리에 의한 손실

연료는 산소와 반응하여 연소생성물이 생김과 아울러 많은 열량을 발생한다. 기관은 이것을 에너지로 이용하는데 실린더 내의 온도가 1,500° 이상이 되면 생성물이 재분해되어 반대로 열량을 흡수하여 이용열량이 줄어든다. 이 현상을 열해리라 하며 실린더 내의 일부에서 반드시 생긴다.

(5) 비열의 변화에 의한 손실

이론 사이클은 작동가스를 공기로 하고 그 비열은 일정하다고 가정했으나 실제로는 비열이 온도와 더불어 크게 되고 이것은 일정한 공급열량에 대해서 온도 상승도가 낮아지는 결과가 되어 손실이 된다.

(6) 후연소에 의한 손실

기관이 효율이 좋게 운전되려면 적당한 시기에 연소가 끝나고 곧이어 팽창행정으로 옮겨가야 하는데 디젤기관에서의 연료분사가 깨끗하지 못할 때 후연소가 생기면서 기관의 효율을 떨어뜨린다.

(7) 배기가스 손실

열역학 제 2법칙에서와 같이 사이클은 반드시 일부의 열을 저온부에 버려야 한다. 이에 해당되는 것이 배기가스 손실로 고온의 배기가스와 함께 열량이 대기 중에 방출된다. 이것은 공급열량의 30%에 이른다.

(8) 불로우-다운 손실(Blow-Down Loss)

배기효율을 높이기 위해 배기밸브를 하사점 전에 열게 되면 압력이 갑자기 떨어지는 불로우 다운(Blow Down) 과정이 발생하게 되어 피스톤의 팽창일을 100% 이용하지 못하기 때문에 생기는 손실이다.

(9) 기계손실

피스톤과 실린더 사이와 축과 베어링 사이 등 마찰로 생기는 손실(마찰손실, Friction Loss)과 오일 펌프 또는 냉각팬 등 보조기구 구동으로 생기는 손실로 이 두 가지를 합하여 기계손실이라고 부른다.

(10) 기타의 손실

밸브나 피스톤 링의 틈새에서 작동가스가 누설되거나 밸브 오버랩시의 블로우 다운, 연소실 내에 생기는 와류 등도 손실의 원인이 된다.

2) 효율과 성능

피스톤식 기관의 실제적인 효율과 성능을 결정하는 기본요소로서 작동유체의 흡입량과 압축비, 크랭크 축의 회전수와 토크, 기계 효율 등이 관여하기 때문에 이와 관련하여 자동차용 엔진으로서의 성능 등을 생각해야 한다.
실린더의 직경을 D, 피스톤의 행정을 L이라고 하면, 피스톤이 실린더 내를 상사점으로부터 하사점까지 움직이는 동안 배제하는 용적 V는

$$V = \frac{\pi D^2 L}{4}$$

으로 구해지고, 이것을 행정체적(Stroke Volume)이라고 한다.

(1) 연료의 발열량

내연 엔진의 열량은 공급하는 연료의 연소에 의해서 결정되어진다.
발열량에는 고위 발열량과 저위 발열량이 있다. 연료 중에는 수분이 포함되어 있으며, 연소 생성물에 포함되어 있는 수분이 전부 물이 된다고 생각했을 때의 발열량을 고위 발열량이라고 하며, 이 고위 발열량 중에는 기화열도 포함되어 있다.

이와 같은 고위 발열량에서 기화열을 뺀 것을 저위 발열량이라고 하며 일반적으로 엔진의 열효율을 구할 때는 저위 발열량을 사용한다.
각종 연료의 저위 발열량은 다음의 표의 값이 일반적으로 사용되고 있다.

표 1.1 각 연료의 저위발열량

연료의 종류	저위 발열량(kcal/kg)
가솔린	11,000
경 유	10,000
중 유	9,000

(2) 열효율

일정한 연료에서 어느 정도의 일을 얻을 수 있는가의 지표로서 주로 열효율을 사용하며 그 외에 평균 유효압을 사용해서 나타낼 때도 있다.

열효율은 연료의 발열 칼로리 중 어느 만큼이 엔진의 출력으로 되었는가를 백분율로 나타낸 것이다. 실제로는 연료가 발생한 열에너지 중에서 유효한 일로 바뀌는 양을 나타낸 것으로 가솔린 엔진의 경우에는 20~25%, 디젤 엔진은 30~35% 정도이다.

엔진에 사용되는 연료의 발열량 Q kal, 엔진의 유효일을 W kg.m로 하면, 열효율 η는

$$\eta = \frac{A \cdot W}{Q}$$

단, A는 일의 열당량이며

$$A = \frac{1}{427} \text{kcal/kg.m}$$

로 주어진다.

(3) 이론적 열효율

이론적 열효율은 이론적 사이클에 의해 일로 바꿀 수가 있는 열량과 그 사이클에 공급한 열량과의 대비로써 나타낸다.

여기서 A를 일의 열당량 W_{th}를 그 사이클 중의 이론적 일, Q_1을 사이클에 공급한 열량, Q_2를 사이클에서 빠져나간 열량으로 하면 이론적 열효율 η_{th}는

$$\eta_{th} = \frac{A \cdot W_{th}}{Q_1} = \frac{Q_1 - Q_2}{Q_1}$$

(4) 도시 열효율

실린더 내에서 연료에 점화되어 피스톤을 밀어내리는 일은 이론적 사이클에서 얻어지는 일보다도 냉각 손실과 가스 누설 때문에 작아진다.

따라서 피스톤을 밀어 내리는 일을 도시일이라고 하며 거기서 얻어지는 동력을 도시 마력이라고 한다.

이들에 관한 열효율을 도시 열효율이라고 하며 이것을 식으로 나타낼 때 η_i 을 도시 열효율, Q_1을 공급열량, AW_1을 도시일이라고 하면

$$\eta_i = \frac{\text{도시일}}{\text{공급열량}} = \frac{AW_1}{Q_1}$$

(5) 정미 열효율

정미 열효율은 도시일에서 운동 부분의 마찰과 밸브, 펌프 등의 보조기구류 부분을 움직이는데 필요한 일을 뺀 유효일을 공급열량으로 나눈 값으로 한다.

실제 엔진의 크랭크 축에서 얻어지는 동력을 정미 마력이라고 하며, 이것에 관한 열효율을 정미 열효율이라고 한다.

이것을 식으로 나타내면 η_i 를 정미 열효율, AW_e를 유효일, Q_1을 공급 열량으로 하면

$$\eta_e = \frac{\text{유효일}}{\text{공급 열량}} = \frac{AW_e}{Q_1}$$

가 된다.

(6) 평균유효압력 및 동력

실린더 체적, 실린더 수가 증가하면 당연히 출력도 증가한다. 따라서 출력만으로는 엔진의 성능을 나타내는 것은 불충분하다.

이와 같은 경우에 실린더 체적에 관계없는 평균 유효 압력값은 1사이클의 일을 행정 체적으로 나눈 것이다. 내연기관에서 평균유효압력(Mean Effective Pressure)이란 1사이클 중에 일어나는 압력의 변화를 일정한 평균압력으로 생각한 것인데 지금,

$D(cm)$: 실린더 내경

$A(cm^2)$: 실린더 면적$(= \frac{\pi}{4}D^2)$

$\ell(m)$: 피스톤 행정

$n(rpm)$: 기관의 매분회전수

Z : 실린더 수

$V_H(\ell)$: 전행정체적 $\left[= \frac{\pi}{4}D^2\left(\frac{\ell}{10}\right)Z\right]$

i : 몇회전에 1회 출력행정이 있는가의 수

(i = 2 : 4 사이클, i = 1 : 2 사이클)

이라 할 때, 1 실린더 1 사이클에 대한 일량은

$P_{mi} \times A \times \ell (kg \cdot m/cycle)$

$P_{mi} \times A \times \frac{n}{i} (kg \cdot m/\min)$

이므로 전 도시일 W_i는

$$W_i = P_{mi} \times A \times \ell \times \frac{n}{i} \times Z \times \frac{1}{60}$$

가 된다.

일을 하는 속도, 즉 일정 시간에 하는 일의 양이 일률(일의 능률) 또는 마력에 상당하며 단위적으로 1초간에 75kg.m의 일을 하는 것을 1마력(PS)이라고 한다.

$$1PS = \frac{kg.m/s}{75} = \frac{kg{\cdot}km/h}{75 \times 3.6} = \frac{kg{\cdot}km/h}{270}$$ .... 공식

회전체의 경우

$$1PS = \frac{2\pi{\cdot}nT}{60 \times 75} = \frac{nT}{716}$$ .... 공식

가 된다(여기서 T는 회전력).

마력에는 미터식 마력과 영국식 마력이 있으며 다음과 같이 된다.

미터식- $1PS = 75kg.m/s$

영국식- $1PS = 550lb\ ft/s$

또한 마력 PS는 와트W로 환산된다.

$$1PS = 0.735KW$$

도시일을 도시마력(Indicated Horse Power) N_i로 표시하면 다음과 같이 된다.

$$N_i = \frac{W_i}{75} = P_{mi} \times A \times l \times \frac{n}{i} \times z \times \frac{1}{60} \times \frac{1}{75}$$
$$= \frac{P_{mi} \times V_H}{450} \left(\frac{n}{i} \right) \qquad (Ps)$$

도시마력은 실린더 내에서 폭발한 연소가스의 일을 그대로 마력으로 나타난 값이며 지압선도에서 구한다. 따라서 일명 지시마력이라고도 한다.

도시마력으로서 표시되는 일은 그대로 크랭크 축에서 유효하게 사용되지 못하고 피스톤과 실린더벽 사이의 마찰, 베어링에서의 마찰, 캠 축 및 보조기구 등으로 인해 실제 크랭크 축에서 유효하게 사용되는 일량은 그것보다 작다.

이와 같이 크랭크 축에서 실제로 유효하게 사용되는 일을 제동마력(순마력 : Brake Horse Power)으로 표시하는데, 도시마력과 마찬가지로 제동마력 N_b와 제동 평균유효압력 P_{mb}사이에는 다음과 같은 관계가 성립된다.

4행정 사이클기관 $N_b = \frac{P_{mb} \cdot Al \cdot n \cdot Z}{9000} = \frac{P_{mb} \cdot V_H \cdot n}{900}$

2행정 사이클기관 $N_b = \frac{P_{mb} \cdot Al \cdot n \cdot Z}{4500} = \frac{P_{mb} \cdot V_H \cdot n}{450}$

한편, 크랭크 축에서 실제로 유효하게 사용되는 일을 제동일이라 부르고, 앞에서 설명한 여러 가지 기계적 손실을 기계마찰손실일이라고 부른다.

여기서 기계마찰손실 일에 해당되는 것은 다음과 같은 것들이 있다.

① 피스톤 및 피스톤 링의 마찰손실 일 : 기계마찰의 가장 큰 부분을 차지하며 이것은 윤활면이 크고, 상대속도가 빠르고 또 윤활이 충분치 못하기 때문에 생긴다.

② 베어링의 마찰손실 일 : 메인 베어링, 커넥팅 로드 베어링, 캠 베어링 등의 마찰은 전부하에서는 비교적 적고, 정상운전 상태에서는 실린더 내의 압력에는 거의 관계없다.

③ 보조기구 구동 손실일 : 기관의 운전상 필요한 보조기구(냉각수 펌프, 오일 펌프, 연료분사 펌프, 조속기, 냉각 팬, 점화장치, 발전기 등)를 구동하는데 필요한 동력은 회전속도, 윤활유 점도가 커지면 증가되나 가스압력에는 관계

가 없다.

④ 유휴적 손실일 : 각 회전부분의 공기마찰에 의한 손실일이다.

제동마력은 실제로 기관의 마력으로서 이용할 수 있는 크랭크 축에 나타나는 마력이며 동력계(Dynamometer)에 의해 측정된다.

내연기관에서 보통 마력이라면 제동마력을 뜻하는데 이것을 축마력(Shaft Horse Power), 또는 유효마력(Effective Horse Power) 이라고도 한다.

(7) 압축비

압축비란 그림 1.15(a)와 같이 피스톤이 하사점에 있을 때 실린더 내 용적과 그림(b)와 같이 피스톤이 상사점에 있을 때의 연소실과의 비를 말하며 다음과 같이 구한다.

$$압축비(\varepsilon) = \frac{연소실\ 용적 + 배기량}{연소실\ 용적}(cc) = \frac{V_c + V_s}{V_c} \cdots\cdots (1)$$

또한 그림과 같이 연소실 용적이 1의 비율로 배기량을 나타내고 있을 때는 다음과 같이 해서 압축비를 구할 수가 있다.

$$압축비 = \frac{배기량}{연소실\ 용적} + 1(cc) \cdots\cdots (2)$$

가솔린 엔진의 압축비는 일반으로 6~10 정도이다. 이것은 전기 불꽃에 의해서 점화시키기 때문에 그다지 높은 압축비는 필요하지 않으나, 흡입한 공기를 압축하여 착화시키는 디젤 엔진의 경우에는 높은 압축비가 필요하며 12~20 정도이다.

압축비가 크다는 것은 열효율도 좋고(가솔린 엔진 : 22~27%, 디젤 엔진 : 33~37%) 고출력의 엔진이라고 할 수 있다.

압축비를 높이면 압축 압력이 증가하고 또한 최고 폭발 압력이 증대한다. 그러나 또 이것이 원인이 되어 엔진의 각 접동부의 마찰손실이 증가하여 기계 효율의 저하를 가져오며, 연소실이 작아지기 때문에 카본이 퇴적하였을 때의 영향이 커진다(조기 착화로 인한 노킹발생).

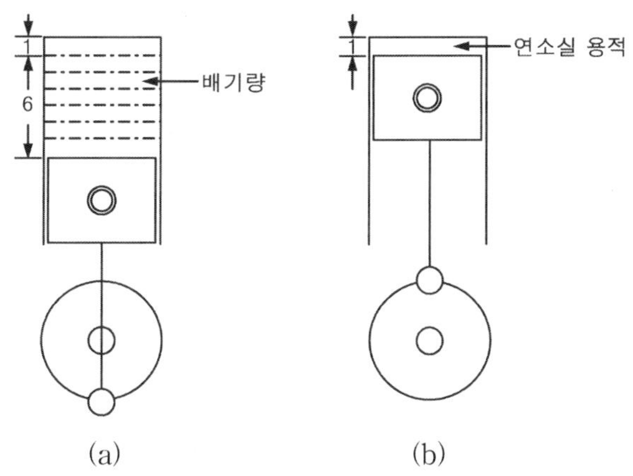

그림 1.16 압축비

특히 노킹이 발생하였을 때, 엔진의 출력이 현저하게 감퇴하며 심할 때는 순간적으로 큰 토크가 걸리게 되어 엔진 섭동부를 파괴하게 된다.
따라서 노킹에 앤티노크성이 큰 하이 옥탄 가솔린을 사용하며, 점화시기를 빠르게 하여 어느 정도 대처할 수 있으나 일정한 한계가 있으며 사용상의 엔진에서는 앞에서 언급한 압축비(6~10)가 채택되어 진다.

(8) 공연비(공기와 연료의 혼합비)

연소실 내에 흡입되는 혼합기의 농도를 나타내는 것으로 공기와 연료를 중량비로 나타낸다.
A/F라고도 하며 이론 공연비는 14.7:1로 1그램의 가솔린을 연소시키는데 14.7그램의 공기가 필요하다.
이 이론 공연비를 기준으로 하여 혼합기가 농후하다, 희박하다 라고 한다.
그러나 단순히 이론 공연비로 해 두면 된다는 것이 아니라 운전 상황에 의해 엔진에 대하여 부하가 변하므로 연료의 분사량을 제어하고 있다.
엔진 출력은 공연비 12~13:1(농후)이 최대가 되며 연비는 하중이 걸리는 방법에 의해서도 달라지나 엷은 것이 좋다고 한다.
따라서 스타트와 같은 액셀을 밟았을 때는 공연비 12~13으로 액셀을 그다지 밟지 않은 주행 상태에서는 연비가 좋은 엷은 상태의 공연비가 되도록 연료의 제어가 이루어진다.

(9) 엔진 출력 성능 향상법

엔진 출력은 토오크와 회전수의 곱에 비례하며, 엔진출력을 향상시키기 위한 인자들에 대해서는 앞서 기술한 제동마력 공식을 살펴보면 잘 알 수 있듯 축 출력은 평균유효압력, 총 행정 용적 및 엔진 회전수의 3가지에 비례하며, 평균유효압력은 다시 열효율과 충진 효율의 곱에 비례하므로 총 행정 체적을 일정하다고 할 때의 출력향상 방법은 다음 세 가지로 요약할 수 있다.

- 열효율의 향상
- 충진 효율의 향상
- 엔진 회전수의 고속화

① 열효율의 향상

- 냉각손실 저감

  연소실을 콤팩트하게 S/V(행정/내경)비를 작게 하면, 연소 및 팽창행정에서 실린더 벽면 등으로 빠져나가는 열손실을 줄인다.

- 펌핑 손실 저감

  흡 배기 가스 교환시 교축 저항과 관내에서의 손실을 저감한다. 희박연소나 EGR을 적극 이용하는 것도 도움이 된다.

- 연소개선

  연소실에서 연소되어 팽창된 가스가 피스톤을 밀어내는 작용을 하는데는 연소기간이 짧을수록 효과적이며, 연료의 미립화로 공기와 연료가 적절히 혼합되면 미연소 연료가 줄어들어 연소효율이 증가한다.

- 압축비의 증가

  이론 열효율은 기본적으로 압축비와 비열비만의 함수이므로, 압축비의 증가는 기관열효율 증가에 매우 효과적이다.

  그러나, 압축비를 너무 높이면 이상연소가 생기기 쉬우므로 이에 대한 대책이 필요하다.

  가솔린 엔진의 경우는 고옥탄가 연료 사용, 점화 플러그 연소실 중심 위치, 콤팩트한 연소실, 흡기 온도 감소 및 난류 형성이 효과적이다.

  디젤 엔진의 경우는 고세탄가 연료 사용, 흡기 온도의 증가, 연료분사의 미립화, 완전 연소를 위한 부연소실 또는 피스톤 상면 캐비티 개량 등의 방법이 있다.

② 충진 효율의 향상

· 멀티 밸브화

종래의 4행정 엔진은 보통 흡·배기 밸브가 각각 1개씩이었기 때문에 엔진이 고속화 되면 흡입구가 협소하여 충진 효율이 떨어지고, 밸브계의 관성질량이 무거워 고속화에 어려움이 있었다.

그러나 흡기 밸브를 2개 이상, 배기 밸브를 2개로 하면 고 회전시의 짧은 흡배기 기간 내에서 통로 단면적 증가로 충진 효율이 향상된다.

· 과급

주어진 행정체적에서 체적효율을 높이는 데에는 한계가 있으므로, 실린더 내에 공기를 강제로 압축 충진하여 공기의 밀도를 높이는 것이 과급이다.

과급의 방법에는 배기가스의 속도 에너지를 이용하여 터빈을 돌려 흡기를 압축하는 터보차저 방식과 기관의 회전력을 이용하여 압축기를 구동하는 수퍼챠저 방식이 있다.

· 가변 흡기 시스템

각 실린더로 공급되는 흡기 다기관의 일부를 고속용과 저속용 2개의 통로로 분리하여 각각 관직경 또는 관 길이를 부압이나 스텝 모터를 이용하여 기관 회전수에 맞게 절환 하는 시스템이다.

저속영역에서는 가늘고 긴 흡기관으로 하여 흡기 맥동을 충분히 이용하고, 고속영역에서는 굵고 짧은 흡기관으로 흡입 저항이 감소되도록 한다.

가변 흡기 시스템은 특히, 4밸브 기관에서 발생하기 쉬운 저속 성능의 저하를 방지하고 저, 중속 토크 및 연비향상에도 도움을 준다.

③ 회전속도의 고속화

회전속도를 증가시키려면 엔진의 구조를 다음과 같이 하는 것이 유리하다.

· 오버스퀘어화

보어 직경이 행정길이 보다 큰 엔진을 오버스퀘어 엔진이라고 하며, 고 회전화해도 피스톤 속도의 증가에 따른 마찰손실이 비교적 작기 때문에 고 회전화에 유리하다.

· 밸브기구의 개선
엔진 회전속도를 증가하면 밸브 스프링 서징, 밸브 점핑, 바운싱 등이 발생하기 쉽기 때문에 캠프로파일 최적화, 밸브계 부품 경량화, 스프링 최적화(코니컬, 부등 피치 스프링 등)등을 하는 것이 필요하다.

그밖에 피스톤, 커넥팅로드 등의 섭동부와 밸브계의 마찰손실을 줄여 기계효율을 향상시키면 축 출력이 증가한다.

제2장 가솔린 엔진

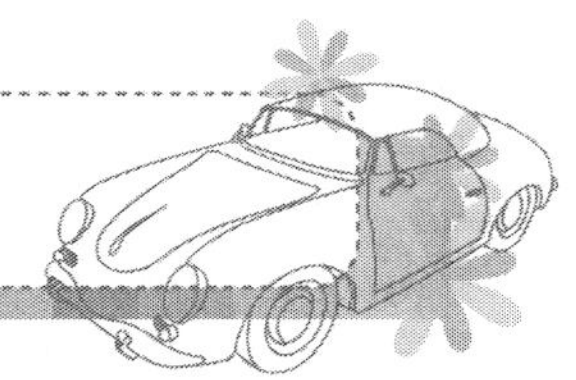

2.1 개 요

가솔린 엔진은 많은 부품이 조합된 복잡한 기계로서 크게 세 부분으로 분류된다. 가장 아랫부분은 크랭크 케이스라 하며 피스톤의 왕복 운동을 회전 운동으로 변화시키는 크랭크샤프트가 차지하고 있다.

크랭크 케이스의 바로 윗부분은 그 내부로 피스톤이 상하 왕복하는 실린더(원통)를 일체로 모은 실린더 블록이 위치한다.

가장 윗부분은 실린더 헤드부라고 한다.

실린더에 출입하는 혼합기 및 연소 가스를 지나게 한다든지 멈추게 한다든지 하는 밸브와 이것을 작동시키는 캠샤프트 등이 들어 있고, 이것들을 합쳐서 밸브계라고 한다.

실린더 헤드에는 이 밸브계와 인접하여 공기 및 가솔린을 실린더 내에 보내는 흡기 매니폴드와, 연소 가스를 배출하는 배기 매니폴드가 취부되어 있고, 합쳐서 흡·배기계라고 부른다.

흡·배기장치는 가지로 나누어진 파이프로 공기 및 가솔린을 각 실린더에 배분한다든지, 배출 가스를 하나로 합치는 기능을 하게 된다.

연료탱크로부터 가솔린을 퍼내는 연료 펌프로부터 공기에 가솔린을 혼입하는 기화기 및 연료 인젝터(연료분사장치)까지의 부품은 연료계라고 한다.

엔진 중의 슬라이딩하는 부분을 윤활하기 위하여 오일을 송출하는 오일 펌프 및 오염된 오일을 깨끗하게 하는 오일 필터 등을 윤활계라 부른다.

그리고 엔진을 운전에 적합한 온도로 유지시키는 기능을 하는 라디에이터 및 워터 펌프 등은 냉각계로 부른다.

엔진을 운전하기 위해서는 전기가 필요하다.

혼합기에 불을 붙이는 스파크 플러그와 이것에 관련하는 부품 및 전기를 일으키는 알터네이터(교류 발전기), 엔진을 시동하는 스타트 모터 등 전기에 관련한 부품을 전장품이라고 한다.

이외에 엔진에는 자동변속기 및 파워 스티어링 등을 작동시킬 목적의 유압 펌프 및 에어컨 컴프레서, 이런 기기를 구동시키기 위해 풀리 및 벨트 등이 취부되어 있고, 일괄하여 보조기구 및 보조기구 구동 부품이라고 한다.

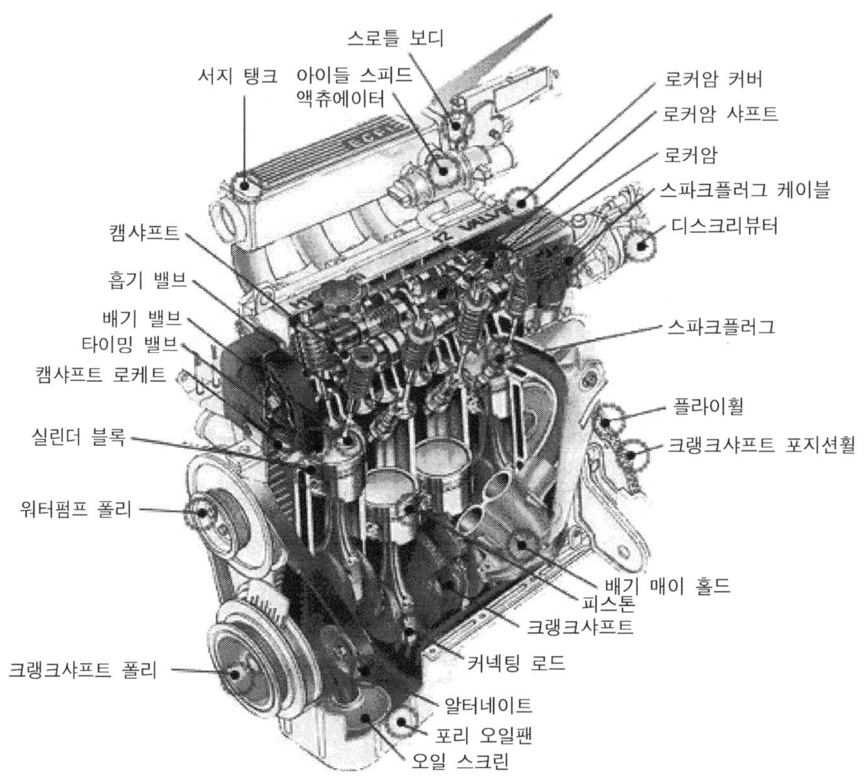

그림 2.1 엔진 내부 구조

2.2 실린더 블록

1. 실린더 블록의 구조

실린더 블럭은 엔진 본체의 기본이 되는 부분으로 내부에 피스톤이 왕복운동하는 실린더가 4~6개 정도 일체로 주조된 구조로 되어 있고, 실린더 둘레에는 냉각을 위한 물재킷, 주 운동부분의 윤활을 위한 오일 순환통로가 있다.
옆면에는 익스텐션 플러그가 설치되며, 전면에는 오일 펌프가 내장된 프론트 케이스가 장착된다.
또한 밑면에는 오일팬 및 크랭크 축이 장착되고 윗면에는 실린더 헤드가 장착되며, 피스톤을 비롯한 운동 부분을 내부에 수용하여 냉각수 통로 등이 있는 복잡한 구조로 되어 있다.
따라서 설계, 재질, 제조 등에 있어서 충분한 주의를 기울여야 하며 더욱이 수정을 용이하게 할 수 있고 대량생산에 적합해야 한다.
이와 같은 점을 고려하여 재질은 일반적으로 내마모성, 내부식성이 좋고 주조나 기계가공이 용이한 특수주철을 주조하여 사용하였으나 최근에는 경량화와 생산비용의 절감을 위해 알루미늄 합금의 주물을 많이 사용하고 있다.
또한 주물의 균열(각 부의 두께가 같지 않아 냉각속도가 불균일해서 생기는 균열)을 방지함과 동시에 기계적 마모에 대한 저항을 높이기 위해서 열처리를 하고 있다.
엔진의 구성 부품 중에서 가장 무거운 부품이다.

1) 직렬 4기통용 실린더 블록

본래는 주철제 블록이 주류였으나 엔진의 경량화가 중요시되고 있는 현재는 알루미늄 합금제가 증가하고 있다. 그러나 실린더 블록에는 피스톤이나 크랭크 축 등의 운동부품을 수용하고 있기 때문에 강성이나 강도가 필요하다.
따라서 블록 내에는 블로바이 가스 통로나 오일 통로를 골격 구조로 만들고 외측에는 많은 립(Rib)을 만들어 강성을 높여서 경량화에 의한 휨이나 공진을 방지하고 있다.
한편 실린더 블럭의 냉각수가 있는 부분에 익스텐션 플러그(Extension Plug)를 설치하여 겨울철에 냉각수가 빙결될 때 체적변화로 인하여 플러그가 이탈되도록 함으로써 실린더 블럭의 균열을 방지하도록 되어 있다.

(a) 실린더 블럭 밑면

(b) 실린더 블록 측면

그림 2.2 직렬 4기통용 실린더 블록

2) V형 6기통용 실린더 블록

V형 6기통 실린더 블록은 직렬 6기통에 비해서 길이가 짧아지는 이점이 있으므로 승용차에 많이 사용되고 있다.

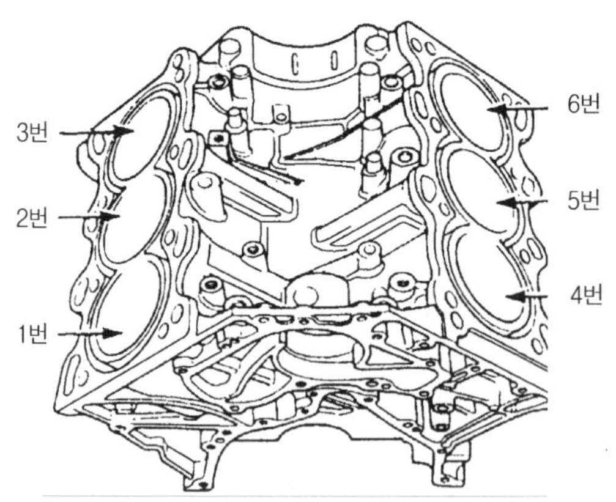

그림 2.3 V형 6기통용 실린더 블록

2. 실린더와 크랭크 케이스

1) 실린더의 역할과 구조

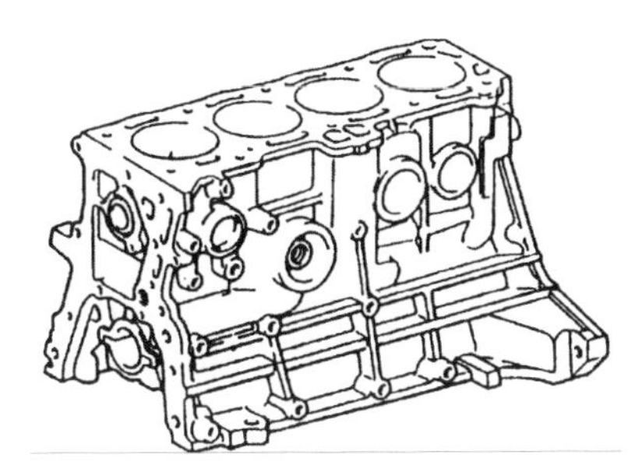

(a) 수냉식 실린더 블록

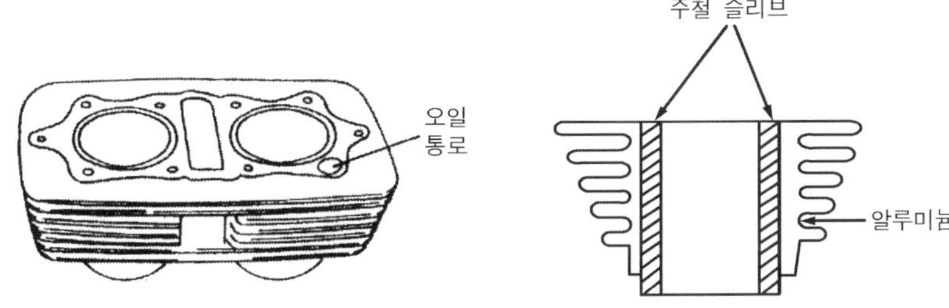

(b) 공냉식 실린더 블록

그림 2.4 실린더와 실린더 블록

실린더는 피스톤 행정(Piston Stroke)의 약 2배의 길이로 원통형으로 만들어져 있다. 그 속에서 피스톤이 기밀을 유지하면서 왕복 운동을 하며 열 에너지를 기계적 에너지로 바꾸어 필요한 동력을 발생하는 장치의 주체가 되는 부분이다. 이 주어진 열 에너지로부터 가능한 한 큰 동력을 얻기 위하여 실린더와 피스톤 사이에서 압축된 혼합기나 연소한 폭발 가스가 새어 나가지 않도록 함과 동시에 피스톤의 접동에 의한 마찰과 마모가 적어야 한다.

따라서 실린더 내벽은 정밀한 연마 가공(Honing)이 되어 있다.

특히, 실린더 벽의 마모를 적게 하기 위하여 실린더 내벽을 크롬 도금한 것도 있다. 실린더는 작동중 2000℃ 이상의 고온의 연소 가스에 노출되어 있으므로 기능이 저하되는 것을 방지하기 위하여 실린더 온도가 일정 이상으로 높아지지 않도록 할 필요가 있다.

이를 위해서는 실린더 바깥 둘레에 냉각 핀(Cooling Fin)을 설치하고 여기에 공기의 흐름을 통과시켜 냉각하는 형식의 공랭식과 실린더 바깥 주위에 공기 대신 재킷을 설치하여 여기에 물을 순환시켜 냉각하는 방식의 수냉식이 있다.

초창기에는 배기량을 크게 하기 위해서 같은 보어 피치라도 보어 지름이 큰 엔진이 사용되었으나 현재는 낭비를 없애기 위해서 실린더간의 틈새는 되도록 적게 하고 있다.

실린더의 크기, 즉 엔진 배기량을 바꾸지 않고 실린더 블록을 경량 콤팩트하게 만든 엔진이 등장하고 있다.

컴퓨터를 이용한 CAD/CAM을 사용해서 모델링 제작함으로서 낭비를 철저하게 배제하고 있다.

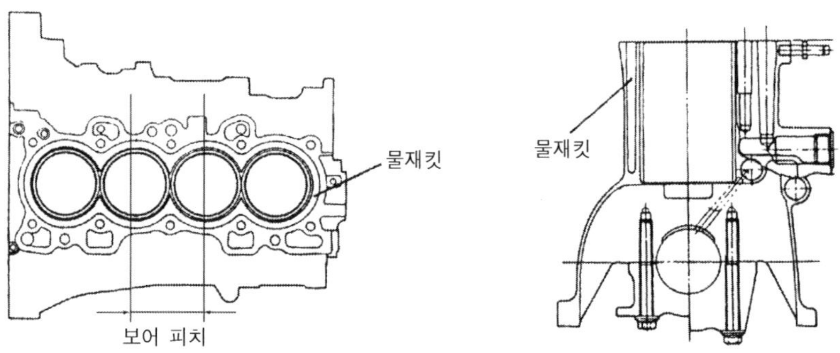

그림 2.5 실린더의 냉각

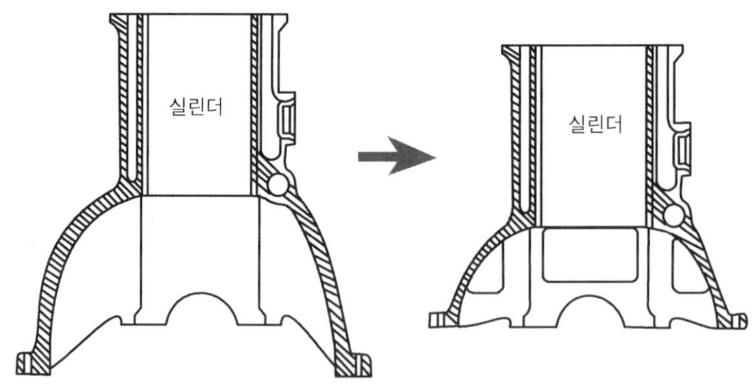

그림 2.6 실린더 블록의 변화

2) 실린더 직경과 행정에 의한 분류

실린더 직경(보어 : Bore)과 행정에 의한 분류에는 장행정, 정방행정, 단행정 등으로 구분하며 행정이란 상사점과 하사점 사이의 거리를 말한다.

① 장행정 엔진 : 장행정 엔진(Under Square Engine)은 피스톤 행정이 실린더 직경보다 큰 엔진을 말한다. L(행정) > D(직경)
흡입효율의 증대로 커다란 폭발력을 얻을 수 있으나 엔진의 높이가 높아지므로, 피스톤 평균 속도가 낮아 고속용 엔진에는 부적합하고, 엔진의 무게가 커진다.

② 정방형 엔진 : 정방형 엔진(Square Engine)은 피스톤 행정과 실린더 직경의 크기가 똑같은 엔진을 말한다. L(행정 = D(직경)

③ 단행정 엔진 : 단행정 엔진(Over Square Engine)은 피스톤 행정이 실린더 직경보다 크기가 작은 엔진을 말한다. L(행정) < D(직경)
피스톤 행정이 작아지므로 엔진의 높이를 낮출 수 있고 피스톤 평균 속도를 증대하지 않아도 엔진의 회전속도를 높일 수 있으므로 고속용 엔진에 적합하다.

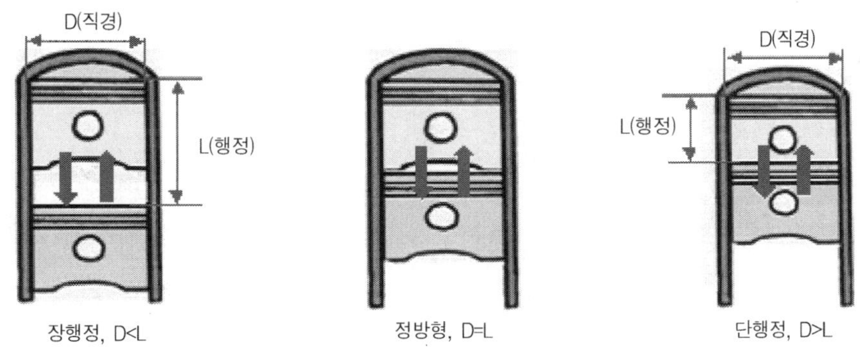

그림 2.7 실린더 직경과 행정에 의한 분류

3) 실린더 라이너

실린더에는 실린더와 라이너가 한 재질로 이루어진 일체식 실린더와 실린더와 라이너가 별도로 구성된 라이너실린더로 구분된다.
일체식 실린더는 실린더 블럭과 동일한 재질로 실린더와 일체로 라이너가 제작되어서 냉각수 누출의 염려가 없고 실린더와 실린더 사이의 간격을 좁게 할 수 있어 소형 경량으로 주로 사용된다.
실린더 라이너를 사용하는 경우에는 일반적으로 주철의 실린더 블록에 특수 주철의 실린더 라이너를 끼워 넣는 게 일반적이다.
아울러 엔진에 따라 중량을 가볍게 함과 동시에 열전도를 좋게 하기 위해 실린더 블록의 대부분을 알루미늄과 같은 경합금으로 주조하고 실린더 부분에는 별도 주철로 만든 실린더 라이너를 1개씩 실린더 블록에 끼워 넣은 것도 있다.
일체형의 경우에 실린더 블록을 오래 사용할 목적으로 실린더 벽이 마모되었을 때, 오버 사이즈 피스톤에 맞추어 진원으로 절삭하는 보링작업으로 오버 사이즈의 피스톤을 사용하기도 한다.
만약 수정에 의해 실린더 벽이 얇아질 경우에는 실린더를 재생할 수 있다.
실린더 라이너에는 그림 2.8(b)에 제시한 것과 같이 라이너가 직접 냉각수에 닿지 않고 실린더 블록을 거쳐서 냉각하는 건식(Dry Type) 라이너와 그림 2.8(c)와 같이 라이너의 바깥 주변이 워터 재킷이 되어 직접 냉각수에 닿는 습식(Wet Type) 라이너의 2종류가 있다.

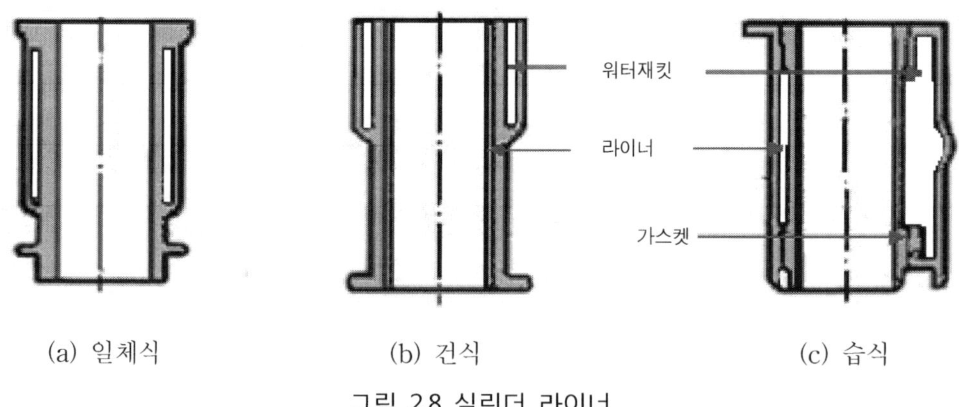

그림 2.8 실린더 라이너

건식 라이너는 실린더의 내경이 마모된 경우 수정 재생용으로 예전에 많이 이용되었으나 주철로 만들어지게 된 오늘날에는 엔진을 제조할 때부터 미리 적용되고 있다.
반면 습식 라이너는 그 상단면이 플랜지형으로 실린더 블록의 홈에 결합하고 위치를 결정하며 그밖에 기밀, 수밀을 유지할 목적으로 실린더 라이너 윗면이 실린더 블록 윗면보다 약간 튀어 나오도록 만들어져 있다.

실린더 라이너 하부의 실린더 블록과 접하는 부분에는 2~3개의 고무링을 끼워 열팽창에 의한 변형을 방지함과 동시에 냉각수가 크랭크 케이스 내로 들어가는 것을 방지하는 작용을 한다.

한편 근래에는 재료와 열처리 기술의 발달로 인해 보링이나 실린더 라이너 등의 사용이 사라지고 있다.

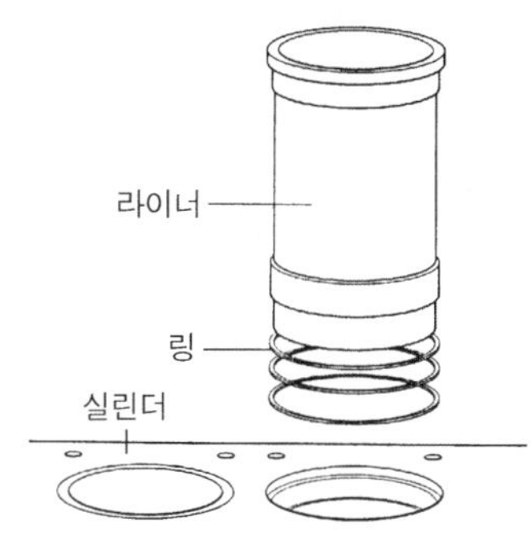

그림 2.9 실린더 라이너

3) 크랭크 케이스

크랭크 케이스는 크랭크 축이 회전하는 공간 이하를 지칭하며, 상부를 보통 실린더 블록으로 지칭하나, 일반적으로 실린더 블록과 이 크랭크 케이스 상부를 합쳐서 실린더 블록이라고 부른다.

크랭크 케이스에는 크랭크 축이 설치되며 실린더 블록의 강성을 높이기 위하여 실린더 블록 내외에 립이 붙어있다.

크랭크 케이스 하부에는 강판이나 경금속으로 만든 오일 팬(Oil Pan)이 개스킷(Gasket)을 사이에 두고 장착되어 있다.

오일 팬은 한쪽 부분을 깊게 만들어 엔진이 기울어져도 오일이 충분히 괴어 있도록 되어 있다. 이 부분에 오일 펌프 흡입구와 오일 클리너가 들어있다.

또한 급정차를 할 때 갑자기 오일이 이동하면 한쪽으로 쏠릴 수가 있으므로 한 부분이 비지 않도록 격리판(Separator)이 설치되어 있다.

반면 전면에는 크랭크 축에서 캠 축을 구동하는 타이밍 기어, 체인 스프로켓이 들어가 있는 케이스로 되어 있다.

오일 팬은 엔진의 바닥 부분이기 때문에 도로의 돌출부분에 부딪치거나 작은 돌 등에 의해 파손될 수 있으므로 강도가 필요하다. 최근에는 엔진의 경량화를 위한 부품의 역할도 하며 흔히 고강도 알루미늄 합금으로 만들어져 있다.

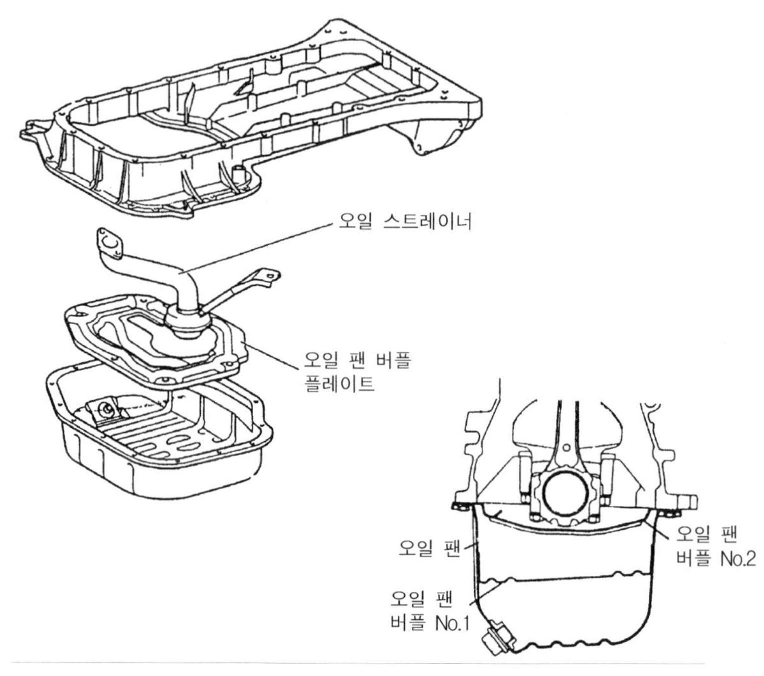

그림 2.10 오일 팬

2.3 실린더 헤드

1. 실린더 헤드(Cylinder Head)의 역할과 구조

실린더 헤드는 연소 가스가 새지 않도록 가스켓을 끼워서 실린더 블록 위에 취부하고 있고, 하면은 연소실의 지붕 부분으로 되어 있어, 극히 복잡한 형상을 하고 있다.

위의 장방형 상자와 같은 부분에는 엔진에 혼합기를 넣고 연소 가스를 배출하는 밸브 구동 시스템이 자리하고 있고, 점화 플러그도 붙어 있어 이 부분의 형상과 작동 여하에 따라 혼합기 연소의 양부가 좌우되기 때문에 엔진 성능을 결정하는 중요한 부품이라고 말할 수 있다.

실린더 헤드의 구조는 엔진 형식에 따라 많이 다르지만, 위에 밸브 구동 시스템이, 횡으로 혼합기가 연소실에 들어가는 흡기 포트와 연소 가스를 배출하는 배기 포트가 있고, 내부는 실린더 블록으로부터 올라가는 냉각수가 통하는 워터 재킷으로 되어 있는 점은 공통이다.

워터 재킷은 연소에 의해 발생한 여분의 열을 배기 행정이 끝나기까지 빠르게 흡수하여, 다음에 흡입되는 신 혼합기 온도가 가능한 한 높게 되지 않도록 하는 작동을 한다.

특히 온도가 높아지기 쉬운 배기 밸브 및 스파크 플러그의 주변을 중점적으로 냉각시켜 열에 따른 트러블 발생을 방지하고 있다.

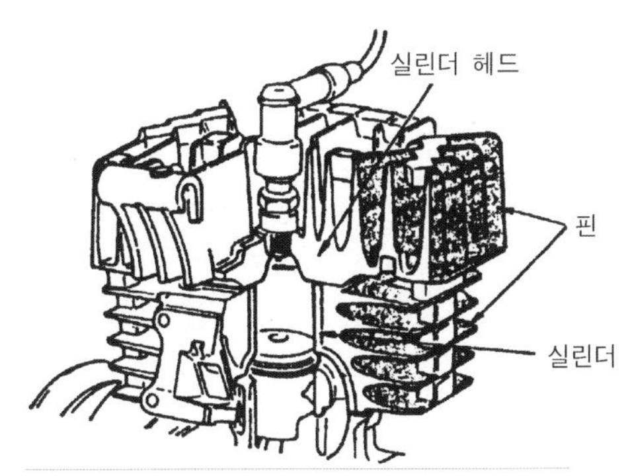

그림 2.11 실린더 헤드(공랭식)

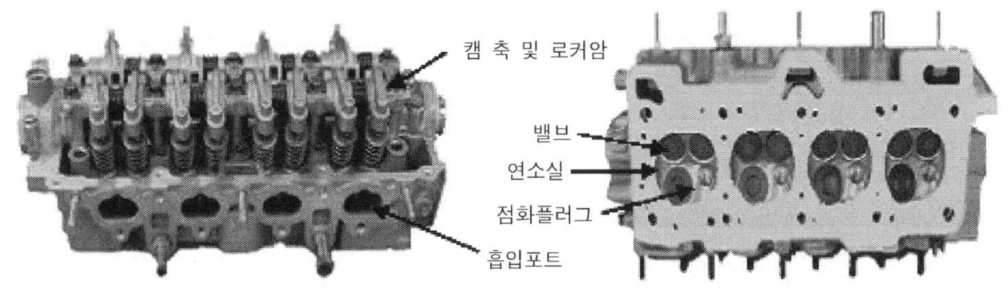

그림 2.12 실린더 헤드(수냉식)

실린더 헤드는 엔진 운전 중 고온이 되므로 열전도가 잘되고 냉각 효과가 높은 것이 요구된다.

수냉식 엔진의 실린더 헤드는 냉각수 순환을 원활하게 하기위해 실린더 헤드를 하나로 주조한 일체 주조식이 사용되고, 공랭식 엔진의 실린더헤드는 공기의 접촉면적을 크게 하기위해 실린더 1개당 헤드가 1개씩 분활된 분할식 실린더헤드가 사용된다.

또한 실린더 헤드는 혼합 가스의 압축 압력 및 연소 압력을 받으므로 특별히 밸브 시트에는 내마모성과 내열성이 요구된다.

이 때문에 실린더 헤드는 일부에 주철제의 것이 있지만 일반적으로는 알루미늄 합금제의 것이 사용되며, 밸브 시트부에는 마모와 열에 강한 재질의 시트 링(Seat Ring)이 끼워진다.

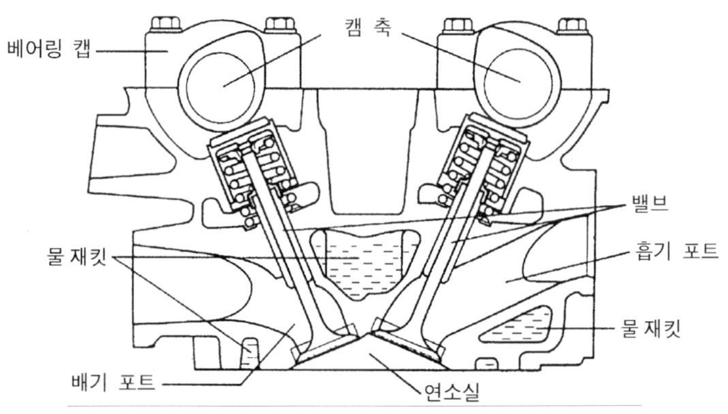

그림 2.13 실린더 헤드에 설치된 밸브장치

2. 헤드 개스킷

실린더 블록과 실린더 헤드사이의 접촉면을 밀착시켜 기밀유지, 냉각수 누출방지, 엔진오일의 누출 방지를 목적으로 내압성, 내열성 및 적당한 압축성을 가진 헤드 가스켓이 끼워진다.

종래에는 아스베스토(석면)가 사용되었으나 발암성이 있다고 하여 현재는 스틸제로 되어 있다. 실린더 헤드와 블록 사이에 집어넣기 위해서 쿠션이 있어야 하기 때문에 여러 장을 포개서 사용한다.

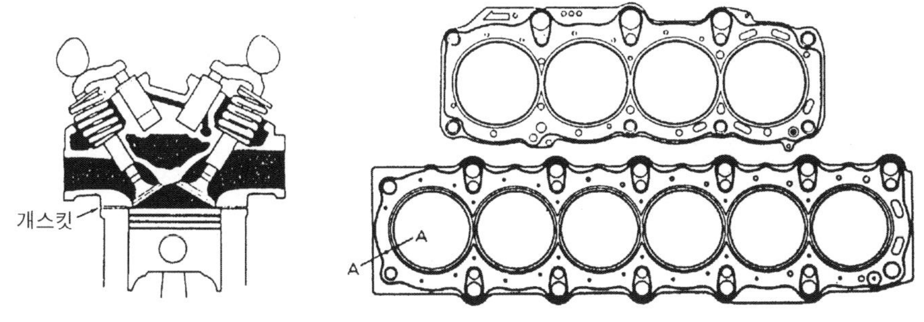

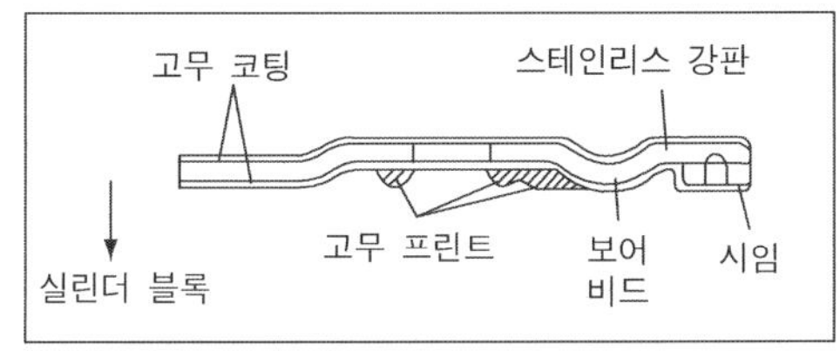

그림 2.14 실린더 헤드 개스킷

1) 복합형 개스킷

일반적으로 사용되고 있는 개스킷은 메탈 아스베스토스 개스킷, 와이어 우븐 개스킷, 메탈 그래파이트 개스킷으로 분류된다.

(1) 메탈 아스베스토스 개스킷

메탈 아스베스토스 개스킷을 스틸 베스트(Steel Besto Gasket)라고도 부르며 복합 개스킷 중에서 현재 가장 많이 사용되고 있다.

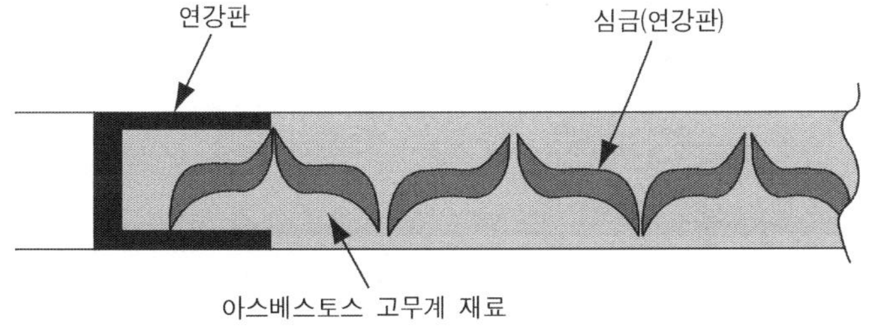

그림 2.15 메탈 아스베스토스 개스킷

그림 2.15와 같이 압축재로 아스베스토스 고무계 재질을 사용하고, 심금(Core

Wire)에는 연강판이 사용되고 있으나, 와이어 우븐 개스킷과 마찬가지로 아스베스토스의 발암성 때문에 압축재가 다른 재료(팽창흑연, 섬유계)로 바뀌어 가고 있다.

(2) 와이어 우븐 개스킷

와이어 우븐 개스킷은 그림 2.16과 같이 압축재에 아스베스토스 고무계 재료, 심금에 금망을 사용하고 있으며, 늘어남이 적고 압축성에 뛰어나다.

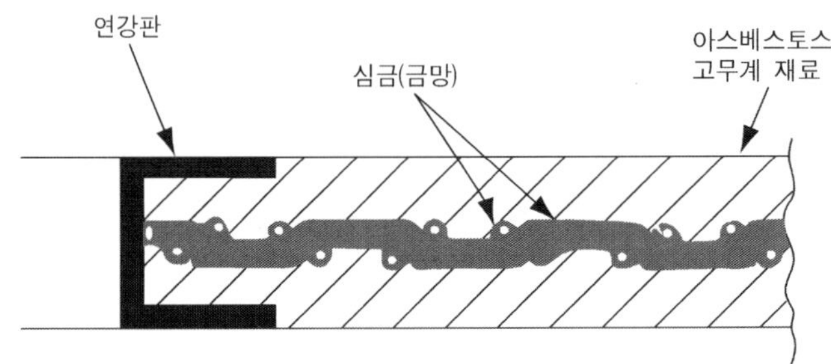

그림 2.16 와이어 우븐 개스킷

(3) 메탈형 그래파이크 개스킷

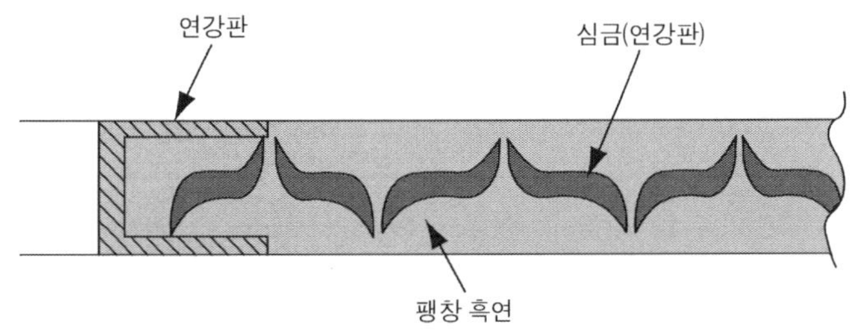

그림 2.17 메탈 그래파이트 개스킷

메탈 그래파이트 개스킷은 그림 2.17과 같이 기본 구조는 메탈 아스베스토 개스킷과 마찬가지이지만, 압축재에 팽창 흑연이 사용되고 있으며, 내열성 및 밀착성이 뛰어나다.

2) 메탈형 개스킷

메탈형 개스킷은 금속의 탄성을 이용하여 시일(Seal)하고 있기 때문에 압축 복원성이 큰 점과 내열, 내압성이 좋은 것 등의 이점이 있다.

그러나 시일하는 면적이 적기 때문에 장치면에 요철이 있거나 부착물이 있으면 시일 불량을 일으키는 경우가 있다.

그림은 메탈형 개스킷의 주요 구조를 나타낸 것으로 솔리드형(Solid Type)은 주로 디젤 엔진에 사용된다.

코르게이트형은 2륜차 엔진에, 래미네이트형은 디젤 엔진이나 2륜차 엔진에 사용되고 있다.

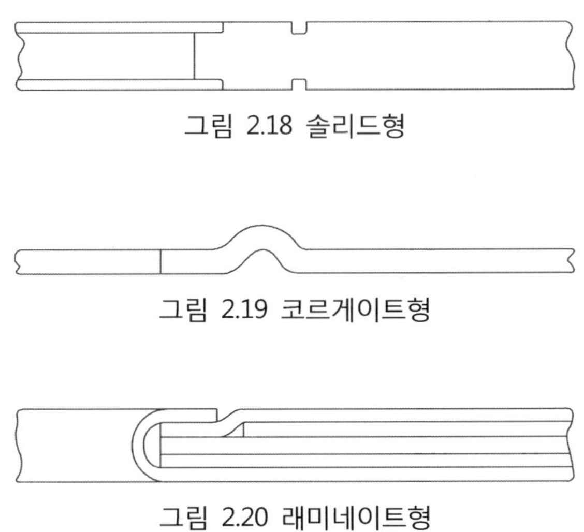

그림 2.18 솔리드형

그림 2.19 코르게이트형

그림 2.20 래미네이트형

3. 연소실 형상

연소실은 피스톤이 상사점에 있을 때 피스톤과 실린더 헤드에 의해 형성되는 공간이다. 밸브의 방향과 위치, 흡·배기 장치는 연소실의 모양과 밀접한 관련이 있다.

요즘 엔진의 대부분을 차지하는 I-헤드 엔진에서도 연소실 모양에 따라 출력이 달라 다양한 엔진 분류가 이루어진다.

연소실 모양은 밸브의 배치와 개수가 주 결정요소다. 연소실 모양에 따라 혼합가스의 흐름에 맴돌이를 만들어 혼합가스를 효율적으로 뒤섞어 연료효율을 높일 수 있다.

연소실 내에 혼합가스의 맴돌이를 발생시키기 위해 연소실 모양에 변화를 주는 방법이 개발되었다.

흡기밸브와 배기밸브가 좁은 각도로 마주보게 하는 것도 한 가지 방법이다.

실린더 당 밸브의 수가 늘어나는 것도 연소실의 모양을 바꾸는 요인이 되어 왔다.

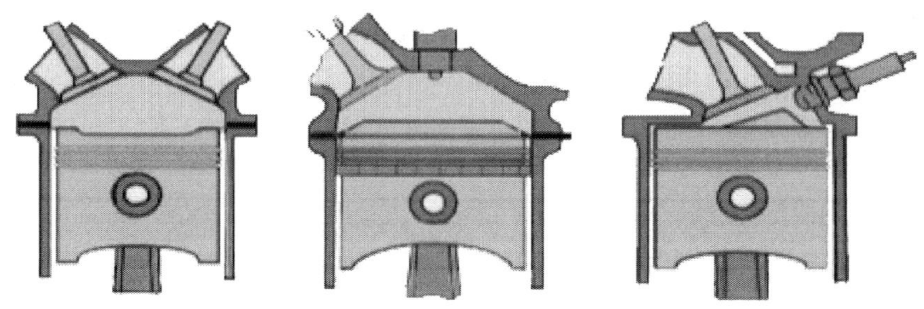

그림 2.21 기관의 다양한 연소실 형태

연소실은 엔진의 성능을 결정한다고 하여도 좋을 정도로 중요한 부분으로, 그 크기와 형상이 매우 중요하다.

따라서 연소실 설계시 주의할 사항을 열거하면 다음과 같다.

① 화염전파 시간을 가능한 짧게 설계한다.
② 노킹을 방지할 수 있는 형상으로 설계한다.
③ 가열되기 쉬운 돌출부를 제거한다.
④ 배기가스에 유해한 성분이 적게 한다.
⑤ 열효율을 높일 수 있도록 설계한다.
⑥ 밸브면적을 크게 하여 흡배기작용이 원활하도록 한다.
⑦ 연소실 내부 표면적을 최소로 한다.
⑧ 압축행정 말에 강한 와류가 형성되도록 한다.
⑨ 엔진출력을 높일 수 있도록 설계한다.

따라서 이상적인 연소실은 밸브의 면적을 크게 하여 열효율 및 체적효율을 높일 수 있으며 압축비를 높일 수 있고 엔진의 출력을 향상시킬 수 있는 형상이어야 한다.

1) 반구형 연소실

표면적이 작고 냉각손실이 적은 반구형의 연소실은 마치 테니스공을 절반으로 잘라 실린더에 덮어씌운 것과 같은 형상을 하고 있다.
흡배기 밸브는 볼의 구면에 맞추어 배치되기 때문에 밸브장치는 흡기×1/배기×1의 2밸브가 적합하다.
또한 흡배기장치는 크로스 플로(Cross Flow) 방식의 전형으로 흡배기 밸브는 구면 양쪽에 마주보는 방향의 넓은 협각으로 배치하고 있는 것이 일반적이다.
반구형의 연소실은 중앙 부분에 플러그를 설치하여 헤드부에서 연료가스에 점화할 수 있다.
화염전파가 고르기 때문에 연소효율이 좋은 점과 크로스 플로 흡배기 장치를 채용함으로서 흡배기저항의 저감을 할 수 있으며 효율이 좋은 엔진을 만들 수 있다.

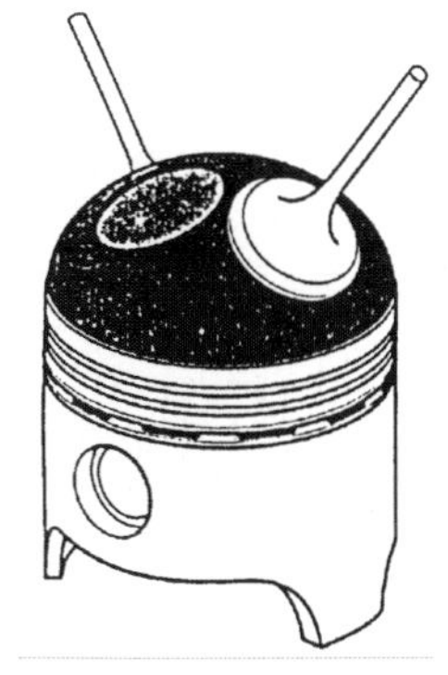

그림 2.22 반구형 연소실

반구형의 연소실을 만들기 위해서 밸브 장치는 가능한 간편한 것이 좋다. 반면에 멀티 밸브의 엔진에서는 사용하지 않는다.
밸브 기구가 복잡해지며 스퀴시부를 둘 수 없어 압축행정에서 와류를 거의 만들 수 없는 등의 결점이 있다.
이 때문에 승용차용 엔진에서는 사라졌지만 2행정 엔진에서는 실린더 헤드에 밸브 장치가 없기 때문에 반구형 연소실이 많이 적용되고 있다.

2) 다구형 연소실

맴돌이 및 스퀴시를 만들기가 좋은 다구형 연소실은 구형을 몇 개 조립시킨 형상을 하고 있다.

조합되는 구면의 각각은 흡기밸브, 배기밸브, 점화 플러그가 구성하는 독립한 구면이며 연소실은 다양한 모양을 하고 있다.

그림 2.23 다구형 연소실

다구형 연소실에서는 연소실이 복잡한 형상으로 되어 있기 때문에 화염전파도 일정하지 않고 표면적이 커짐으로서 열손실이 우려된다.

이 연소실의 복잡한 형상에 의해 화염전파를 제어할 수 있다. 또한 연소실 내부에 강한 맴돌이(Swirl)와 스퀴시(Squish)를 만들 수 있다.

이 맴돌이와 스퀴시를 용이하게 만들 수 있는 다구형 연소실은 엔진의 연소를 제어해 연료 경제성이 높은 엔진으로 할 수 있다.

또한 고출력 엔진으로 발전시킬 수 있다.

그 외에 흡배기 밸브의 수를 증가한 경우에도 밸브장치를 그다지 복잡하지 않게 할 수 있는 것도 다구형 연소실 엔진의 특징이라고 할 수 있다.

3) 욕조형 연소실

스퀴시 설치가 가능하여 압축 와류를 얻기 쉬우며 제작이 간단하기 때문에 일반적으로 많이 사용되고 있다. 밸브를 크게 할 수 없고, 흡·배기 포트의 굴곡이 커지기 때문에 체적 효율이 떨어진다는 결점도 있다.

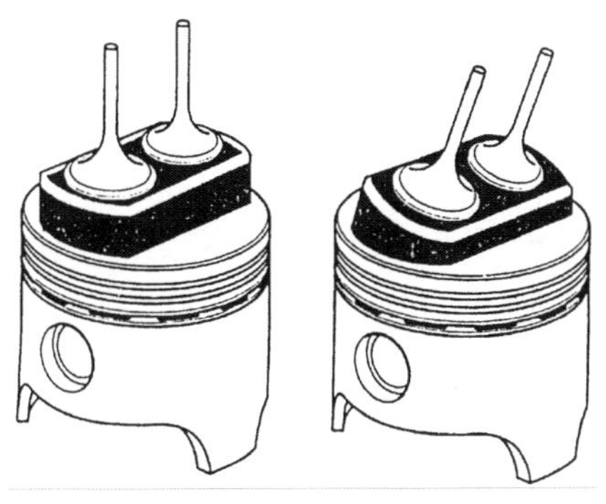

그림 2.24 욕조형 연소실

4) 쐐기형 연소실

카운터 플로에서 주류를 이루고 있는 쐐기형 연소실은 흡배기 밸브를 직렬로 배치한 SOHC, OHV의 엔진에서 많이 볼 수 있다.
즉 연소실이 쐐기형으로 되어 있으며 연료가스는 연소실 내에서 U턴하고 있다.
이 흡·배기의 흐름을 카운터 플로(Counter Flow)라고 한다.

그림 2.25 쐐기형 연소실

카운터 플로의 흡배기장치는 실린더 헤드의 한쪽에 흡기 매니폴드와 배기 매니폴드를 갖추고 있다.
카운터 플로의 흡배기장치에서는 실린더 내에서 연료가스의 흐름을 180° 바꾸고 있기 때문에 주입저항이 크고, 저회전형 엔진에 많이 쓰이는 연소실 형상이다.
이점으로는 밸브가 수직축에 대하여 기울어져 있기 때문에 흡·배기 포트의 구부러짐이 적어지므로 가스의 유동이 원활해진다.

또한 쐐기형이기 때문에 그 부분의 압축 작용에 의해 충분히 와류가 만들어 지기 때문에 고압축비로 만들 수가 있다.

기타, 밸브 기구가 간단하다는 등의 이점이 있으므로 많이 사용되는 형식이다.

그러나 이에 대한 결점으로는 연소실 용적당의 표면적이 커지기 때문에 연소실이 커지는 점을 들 수 있다.

5) 지붕형 연소실

고출력 엔진에 적합한 지붕형 연소실은 삼각 지붕형(Pent Roof Type)을 하고 있는 형상에 따라 이름이 붙여졌는데, 반구형 연소실이나 다구형 연소실을 대신해 증가하고 있다.

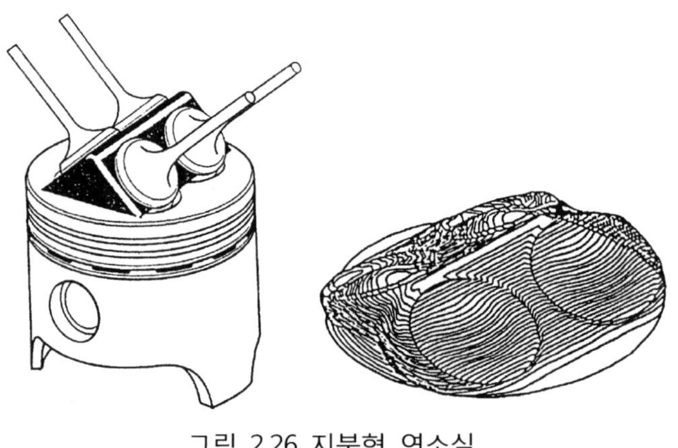

그림 2.26 지붕형 연소실

이 형의 연소실 형상은 쐐기형 연소실을 대칭형으로 2개를 연결했다고 생각하면 된다.

지붕형 연소실을 가진 엔진의 밸브장치는 복수의 흡배기 밸브를 사용하게 된다.

이전에는 지붕형 연소실이라고 하면 DOHC 엔진의 대명사이며 고성능 엔진의 상징이었다.

이 지붕형 연소실은 연소실의 표면적이 작고 열효율이 좋기 때문에 연소 효율이 향상한다.

또 흡배기 밸브 면적을 실린더 보어에 대해 최대가 되도록 만들 수 있기 때문에 고출력 엔진에 최적의 연소실이다.

지붕형 연소실은 그림에 보인 것처럼 연소실의 꼭지각을 90° 정도로 하고 밸브를 기울여서 장치하는 것으로 압축비를 높이기 위하여 피스톤 헤드를 우산 모양으로 만든다.
이와 같이 하면 밸브 기구가 크랭크 축 방향으로 배열되므로 간단해지지만, 피스톤 중량이 우산 모양으로 만든 것만큼 늘어나 관성력이 커지게 되어 고속 회전에는 부적합하다.

2.4 피스톤

1. 피스톤의 역할과 조건

피스톤은 실린더 내를 왕복하며 팽창 행정에서 고온·고압의 가스 압력을 받아 이것을 커넥팅 로드를 거쳐서 크랭크 축에 회전력을 주는 것이다.
또한 피스톤 헤드는 2000℃ 이상의 연소 가스에 노출되고, 그밖에 40~60kgf/cm^{2}의 압력을 단시간에 충격적으로 받을 뿐 아니라 실린더 내를 고속도로 운동하므로 실린더 벽과의 사이에 강한 마찰이 생긴다.

따라서 피스톤은 이상의 악조건 아래에서 그 기능을 완전히 담당하기 때문에 다음의 조건이 요구된다.

① 실린더 내의 폭발 가스 압력을 유효하게 이용할 수 있도록 하고 또한 어떤 온도 조건에서도 가스 누설이 없는 구조일 것
② 실린더 벽과의 마찰을 줄이고 기계적 손실을 최소한도로 할 수 있도록 적당한 윤활이 이루어질 수 있는 틈새가 있을 것
③ 실린더 벽면을 윤활한 오일이 연소실 내로 침입되지 않는 구조일 것
④ 열 때문에 재질의 강도가 저하하거나 적열에 의해 이상 연소가 일어나는 것을 방지하기 위하여 열전도가 잘되고 강도가 충분할 것
⑤ 실린더 내를 고속도로 왕복 운동하므로 관성에 의한 동력 손실을 줄이고 그밖에 순응성을 양호하게 하기 위하여 가능한 한 가벼울 것

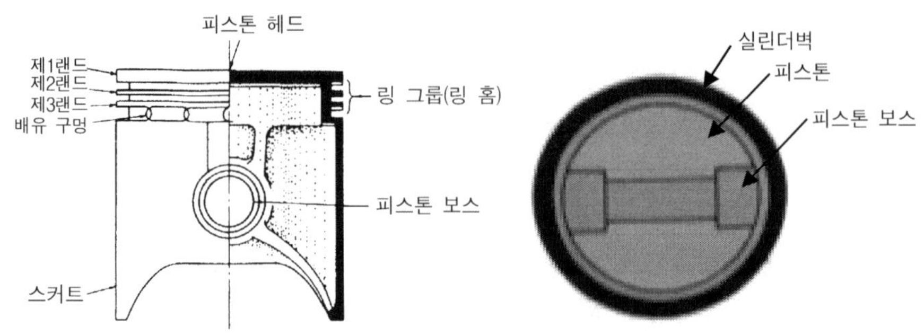

그림 2.27 피스톤의 구조

2. 피스톤의 구조·기능

피스톤은 그림 2.27과 같은 구조의 것으로 그 헤드부는 연소실의 일부를 형성하는 실린더와 같은 고온을 받지만, 냉각수나 외기로 직접 냉각할 수 없다.

이런 연유로 실린더에 비해 그 팽창 비율은 훨씬 크다.

따라서 피스톤의 설계 치수는 온도의 차이에 의한 팽창을 고려하여 헤드부의 지름은 스커트부의 지름보다 약간 작게 되어 있다.

피스톤의 상부 주위에는 3~4개의 피스톤 링(Piston Ring)을 장치하여 기밀을 유지하고 동시에 오일이 연소실로 들어가는 것을 방지하고 있다.

이 링이 끼워지는 홈을 링 그루브(Ring Groove), 홈과 홈 사이를 랜드(Land)라고 부르며 위로부터 순서대로 제1랜드, 제2랜드… 라고 한다.

오일 링을 넣는 그루브에는 과잉의 오일이 피스톤 안쪽으로 빠져나가도록 배유구 구멍이 뚫려 있다.

피스톤 헤드의 뒷면에는 립(Rib)이 붙어 있으며 이것은 피스톤 헤드의 열을 신속하게 피스톤 링과 피스톤 스커트부로 전달함과 동시에 피스톤의 보강에 도움을 준다.

또한 피스톤 헤드는 피스톤이 상사점에 도달했을 때 실린더 헤드 내면과의 사이에 필요한 연소실을 형성하므로 피스톤 헤드의 형상은 연소실의 형상에 따라 정해진다.

연소실의 형상은 앞에서 설명한 것처럼 연소를 잘되게 하여 엔진의 성능을 향상시키도록 연구되어 있으나 그 방법으로서 압축 행정의 말기에 강한 와류를 일으키는 방법이 채용되고 있다.

압축시에 와류를 생성하는 데는 피스톤 헤드의 형상이 크게 영향을 미치게 된다. 그림 2.28과 같이 피스톤이 상사점에 도달했을 때 피스톤 헤드와 실린더 헤드 내면과의 틈새가 작은 부분(Squish Area)을 설치하여, 피스톤이 상사점에 가까워 졌을 때 혼합 가스가 그 부분에서 밀려 나가 와류를 생성하도록 되어 있다.
반구형 연소실의 엔진에서는 그림 2.28(a)와 같이 피스톤 헤드를 반구형 또는 원뿔형으로 만들어 실린더 헤드의 반구면에 접근시켜 넓은 면적의 스쿼시 에리어를 설치하고 있으나, 이 피스톤의 결점은 특수한 가공이 필요한 것이다.
쐐기형, 욕조형 연소실은 제작이 용이하고, 수열 면적이 가장 작은 편평형 헤드의 피스톤이 많이 사용되고 있어 타이밍 벨트가 끊어지면 피스톤과 밸브의 충돌우려가 높다.
그림 2.28(b)는 쐐기형의 일 예이다.

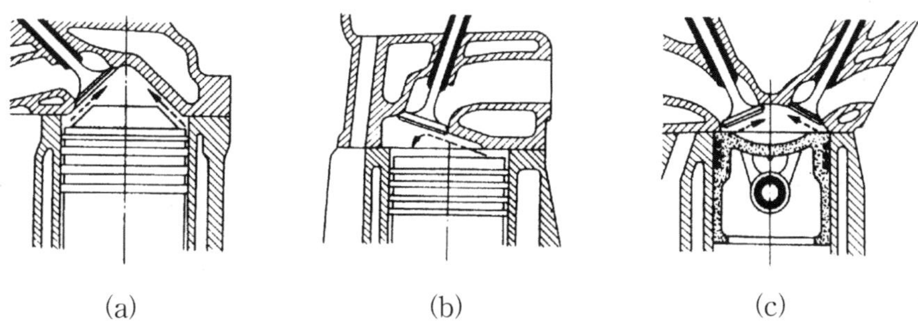

(a) (b) (c)

그림 2.28 피스톤 헤드의 형상과 연소실

그림 2.28(c)와 같이 헤드부가 반구형으로 오목한 피스톤을 사용한 경우에는 연소실의 형상을 구형에 가깝게 할 수 있다. 따라서 압축 혼합기의 냉각 면적이 연소실 용적에 비해서 가장 적어지며 열손실이 적고 온도 분포의 상태도 좋아진다. 그러나 피스톤의 제작이 곤란해지고 또한 와류의 효과가 적은 것 등의 결점이 있다. 한편 고압축비 엔진에서는 흡·배기 밸브와의 접촉을 방지하기 위하여 그림 2.29와 같이 피스톤 헤드에 밸브 릴리프(초승달형 오목)를 설치한 것도 있다.

$$\text{피스톤의 평균속도 } V_s = \frac{2LN}{60} = \frac{LN}{30} \text{m/sec}$$

V_s : 피스톤 평균 속도(m/sec)
L : 피스톤 행정
N : 기관 회전수

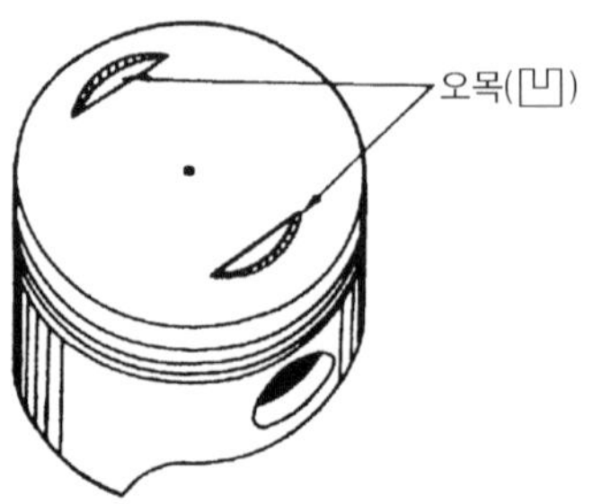

그림 2.29 밸브의 릴리프

3. 피스톤 클리어런스(Piston Clearance)

피스톤은 엔진이 작동중에 열팽창함으로 이 팽창을 미리 감안하여 상온에서 실린더와의 사이에 어느 정도 틈새를 설치하고 있다.

이것을 피스톤 클리어런스라고 하며 실린더 내경과 피스톤의 최대 외경과의 차이로 나타낸다.

클리어런스가 너무 작으면 실린더와의 사이에 타붙음이 발생한다.

반대로 클리어런스가 너무 크면 압축 압력의 저하, 블로 바이, 오일 올라감, 희박 등의 원인이 될 뿐만 아니라 피스톤 슬랩이라는 이상음이 발생한다.

피스톤 슬랩은 피스톤 사이드 노크(Piston Side Knock)라고도 말하며 이것은 다음과 같은 원인에 의해 일어난다.

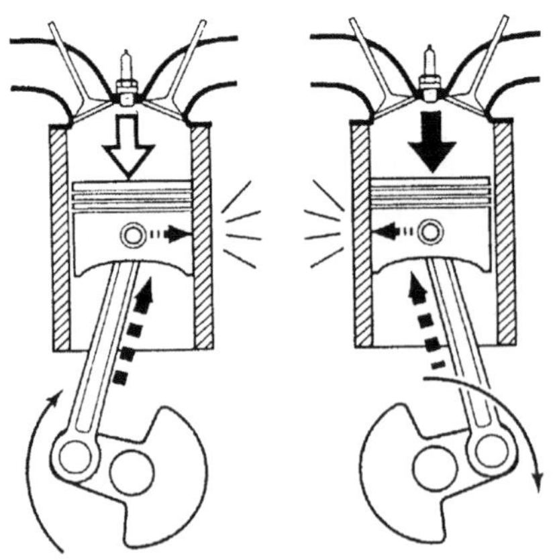

그림 2.30 사이드 스러스트

실린더 벽에 접한 피스톤 스커트부는 커넥팅 로드의 경사에 의해 생기는 사이드 스러스트(Side Thrust)를 받아 피스톤의 직선 운동을 정확하게 유지하는 작용을 하고 있지만 피스톤 클리어런스가 있기 때문에 피스톤이 운동 방향을 바꿀 때 실린더 벽에 충격을 준다. 이것이 피스톤 슬랩이다.

4. 피스톤의 재질

현재 앞에서 설명한 조건을 만족하는 가장 적절한 피스톤으로 알루미늄 합금 피스톤이 사용되고 있다.

알루미늄 합금 피스톤은 경량으로 고속 회전에 적당하고 열전도는 잘되지만 열팽창율이 크기 때문에 형상이나 구조에 여러 가지 연구가 되어 있다.

예를 들면, 피스톤 헤드는 가열되어 팽창하는 정도가 크므로 스커트부보다 작게 만들어져 있다.

또한 피스톤 보스부는 살 두께가 작동중에 고온을 받으면 다른 부분보다 팽창이 크기 때문에 그림 2.31과 같이 피스톤 보스 방향의 지름이 그 직각 방향의 지름보다 작게 만들어져 있다.

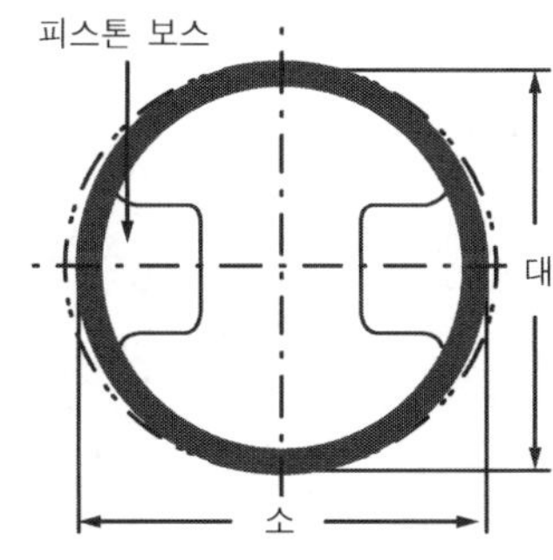

그림 2.31 피스톤의 치수

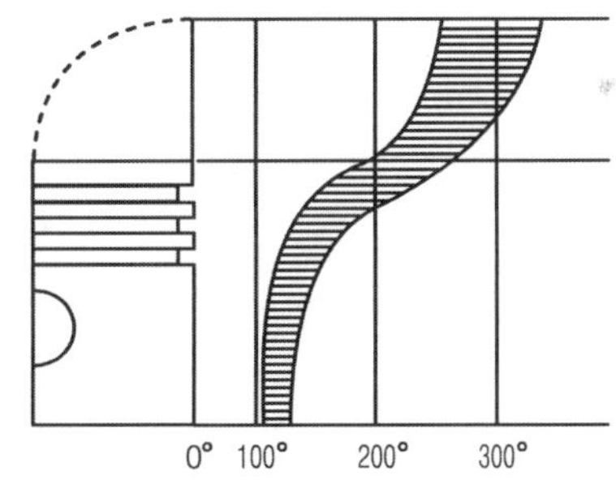

그림 2.32 피스톤의 온도 분포

또한 피스톤 보스부의 열팽창을 작게 하기 위하여 열팽창 계수가 작은 강(Steel)을 보스부에 주입한 것과, 중량을 가볍게 하기 위하여 스커트부를 부분적으로 떼어 낸 것이 있다.

현재 사용되고 있는 알루미늄 합금 피스톤용 재료로는 강계의 Y합금(Cu+Mg+Ni+Al)과 규소계의 로엑스(Cu+Mg+Ni+Si+Fe+Al)의 2종류가 있다.

Y합금은 알루미늄, 동, 니켈을 주성분으로 하는 대표적인 주물용 경합금으로서

열전도가 잘 되고, 내열성, 즉 온도 상승에 따른 고온에서의 강도, 경도의 감소가 적으며 피스톤 재료로서 뛰어나지만, 로엑스에 비해 비중과 열팽창 계수가 큰 결점을 가지고 있다.

로엑스(Lo-Ex)는 알루미늄과 규소에 소량의 동·니켈을 첨가한 경합금으로, Y합금보다 내열성이 약간 떨어지지지만 비중과 열팽창 계수가 적고 주조성이 뛰어나므로 현재 가장 많이 이용되고 있다.

5. 알루미늄 합금 피스톤의 형상과 종류

피스톤의 재질로는 중량이 가볍고 열전도성이 좋은 알루미늄 합금이 사용된다는 것은 이미 설명했지만 알루미늄 합금은 열팽창 계수가 크므로 상온에서 피스톤 클리어런스를 크게 주어야 한다.

피스톤 클리어런스가 크면 피스톤 슬랩이 급격하게 늘어나고 또한 오일 소비도 많아진다.

특히 운전의 정숙성이 중요시되는 승용차용 엔진에서는 피스톤 클리어런스를 작게 하여 피스톤 슬랩을 적게 하는 것이 요구된다.

그 때문에 알루미늄 합금 피스톤은 열팽창과 기계적 변형을 고려하여, 스커트부는 여러 가지로 연구를 하여 최소 클리어런스를 얻도록 설계되어 있다.

이 때문에 피스톤의 형상도 여러 가지가 있으며 일반적으로 다음과 같이 분류할 수 있다.

1) 캠 그라운드 피스톤(Cam Ground Piston)

피스톤 스커트부는 피스톤 핀 보스부나 각부의 살 두께의 불균형으로 고온 변화에 의해 복잡한 형상 변화를 한다.

특히 보스쪽은 하중에 의해 변형을 일으키고, 또한 피스톤 핀의 마찰에 의해 온도가 높아져서 스러스트쪽 보다 열팽창이 커진다.

그 때문에 상온에서는 보스 방향을 작은 타원형으로 만들어서 온도 상승에 따라 보스 방향의 지름이 증대하여 표준 온도가 되었을 때 비로소 진원에 가깝도록 만들어져 있다. 현재의 합금 피스톤은 대부분 이 형식이다.

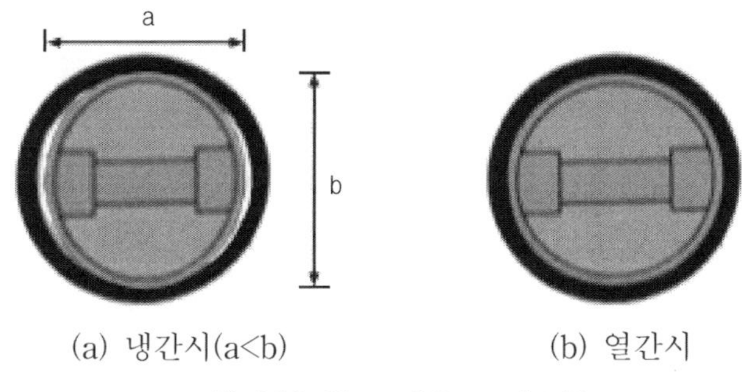

(a) 냉간시(a<b) (b) 열간시

그림 2.33 캠 그라운드 피스톤

2) 솔리드 피스톤(Solid Piston)

솔리드 피스톤은 스커트부가 통모양으로 피스톤 상중하의 지름이 동일한 피스톤으로 슬릿이 없으며 열팽창에 의한 여유가 없으므로 모든 운동 조건에서 적절한 피스톤 클리어런스를 유지할 수 없지만, 기계적 강도가 높으므로 정숙성을 원하는 것보다 가혹한 조건에서 사용되는 엔진에 주로 사용되고 있다.

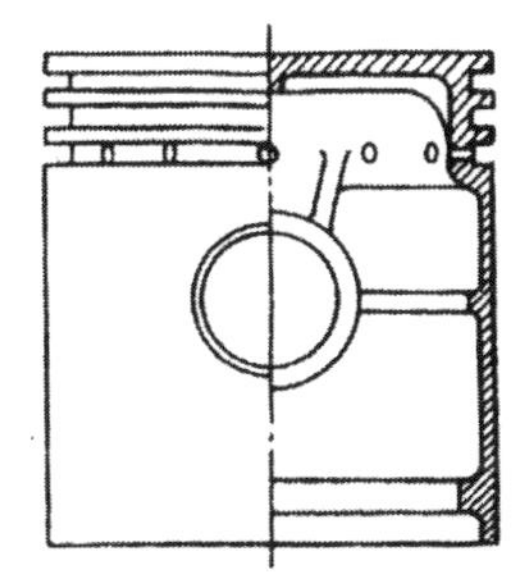

그림 2.34 솔리드 피스톤

3) 슬리퍼 피스톤(Slipper Piston)

슬리퍼 피스톤은 측압이 걸리지 않는 쪽의 스커트부를 떼어낸 형으로 중량을 늘리지 않고 스러스트의 접촉 면적을 크게 하여 피스톤 슬랩을 작게 한 것으로서 고속 엔진용으로 널리 사용된다.

또한 하사점에서 크랭크 축의 평행추와 접촉되는 것을 방지할 수 있어 커넥팅 로드 길이를 짧게 할 수 있다. 그러나 스커트부를 떼어낸 부분에 오일이 괴어 오일이 올라오는 원인을 만들기 쉬운 결점이 있다.

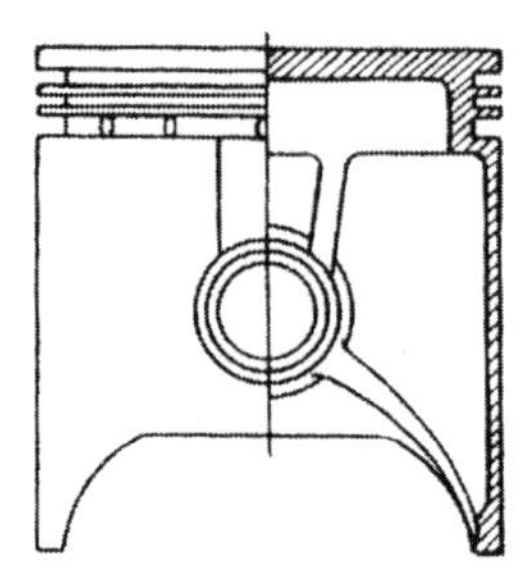

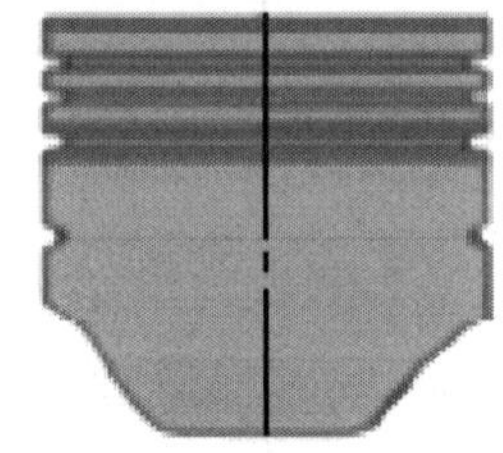

그림 2.35 슬리퍼 피스톤

4) 스플릿 피스톤(Split Piston)

스플릿 피스톤은 측압이 작은 쪽의 스커트 상부에 가로방향 슬롯을 설치하여 스커트부로의 열의 흐름을 제한하여 온도가 상승하지 않도록 하고 있다.

또한 스커트부에도 세로 방향으로 슬롯을 넣어 탄성을 가지게 하는 것과 동시에 열팽창이나 측압에 의한 변형을 흡수하고 피스톤 클리어런스를 작게 할 수 있는 피스톤이 있다.

이 슬롯의 형상에는 U형, T형 등이 있다.

슬롯의 끝 부분은 둥근형상을 갖게 되며 응력 집중을 피하도록 하고 있지만 강도면에서는 불리하다.

그러나 제작이 용이한 것과 피스톤 슬랩이 적은 것, 오일 제어가 쉬운 점 등의 이점이 있다.

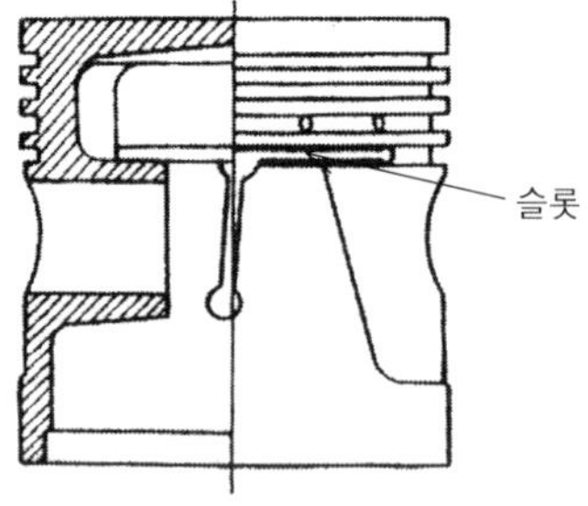

그림 2.36 스플릿 피스톤

5) 인바 스트럿 피스톤(Invar Strut Piston)

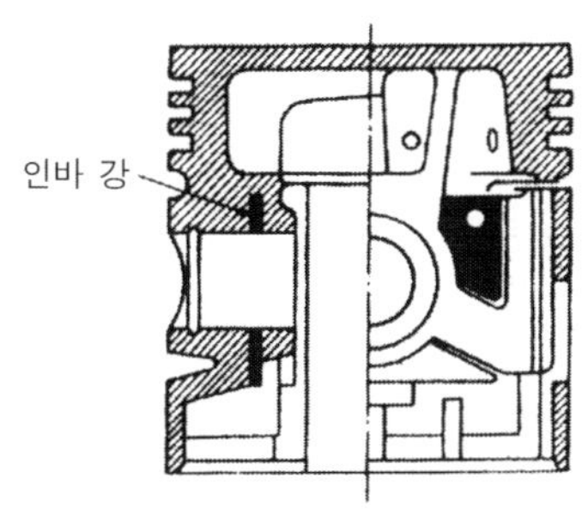

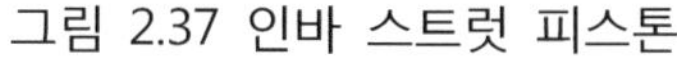

그림 2.37 인바 스트럿 피스톤

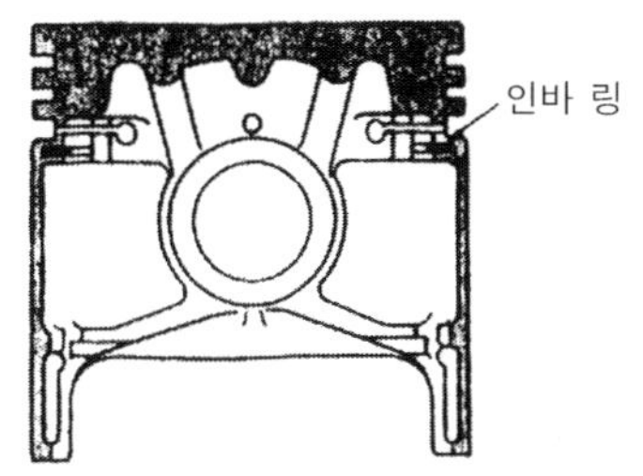

그림 2.38 인바 링 피스톤

인바 스트럿 피스톤은 그림 2.37과 같이 열팽창 계수가 매우 작은 인바라고 불리는 니켈 합금강의 스플릿을 피스톤 핀 보스부에 일체 주조하거나, 또는 그림 2.38에서 보여주는 것과 같이 인바제의 링을 피스톤 스커트의 상부에 일체 주조한 것이다.

인바강에 의해 알루미늄 합금 피스톤의 열팽창을 제한하여 각 사용 온도에서 항상 피스톤 클리어런스를 적절하게 유지할 수 있도록 한 것이다.

따라서 제작은 곤란하지만 열팽창에 의한 변형이 적고 운동이 정숙하며 수명도 길어지는 특징이 있다.

6) 오프셋(Off Set) 피스톤

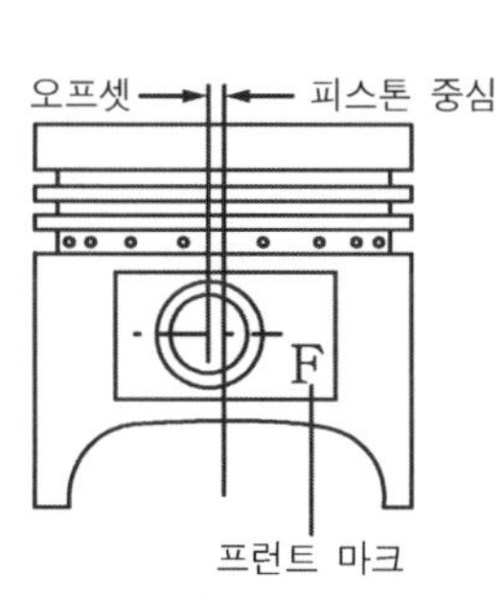

그림 2.39 오프셋 피스톤

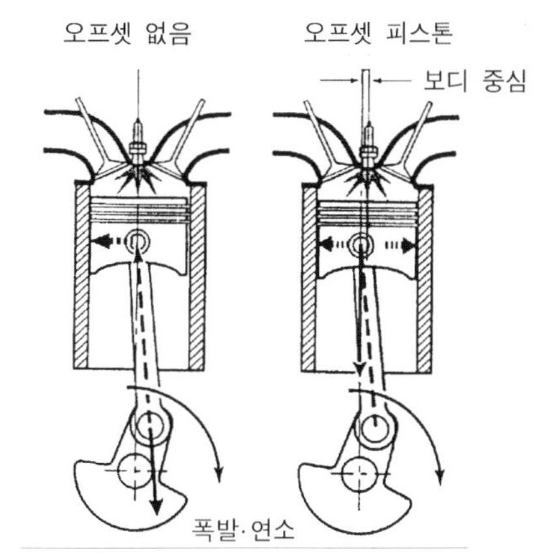

그림 2.40 오프셋 피스톤의 작용

피스톤 핀을 피스톤 보어 중심선으로부터 스러스트쪽으로 1~2.5mm 정도 편위시킨 편심 피스톤이 일반으로 사용되고 있다.
측압이 걸려 있지 않은 오른쪽에 압력을 걸어서 상하의 피스톤으로 균등화하므로 왼쪽으로 핀을 오프셋시킨다.
이렇게 함으로써 실린더와 피스톤의 슬랩을 감소시킨다.

7) 오프셋 크랭크

피스톤 핀을 0.5mm 정도 오프셋(편위)하여 크랭크 축 중심을 실린더 보어 중심선으로부터 10mm 정도 편위시킨다.
이 오프셋에 의해서 연소 압력이 피스톤 상사점 후 커넥팅 로드에 똑바로 걸려서 크랭크 축에 전달되어 이것으로 스러스트 쪽에 걸리는 힘을 감소시킨다. 이것을 오프셋 실린더라고도 한다.

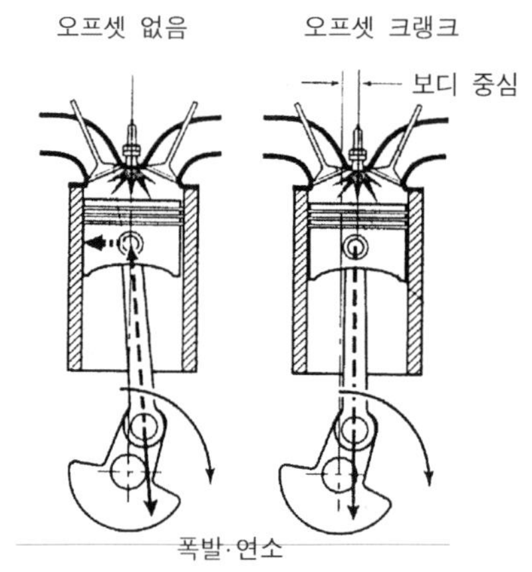

그림 2.41 오프셋 크랭크의 작용

8) 피스톤 링

(1) 피스톤 링의 역할

피스톤 링은 적당한 탄성이 필요하기 때문에 원의 한쪽이 개방되어 있는 주철제 또는 강제의 링으로서 피스톤 링 그루브(Groove)에 끼워져 있다.

자동차용 가솔린 엔진에는 일반적으로 2개의 압축 링과 1~2개의 오일 링이 사용된다.
또한 2개의 오일 링을 사용하는 경우에는 이중 1개를 스커트 하부에 장착시킨다.

① 압축 링 : 압축과 팽창 가스 압력에 대해서 연소실의 기밀 유지
연소실로부터 크랭크 케이스로 팽창 가스의 누설방지
피스톤이 받은 열을 실린더벽에 전달하여 냉각작용
② 오일 링 : 실린더 벽에 뿌려진 오일을 긁어내려 필요 최소한의 유막을 만들고 동시에 남은 오일이 연소실로 침입해서 올라가는 것을 방지

(2) 피스톤 링의 형상

피스톤 링의 형상은 그림 2.42와 같이 내원과 외원이 동심원으로 되어 있다.

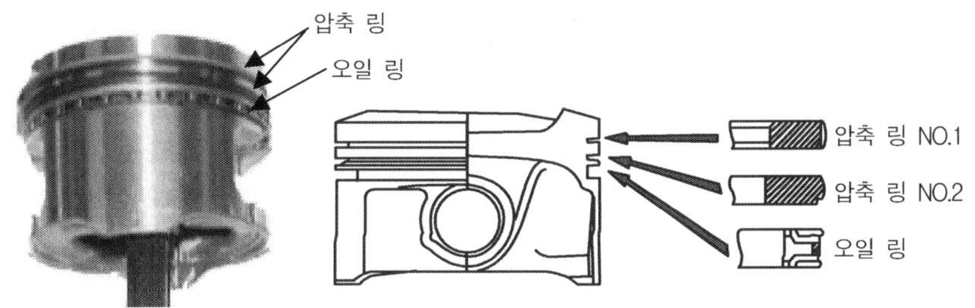

그림 2.42 피스톤 링의 형상

그림 2.43에서는 각 행정에 따른 압축 링의 작동형태를 보여주고 있다.
압축 링은 기밀 작용 외에 일부 오일을 긁어내리는 작용도 하기 때문에 단면 형상은 그림 2.44와 같이 여러 가지로 고안되어 있다.
이중에서 세컨드 압축 링에 주로 이용되는 이음매 형상을 그림 2.45에서 보여주고 있다.
테이퍼형⑤는 실린더와의 접촉면을 될 수 있는 한 작게 하여 단위 면적당 압력을 증가시키도록 작용한다.
언더 컷형(Under Cut Type)⑥은 링의 접동면 하단을 떼어내 피스톤의 상하 운동에 따라 링이 약간 휘게 되며 오일을 긁어내는데 유리하게 작용한다.
또한 이너 베벨형 링(Inner Bevel Type)⑦도 마찬가지이다.

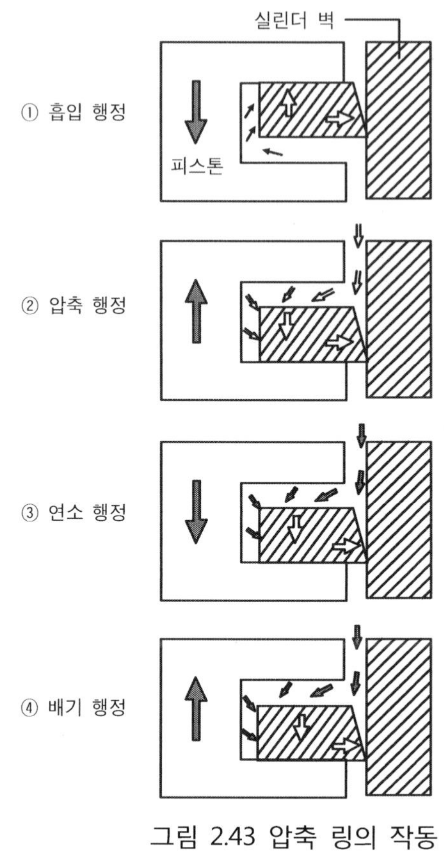

그림 2.43 압축 링의 작동

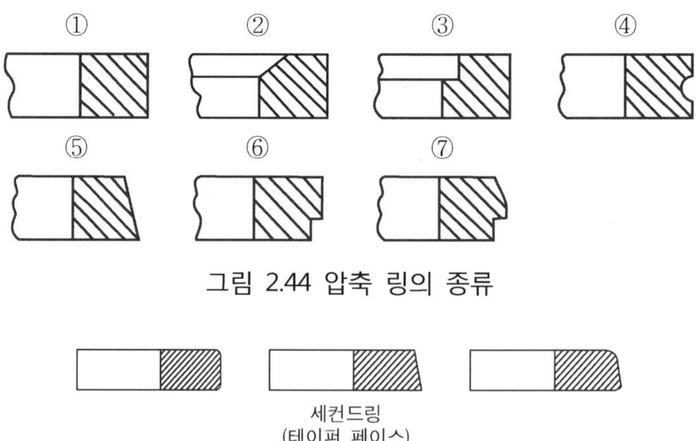

그림 2.44 압축 링의 종류

그림 2.45 세컨드 압축 링의 이음매 형상

오일 링은 그림 2.46에서 보여주는 바와 같이 그 단면이 반대(ㄷ) 자형을 하고 있어, 실린더 벽에서 긁어낸 과잉 오일을 바닥에 설치한 오일 구멍 또는 홈의 오일 홀을 통해 피스톤 안쪽으로 흘러 떨어지도록 되어 있다.

또 엔진에 고속이 걸리면 오일을 긁어내기가 곤란하게 되므로 링의 장력을 증가시킴과 동시에 유연성을 좋게 하기 위하여 링의 안쪽에 익스팬더(Expander)를 삽입한 것이 있다.

또한 소용량으로 큰 탄력이 생기며 또한 오일의 긁어내는 작용이 양호한 조합 링 등이 많이 사용되고 있다.

피스톤 링은 링의 일부를 절단하여 장력을 유지한 채로 이 절개부(End Gap)를 이용하여 피스톤에 끼워 넣는다.

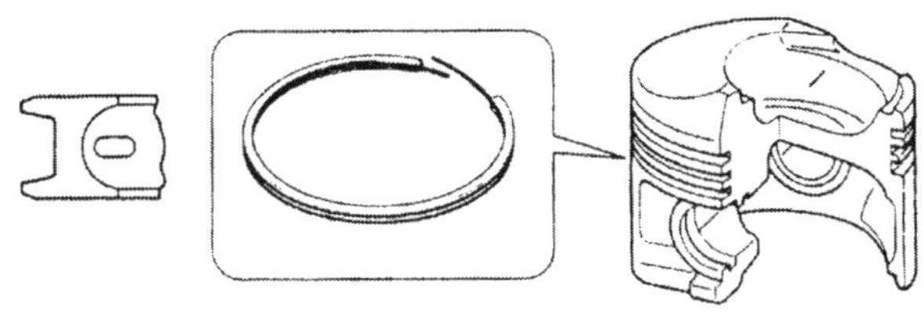

그림 2.46 오일 링

절개부의 형상은 그림 2.47과 같이 세로로 절단한 버트 조인트 타입(Butt Joint Type), 비낌으로 절단한 앵글 조인트 타입(Angle Joint Type), 턱붙임으로 된 랩 조인트 타입(Lap Joint Type) 등이 있다.

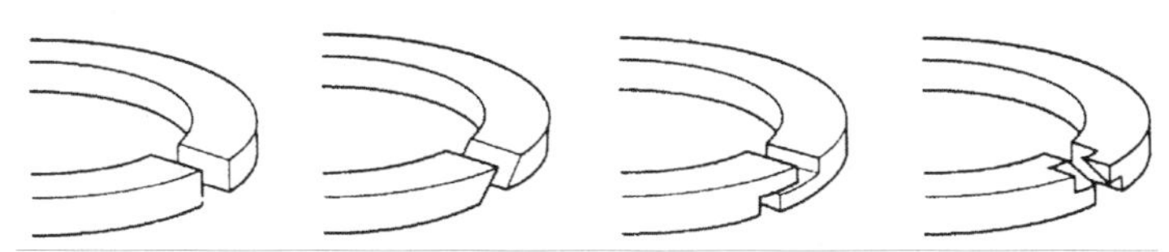

(a) 버트 조인트 (b) 앵글 조인트 (c) 랩 조인트 형

그림 2.47 링 이음의 형상

현재는 제작이 용이한 버트 조인트 타입(맞대기 이음)이 많이 사용된다.

절개부의 틈새가 너무 크면 가스 누설을 일으킨다.

반면 절개부의 틈새가 너무 작으면 열 팽창했을 때 절개부가 맞닿게 되어 파손되거나, 외경이 커져 실린더 벽에 긁힘 상처를 내거나 타붙음을 일으키기 쉽다.

이들 틈새는 모두가 피스톤이 고온이 되었을 때 팽창을 고려하여 최량의 상태로 조합시키지 않으면 엔진의 성능이 저하한다.
따라서 이들 절개부에서의 틈새와 링 그루브와의 틈새는 각 메이커마다 지정된 값이 주어지고 있다.

(3) 피스톤 링의 재질

피스톤 링은 피스톤에 장치하여 실린더에 조립했을 때, 그 바깥 외주가 원형을 유지하고 실린더 벽에 균등한 면압을 줌으로써 고온에서도 탄력을 잃지 않아야 한다.
따라서 마모가 적으며 제작이 용이한 것이 필요하다.
재질은 주로 조직이 미세한 특수 주철로 주조되고 있다.
링의 상하면은 연마하거나 랩 다듬질하며 미끄럼 면은 연마 또는 바이트(Bite) 가공을 한다.
미끄럼 면이 연마되면 길들임성은 나쁘지만, 마모가 덜 되고 높은 경도를 요구하는 경우에 사용하며, 바이트 가공은 길들임이 빠르고 바이트 자국에 오일이 괴어 윤활성의 유지가 잘 된다.

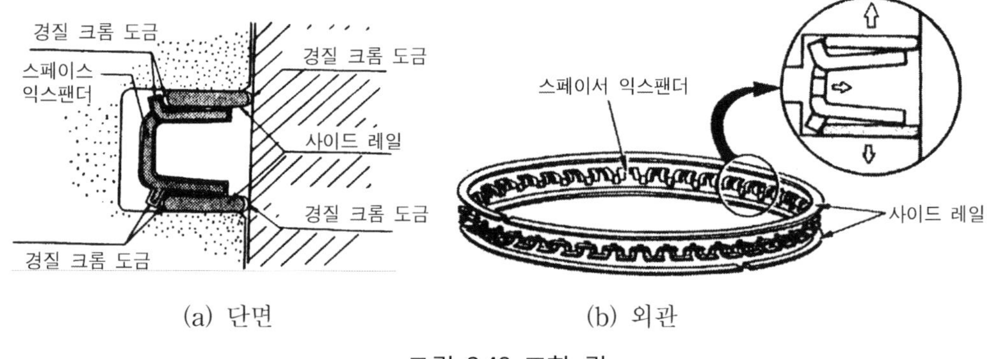

(a) 단면 (b) 외관

그림 2.48 조합 링

미끄럼 면에는 길들임성을 좋게 하는 목적과 마모를 경감하기 위해서 여러 가지 표면처리를 한다.
그 일례로서 페록스 코팅과 파커라이징이 있지만, 이들은 산화철, 인산염 그라파이트에 의해 초기 길들임성을 좋게 하고 녹방지를 하고 있다.
또한 경질 크롬 도금 링은 매우 단단해서 내마모성이 뛰어날 뿐 아니라, 크롬은 주철과 밀착되지 않으므로 링을 갉아먹지 않는 등의 이점이 있지만, 초기의 길들임성이 좋지 않은 결점이 있다.

그림 2.49 다공질 가공 크롬 도금 표면 형상

이와 같은 장단점이 있어 현재는 경질 크롬 도금의 표면에 또다시 액체 호닝이나 연질 금속 도금 또는 다공질 가공 처리 등을 하여 초기 길들임성을 좋게함과 동시에 내마모성을 향상시키고 있다.

9) 피스톤 핀

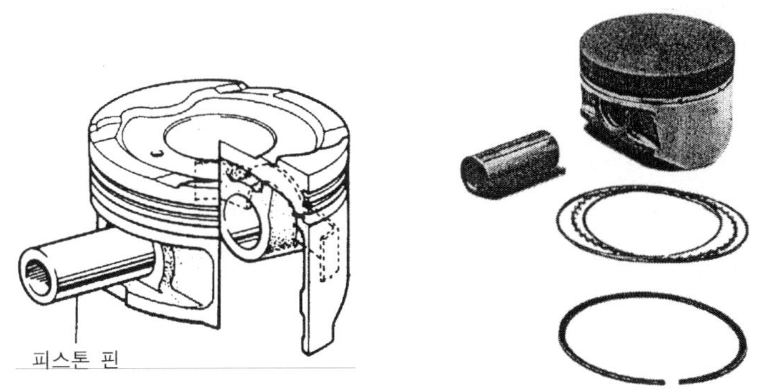

그림 2.50 피스톤 핀

(1) 피스톤 핀의 역할과 조건

피스톤 핀은 피스톤과 커넥팅 로드를 연결하는 것으로 피스톤이 받는 큰 힘을 커넥팅 로드를 통해 크랭크 축에 전달하고, 동시에 피스톤과 함께 실린더 속에서 고속으로 왕복 운동을 한다.

따라서 피스톤의 경량화라는 대명제로 인해 가벼울 것이 요구된다.

또한 항상 변화하는 고하중에 견딜 수 있는 큰 강도가 필요하다.
그 외에 피스톤 핀 또는 커넥팅 로드의 베어링부와 접동하므로 내마모성이 뛰어나야 한다.
이와 같은 점을 충족시키기 위한 재질에는 탄소 표면 경화강 또는 니켈 크롬강이 주로 사용되며, 표면을 경화시켜 마모에 견디도록 하고 내부는 경화시키지 않고 질긴 성질을 만들어야 한다.
표면은 담금질한 후 연마 또는 랩 다듬질로 매끈하게 다듬질하여 피스톤 보스부에 결합한다.

(2) 피스톤 핀의 장착 방법

피스톤 핀은 피스톤 핀 보스부에 끼워지며 커넥팅 로드의 소단부(Small End)에 결합하는데, 이 장착 방법에는 다음과 같은 것이 있다.

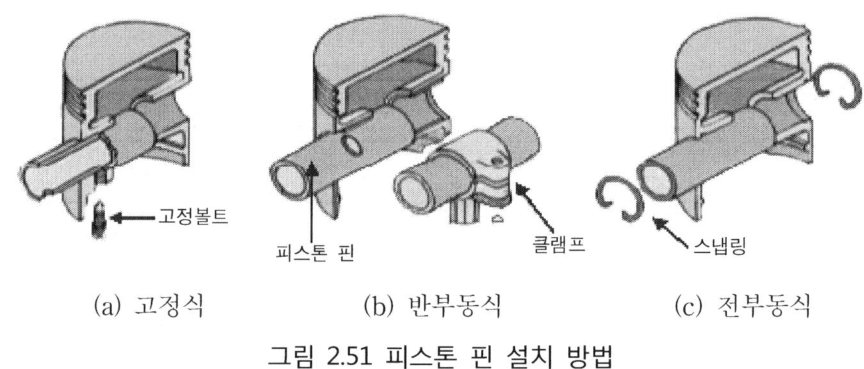

(a) 고정식 (b) 반부동식 (c) 전부동식

그림 2.51 피스톤 핀 설치 방법

① 고정식(Lock Type)

이 방법은 그림 2.51(a)와 같이 커넥팅 로드에 동합금의 부시(Bushing)를 끼워 넣어 피스톤 핀이 피스톤 핀 보스부에 고정되어 있어 슬라이딩 운동은 단지 커넥팅로드 소단부 부싱에 의해서만 이루어진다.
이 타입은 내구성이 떨어지는 모형비행기 등에 주로 사용되고 있다.

② 반부동식(Semi-Floating Type)

이 방법은 그림 2.51(b)와 같이 커넥팅 로드의 소단부에 슬로트(Slot)를 만들어 넣어 피스톤 핀과 클램프 볼트(Clamp Bolt)로 죄는 형식이다.

또 다른 형식은 피스톤 핀을 소단부에 프레스로 압입하는 형식도 있다.
어느 형식이건 피스톤 핀과 소단부는 고정되어 있으므로 핀은 피스톤 보스부에서 움직일 수 있게 되어 있다.
이 타입은 크레인 같은 건설장비나 선박용 엔진 등에 사용되고 있다.

③ 전부동식

이 방식은 그림 2.51(c)와 같이 피스톤 핀은 피스톤에도 커넥팅 로드에도 고정되지 않으며 자유로이 회전할 수 있도록 되어 있는 것이다.
이 경우 핀이 빠져나가 실린더에 부딪쳐서 손상을 주지 않도록 양쪽 보스 부에는 홈을 파고 스냅 링(Snap Ring)을 끼워 넣든가 알루미늄 합금의 엔드 와셔(End Washer)를 끼워 넣게 되어 있다.
피스톤 핀 접동 부분의 부시는 고정식의 피스톤 보스부와 반부동 방식 커넥팅 로드의 스몰 엔드 부분에 사용된다.
반면 알루미늄 합금 피스톤의 경우 보스부도 베어링 역할을 할 수 있는 알루미늄으로 되어 있기 때문에 따로 부시는 사용하지 않는다.
이 타입이 자동차와 오토바이 등에 주로 사용되고 있다.

2.5 커넥팅 로드

1. 커넥팅 로드(Connecting Rod)의 역할과 구조

커넥팅 로드는 일반적으로 줄여서 컨로드(Con-Rod)라고 불리며, 피스톤과 크랭크 축을 연결하고 있다.
피스톤 핀에 지지되는 부분을 소단부(Small End), 크랭크 축에 결합되는 부분을 대단부(Big End)라 하며 대단부에는 일반적으로 분할형 평베어링(Plain Bearing)이 사용되고 있다.
커넥팅로드는 압축력, 인장력, 굽힘 등의 하중을 반복해서 받으므로 이들에 충분히 견딜 수 있는 강도와 강성이 있어야 한다.
따라서 재질에는 니켈 크롬강, 크롬 몰리브덴강 등의 특수강을 사용하여 형단조해서 만든다.

기계적인 강도를 크게 하기 위하여 커넥팅로드 자신의 중량을 가볍게 할 목적으로 로드부는 대부분 I형 단면으로 되어 있다.

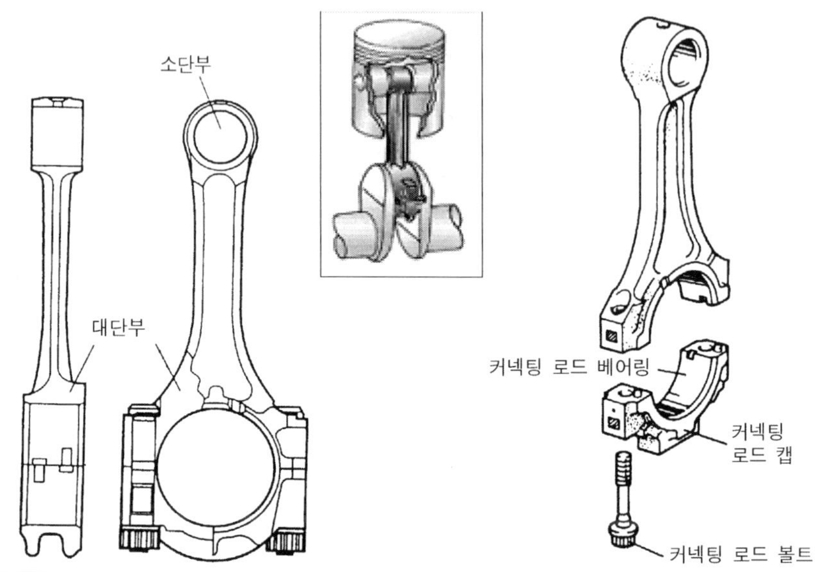

그림 2.52 커넥팅 로드 캡과 베어링

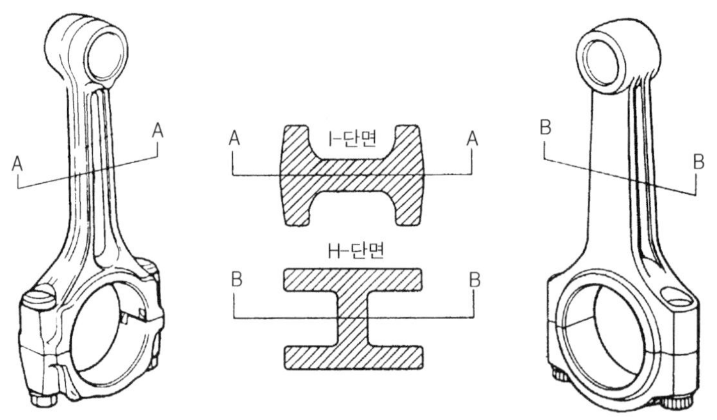

그림 2.53 커넥팅 로드의 형상

소단부 축중심과 대단부 축중심의 거리를 커넥팅로드의 길이라고 하며, 보통 이 길이는 피스톤 행정의 1.5~2.3배 정도이다.

이 길이가 길면 실린더 벽에 미치는 피스톤의 측압력이 작아지며 실린더의 마모를 감소할 수 있는 이점이 있지만, 강도나 중량에서 불리해지며 엔진의 전체 높이도 높아진다.

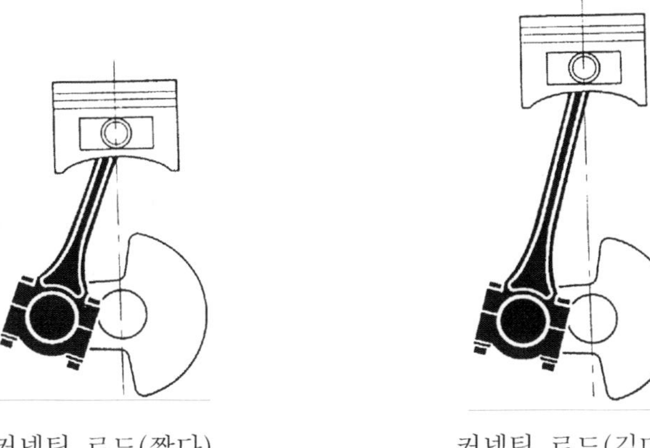

그림 2.54 커넥팅 로드의 길이와 마찰 손실의 관계

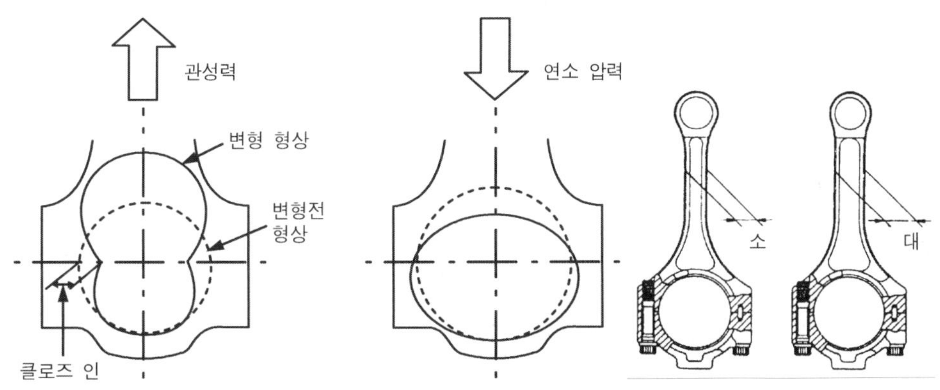

그림 2.55 커넥팅 로드 압력에 의한 변형

컨로드가 짧은 것은 엔진의 높이가 낮아지며, 중량을 가볍게 할 수 있는 이점이 있다. 최근의 엔진은 후자가 대부분 사용된다.

대단부는 크랭크 핀 중심선상에 상하 또는 비낌 상하로 분할되어, 여기에 베어링을 집어넣고 크랭크 핀을 감싸서 볼트로 죈다.

이 베어링을 컨로드 베어링이라고 하는데, 베어링 메탈에는 강제의 백 셀(Back Shell)에 화이트 메탈(White Metal) 또는 켈멧 메탈(Kelmet Metal)을 밀착한 것이 사용되며, 이것을 대단부에 삽입한다.

컨로드 축부에는 대단부, 소단부를 관통하는 오일 구멍이 뚫려 있는 것이 있으며, 이것은 오일에 의한 피스톤의 냉각과 소단부의 윤활 목적으로 하고 있다.

2. 커넥팅 로드와 피스톤을 조합시킨 중량

다실린더 엔진에서는 각 실린더마다 조정된 커넥팅 로드와 피스톤의 중량차가 크면 크랭크 축을 중심으로 한 운동 부분의 중량에 불균형이 생겨 운전중 진동이 커져 각 부에 나쁜 영향을 준다.

따라서 이 중량차는 가능한 한 작은 것이 좋다. 보통, 자동차용 엔진의 경우 중량차는 15~20g 이내로 유지하고 있다.

2.6 크랭크 축과 플라이 휠 및 토셔널 댐퍼

1. 크랭크 축(Crank Shaft)의 역할과 구조

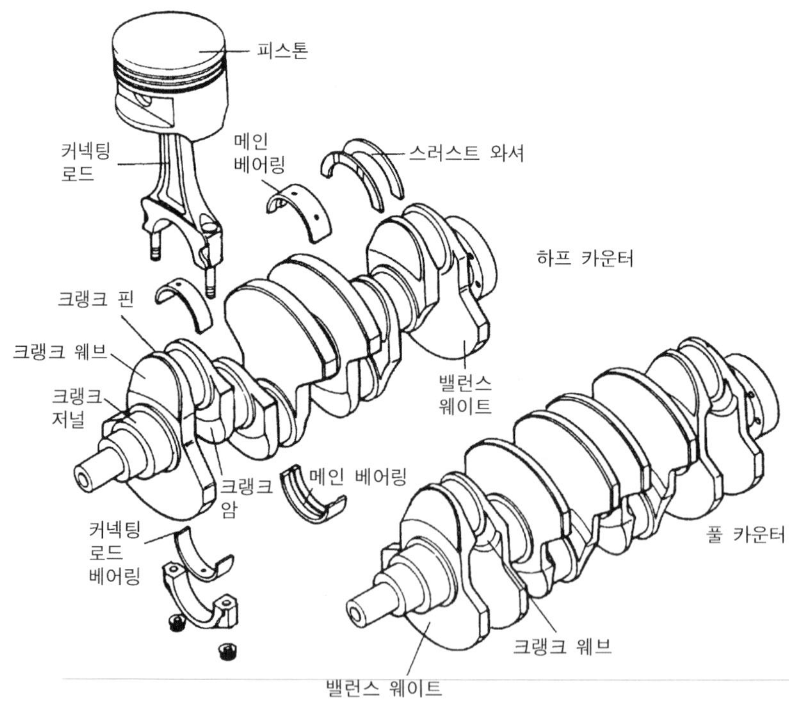

그림 2.56 크랭크 축의 각 부 명칭

크랭크 축은 크랭크 케이스 내에 설치된 메인 베어링(주 베어링)으로 지지되며, 각 실린더의 팽창 행정으로 얻어진 피스톤의 직선적 동력을 커넥팅 로드를 통해서 회전력을 바꾼다.

또한 다른 행정에서는 반대로 피스톤에 운동을 줌으로써 연속적으로 동력을 발생하는 가장 중요한 역할을 하는 것이다.

크랭크 축은 일반적으로 일체 구조로 만들어진 것으로서 크랭크 핀, 크랭크 암, 그밖에 크랭크 저널 등으로 구성되어 있으며, 회전 밸런스를 유지하기 위하여 크랭크 암에 밸런싱 웨이트를 설치하고 있다.

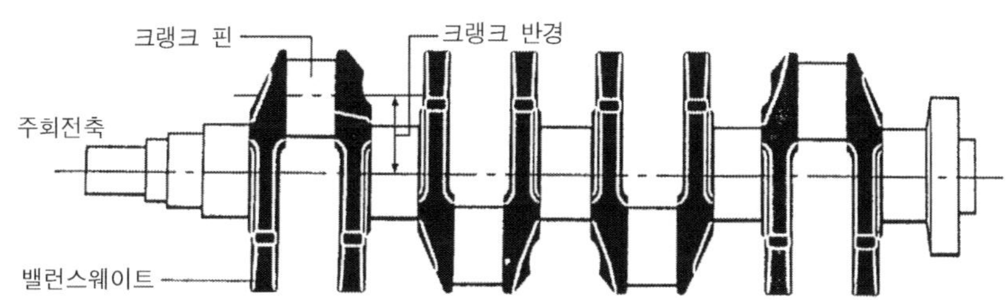

그림 2.57 카운터 웨이트

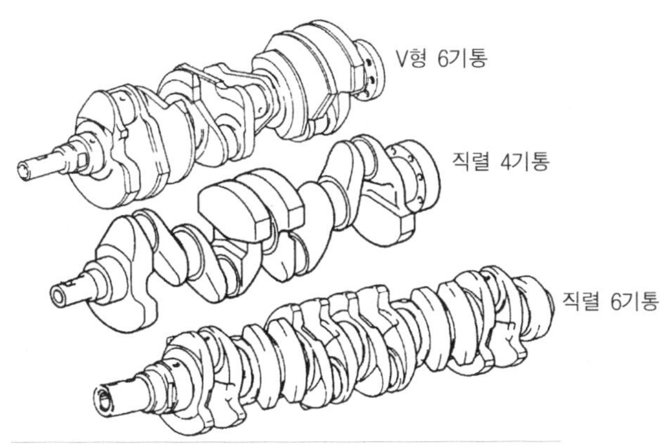

그림 2.58 실린더 배열에 따른 크랭크 축의 형태

또한 크랭크 축 후단에는 플라이 휠을 장치하기 위한 플랜지와 클러치 축(메인 드라이브 축) 선단을 지지하는 파일럿 베어링을 결합하는 하우징이 있다.

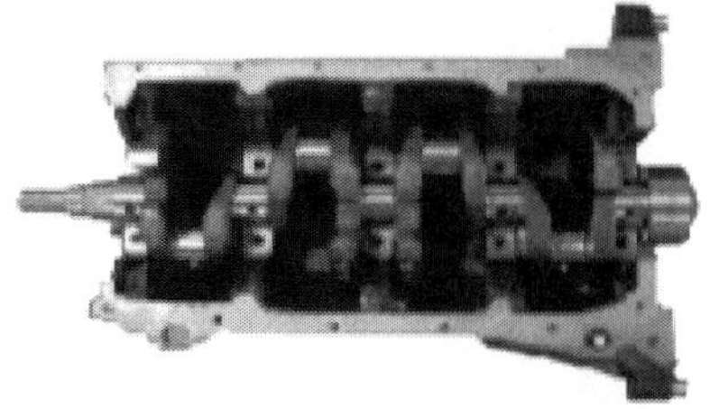

그림 2.59 크랭크케이스와 크랭크 축이 조립된 모양

전단에는 캠 축을 구동하기 위한 타이밍 기어 또는 타이밍 체인 스프로킷과 워터 펌프, 교류 발전기 등을 구동하는 크랭크 풀리가 장치될 수 있게 되어 있다.
기타 크랭크 축 내부에는 커넥팅 로드 베어링과 크랭크 핀 베어링으로 오일을 공급하기 위한 유로가 설치되며, 메인 베어링에 공급된 오일의 일부가 이 유로를 통해서 압송되도록 되어 있다.
또 크랭크 축의 전후단부에서 크랭크 케이스 내의 오일이 외부로 누출하는 것을 방지하기 위하여 전후 베어링의 바깥쪽에 오일 시일을 사용한다.
뒤에는 오일 시일을 사용하지 않고 오일 스링거(오일 디플렉터)와 오일 스토퍼의 조합된 것을 설치하는 것도 있다.

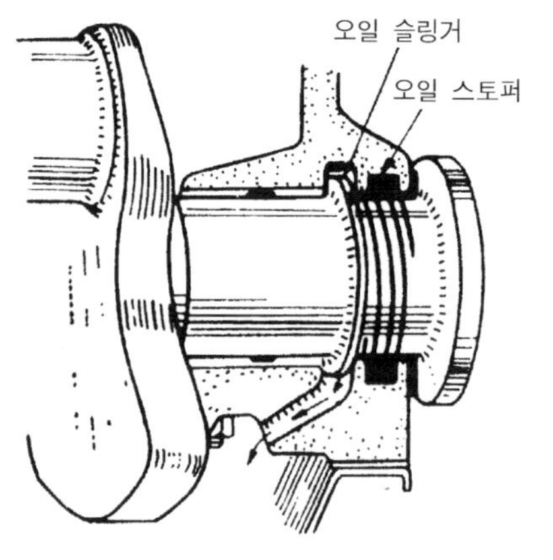

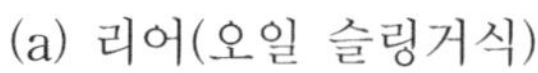
(a) 리어(오일 슬링거식)

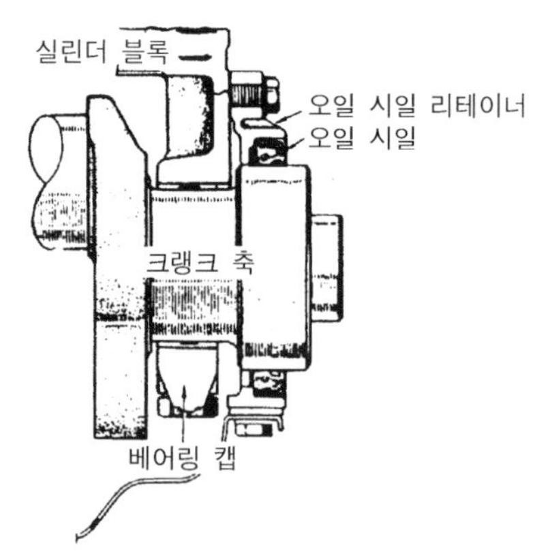

(b) 리어(오일 시일식)

그림 2.60 크랭크 축의 오일 시일

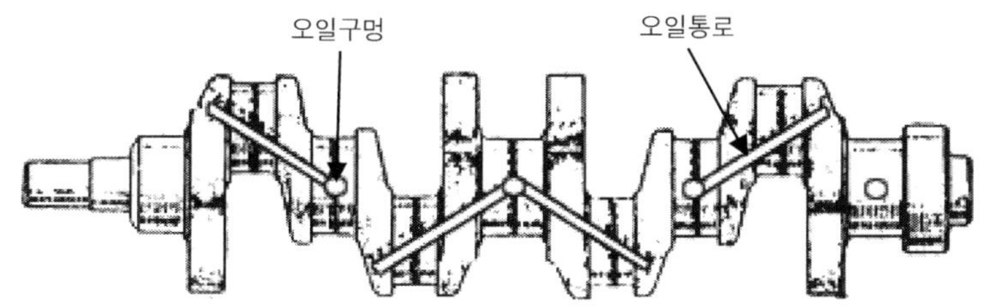

그림 2.61 크랭크 축의 유로

2. 크랭크 축의 재질

크랭크 축은 큰 하중을 받으면서 고속 회전하기 때문에 강도나 강성이 충분해야 하며 내마모성이 크고 여기에 정적·동적 밸런스가 잡혀 있어서 원활하게 회전하는 것이 필요하다.

따라서 재질은 일반적으로 고탄소강, 크롬 몰리브덴강, 니켈 크롬강 등으로 형단조한 것이 사용되었다.

최근에는 엔진의 고속화에 따라 피스톤 행정이 짧아져 축의 강성이 높아지므로 미하나이트 주철이나 구상 흑연 주철 등의 주철제 크랭크 축도 사용하게 되었다.

주철제 크랭크 축은 형단조한 것에 비해 성형이 용이하고 가공 공정이 적으므로 값도 싸고 베어링의 마모가 적으며 진동의 흡수성이 좋다는 등의 이점도 있지만 반면에 고도의 주조 기술이 필요하다.

또 베어링에 켈멧을 사용한 것에는 크랭크 핀, 크랭크 저널(=메인 저널)부의 표면을 2~3mm의 깊이로 고주파 담금질법 등으로 표면 경화를 하여 내마모성을 증가시키고 내부는 경화되지 않은 부분에 대해 인성을 가지도록 하고 있다.

회전 부분의 중량을 경감하기 위하여 크랭크 핀부를 중공(中空)으로 한 크랭크 축도 있지만, 이 경우에는 강성을 저하시키지 않도록 하기 위하여 핀부의 베어링 면적에 대해서 충분히 고려되어야 한다.

3. 크랭크 축의 형상

크랭크 축의 형상은 실린더 수, 실린더 배열, 크랭크 저널의 수, 점화 순서 등에 따라 다르다.

크랭크 축의 전체 길이를 짧게 하기 위하여 상이한 실린더 사이의 저널을 생략하는 것이 있다. 현재 사용되고 있는 크랭크 축의 형상을 실린더 수에 따라 분류하면 그림 2.62~2.69와 같다.

1) 2실린더형

2실린더형의 크랭크 축에는 그림 2.62와 같이 두 가지 형상이 있다. 폭발 간격이 같아지도록 수평 대칭형에는 (a)그림과 같은 형태가 직렬형에는 (b)가 사용되고, 2사이클 엔진일 때는 수평 대칭형은 (b)를, 직렬형에는 (a)를 사용한다.

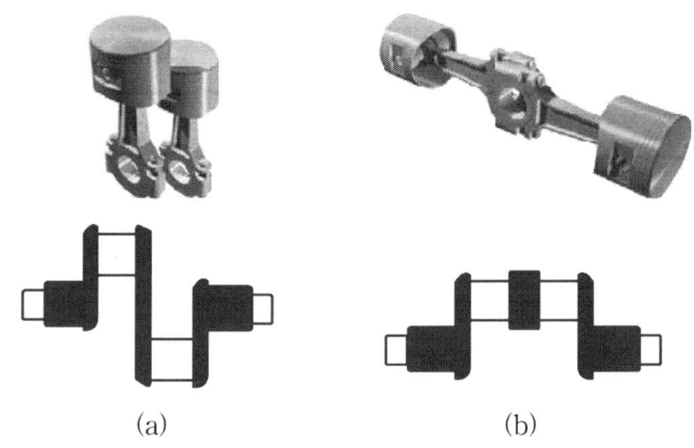

그림 2.62 2실린더의 크랭크 축

2) 3실린더형

3실린더형의 크랭크 축은 그림 2.63에 제시한 것과 같은 형상으로 되어 있으며 각 실린더의 크랭크 암은 120° 간격으로 되어 있다.

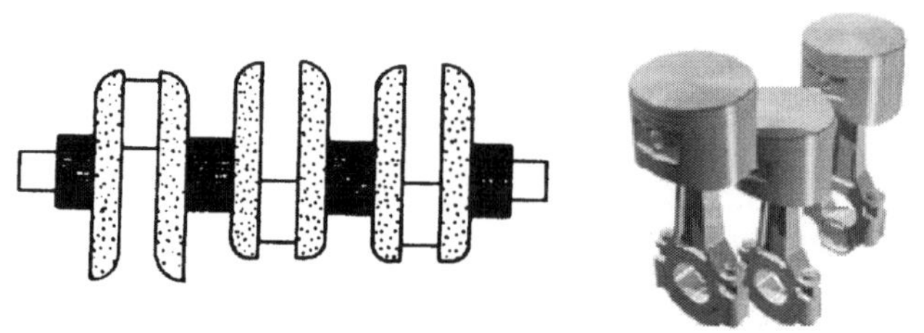

그림 2.63 3실린더의 크랭크 축

3) 4실린더형

4실린더형의 크랭크 축은 예외 없이 크랭크 암이 한 평면상에 있으며 양끝의 크랭크 암에서 180° 각도를 이루고 있다.
크랭크 저널의 수에 따라 그림 2.64와 같은 3종류가 있다.

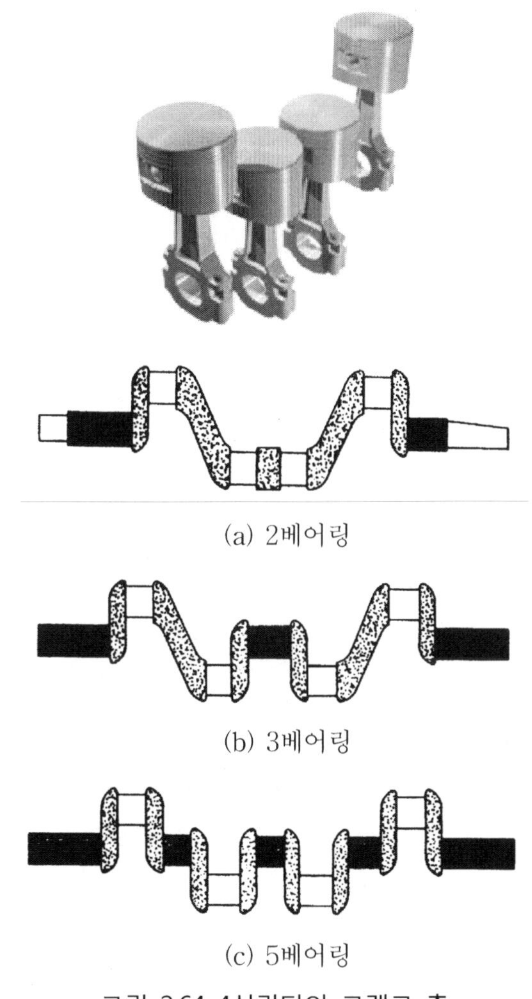

(a) 2베어링

(b) 3베어링

(c) 5베어링

그림 2.64 4실린더의 크랭크 축

2베어링식 크랭크 축은 저널이 양단에만 있으므로 크랭크 축의 전체 길이를 짧게 할 수 있고 공작도 간단하지만, 필요한 굽힘 강도와 강성을 가지게 하기 위하여 각부의 치수가 더불어 커지게 되며 중량이 증가하는 결점이 있다.

3베어링식은 저널이 양끝과 중앙의 3개소에 있으며 2베어링식 보다도 강도, 강성이 커진다.

5베어링식은 각 크랭크 핀의 양끝에 각각 저널을 가진 형상으로 굽힘 모멘트가 작으므로 각 부를 가늘게 만들 수 있다.

따라서 진동이 적기 때문에 정숙하고 크랭크 축의 수명을 연장시키므로 이 형식이 현재 가장 많이 사용되고 있다.

4) 5실린더형

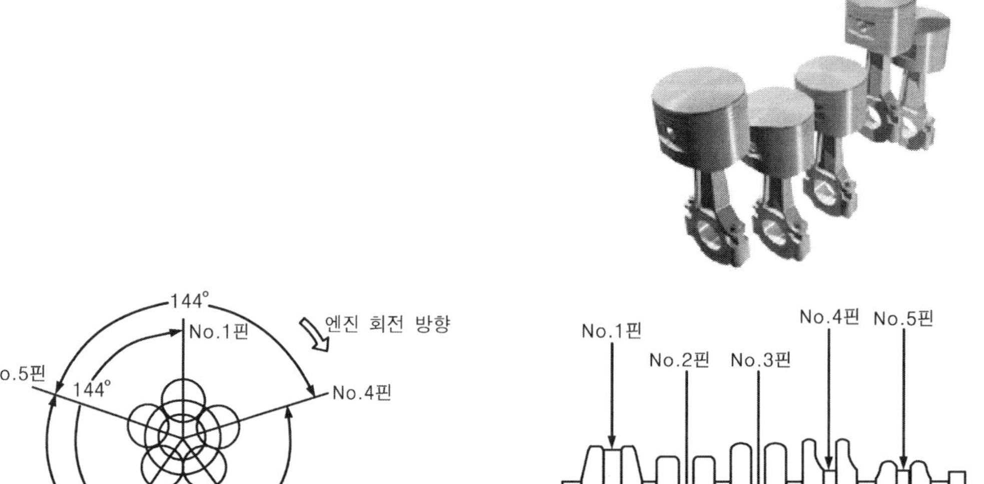

그림 2.65 5실린더 크랭크 축

5실린더의 크랭크 축은 그림 2.65에 제시한 것처럼 No.1~No.5의 크랭크 핀이 5방향으로 나누어져 있다.

각 크랭크 핀이 이루는 각도는 No.1과 No.2 및 No.4와 No.5가 144°이며, No.2와 No.3 및 No.3과 No.4가 72°가 되도록 설치되어 있다. 저널의 수는 6개로 충분한 강도를 유지하게 되어 있다.

5) 6실린더형

(1) 직렬형

6실린더형의 크랭크 축은 No.1과 No.6, No.2와 No.5, No.3과 No.4의 크랭크 핀이 각각 동일 평면상에 각각 120°의 각도로 3방향으로 위치하고 있다.

또한 3방향의 분할 방법에 의해 그림 2.66(a) 및 (b)의 2종류가 있으며, 저널의 수도 4개인 것과 7개의 것이 있다.

6실린더 엔진은 왕복 부분의 관성력이 잘 균형을 이루고 회전이 원활하며 자동차용 엔진으로서의 조건에 맞게 되어 있다.

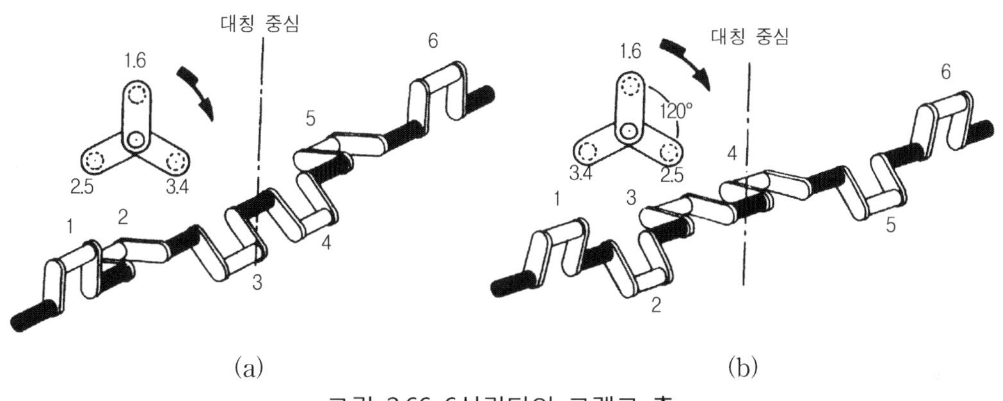

그림 2.66 6실린더의 크랭크 축

(2) V형(60°)

60° V형 6실린더의 크랭크 축은 그림 2.67에 제시한 것처럼 No.1~No.6의 크랭크 핀이 6방향으로 나누어져 있다.

각 크랭크 핀이 이루는 각도는 No.1과 No.2, No.3과 No.4, 및 No.5와 No.6은 60°이며, No.2와 No.3 및 No.4와 No.5는 180°가 되도록 설치되어 있다.

이것은 실린더의 협각을 60°로 했기 때문에 폭발 간격을 크랭크 각도로 120° 마다 하기 위하여 그림 2.68와 같이 크랭크 핀을 60° 오프셋 시켜야 하기 때문이다. 이 때문에 V8 또는 V12형이 하나의 크랭크 핀에 컨로드를 2개씩 장치하여 전체 길이의 단축을 도모하고 있는 것에 비해서 웨브(Web)를 붙이는 정도로 크랭크 축의 전체 길이가 다소 길어지지만, 직렬 4실린더와 거의 같으므로 저널수도 4개로 되어 있다.

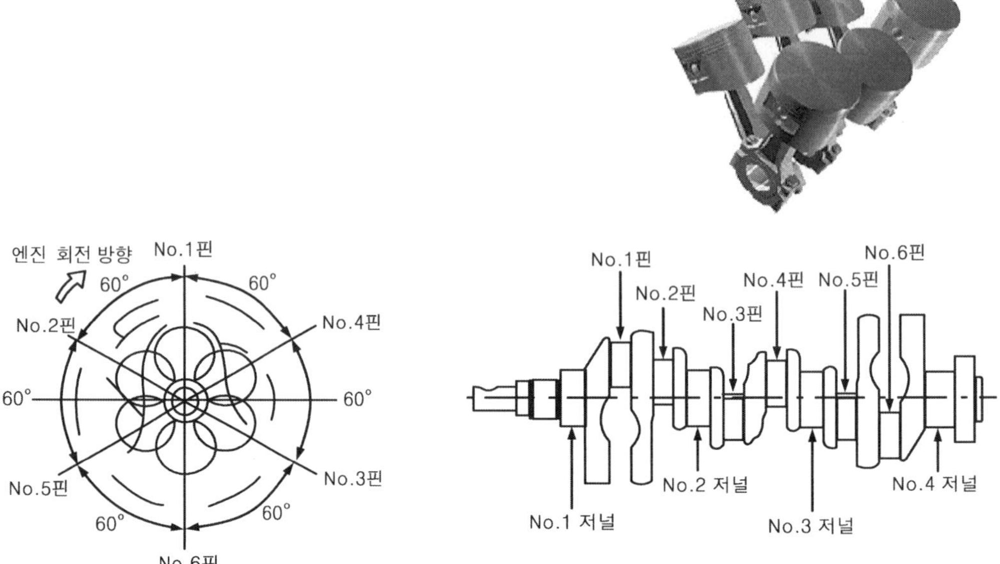

그림 2.67 60° V형 6실린더의 크랭크 축

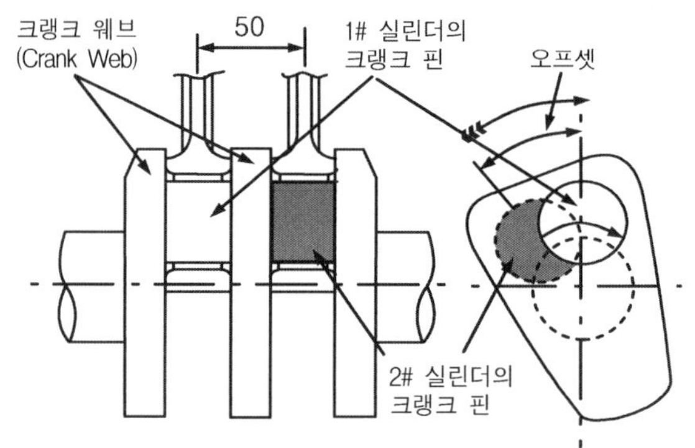

그림 2.68 60° 6실린더 엔진의 컨로드 배치(크랭크 핀 오프셋)

6) 8실린더형

직렬 8실린더의 크랭크 축은 그림 2.69에 제시한 것과 같이 (a)와 (b)의 2종류의 형식이 있지만, 엔진의 소형 고출력 경향에 따라 최근에는 그다지 사용하지 않고 V형이 많이 사용된다.

V형 8실린더의 크랭크 축은 직렬 4실린더의 크랭크 축과 같은 180°형의 것이면

되지만, 90° V형은 그림 2.69(c)와 같이 90°의 간격으로 4방향으로 크랭크 핀을 설치한 것도 사용되며 저널의 수는 3개 또는 5개이다.

(a) 직렬형(2-4-2)

(b) 직렬형(4-4)

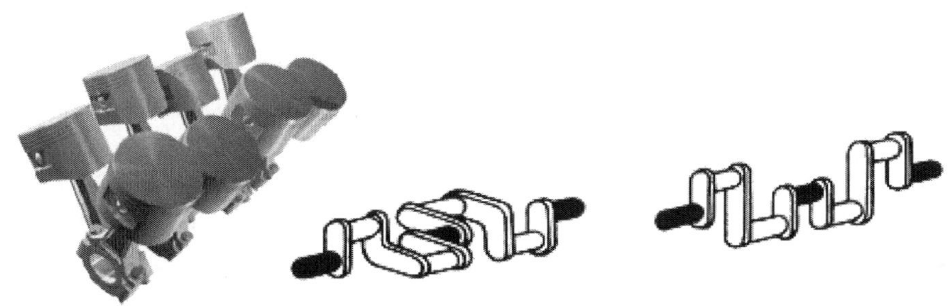

(c) V형(90°) (d) V형(180°)

그림 2.69 8실린더의 크랭크 축

4. 크랭크 축과 점화 순서

4사이클 엔진에서는 각 실린더의 4행정 중 동력 행정은 1행정뿐이기 때문에 다실린더 엔진에서는 회전을 원활하게 하기 위하여 크랭크 축이 2회전하는 동안에 각 실린더의 연소 순서를 정해야 한다.

따라서 이 점화 연소의 순서를 크랭크 핀의 순서에 따라 주로 다음과 같은 요소를 고려하여 결정한다.

또한 점화 순서는 No.1 실린더를 첫 번째의 점화로 정하여 실린더 번호로 표시하고 있다.

① 연소가 등간격으로 이루어질 것
② 크랭크 축에 비틀림 진동을 일으키지 않을 것
③ 혼합기가 각 실린더에 평균으로 분배될 것
④ 하나의 메인 베어링에 연속해서 하중이 걸리지 않을 것

1) 2실린더 엔진의 점화 순서

앞에서 설명한 것처럼 수평 대향형의 크랭크 핀은 180° 간격 2방향이며, 직렬형이나 V형은 하나의 크랭크 핀에 2개의 커넥팅 로드가 설치되어 있지만, 점화 순서는 1-2 이외에는 없다.

수평 대향형의 각 실린더 작동 행정과 크랭크 회전 각도의 관계는 그림 2.70과 같이 등간격이 된다.

따라서 크랭크 축에 가해지는 폭발 충격도 360°마다 등간격이 된다.

또한 흡입 혼합기의 흐름도 비교적 정확하게 이루어지지만 매니폴드가 길어지기 때문에 혼합기가 흡입 매니폴드 내에 체류하기 쉽다.

따라서 엔진 성능을 충분히 발휘할 수 없는 경향이 있으므로 최근에는 실린더마다 각각 1개의 기화기를 설치하도록 되어 있다.

크랭크 회전 각도 / 실린더 No.	1회전		2회전	
	0 ~ 180°	180° ~ 360°	360° ~ 540°	540° ~ 720°
1	팽창	배기	흡입	압축
2	흡입	압축	팽창	배기

그림 2.70 실린더의 점화 순서와 작동 행정의 관계(수평 대향형)

직렬형은 그림 2.62(b)와 같은 형상의 크랭크 축을 사용함으로써 실린더의 작동 행정과 크랭크 회전 각도는 수평 대향형과 같아진다.

그러나 V형은 직렬형과 같은 구조의 크랭크 축을 사용하지만, 실린더 행정과 크랭크 회전 각도는 그림 2-71과 같이 90° V형에서는 No.1의 점화에서 No.2의 점화까지 270°, No.2에서 No.1까지 450°가 된다.

<table>
<tr><td rowspan="2">크랭크 회전 각도 / 실린더 No.</td><td colspan="4">1회전</td><td colspan="4">2회전</td></tr>
<tr><td colspan="2">0 ~ 180°</td><td colspan="2">180° ~ 360°</td><td colspan="2">360° ~ 540°</td><td colspan="2">540° ~ 720°</td></tr>
<tr><td>1</td><td colspan="2">팽창</td><td colspan="2">배기</td><td colspan="2">흡입</td><td colspan="2">압축</td></tr>
<tr><td>2</td><td>흡입</td><td colspan="2">압축</td><td colspan="2">팽창</td><td colspan="2">배기</td><td>흡입</td></tr>
</table>

그림 2.71 실린더의 점화 순서와 작동 행정의 관계(V형)

V형 2실린더 엔진에서는 일반적으로 1개의 기화기를 사용하지만 이 경우 흡입 혼합기가 매니폴드에 체류하는 시간이 좌우 실린더에 대해서 달라진다.
따라서 혼합비율이 같지 않게 되므로 기화기의 위치나 매니폴드의 길이를 여러 가지로 변화시켜 그 피해를 작게 하고 있다.

2) 4실린더 엔진의 점화 순서

크랭크 회전 각도 / 실린더 No.	1회전		2회전	
	0 ~ 180°	180° ~ 360°	360° ~ 540°	540° ~ 720°
1	팽창	배기	흡입	압축
2	압축	팽창	배기	흡입
4	흡입	압축	팽창	배기
3	배기	흡입	압축	팽창

(a) 직렬형 엔진의 점화순서와 작동 행정(점화 순서 1-2-4-3)

크랭크 회전 각도 / 실린더 No.	1회전		2회전	
	0 ~ 180°	180° ~ 360°	360° ~ 540°	540° ~ 720°
1	팽창	배기	흡입	압축
3	압축	팽창	배기	흡입
4	흡입	압축	팽창	배기
2	배기	흡입	압축	팽창

(b) 직렬형 엔진의 점화순서와 작동 행정(점화 순서 1-3-4-2)

그림 2.72 4실린더의 점화 순서

4실린더 엔진의 크랭크 핀은 예외없이 180° 2방향이기 때문에 직렬형에서는 No.1이 상사점에 있을 때는 No.4도 마찬가지로 상사점에 있으며, No.2와 No.3은 하

사점에 있다. 따라서 점화 순서는

$$1 \rightarrow 3 \rightarrow 4 \rightarrow 2, \quad 1 \rightarrow 2 \rightarrow 4 \rightarrow 3$$

의 2종류가 된다.

점화 순서와 각 실린더의 작동 행정은 그림 2.72와 같은 관계가 된다.

3) 5실린더 엔진의 점화 순서

5실린더 엔진의 크랭크 축은 각 크랭크 핀이 144° 또는 72° 간격으로 장치되어 있다.

폭발 간격은 크랭크 각도로 144°마다 있기 때문에 제1 크랭크 핀이 압축 상사점을 통과한 후, 크랭크 각도로 144° 다음에 두 번째로 압축 상사점이 되는 것은 제2 크랭크 핀이다.

마찬가지로 세 번째로 상사점이 되는 것은 제4 크랭크 핀이 되며, 이하 제5, 제3의 순서가 된다.

점화 순서로는 1→2→4→5→3이다.

이 점화 순서에 의한 각 실린더의 작동 행정은 그림 2.73과 같다.

5실린더에서는 가스 압력의 변동에 따르는 토크 변동이 4실린더와 6실린더의 중간이 된다.

또한 피스톤 컨로드 등의 질량이 엔진의 내부에서 왕복 운동을 하거나 회전 운동을 함으로써 발생하는 관성력의 불균형은 4실린더보다 작으며 소음, 진동면에서 뛰어난 엔진을 만들 수 있다.

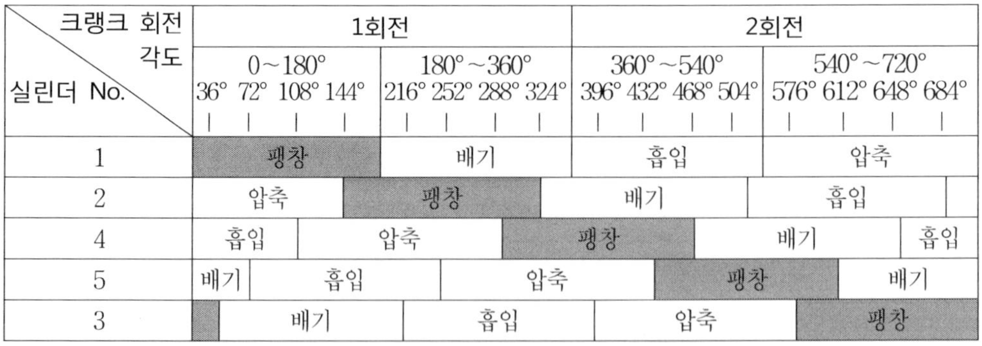

크랭크 회전 각도 / 실린더 No.	1회전		2회전		
	0~180° 36° 72° 108° 144°	180°~360° 216° 252° 288° 324°	360°~540° 396° 432° 468° 504°	540°~720° 576° 612° 648° 684°	
1	팽창	배기	흡입	압축	
2	압축	팽창	배기	흡입	
4	흡입	압축	팽창	배기	흡입
5	배기	흡입	압축	팽창	배기
3		배기	흡입	압축	팽창

그림 2.73 5실린더의 점화 순서와 작동 행정의 관계

4) 6 실린더 엔진의 점화 순서

(1) 직렬형

직렬형 6실린더 엔진의 크랭크 축은 각 크랭크 핀이 120° 간격으로 3방향으로 장치되며 그 배치에 의해 그림 2.66과 같이 구별된다.
그림 2.74에 제시하는 크랭크 축은 No.1과 No.6의 크랭크 핀이 상사점에 있을 때 크랭크 축을 앞방향에서 보았을 때 시계방향이다.
120°의 위치에 No.3과 No.4의 크랭크핀이 있고, 또한 120°의 위치에 No.2와 No.5의 크랭크 핀이 있다.

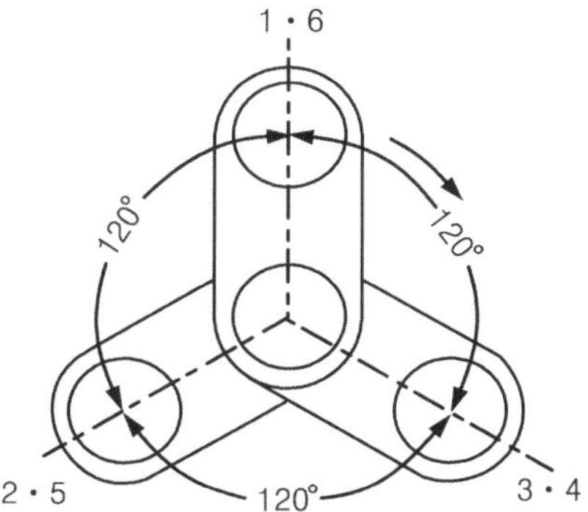

그림 2.74 6실린더 엔진의 크랭크 축의 핀 배치(경우 1)

따라서 엔진의 회전을 시계 방향으로 돌리면 각 크랭크 핀이 상사점을 통과하는 순서는 No.1과 No.6, No.2와 No.5, No.3과 No.4가 되므로 점화 순서는

$$1 \rightarrow 2 \begin{cases} 3 \rightarrow 6 \rightarrow 5 \rightarrow 4 \\ 4 \rightarrow 6 \rightarrow 5 \rightarrow 3 \end{cases}$$

$$1 \rightarrow 5 \begin{cases} 3 \rightarrow 6 \rightarrow 2 \rightarrow 4 \\ 4 \rightarrow 6 \rightarrow 2 \rightarrow 3 \end{cases}$$

의 4종류가 되지만 이들 중 점화 순서에 필요한 조건을 충족하는

1 → 5 → 3 → 6 → 2 → 4(우수식)

가 가장 널리 사용되고 있다.

이 점화 순서에 의한 각 실린더의 작동 행정의 관계는 그림 2.75와 같이 된다.

<table>
<tr><td rowspan="2">크랭크 회전 각도 / 실린더 No.</td><td colspan="6">1회전</td><td colspan="6">2회전</td></tr>
<tr><td colspan="3">0~180°
60°~120°</td><td colspan="3">180°~360°
240°~300°</td><td colspan="3">360°~540°
420°~480°</td><td colspan="3">540°~720°
600°~660°</td></tr>
<tr><td>1</td><td colspan="3">팽창</td><td colspan="3">배기</td><td colspan="3">흡입</td><td colspan="3">압축</td></tr>
<tr><td>5</td><td colspan="2">압축</td><td colspan="3">팽창</td><td colspan="3">배기</td><td colspan="3">흡입</td><td colspan="1">압축</td></tr>
<tr><td>3</td><td colspan="1">흡입</td><td colspan="3">압축</td><td colspan="3">팽창</td><td colspan="3">배기</td><td colspan="2">흡입</td></tr>
<tr><td>6</td><td colspan="3">흡입</td><td colspan="3">압축</td><td colspan="3">팽창</td><td colspan="3">배기</td></tr>
<tr><td>2</td><td colspan="2">배기</td><td colspan="3">흡입</td><td colspan="3">압축</td><td colspan="3">팽창</td><td colspan="1">배기</td></tr>
<tr><td>4</td><td colspan="1">팽창</td><td colspan="3">배기</td><td colspan="3">흡입</td><td colspan="3">압축</td><td colspan="2">팽창</td></tr>
</table>

그림 2.75 6실린더의 점화 순서와 작동 행정의 관계

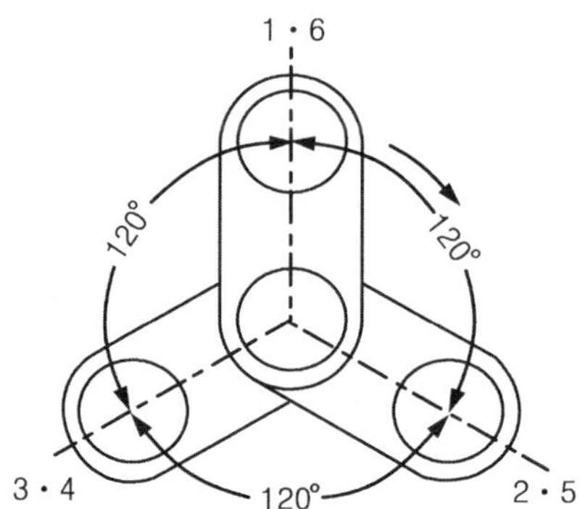

그림 2.76 6실린더 엔진의 크랭크 축의 핀 배치(경우 2)

또한 그림 2.76에 제시하는 크랭크 축에 대해서는 No.1과 No.6의 크랭크 핀이 상사점에 있을 때 앞방향에서 보아 시계 방향으로 120°의 위치에 No.2와 No.5의 크랭크 핀이 있으며 120°의 위치에 No.3과 No.4의 크랭크 핀이 있다.

따라서 크랭크 핀이 상사점을 통과하는 순서는 No.1과 No.6, No.3과 No.4, No.2와 No.5가 되며 점화 순서는 다음과 같은 4종류가 되지만

$$1 \rightarrow 3 \begin{cases} 2 \rightarrow 6 \rightarrow 4 \rightarrow 5 \\ 5 \rightarrow 6 \rightarrow 4 \rightarrow 2 \end{cases} \qquad 1 \rightarrow 4 \begin{cases} 2 \rightarrow 6 \rightarrow 3 \rightarrow 5 \\ 5 \rightarrow 6 \rightarrow 3 \rightarrow 2 \end{cases}$$

그 중 가장 많이 사용되는 것은 1 → 4 → 2 → 6 → 3 → 5(좌수식)이다.

이 경우의 각 실린더 작동 행정은 그림 2.77과 같은 관계가 된다.

이와 같이 실린더 수가 6개 이상의 엔진에서는 하나의 실린더의 팽창 행정이 종료하기 전에 다음 실린더가 점화하므로 크랭크 축의 회전이 원활하게 이루어진다.
따라서 플라이 휠의 역할이 축소되어 플라이 휠을 가벼운 것으로 사용하여 가속성을 좋게 하고 있다.

<table>
<tr><th rowspan="2">크랭크 회전 각도 / 실린더 No.</th><th colspan="2">1회전</th><th colspan="2">2회전</th></tr>
<tr><th>0~180°
60°~120°</th><th>180°~360°
240°~300°</th><th>360°~540°
420°~480°</th><th>540°~720°
600°~660°</th></tr>
<tr><td>1</td><td>팽창</td><td>배기</td><td>흡입</td><td>압축</td></tr>
<tr><td>4</td><td colspan="4">압축 → 팽창 → 배기 → 흡입 → 압축</td></tr>
<tr><td>2</td><td colspan="4">흡입 → 압축 → 팽창 → 배기 → 흡입</td></tr>
<tr><td>6</td><td colspan="4">흡입 → 압축 → 팽창 → 배기</td></tr>
<tr><td>3</td><td colspan="4">배기 → 흡입 → 압축 → 팽창 → 배기</td></tr>
<tr><td>5</td><td colspan="4">팽창 → 배기 → 흡입 → 압축 → 팽창</td></tr>
</table>

그림 2.77 6실린더의 점화 순서와 작동 행정의 관계

(2) V형

V형 6실린더 엔진은 좌우의 실린더 중심선이 60°의 각도를 이루는 60° V형과, 90° 각도의 90° V형이 있다.
전에는 90° V형이 많이 사용되어 왔는데, 최근 60° V형이 많이 사용되고 있는 추세다.
60° V형 6실린더 엔진의 실린더 배열은 그림 2.78에 제시한 것처럼 오른쪽 뱅크에 홀수, 왼쪽 뱅크에 짝수의 실린더가 60°의 협각으로 배치되어 있다.
또한 No.1 실린더를 No.2 실린더보다 오프셋량 만큼(41mm) 전방에 위치한다.
크랭크 축은 그림 2.78에 나타낸 것이 사용되고 있으며, 크랭크 각도는 120° 마다 폭발·팽창한다.
이 엔진의 점화 순서를 결정하는 데는 오른쪽의 3실린더와 왼쪽의 3실린더를 나누어 생각하면 된다.
즉, 3실린더 엔진이 2개 있다고 생각하여 우선 오른쪽의 3실린더 엔진의 점화 순서를 정한다.
3실린더 엔진의 점화순서는

1 → 3 → 5 → 1 → 3 → 5

1 → 5 → 3 → 1 → 5 → 3

의 어느 것이지만, 여기에서는 1→3→5를 선택한다.
왼쪽의 3실린더 엔진은 120° 뒤처져서 같은 방향으로 회전하고 있다.
그 점화순서는 2 → 4 → 6 → 2 → 4 → 6로 되어 있다.
결국 2개의 3실린더 엔진을 함께 합치면,

1 → 2 → 3 → 4 → 5 → 6

라는 점화 순서가 만들어진다.

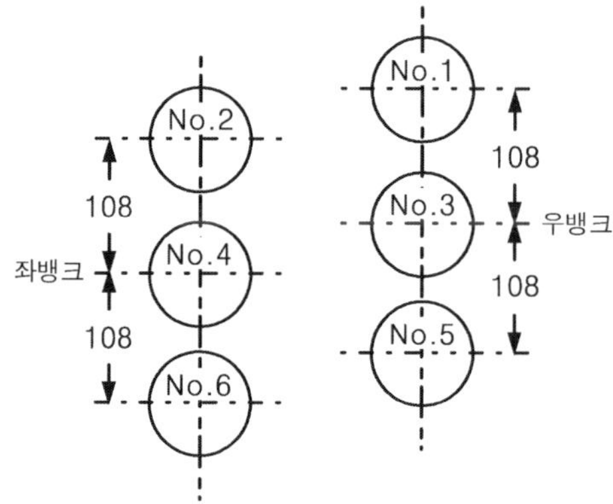

그림 2.78 60° V형 6실린더 엔진의 실린더 배열

점화 순서와 각 실린더의 작동 행정은 그림 2.79와 같이 된다.
V형 실린더 배열의 이점은 직렬형의 실린더 배치에 대해 크랭크 축의 길이를 이론적으로는 절반으로 단축할 수 있는 점이다.
크랭크 축이 짧아지면 그 비틀림 강성이 증가하므로 저널(Journal) 수도 적게 할 수가 있다.
아울러 마찰에 의한 동력 손실이 줄어 들고, 동일 배기량에서도 직렬형에 비해서 출력 증가를 도모할 수 있다.
또 크랭크 축이 짧아지면 비틀림 공진을 발생하는 회전 속도의 범위가 높아져서 사용 회전속도의 공진이 발생하지 않기 때문에 엔진 소음이 낮아진다.

<table>
<tr><th rowspan="2">크랭크 회전 각도
실린더 No.</th><th colspan="6">1회전</th><th colspan="6">2회전</th></tr>
<tr><th colspan="3">0~180°</th><th colspan="3">180°~360°</th><th colspan="3">360°~540°</th><th colspan="3">540°~720°</th></tr>
<tr><td>1</td><td colspan="3">팽창</td><td colspan="3">배기</td><td colspan="3">흡입</td><td colspan="3">압축</td></tr>
<tr><td>2</td><td colspan="2">압축</td><td colspan="3">팽창</td><td colspan="3">배기</td><td colspan="3">흡입</td><td colspan="1">압축</td></tr>
<tr><td>3</td><td colspan="1">흡입</td><td colspan="3">압축</td><td colspan="3">팽창</td><td colspan="3">배기</td><td colspan="2">흡입</td></tr>
<tr><td>4</td><td colspan="3">흡입</td><td colspan="3">압축</td><td colspan="3">팽창</td><td colspan="3">배기</td></tr>
<tr><td>5</td><td colspan="2">배기</td><td colspan="3">흡입</td><td colspan="3">압축</td><td colspan="3">팽창</td><td colspan="1">배기</td></tr>
<tr><td>6</td><td colspan="1">팽창</td><td colspan="3">배기</td><td colspan="3">흡입</td><td colspan="3">압축</td><td colspan="2">팽창</td></tr>
</table>

그림 2.79 60° V형 6실린더 엔진의 점화 순서와 작동 행정의 관계

5) 8실린더 엔진의 점화 순서

직렬형 크랭크 축의 형상은 여러 가지 종류가 있지만 그림 2.69(a)와 같은 크랭크 축을 사용한다. 점화 순서는 작동 조건이 좋은,

$$1 \rightarrow 6 \rightarrow 2 \rightarrow 5 \rightarrow 8 \rightarrow 3 \rightarrow 7 \rightarrow 4$$

가 채용되고 있다. V형 8실린더 엔진에는 좌우의 실린더 중심선이 90°의 각도를 이루는 90° V형이 가장 많으며 각 크랭크 핀에 좌우로부터 2개의 커넥팅 로드가 장치되어 있다.

크랭크 핀의 배열은 그림 2.69(c), (d)와 같이 180° 2방향의 것과 90° 4방향의 것이 있다.

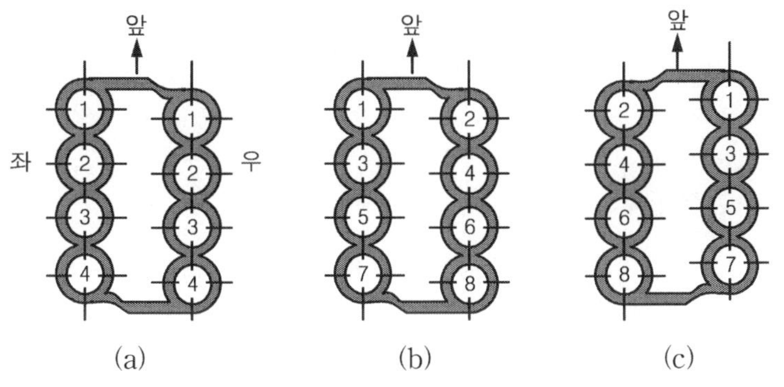

그림 2.80 V형 8실린더 엔진의 실린더 번호

실린더 번호의 호칭은 그림 2.80(a)와 같이 오른쪽 뱅크, 왼쪽 뱅크로 나누고 각각의 나열 순서대로 호칭하는 방법이 있다.

또 한 방법은 가장 앞부분의 실린더를 No.1로 하여, 순차적으로 커넥팅 로드의 크랭크 축에 장치하는 순서대로 2.80(b)와 같이 일련번호를 붙이는 것 등이 있으나 통일된 것은 없다.

점화 순서는 180° 간격의 크랭크 축을 사용하는 엔진에서는 다음과 같은 것이 널리 채용되고 있다.

우1 → 좌1 → 우2 → 좌3 → 우4 → 좌4 → 우3 → 좌2
(1 → 2 → 3 → 6 → 7 → 8 → 5 → 4)
우1 → 좌4 → 우3 → 좌2 → 우4 → 좌1 → 우2 → 좌3
(1 → 2 → 3 → 6 → 7 → 8 → 5 → 4)
우1 → 좌2 → 우3 → 좌1 → 우4 → 좌3 → 우2 → 좌4
(1 → 2 → 3 → 6 → 7 → 8 → 5 → 4)

또한 크랭크 핀이 90° 4방향의 크랭크 축에서는 다음의 점화 순서가 대부분 채용되고 있다.

좌1 → 우4 → 좌4 → 좌3 → 우2 → 우1 → 우3 → 좌2
(1 → 8 → 7 → 5 → 4 → 2 → 6 → 3)
좌1 → 우1 → 좌4 → 우4 → 우2 → 좌3 → 우3 → 좌2
(1 → 2 → 7 → 8 → 4 → 5 → 6 → 3)
좌1 → 우4 → 우2 → 좌2 → 우3 → 좌3 → 좌4 → 우1
(1 → 8 → 4 → 3 → 6 → 5 → 7 → 2)

5. 밸런싱 웨이트(Balancing Weight)의 역할과 구조

크랭크 축은 진동이 없이 원활하게 회전할 필요가 있으나 크랭크 저널 중심과 크랭크 핀 중심은 편심되어 있으므로 그대로 회전시키면 밸런스를 유지할 수 없다.

따라서 크랭크 핀의 반대쪽의 크랭크 암에 밸런싱 웨이트(카운터 웨이트)를 설치하여 회전중에 밸런스를 유지하도록 하고 있다.

소형 엔진의 크랭크 축에서는 축과 밸런싱 웨이트를 일체로 제작한 후에 가공

수정하여 밸런스를 취하며, 대형에서는 축과 밸런싱 웨이트를 별도로 제작하여 볼트로 조립한 것도 있다.

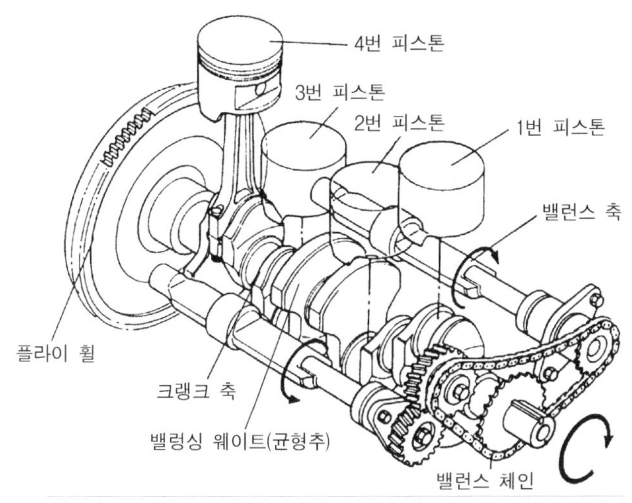

그림 2.81 밸런스 축이 장착된 상태

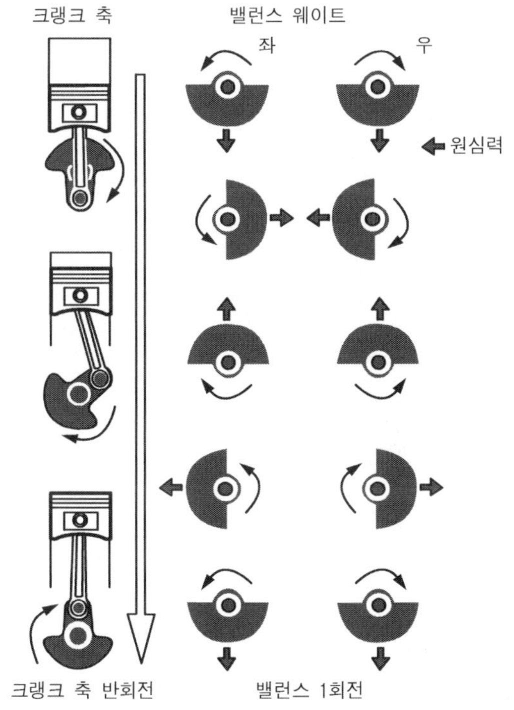

그림 2.82 밸런스 축의 작동

이상의 방법으로 크랭크 축 자체의 밸런스는 잡히지만 폭발 행정에 의해 생기는 엔진의 진동은 실린더의 배열이나 수에 따라 큰 것과 작은 것이 있다.
특히 4사이클 직렬 2실린더 및 4실린더 엔진에서는 이것이 크다.
엔진에 진동이 일어나면 엔진 마운팅으로부터 진동이 전달되어 실내 소음이 생기는 원인이 된다.
특히 직렬 2실린더 및 4실린더에서는 엔진 진동을 가능한 한 절감시키기 위하여 그림 2.81과 같이 피스톤이나 크랭크샤프트에 의해 발생되는 관성력이나 관성우력을 없애는 방향의 하중을 발생시키기 위하여 크랭크샤프트와 평행하게 설치되고, 크랭크 축의 동력에 의해 구동되는 밸런스 축(Balance Shaft)을 별도로 설치하여 소음 및 진동을 저감시키고 있다.

6. 플라이 휠의 역할과 구조

크랭크 축은 팽창 행정에서 큰 회전력을 주는 것뿐이며 기타의 행정에서는 전연 회전력을 얻지 못할 뿐 아니라, 반대로 회전을 멈추도록 하는 힘이 작용하므로 각 행정중의 회전 속도도 이 상태에 따라 4실린더 엔진에서는 720°의 주기로, 2사이클에서는 360°의 주기로 변동한다.
따라서 실린더 수가 적은 엔진에서는 저속 회전할 수 없게 되므로 플라이 휠을 설치하여 이 관성을 이용하여 변동을 될 수 있으면 적게 하고 원활한 회전을 얻도록 하고 있다.

그림 2.83 플라이 휠의 구조

플라이 휠은 그림 2.83과 같은 구조로 회전중의 관성은 크고 그 자체의 중량은 가능한 한 가볍게 하기 위하여 중심에 가까운 부분의 살 두께는 얇게 하고 주위를 두껍게 한 철 또는 강제의 원판으로 크랭크 축의 후단의 플랜지에 볼트로 고정한다.

또 플라이 휠의 뒷면은 클러치의 마찰면으로 사용되고 클러치 기구의 대부분이 장착되어 있다.

바깥 둘레에는 엔진 시동을 걸 때, 시동모터로부터의 회전력을 받는 링 기어를 가열하여(열박음) 끼어맞춤, 또는 볼트의 죔에 의해 고정되어 있다.

또한 플라이 휠이나 크랭크 풀리의 바깥 둘레에 상사점을 나타내는 새김선이나 점화 위치를 나타내는 타이밍 볼(Timing Ball)을 박아 놓은 것도 있다.

7. 토셔널 진동 댐퍼의 역할과 구조

크랭크 축에는 주기적으로 회전력이 작용하므로 비틀림 진동이 생긴다.

비틀림 진동은 크랭크 축이 어느 회전수가 되면 축 자체의 고유진동과 공진을 일으키고 특히 격심한 진동이 되면 승차감을 나쁘게 할 뿐만 아니라 타이밍 기어나 크랭크 축을 파손하는 원인이 되므로 가능한 한 방지하여야 한다.

이 때문에 크랭크 축이 긴 엔진에서는 그림 2.84와 같은 토셔널 댐퍼라는 비틀림 진동 감쇠 장치를 설치하고 있다.

토셔널템퍼는 크랭크 축 풀리와 일체로 크랭크 축 앞부분에 설치되어 크랭크 축에서 발생되는 진동을 흡수한다.

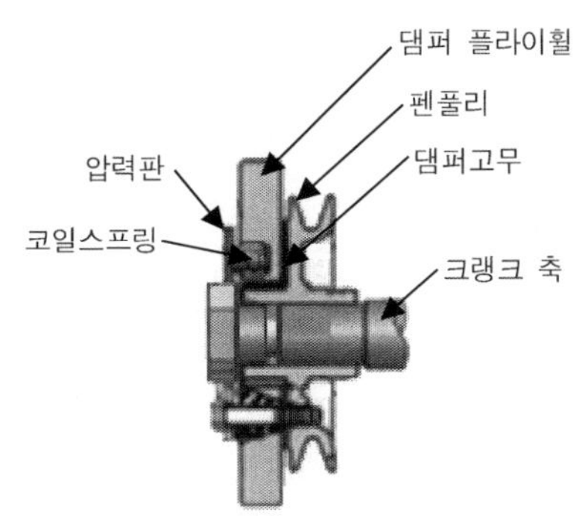

그림 2.84 토셔널 댐퍼의 구조

풀리와 댐퍼 플라이휠 사이에 마찰판 또는 풀리와 댐퍼 매스 사이에 댐퍼고무를 설치하여 크랭크 축이 일정한 속도로 회전하고 있을 때는 댐퍼 플라이휠이나 댐퍼 메스가 크랭크 축과 일체로 회전한다.

크랭크 축에 비틀림 진동이 발생되면 댐퍼플라이휠은 일정 속도로 회전하려하기 때문에 풀리와 댐퍼 플라이휠 사이의 댐퍼고무가 변형되어 진동이 감쇠작용을 받게 되므로 비틀림 진동이 완화 된다.

2.7 엔진 저어널 베어링

크랭크 축의 저널부와 크랭크 핀부에 조립하는 베어링에는 일반적으로 분할형, 또한 캠 축 저널부의 베어링에는 원통형의 인서트식(끼워 넣는 식) 미끄럼 평베어링이 사용된다.

1. 역할

베어링은 그 표면에 적정한 유막을 만들어 폭발 행정시 회전 부분이 받는 큰 하중이나 충격을 흡수한다.
또한 축의 회전에 따라 생기는 고체 마찰을 액체 마찰로 바꾸어 타붙음을 방지하고 접촉면의 마모와 출력의 손실을 적게 한다.
따라서 축과 베어링 사이에는 적정한 유막을 만들기 위하여 틈새(오일 클리어런스)가 반드시 필요하다.

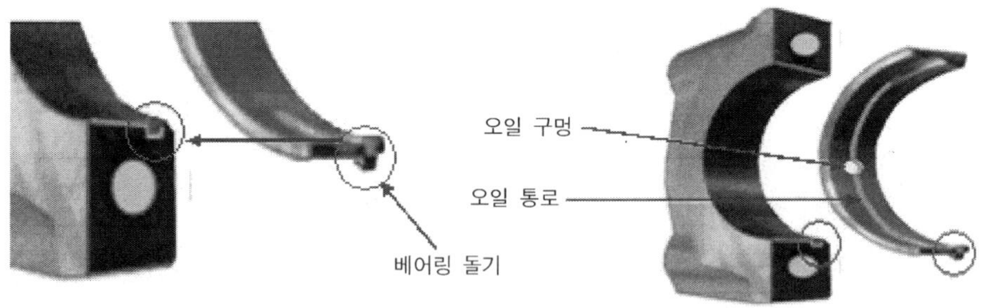

그림 2.85 엔진 저어널 베어링의 구조

2. 베어링 메탈의 특성과 재질

베어링 메탈은 사용 목적에 따라 여러 가지 조건이 요구되지만 요약하면 다음과 같은 것이 있다.

① 비소결성
② 길들임성
③ 내식성
④ 내피로성

내피로성은 비소결성, 길들임성에 대해서 상반되는 특성이며, 1종류의 메탈 특성으로 3가지 조건을 만족시키는 것은 없다.
그러나 강과 베어링 재료로 합금을 만들어 사용하면 강의 강도에 의해 내피로성과 비소결성을 양립시킬 수 있다.
자동차용 엔진 베어링의 재료로 현재 널리 사용되고 있는 것은 화이트 메탈, 켈밋 메탈, 알루미늄 메탈이 있다.

1) 화이트 메탈

주석(Sn), 납(Pb), 안티몬(Sb), 아연(Zn) 등의 백색 합금은 내식성이 크고 부드러우므로 길들임성, 절입성이 뛰어나지만 벗겨짐, 갈라짐 등이 생기기 쉽다.
메탈층이 두꺼울수록 길들임성, 절입성은 향상되지만 내피로성은 반대로 저하하여 고장을 일으키는 경향이 생긴다.
따라서 층을 얇게 만들어 뒷면에 강판을 인서트하여 내피로성을 증가함과 동시에 체적도 줄여 열팽창을 작게 한다. 또한 열전도성이 나쁜 화이트 메탈의 파손이나 고온시 베어링 성능의 저하를 방지하고 메탈의 수명을 길게 할 수 있다.

2) 켈밋 메탈

구리(Cu)와 납(Pb)의 합금으로 그 조직은 주조한 것의 경우 구리와 납이 수지상(나무가지 모양) 또는 망상(그물 모양)을 하고 있다.
소결해서 만든 것은 미립상의 구리로 납을 둘러 씌운 것과 같은 상태로 되어 있다.
켈밋 메탈은 화이트 메탈보다 내피로성이 크므로 화이트 메탈에서는 견디지 못하는 정도의 고속·고하중을 받는 부분의 베어링으로 적당하다.
그러나 화이트 메탈보다 단단하기 때문에 축의 경우도 단단하게 할 필요가 있다.
그 때문에 켈밋을 사용하는 엔진의 크랭크 저널, 크랭크 핀은 반드시 표면 경화가 되어 있다.
또한 동을 주체로 하기 때문에 열전도가 좋고, 그 외 조직중의 납이 윤활 작용을 하기 때문에 타붙음이 생기기 어렵다.
그러나 화이트 메탈에 비해, 길들임성, 절입성이 떨어지므로 켈밋층의 표면에 또 화이트 메탈의 매우 얇은 층을 코팅한, 이른바 트리메탈(삼층 베어링)을 사용하여 친화가 잘되게 하고 있다.

3) 알루미늄 메탈

알루미늄(Al), 주석(Su) 합금을 강판에 밀착시켜서 사용한다.
길들임성, 매수성은 화이트 메탈과 켈밋 중간의 능력을 가지며, 내피로성은 켈밋보다 크다.
또한 길들임성, 매수성은 주석의 표면층을 길들이면 개량된다.
따라서 화이트 메탈과 켈밋의 각각의 이점을 구비한 매우 뛰어난 베어링 재료이며 최근 점차 많이 사용되고 있다.

3. 구조

베어링은 그림 2.86, 그림 2.87과 같이 강판재의 반원통 또는 원통의 내면에 베어링 합금을 밀착하여 소정의 치수로 다듬질 한 것으로 두께는 1~3mm 정도이다.
합금층의 두께는 화이트 메탈의 경우, 종래 0.5mm 정도이었지만 최근에는 0.1~0.3mm의 것이 가장 많다.

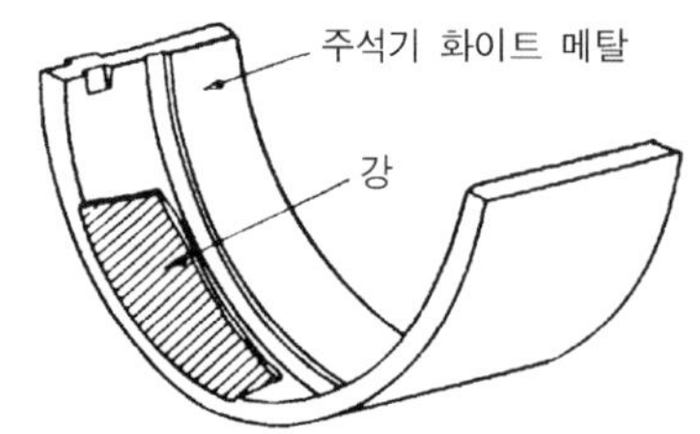

그림 2.86 베어링(화이트 메탈)

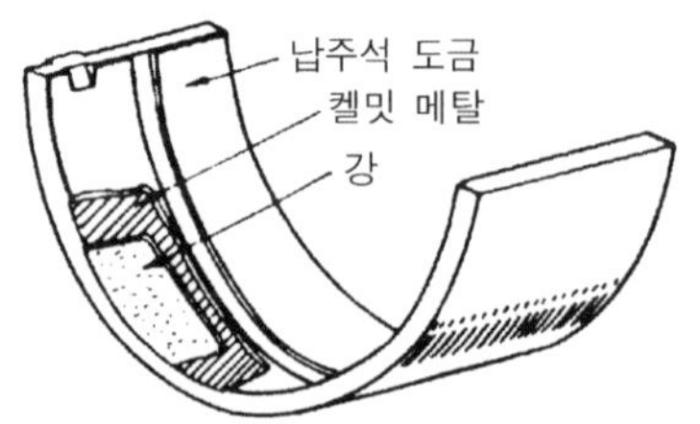

그림 2.87 베어링(트리 메탈)

켈밋의 경우는 0.2~0.5mm 정도의 것이 많이 사용된다.
또한 그림 2.87과 같이 켈밋 메탈을 중간층으로 하고 또 그 위에 납주석 합금으로 0.005~0.002mm 정도 두께의 도금을 한 트리 메탈(tri metal)이 일부의 엔진에 채용되고 있다.

4. 정밀 삽입식 베어링

이들 베어링 내 합금층이 특히 얇고 내면이 경면 다듬질 되어 치수가 정밀하여 호환성이 있으며, 조립할 때 스크레이핑 등의 가공을 필요로 하지 않는 베어링을 정밀 삽입식 베어링(정밀 가공 극박육 인서트 베어링)이라고 한다.
얇은 두께로 하는 이유는 앞에서도 설명한 것과 같이 내면을 정밀 삽입식으로 다듬질함으로써 베어링면상에 반복하여 작용하는 하중에 의한 영향을 대폭 줄일 수 있다.
또한 메탈 자체에 탄성이 있으므로 적당한 죔새가 있으면 베어링의 외측은 하우징에 밀착하여 적정한 오일 클리어런스가 얻어지도록 되어 있다.
정밀 삽입식 베어링은 2개를 맞붙여서 사용하므로 조립이 용이하고 호환성이 있다.
기능을 충분히 발휘하기 위해 다음의 각 치수를 정확하게 가공할 필요가 있다.

1) 크러시(Crush)

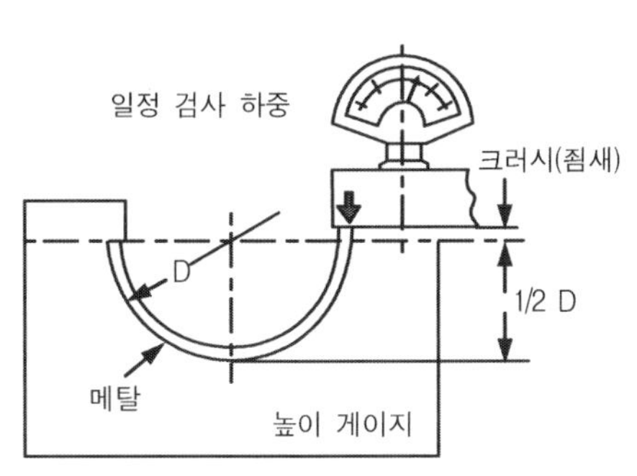

그림 2.88 베어링 메탈의 크러시

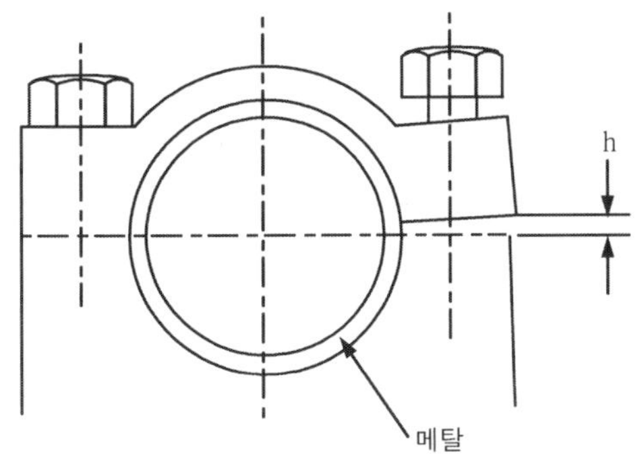

그림 2.89 크러시의 간이 측정법

크러시는 하우징 안쪽둘레보다 조금 큰 베어링을 볼트로 압착시켜 베어링면과 하우징이 밀착되도록 하여 베어링 메탈을 하우징에 압착하여 고정하는 기능을 한다.

또한 베어링과 하우징의 밀착성이 좋아짐으로서 슬라이딩 운동시 베어링의 냉각효율을 높여 과열방지 효과도 있다.

이와 같이 일정한 죔 압력하에서 양원둘레의 차를 크러시(죔새)라고 한다.

크러시의 치수는 어느 측정 조건하에서 실측하여 얻은 것으로서 독립하여 존재하는 것은 아니다.

일반적으로는 베어링을 장치하고 캡을 규정 토크로 죈 후 한쪽의 죔 볼트를 완전히 풀었을 때 캡의 맞춤면에 0.1~0.2mm의 틈새가 생길 정도이면 적당하다.

크러시가 적은 베어링은 실용에 견디지 못하고, 또한 과대한 것은 변형하여 고장을 일으키기 쉽다.

2) 살두께

살두께 치수는 반원 중앙부의 두께로 나타낸다.

베어링의 오일간극은 하우징 내경, 축 직경, 그밖에 베어링 살 두께에 따라 정해진다.

오일간극은 엔진 성능에 직접 영향을 주므로 분할형 1개가 독립하여 제작되는 정밀 삽입식 베어링에서는 특히 정밀한 치수이어야 한다.

또한 메탈의 양끝 가까운 부분의 살두께는 중앙 부분보다 약간 얇게 되어 있다. 그 이유는 다음에 열거하는 바와 같다.

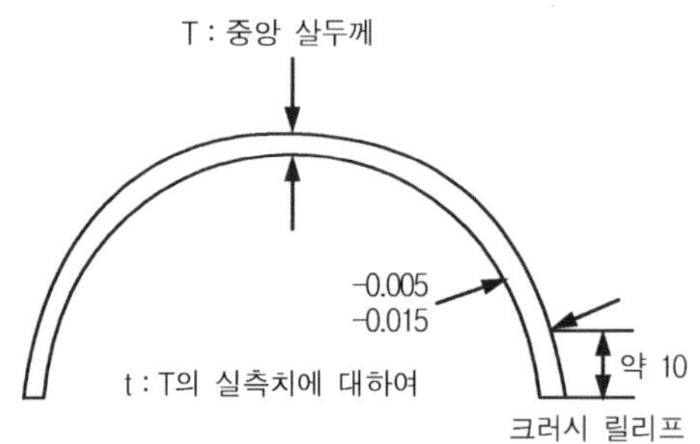

그림 2.90 베어링 메탈의 살두께

(1) 조립을 용이하게 한다.

베어링은 크러시가 있으므로 1쌍의 베어링을 조립하였을 때, 서로 맞닿아서 베어링의 맞물리는 면 부근에서 오일 클리어런스가 작아지게 되어 변형이 생기므로 쥠이 곤란해진다.
따라서 이 변형량 만큼 미리 여유를 주면 변형이 생겨도 오일 클리어런스에 영향을 미치지 않는다.

(2) 유막의 끊어짐을 방지한다

운행 하중이 상하 방향으로 집중되는 경우 유막이 끊어지지 않도록 수평 방향으로 축적되어 있는 오일이 즉시 이 부분에 보급되어 축과 베어링의 직접 접촉을 방지한다.
또한 과대한 하중이 생겼을 때는 하우징이 상하 방향으로 변형하여 수평 방향의 오일 간극이 적어질 수 있으므로 정지시의 오일 간극을 상하 방향보다 수평 방향을 크게 하여 변형이 생겨도 적절한 오일 간극을 유지할 수 있도록 한다.

(3) 스프레드(Spread)

그림 2.91과 같이 하우징 직경과 자유 상태일 때에 베어링 바깥쪽의 피치와의 차이를 스프레드라고 한다.
스프레드는 베어링을 조립할 때 크러시가 압축되는 데에 따라 베어링이 안쪽으로 구부러지는 것을 방지하기 위하여 일반적으로 다음과 같이 되어 있다.

○ 얇은 두께 분할한 베어링 : 0.5mm
○ 플랜지붙임 또는 두꺼운 살을 분할한 베어링 : 0.1~0.4mm

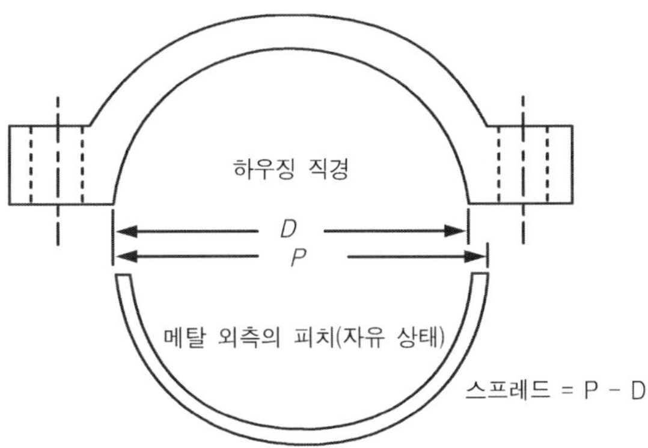

그림 2.91 베어링 메탈의 스프레드

2.8 밸브 기구

지금까지의 엔진 발전 과정 중에서 가장 큰 변화는 밸브와 캠 축의 위치다.

초기에는 밸브의 위치가 실린더 블록 옆에 있는 사이드 밸브(SV, Side Value) 시스템을 사용했다.

그 후 밸브가 실린더 헤드 속에 놓이면서 오버헤드 밸브(OHV, Over Head Value) 엔진이 개발되었다.

이후 캠 축까지 헤드 속에 놓이는 오버헤드 캠(OHC, Over Head Camshaft) 엔진이 개발되면서 발전을 거듭하였다.

여기에 하나의 실린더에 여러 개의 밸브를 두는 멀티 밸브 엔진이 등장하면서 DOHC(Dual Over Head Camshaft) 엔진까지 개발되었다.

실린더마다 흡기밸브와 배기밸브가 하나씩 달려 있는 2밸브 엔진은 OHC까지 변함이 없었다.

여기에 흡입효율을 높이고 배기 저항을 없애기 위해 4밸브 엔진이 개발되면서 실린더 헤드 속에는 흡기밸브와 배기밸브용 캠 축을 별도로 두는 DOHC가 개발되었다.

DOHC는 캠 축이 2개 있어 트윈캠(Twin Cam) 엔진으로도 불리었다. 초기 4밸브 엔진은 캠 축 하나로 4개의 밸브를 모두 작동하는 방식이 사용되기도 했다.

하지만 지금은 4밸브라면 DOHC를 쓰는 것이 일반적이다. DOHC가 등장하면서 DOHC 엔진은 헤드 속에 캠 축이 하나인지 두 개인지 구별할 필요가 생겼다.

그래서 DOHC와 대조되는 SOHC(Single Over Head Camshaft)라는 용어를 사용하게 되었다.

밸브의 위치가 바뀌면 작동방식도 바뀌게 된다. 처음 만들어진 SV 엔진은 캠 축과 밸브가 모두 실린더 블록 속에 들어 있었다.

캠 축이 실린더 블록 속에 들어 있으므로 크랭크 축과 가까워 크랭크 축과 캠 축은 2:1 비율의 기어로 연결되었다.

이때 캠 축과 밸브 사이에는 리프트가 있어서 밸브를 들어올리고 반대로 닫힐 때는 밸브 스프링의 힘을 이용했다.

밸브 위치는 연소실을 형성하는 실린더 모양을 결정하고, 연소실의 형상은 엔진

출력을 결정하는 중요한 요소가 된다.
그래서 실린더의 모양에 따른 분류도 여러 개가 생겼다. 헤드의 모양에 따른 엔진 분류는 밸브의 위치가 바뀌면서 발전을 거듭해 왔다.

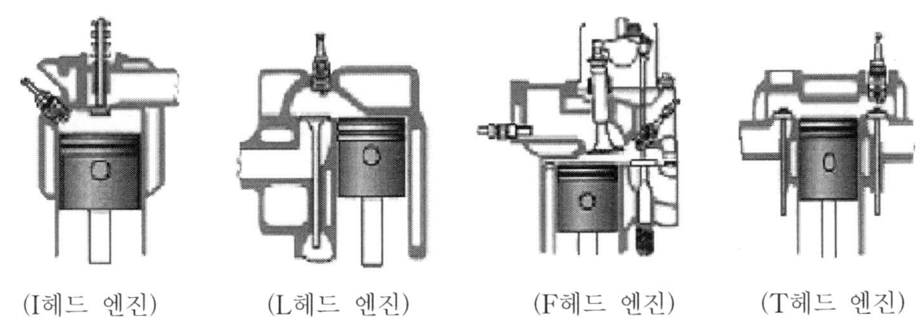

(I헤드 엔진) (L헤드 엔진) (F헤드 엔진) (T헤드 엔진)

그림 2.92 실린더 헤드 모양에 따른 엔진의 분류

SV 엔진은 밸브가 실린더 옆에 있어 연소실은 피스톤과 밸브를 거치는 널찍한 모양이 될 수밖에 없었다.
이는 L자를 뒤집은 것과 비슷해 L-엔진이라고 부른다.
흡기밸브와 배기밸브가 실린더 양쪽에 하나씩 있어 연소실이 양쪽으로 돌출되는 경우는 T-헤드라고 부른다.
L-헤드와 T-헤드 엔진은 혼합가스를 흡입하는 경로가 많이 구부러져 있어서 흡입저항이 크다.
연소실이 옆으로 길쭉하게 생겨 폭발력의 일부는 낭비되고 엔진의 마모를 부추기게 된다.
F헤드 엔진은 흡입밸브가 헤드에 설치되고 배기밸브는 실린더 블럭 옆면에 설치되어 있어 흡배기 효율이 좋으나 밸브장치의 구조가 복잡하다.
SV 엔진에서 발전된 OHV 엔진은 밸브가 실린더 헤드 속에 있고 캠 축이 실린더 블록 속에 있다.
캠 축과 밸브 사이에 떨어진 공간 때문에 푸시로드(Push Rod)라는 긴 막대를 필요로 하게 되었는데, 그래서 OHV 엔진을 푸시로드 엔진이라고도 한다.
OHC 엔진에서는 캠 축이 밸브 바로 위에 위치하기 때문에 푸시로드는 필요 없게 되었다.
또한 캠이 직접 밸브를 구동하므로 고회전에서도 흡·배기밸브를 정확하게 작동시킬 수 있다.

그러나 캠 축과 밸브가 직접 맞닿는 간단한 구조 때문에 밸브의 간극을 조정하는 것이 어렵고, 밸브 장치의 잡음이 크다.

OHC 엔진은 각 기통별 밸브 수에 따라 캠 축이 하나 또는 두개로 구동되어 짐에 따라 SOHC와 DOHC로 구별된다.

SOHC는 각 기통당 흡기와 배기 밸브가 하나씩 있어 1개의 캠 축으로 구동이 가능한 반면 DOHC는 흡기 및 배기밸브가 복수로 있어 캠 축이 2개로 구동되는 방식을 말한다.

DOHC는 SOHC에 비교해 밸브와 캠 축이 증가함에 따라 밸브실의 구조가 복잡해지고 소음도 클 수밖에 없는 것이다.

이처럼 흡·배기밸브가 실린더 헤드 속에 있다면 연소실이 실린더 바깥쪽으로 돌출될 필요가 없다.

결국 실린더의 위쪽 끝부분에 연소실이 놓여 I자처럼 실린더가 형성된다. 그래서 I-헤드 엔진이라고 표현한다.

I-헤드는 OHV, SOHC, DOHC 등 요즘 엔진의 대부분을 차지한다.

1. 오버 헤드 밸브식

오버 헤드 밸브식은 그림 2.93과 같이 크랭크 축에서 발생되는 동력에 의해 타이밍 기어 또는 체인으로 캠 축으로부터 밸브 리프터를 거쳐 푸시 로드를 밀어낸다.

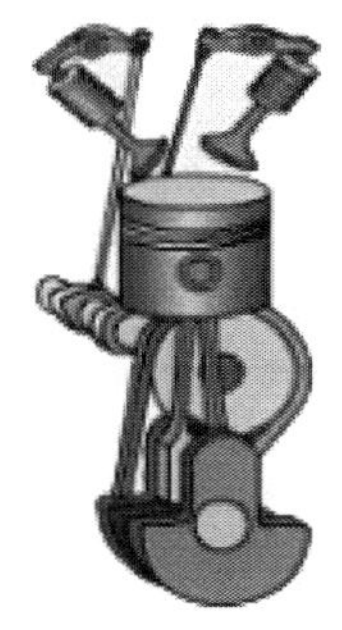
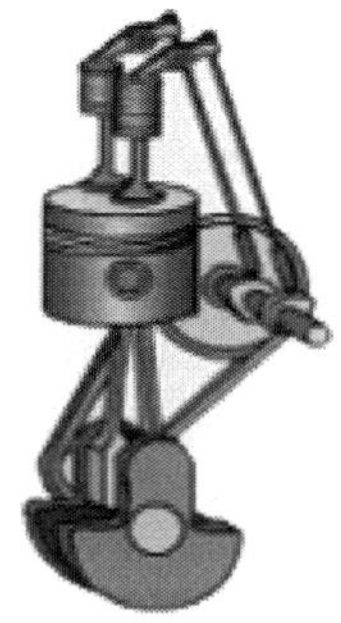
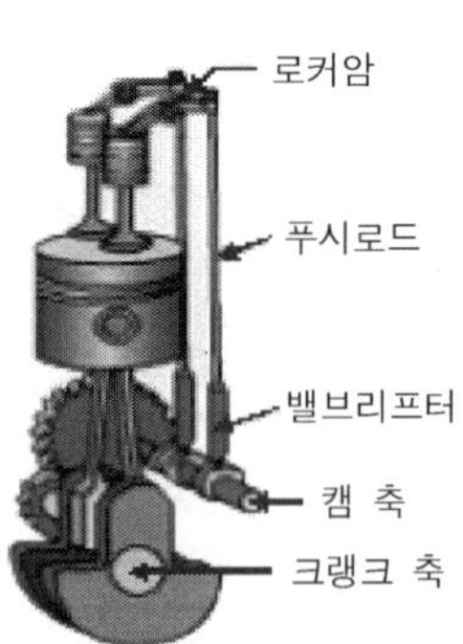

그림 2.93 오버 헤드식 밸브(OHV)

그것이 밸브 로커 암의 일단을 푸시 로드가 밀어 로커암의 다른 끝이 밸브 스템 엔드를 내리밀어 밸브 스프링의 탄력을 억제하면서 밸브를 연다.
그 후 캠이 회전하며 밸브 스프링의 장력에 의해 밸브는 닫히게 된다.
이 형식은 캠 축이 크랭크 축에 가깝게 설치되어 있기 때문에 동력 전달은 용이하지만, 캠 축과 밸브의 중간에 사용하는 부품의 수가 많기 때문에 관성 중량이 커져 고속 회전용 엔진에는 적합하지 않다.

2. 오버 헤드 캠 축식

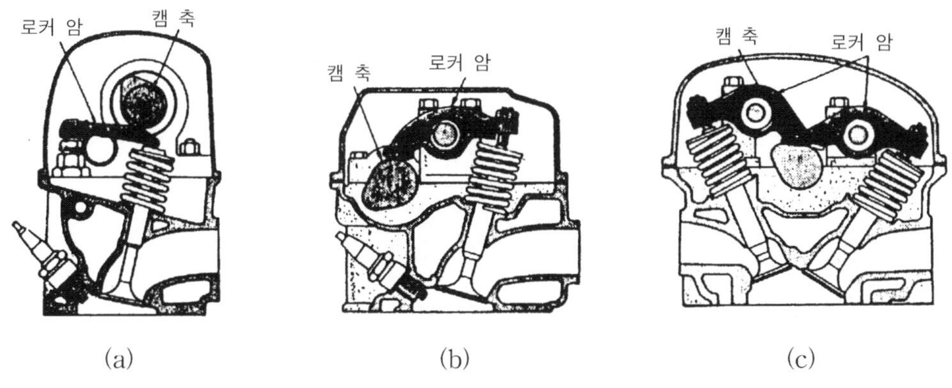

그림 2.94 로커암을 이용한 밸브 개폐

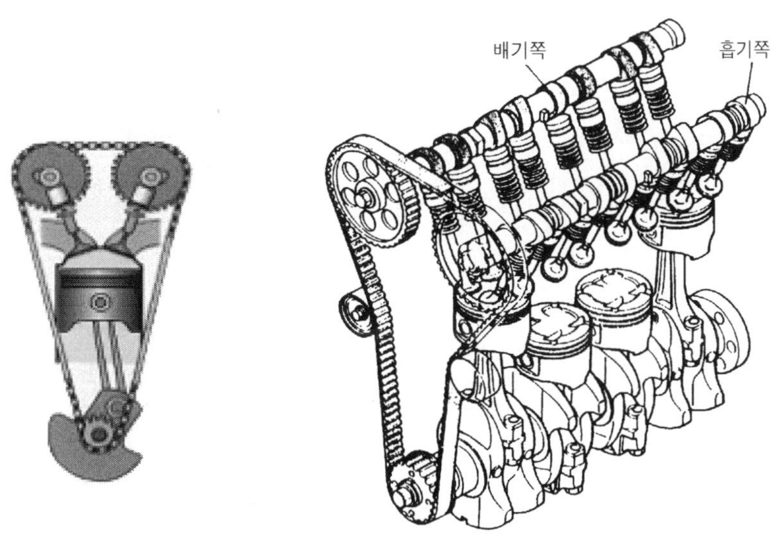

그림 2.95 캠축에 의한 밸브 직접 개폐

오버 헤드 캠 축식은 캠 축을 실린더 헤드에 설치한 방식이다.
그림 2.94에 보인 것처럼 로커 암을 사용하여 간접적으로 밸브를 개폐하는 것과 그림 2.95에 보인 바와 같이 캠 축으로 직접 밸브를 개폐하는 것이 있다.
또한 흡입 밸브와 배기 밸브를 1개의 캠 축으로 개폐하는 싱글 오버 헤드 캠 축식과 흡입 밸브와 배기 밸브를 각각의 캠 축으로 개폐하는 더블 오버 헤드 캠 축식이 있다.
이 형식은 어느 것이나 밸브 기구의 관성 중량이 작기 때문에 밸브의 가속도를 크게 할 수 있으며 고속에서도 안정된 밸브의 개폐가 이루어지므로 고속 성능이 향상한다.
그러나 캠 축이 크랭크 축에서 떨어져 있기 때문에 캠 축을 구동하는 장치가 복잡해지므로 실린더 헤드의 구조가 복잡해진다.

3. 캠 축 구동 방식

4사이클 엔진의 캠 축은 크랭크 축 회전수의 1/2로 회전한다.
크랭크 축의 회전에 대해서 각 밸브의 개폐 시기가 밸브 타이밍에 맞도록 해야 한다.
캠 축의 구동 장치는 일반적으로 크랭크 케이스의 앞부분에 설치되어 있으며, 타이밍 기어식, 타이밍 체인식, 타이밍 벨트식으로 분류된다.
그 중 타이밍 기어식은 사용 도중에 마모로 인해서 소음이 커지는 등의 이유 때문에 현재는 사용하지 않게 되었다.

1) 체인구동 방식

이 형식은 캠 축의 구동에 체인을 사용하는 것으로서 그림 2.97과 같은 구조로 되어 있다.
체인에는 그림 2.96과 같은 잇날 체인과 롤러 체인 등이 사용되고 있다.
체인을 사용하면 기어 구동에 비해 소음을 감소시킬 수 있으며, 전달 효율을 높일 수 있고 캠 축의 위치를 자유로이 선택하는 등의 이점이 있다.
그러나 체인은 사용중에 늘어나서 느슨해진다.
이렇게 되면 밸브의 개폐 시기에 차질이 생기게 되거나 고속 회전에서 소음과 진동이 생기기 쉬운 결점이 있다.

때문에 항상 체인에 장력을 주기 위하여 일반적으로 그림에서와 같은 체인 텐셔너(Chain Tensioner)를 설치한다.

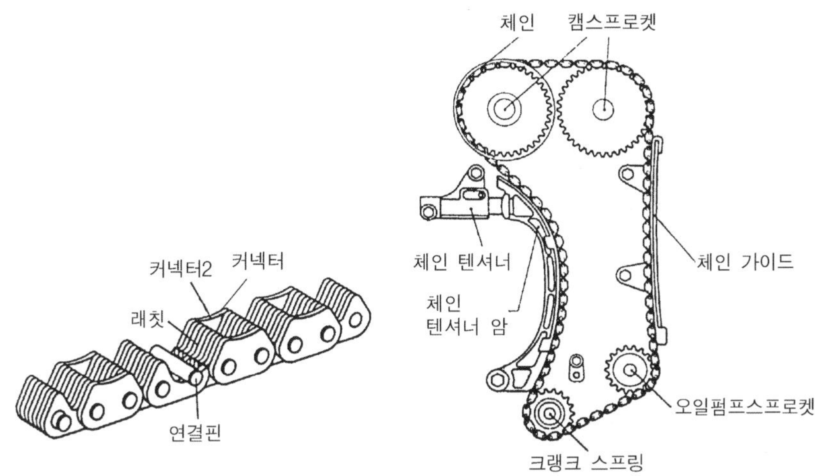

그림 2.96 타이밍 체인에 의한 구동

2) 벨트구동 방식

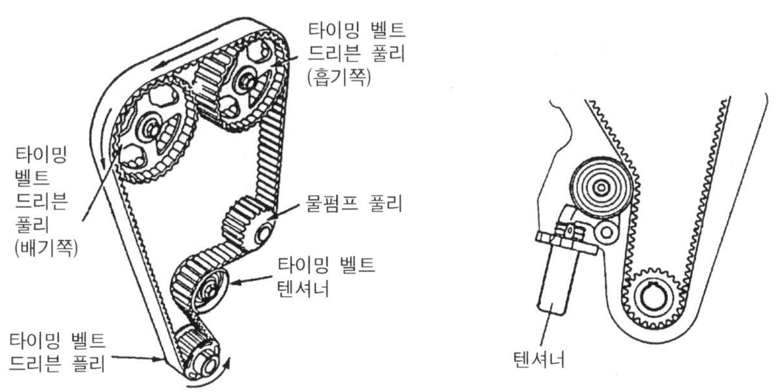

그림 2.97 타이밍 벨트에 의한 구동

타이밍 벨트는 그림 2.97과 같은 구조로 되어 있다.

벨트는 고무를 모재로 하여 신축성이 없는 글라스 파이버(유리 섬유)의 심선과 내마모성을 가진 직포를 사용하여 만들며 강도가 크나 신축성은 없다.

소음이 적고 가벼우며 윤활이 불필요하고 정기적인 장력의 조정이 불필요한 것 등의 이점이 있지만, 내수성, 내유성이 적기 때문에 물, 오일, 증기 등이 묻지 않도록 주의가 필요하다.

3) 시저스 기어(Scissors Gear)구동 방식

DOHC 엔진에서는 흡기 밸브와 배기 밸브용에 2개의 캠 축이 배치된다.
최근에는 연소 효율을 좋게 하기 위해서 포트의 앵글을 연구하여 간편한 연소실이 사용될 때가 많다.
그것에 따라 밸브의 협각이 작아져 캠 축 사이도 좁아졌다.

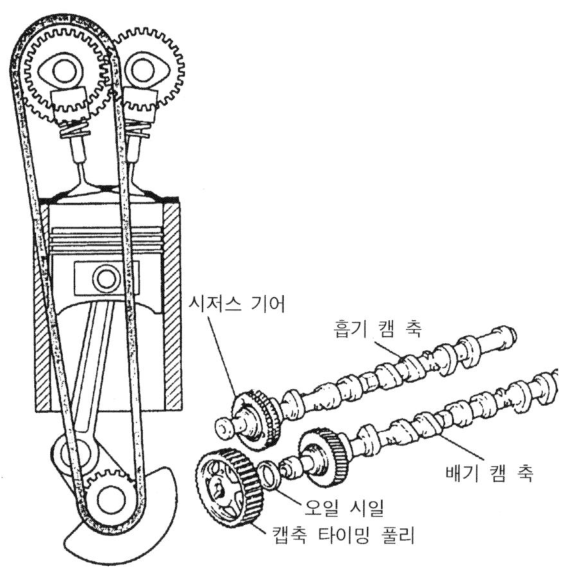

그림 2.98 시저스 기어에 의한 캠 구동

그러나 캠 축은 크랭크 축의 1/2 회전이므로 타이밍 풀리의 외경은 작게 할 수 없으며 캠풀리를 2개 나열하여 벨트로 연결하는 것이 불가능할 때가 있다.
여기서 한쪽의 캠 축에 타이밍 풀리 뒤에 작은 지름의 기어를 부착시키고 다른 한쪽의 축에도 작은 지름의 기어를 맞물려서 돌리는 방식의 DOHC 엔진이 있다.
이 때 또 하나의 캠을 돌리는 기어를 시저스 기어라고 한다.
피동 기어(Driven Gear)의 측면에 같은 잇수의 보조 기어를 붙여 이 잇날이 스프링에 의한 리턴 파워를 갖게 하여 맞물리는 상대의 잇날(드라이브 기어)을 감싸게 하여 기어의 백 래시를 억제하고 기어 노이즈를 저감한다.
또 DOHC를 벨트나 체인으로 구동시켰을 때는 2개의 캠 축은 같은 방향으로 회전하나 시저스 기어를 사용했을 때의 캠은 서로 역회전을 하게 된다.
한편 그림 2.99에서 보여주는 바와 같이 시저스 기어와 비슷한 방식으로 크랭크 축과 한 개의 캠 축을 타이밍 벨트로 연결하고 두 캠 축을 축 후면에서 체인으로 연결하여 구동하는 방식이 사용되고 있다.
이때 두 캠 축은 맞물려 회전하는 시저스 기어식과는 다르게 회전방향이 같게 된다.

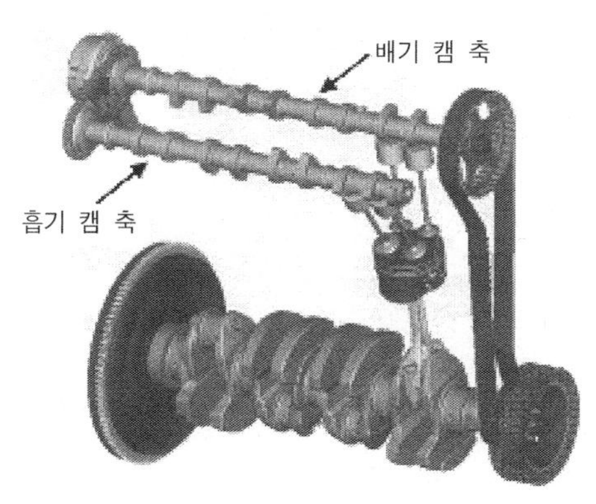

그림 2.99 체인에 의한 캠 축 구동

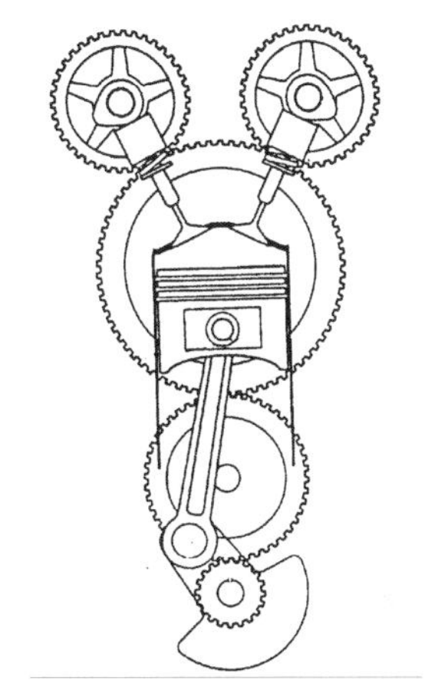
그림 2.100 기어에 의한 구동

4) 기어구동 방식

크랭크 축과 캠 축의 사이를 복수로 이어준다.
회전을 정확하게 전달할 수 있는 점에서는 다른 방식보다 우수하나 제조에 높은 정밀도가 요구되며 값이 비싸므로 양산차에는 부적합하다.
고회전시에서의 신뢰성이 있으므로 레이스용의 엔진에 사용된다.

2.9 캠 축

1. 캠 축(Cam Shaft)의 구조와 기능

캠 축은 크랭크 축에서 전달되는 동력을 이용하여 밸브의 개폐 및 배전기, 연료 펌프, 오일 펌프 등을 구동하는 역할을 한다.

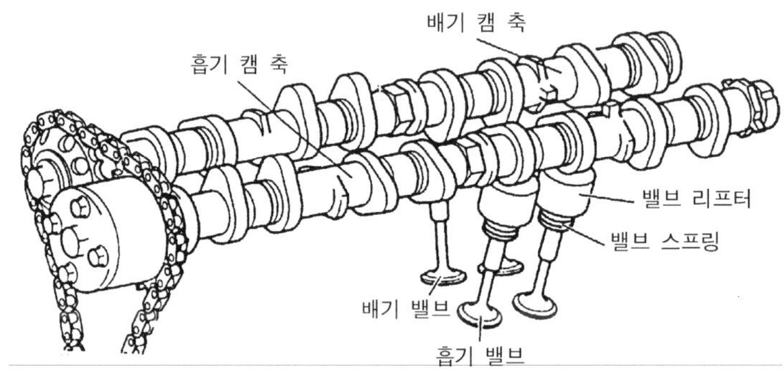

DOHC

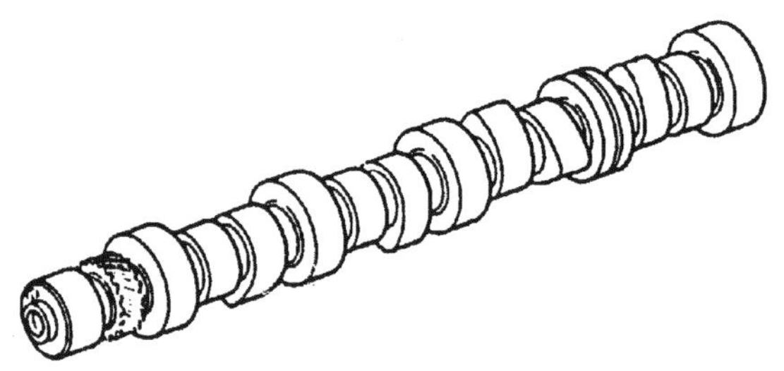

직렬 4기통용 SOHC

그림 2.101 DOHC용과 SOHC용 캠 샤프트

캠 축은 흡기 밸브, 배기 밸브와 같은 수의 캠을 밸브 개폐 시기에 맞추어 위치와 각도를 배려하여 배치시킨 것으로서 OHV식에서는 크랭크 케이스의 측면부에, OHC식에서는 실린더 헤드부에 장치되어 있다.

캠 축에는 3~4개소의 저널부가 베어링으로 지지되어 있으며, 앞부분에는 밸브 개폐 시기를 나타내는 타이밍 마크를 새겨 넣은 타이밍 기어가 장치되어 있다.

캠 축의 재질에는 일반적으로 내마모성이 큰 주철이 사용된다.

캠 표면은 장시간 사용하여도 캠 표면의 곡선이 변화하여 밸브 개폐 시기나 밸브 리프터에 영향을 주지 않도록 경화처리 되어 있다.
또한 저탄소강을 침탄처리 하거나 중탄소강을 사용하여 캠 면을 화염 또는 고주파 담금질한 것도 있다.

2. 캠(Cam)

캠은 캠 축의 회전에 의해 밸브를 개폐 시키는 것으로 캠의 표면에 밸브 리프터 또는 로커 암이 접촉되어 운동을 전달한다.
캠의 형상(Profile)에는 그림 2.102에 제시하는 것과 같은 종류가 있으며, 밸브가 열려 있는 기간과 밸브가 움직이는 량에 의해 적절한 형상의 것이 선택된다.

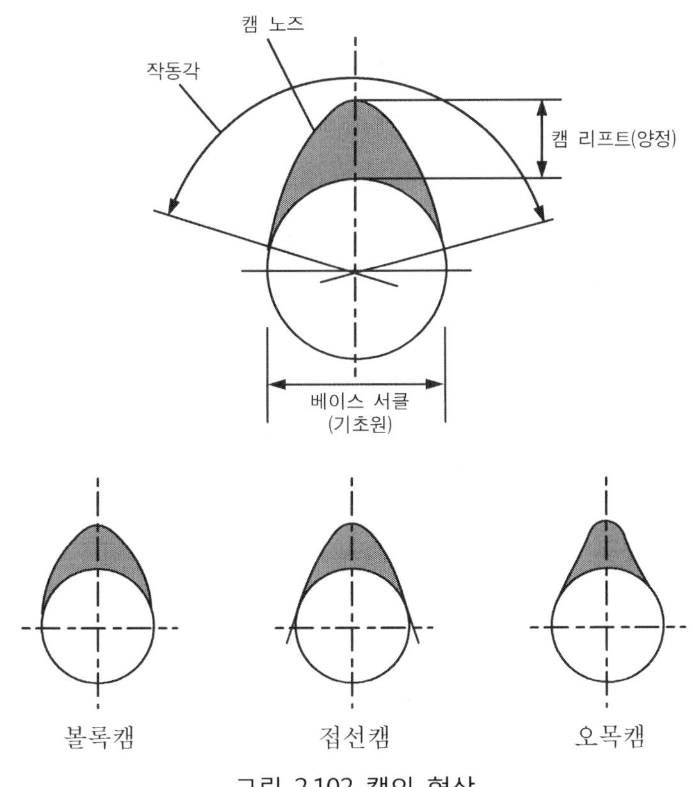

그림 2.102 캠의 형상

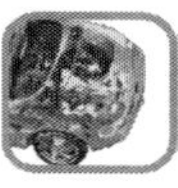

2.10 밸브

1. 밸브의 구조와 기능

4사이클 엔진에서는 팽창 행정에 필요한 혼합기를 연소실내로 끌어 들이고, 또한 연소 가스를 외부로 배출하기 위하여 1개의 실린더에 흡입 밸브와 배기 밸브를 비치하고 있다.

흡기 밸브와 배기 밸브는

- 피스톤이 1사이클하는 극히 짧은 시간에 용이하게 흡기, 배기를 하여 체적 효율을 높일 것,
- 양 밸브가 닫혀있는 압축, 팽창 행정에서 충분한 기밀을 유지할 것.
- 연소 가스와 고온에 노출되어도 정확하게 작동하고 장시간 운전에 견딜 것

등의 어려운 조건을 만족시키는 것이어야 한다.

현재 사용되고 있는 밸브는 어느 것이나 포핏 밸브(Poppet Valve)이다.

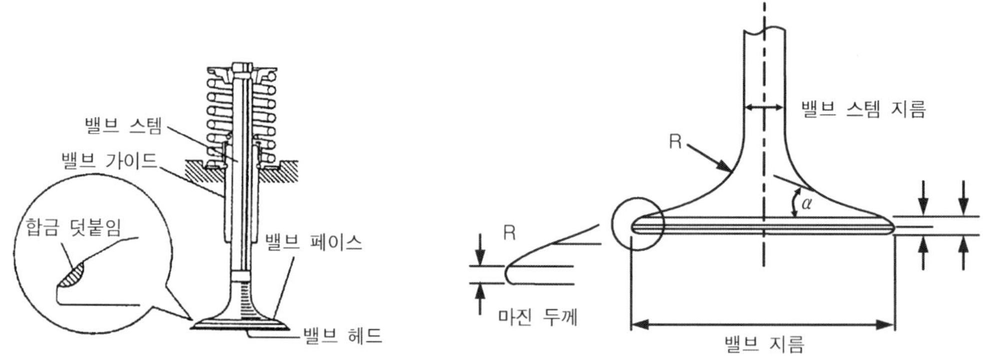

그림 2.103 밸브의 헤드 부분

포핏 밸브는 그림 2.103과 같이 밸브 헤드, 밸브 페이스 그리고 밸브 스템 엔드의 네 부분으로 이루어져 있다.

특히 배기 밸브의 밸브 헤드부는 엔진 작동중 항상 고온에 노출되므로, 그 재질과 형상에는 특별한 배려를 기울이고 있다.

재질은 페라이트계 내열강, 오스테나이트계 내열강이 사용되고 있으며, 금속 조

직의 흐름을 절단하지 않도록 옵세트 단조라는 방법으로 만들어진다.
오스테나이트계는 내열성, 내식성이 뛰어나지만, 경도가 부족하여 내마모성이 떨어진다.
페라이트계는 내식성, 내마모성은 뛰어나지만 내열성이 오스테나이트계 보다 떨어지므로 밸브 헤드부에 오스테나이트계를, 밸브 스템에 페라이트계를 맞대어 전기 용접한 것도 있다.
또한 밸브 스템은 밸브 스틱(Stick)을 방지하기 위하여 크롬 도금을 처리하거나 질화처리를 하여 윤활 성능, 내식, 내마모성의 향상을 도모하는 것도 있다.
또한 밸브 스템의 목 부분에는 카본의 퇴적을 방지하기 위하여 턱붙임 가공을 하거나 밸브 스템 엔드부에는 마모에 강한 스텔라이트 등을 밀착시킨 것도 있다.

1) 형상에 의한 종류와 특징

밸브의 형상을 결정하는 데는 흡기 밸브에서는 흡입 저항이 적을 것, 배기 밸브에서는 냉각이 잘되고 내구성이 클 것 등에 중점을 두고 있다.
밸브 헤드의 형상에는 그림 2.104(a)~(d)와 같은 것이 있다.

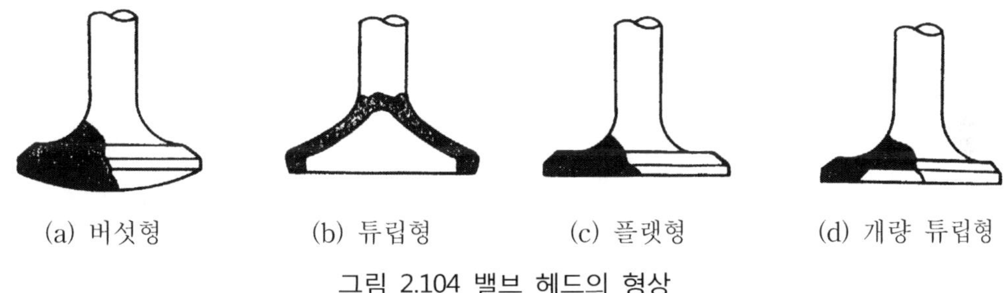

그림 2.104 밸브 헤드의 형상

(a)는 밸브 헤드 부분을 구면으로 하고 아래쪽을 원추형으로 만든 밸브로, 중심부의 강도를 증가시킬 수 있으나 무거워질 뿐 아니라 수열 면적이 커지는 결점이 있다. 주로 저속 소형엔진에 사용되고 있다.
(b)는 튜립과 같은 나팔형으로 벌어진 밸브이며 견고하고 가벼워서 유동 저항이 작고 유연성이 있어 밸브 시트의 변형에 대응할 수 있기 때문에 고출력 엔진이나 레저용 엔진 등에 사용되지만, 수열 면적이 큰 결점이 있다.
(c)는 (a)와 (b)의 중간과 같은 형상의 밸브이며, 상부를 평면으로 하고 아래쪽은 밸브 헤드부와 밸브 스템부를 큰 원호로 연결하여 가스의 흐름을 좋게 하고

강도를 증가하도록 만든 것으로 제작도 용이하기 때문에 가장 널리 사용되고 있다.

(d)는 (b)와 (c)의 중간 형상으로 (b)의 결점을 보충한 밸브로서 연소시에는 전열의 면적이 적게 되도록 개량한 것이다.

가스흐름에 대한 유동저항이 적고 가벼우며 제작도 용이하기 때문에 비교적 많이 사용되고 있다. 특히 흡기밸브로 사용되고 있다.

또한 밸브 헤드의 냉각을 좋게 하기 위하여 그림 2.105와 같은 밸브 스템부를 중공(中空)으로 하고, 그 속에 열전도성이 좋은 금속 나트륨을 중공부 용적의 40~60% 봉입한 내부 냉각 밸브(Internal Cooled Valve)도 있다.

이 밸브는 운전중 나트륨이 액화(융점 95℃, 비점 882.9℃)하여, 밸브의 운동에 따라 내부에서 출렁거려서 밸브 헤드부의 열을 밸브 스템에 전달하여 방출한다. 이 결과 밸브 헤드부의 온도를 약 100℃ 저하시킬 수 있으며 고온 엔진에 사용된다.

위에서 거론한 형식중 (a), (b)는 OHV 밸브기구에 주로 사용되고, (c), (d) 및 내부 냉각 밸브는 OHC 밸브기구에 사용된다.

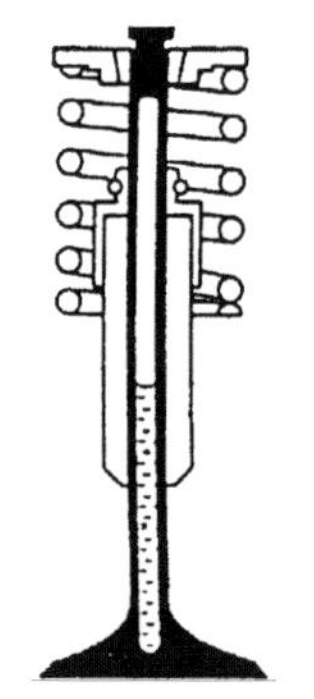

그림 2.105 내부 냉각 밸브

2) 밸브의 지름

엔진 출력을 증가하기 위해서는 밸브 헤드부의 지름이 큰 것이 좋다.

지름이 커지면 냉각은 곤란하지만, 밸브 리프터가 작아도 되며 체적 효율을 늘릴 수 있다.

이 때문에 일반적으로 흡기 밸브의 지름을 배기 밸브보다 크게 한다.

이와 같이 하면 흡기 밸브와 배기 밸브를 공통으로 사용할 수는 없지만 배기 밸브는 고급 재료를 사용하고 흡기 밸브는 열에 대하여 배기 밸브보다는 영향이 덜 하기 때문에 비교적 값싼 재료를 사용할 수 있다.

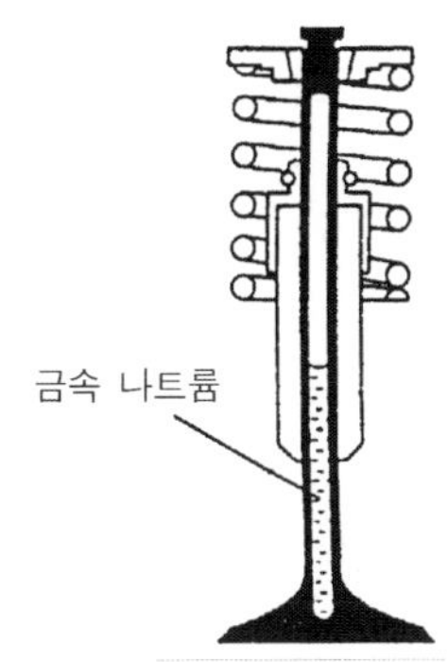

그림 2.106 나트륨 봉입 밸브

2. 밸브 수와 성능

밸브 수는 흡·배기 효율을 향상시키기 위해서 그의 수를 증가하여 왔다.
그러나 연비나 배기, 생산원가 등을 고려한 총합 성능으로 말하면 밸브수가 많은 것이 꼭 좋은 것은 아니다.
2밸브로부터 3밸브, 4밸브, 5밸브까지 있으며 각각 연소실의 형상이 달라지게 된다.

1) 밸브 협각

4밸브 엔진은 흡기 밸브와 배기 밸브가 마주보는 형상이며 이 양자의 각도를 말한다. 각도가 넓으면 밸브 지름을 크게 할 수 있기 때문에 흡입 효율이 증가하고, 고회전, 고성능이 추구된다.
그러나 연소실을 간편하게 하는 것이 어려우므로 압축비를 올리기 위해서 피스톤 헤드에 볼록 부분을 설치하여 연소실 용적을 작게 하고 있다.
최근에는 엔진 전반의 효율 실용성이 요구되기 때문에 밸브의 지름은 작아지나 밸브 협각을 좁혀서 연소실을 간편하게 하고 있다.
흡배기 밸브가 각 1개의 2밸브에서는 흡입 공기량을 증가시키기 위해서 밸브 협각을 크게 하는 것이 효과적이었다.

그러나 4밸브화 함으로써 밸브 협각을 크게 하지 않아도 어느 수준까지는 흡입 공기량을 증가시킬 수 있으므로 협각을 크게 하지 않아도 된다.

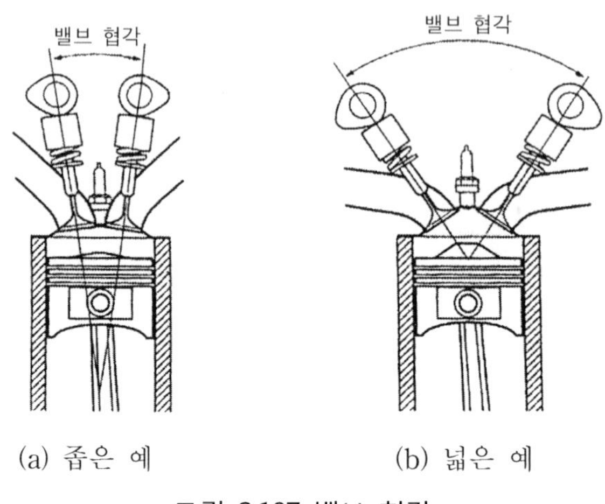

(a) 좁은 예 (b) 넓은 예

그림 2.107 밸브 협각

2) 2밸브

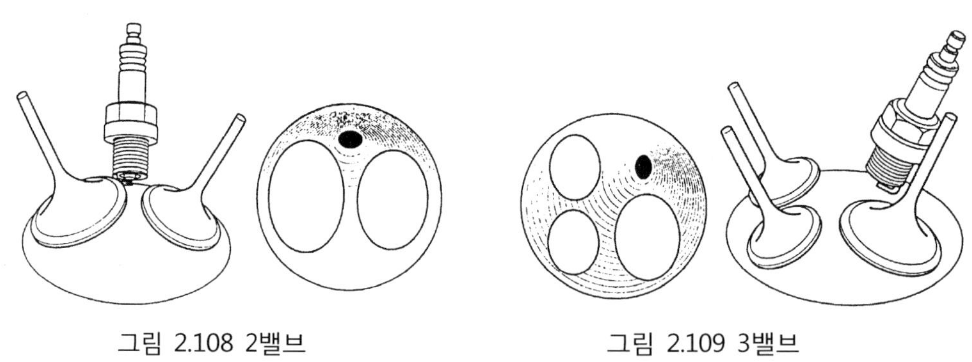

그림 2.108 2밸브 그림 2.109 3밸브

오랜 동안 주류를 이루었던 엔진에서 하나의 흡기 밸브를 어떻게 크게 만드냐 하는 것이 성능 향상의 결정적인 수단이었다.
현재도 2밸브가 사용되고 있으며, 2플러그로 하는 등 새로운 연구가 진행되고 있다.

또 흡입은 부압에 의존하고 있으므로 흡기 밸브는 배기 밸브보다 10~20% 크게 하는 것이 보통이다.

3) 3밸브

흡기 밸브를 2개, 배기 밸브를 하나로 한 것으로 4밸브에의 과도적인 것으로 되어 있었다.

3밸브를 사용함으로서 2개의 흡기밸브에 대응하여 상대적으로 큰 배기 밸브가 배기 성능을 좋게 하는데 효과적이다.

4) 4밸브

2개의 캠 축이 흡기와 배기의 각 2개의 밸브를 개폐하는 타입의 4밸브 엔진이 현재 주류로 되어 있다.

밸브 수를 증가함으로써 밸브 지름을 작게 하는 것이 가능하게 된다.

플러그를 연소실의 센터에 배치할 수 있는 점에서도 유리하며, 점화 및 화염전파 밸런스가 유리한 것으로 알려지고 있다.

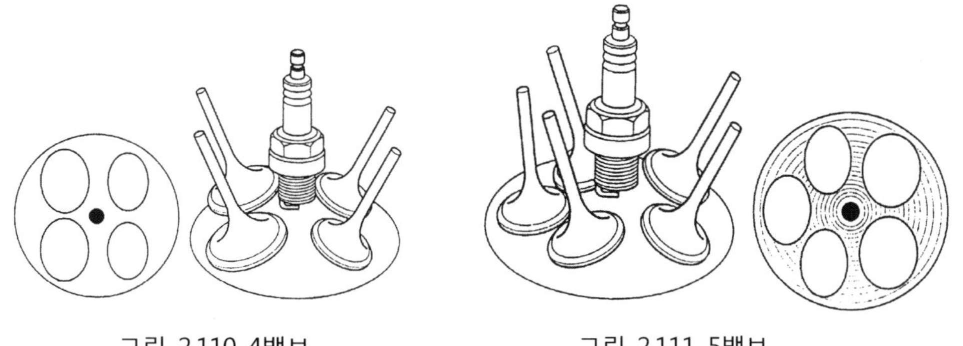

그림 2.110 4밸브 그림 2.111 5밸브

5) 5밸브

4밸브의 상위의 것으로서 흡기 밸브를 3개로 한 것이며, 흡기 효율을 높일 수가 있다.

그러나 1개의 캠으로 3개의 밸브를 개폐하는 것이 무리가 있으나 이점을 기구적으로 극복하면 성능이 좋은 엔진이 될 수 있다. 그러나 간편성이 부족하다.

6) 4밸브와 5밸브의 비교

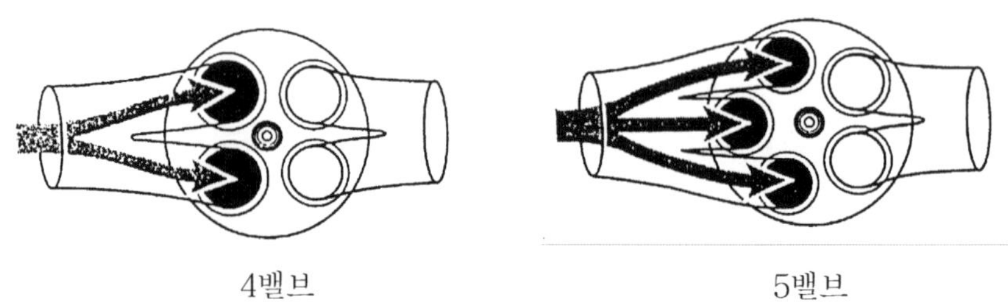

4밸브　　　　　　　　　　5밸브

그림 2.112 4밸브와 5밸브의 비교

4밸브는 연소실내에 여분의 요철(凹 凸)이 없고 간편하며 표면적이 작아 연소 속도가 빠르기 때문에 연소실 벽면에 의한 노킹을 방지할 수 있으며 연소 효율도 좋고 열손실이 적다.

이것을 위해서는 DOHC 4밸브가 가장 적당하며 최근의 고성능을 구사하는 차는 대부분이 4밸브를 채용하고 있다.

밸브 수를 증가하면 각각의 밸브를 소형, 경량화 할 수 있으며 고속회전이 가능하게 된다.

밸브 면적도 2 밸브에 비해서 종합적으로 설치할 수 있으므로 화염을 단시간에 연소실 전체로 확산시킬 수 있다.

흡기 효율을 향상시키기 위해서 흡기 밸브를 3개로 하는 5밸브도 등장하였으나 연소실의 형상에 요철(凹 凸)이 증가하여 복잡해지며 생산원가에 비해서 효율이 증가하지 않기 때문에 사용 예는 적다.

7) DOHC 엔진의 효과

엔진을 고출력화하려면 시간당 공급되는 혼합기의 량을 증가시키거나 열효율을 향상시키고 각종 손실을 저감해야 한다.

시간 당 공급되는 혼합기량의 증대는 엔진구조상 연료공급은 문제가 안되며, 양이 훨씬 많이 필요한 공기의 공급이 중요하다.

DOHC 엔진은 밸브 수의 증대에 따라 싸이클 당 공급되는 공기의 양을 늘릴 수 있으며, 고 회전화가 가능해지고 단위시간당 싸이클 수를 높일 수 있어 고 출력화에 유리한 시스템이다.

(1) DOHC화의 장점

① 고 회전화에 유리

엔진에서 고 회전화에 가장 큰 문제는 밸브 구동계이다.
흡·배기 밸브의 작동은 캠프로파일에 의해 이루어지지만 실제로는 밸브를 구성하는 부품들의 관성력에 의해 캠프로파일 형태로는 움직이지 않는다.
특히 밸브스프링의 고유진동수에 영향받는 서징 현상이 큰 제한이 된다.
그러나 DOHC로 하면 밸브 구동계의 중량을 가볍게 할 수 있기 때문에 밸브 구동계의 질량에 비례하여 발생하는 밸브 점프현상을 줄일 수 있다.
또한 밸브가 닫힐 때 시트와 충돌하여 반발하는 바운스 현상도 회피할 수 있다.

② 흡기 효율 향상에 유리

DOHC 엔진은 흡기 통로가 크게 되며, 밸브 면적 또한 크게 설정할 수 있고, 흡배기 밸브가 각각의 캠 샤프트를 가지므로 밸브각도를 자유로이 설정할 수 있어 흡기효율 향상에 유리하다.

③ 멀티 밸브화에 유리

제한된 보어 경에서 밸브를 복수로 하면 1개인 경우보다 큰 면적을 갖게 되며, 밸브를 복수화하면 밸브 스프링 장력도 약하게 할 수 있어 기계손실이 저감된다.
멀티 밸브화로 흡기 면적을 증대하면 스로틀 밸브 응답성도 향상된다.

④ 고 압축비화에 유리

DOHC 엔진의 연소실은 대부분 지붕형 형상으로서 스파크 플러그를 연소실 중앙에 배치할 수 있으므로 화염전파 거리가 짧아지고 연소시간이 단축되므로 노킹 억제에 유리하다.
따라서 고 압축비화가 가능하다.

(2) DOHC화의 단점

① 구조가 복잡하며 부품 갯수(밸브, 캠샤프트)가 증가한다.
② 밸브수가 많아져 소음이 높아진다.
③ 제조원가 상승

④ 실린더 헤드 정비시 복잡

⑤ 연비 다소 악화

DOHC 엔진은 출력이 SOHC대비 20% 정도 증가하지만 저, 중속보다는 고속 역에서 증가되므로 실용 운전 역에서는 효과를 느끼기 어렵다.
또한 고 회전 역에서의 운전 빈도가 증가하고 밸브계 마찰손실이 증가하므로 연비가 다소 악화된다.

(3) DOHC 개선 방향

① 저중속 토크 향상

SOHC에 비하여 상대적으로 DOHC의 장점이 크게 나타나지 않는 저중속 토크를 향상하고 연비를 향상시켜야 한다.
이를 위해서는 롱 스트로크 엔진과 가변 흡기 및 가변 밸브 타이밍의 적용이 유효하며 DOHC 엔진의 성능을 가늠하는 중요 포인트가 된다.

② 콤팩트화

증가되는 부품수를 가능한 줄여서 소형 경량화해야 한다.

③ 진동, 소음감소

밸브수 증가에 따른 진동소음을 줄이기 위해서 톱니형 타이밍 벨트, 사일런트 체인 사용 및 엔진 마운팅 개선이 필요하다.

④ SOHC 4밸브화

멀티 밸브의 장점을 취하면서 캠 샤프트가 한 개이기 때문에 실린더 헤드가 콤팩트한 SOHC 4밸브를 적용하는 엔진이 증가하고 있다.
그러나 스파크 플러그를 연소실 중심에 위치시키기가 다소 어렵다.

3. 밸브 리프터

밸브 리프터는 밸브 태핏(Valve Tappet)이라고도 불리며, 캠 축의 회전 운동을 상하운동으로 바꾸어 주는 역할을 한다.
그림 2.113을 보면 밸브 리프터가 OHV 밸브식과 OHC 밸브식에서 같은 기능을

수행하지만 형태상으로는 다소 차이가 있음을 알 수 있다.

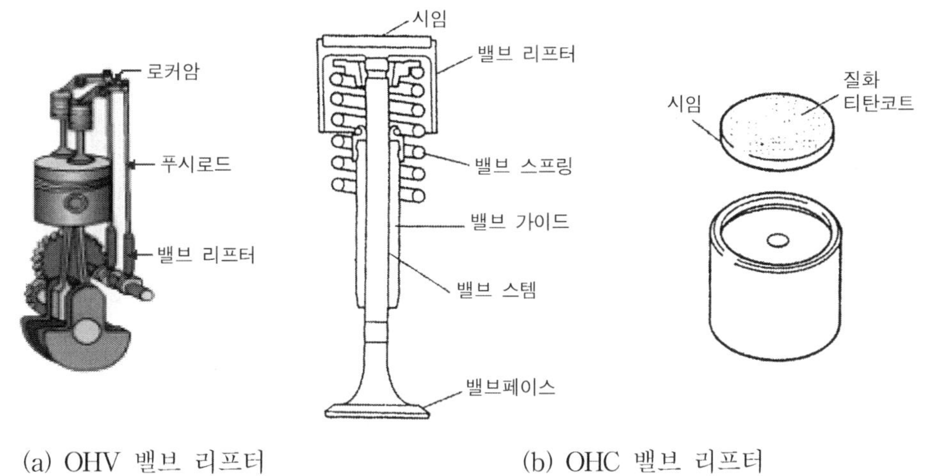

(a) OHV 밸브 리프터 (b) OHC 밸브 리프터

그림 2.113 밸브 리프터

OHV 밸브 리프터는 길고 좁은 원통형의 형상을 하고 있으며, 다소 긴 푸시로드를 통해 로커암을 밀어 올려 밸브를 연다.

OHC 밸브 리프터는 윗면은 평면으로 캠에 접촉하고, 그 내면에는 푸시로드가 와 닿는 오목면 시트가 설치되어 있다.

바깥 원통부는 실린더 블록 또는 실린더 헤드에 설치된 리프터 구멍으로 안내된다.

리프터의 재질은 합금 주철 또는 탄소강으로 만들어지며 측면, 저면과 푸시로드의 접촉면은 급랭하여 경화시킨다.

탄소강의 경우에는 화염 또는 고주파 담금질이 되어 있다.

엔진 작동중에는 밸브 리프터의 밑면은 끊임없이 캠과 접촉하고 있다.

따라서 그 부분의 편마모를 피하기 위하여 볼록면 캠의 경우는 리프터 중심과 캠의 중심을 오프셋(Offset)하여 리프터를 회전하게 하여 캠에 대한 리프터의 접촉 부분을 끊임없이 변화하도록 하고 있다.

또한 OHC식에서는 캠에서 직접 밸브를 작동시켜 밸브의 개폐를 하는 구조이다.

앞에서 설명한 밸브 리프터 외에 유압을 사용하는 유압 밸브 리프터(Hydraulic Valve Lifter)가 있다.

이 리프터는 리프터와 푸시로드의 사이에 유압실이 설치되어 있으며 리프터의 상하 운동은 유압을 통해서 푸시로드에 전달된다.

이와 같은 구조로 만들면 밸브의 열팽창을 유압실에서 흡수할 수 있으므로 나중에 설명하는 밸브 클리어런스를 필요로 하지 않으며 밸브 개폐 기구의 소음을 저감할 수 있다.

이 때문에 이 기구를 밸브 래시 어저스터(Valve Lash Adjuster)라고도 한다.

OHC식에 사용되고 있는 것은 그림 2.114에 제시하는 구조로 되어 있다.

그림을 보면 보디와 플런저 2개의 원통 사이에 플런저 스프링과 체크 볼 등이 조립되어 실내에는 오일이 충만되어 있다.

작동은 플런저는 플런저 슬립링의 힘으로 밸브 클리어런스 간극만큼 밀려 올라가 있다.

캠이 회전하면 체크 볼은 닫히고, 플런저는 푸시 로드를 밀어 올려 밸브를 연다.

캠이 회전하고 또다시 밸브 클리어런스가 만들어지려고 하면 플런저 스프링의 힘으로 플런저를 밀어 올린다.

따라서 항상 밸브 클리어런스를 영(제로)으로 유지하는 작용을 하게 된다.

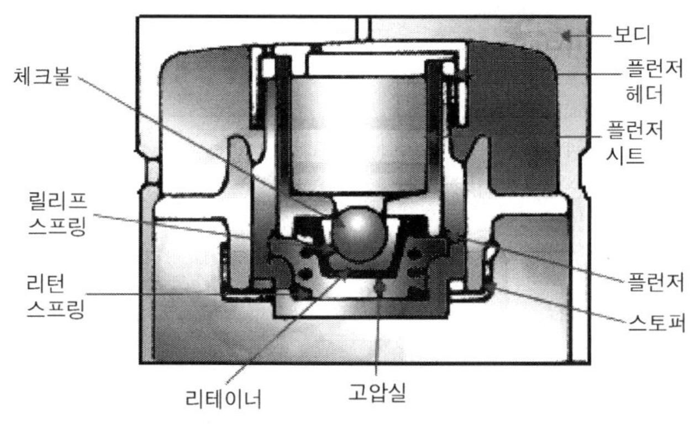

그림 2.114 밸브 유압 리프터

4. 밸브 클리어런스

오버 헤드 밸브식의 푸시 로드는 속이 비어 있는 긴 강철제의 막대형이며 상단은 밸브 로커 암에 접촉되어 있다.

또한 하단은 밸브 리프터에 닿게 하여 캠에 의해 밸브 리프터와 함께 밀려 올라가 밸브 로커 암의 일단을 밀게 된다.

밸브 로커 암은 실린더 헤드에 장치된 로커 암 축에 그 중앙부 부근을 지지하고, 일단이 푸시 로드로 밀려 올라가면 반대의 끝은 밸브 스템 엔드를 눌러 밸브를 열도록 작동한다.

로커 암이 푸시 로드와 접하는 부분에는 밸브 클리어런스 조정 나사가 장치되어 있다.

로커 암은 강한 충격을 받으므로 주강이나 주철로 만들어지며 밸브 스템 엔드와 조정 나사의 푸시 로드에 접하는 부분에는 표면 경화가 되어 있다.

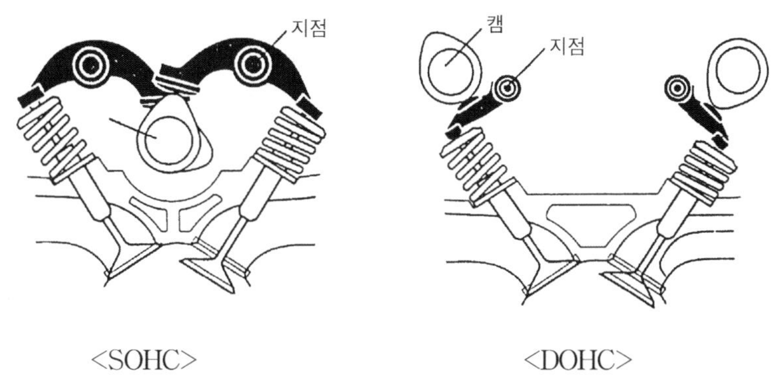

그림 2.115 로커 암

밸브 간극이 크면 밸브가 충분히 열리지 못해 흡배기 효율이 저하되고 로커암이 밸브스템 엔드와 충격적으로 접촉이 이루어져 마멸 및 소음이 발생한다.

반면 밸브간극이 적으면 열팽창으로 인해 밸브면과 시트의 접촉이 불량해져 블로우 벡(Blow Back)현상이 발생하여 출력이 저하 된다.

밸브 기구의 각 부품은 엔진의 온도 상승에 따라 팽창하므로 밸브가 치받쳐서 밸브 페이스와 밸브 시트가 밀착하지 않게 되어 가스 누출을 일으키게 된다.

그것을 방지하기 위하여 밸브 클리어런스를 설치해서 엔진이 운전 온도에 달했을 때 적절한 간극을 유지하도록 하고 있다.

밸브 클리어런스는 엔진의 형식, 밸브의 재료, 캠의 형상 등에 따라 다르지만, 일반적으로 같은 엔진에서는 흡입 밸브 보다 배기 밸브의 클리어런스를 크게 설치한다.

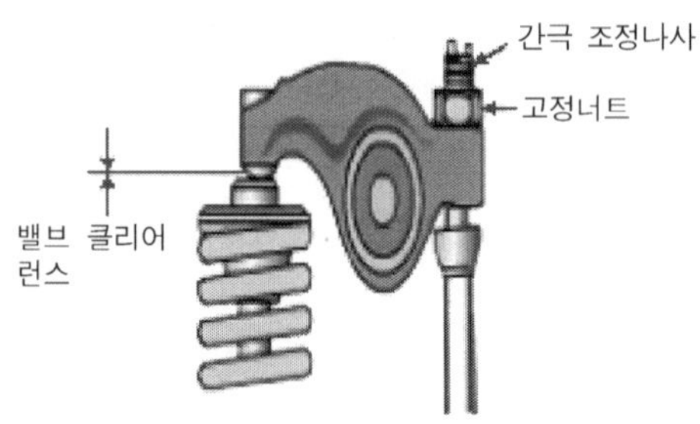

그림 2.116 밸브 클리어런스 조정

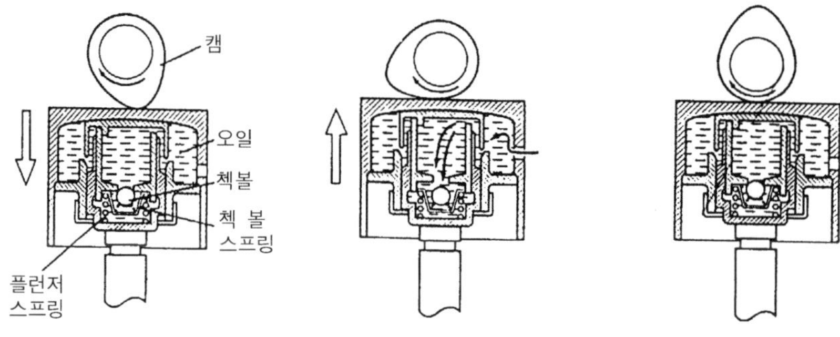

그림 2.117 래시 어저스터 밸브 어저스터

유압 밸브 리프터는 밸브 간극을 자동적으로 조정하는 타입으로 밸브 간극 조정을 필요로 하지 않는다.

기본적으로 캠과 밸브 리프터의 간극은 항상 "0"이기 때문에, 간극 변화에 의한 타음이 발생하지 않아 안정된 성능을 유지할 수 있다.

이와 같이 유압식 리프터는 오랜 시간 사용에 따른 마모나 변형에 따른 간극 변화가 생기는 현상이 발생되지 않으므로 간극조정이 필요가 없다.

즉 밸브간극 조정이 필요 없고 작동 조건에 따른 변화가 없어 최근에는 많이 사용하고 있다.

그러나 유압식 리프터도 다음과 같은 단점을 가지고 있다.

캠과 밸브 리프터의 간극이 "0"이라는 것은 캠의 베이스 서클 부분에서도 캠 노즈와 밸브 리프터가 항상 접촉하게 되어 그 만큼 마찰이 증가한다는 것이다.

캠 노즈 베이스 서클의 가공성이 떨어지면 밸브의 밀착 불량이 발생하므로 높은 정밀도가 요구된다.

또한 유압식 리프터 부분의 고압실에 공기가 흡입되면 타음이 발생해 밸브가 절손되는 경우가 있으므로 고압실의 공기 빼기 작업을 확실히 해주어야 한다.
따라서, 밸브 리프트 부분에 에어 분리하는 작업이 필요하다. 그 외에 엔진 정지 때 에어가 흡입되지 않도록 하는 장치가 필요하다. 특히 유압식 리프터가 정상으로 작동하기 위해서는 유온, 유압 및 오일 라인의 이물질 유입을 방지해야 한다.
유압식 리프터는 캠 노즈의 움직임을 밸브 리프터 내의 오일을 거쳐 밸브에 전달하기 때문에 솔리드 타입에 비하면 강성이 떨어진다. 플런저 기구나 오일을 내장하기 때문에 밸브계통의 관성 중량이 증가하게 된다. 원래 직동식 밸브 리프트의 경우, 로커암 타입에 비해 관성 중량이 무겁지만 강성에서 유리한 것이 특징이다.
현재는 직동식 유압 리프터가 소형화되고 컴팩트해지고 있기 때문에 실린더 헤드를 소형 경량화 할 수 있으므로 사용이 증가되고 있으나 소음 발생과 가격 상승의 원인으로 로커암식 유압 태핏보다는 직동형 유압 태핏을 많이 사용하고 있다.

5. 밸브 시트 및 가이드

밸브 시트는 밸브 페이스와 밀착하여 연소실의 압축 누출을 방지할 목적으로 완전한 기밀 유지, 또는 고온 가스에 노출되면서 밸브와 반복하여 충돌해도 손상이 생기지 않을 정도의 경도가 필요하다.
실린더 헤드와 실린더 블록이 주철제의 경우, 밸브 시트는 그대로 만들 수 있지만, 알루미늄 등의 경합금제의 경우는 시트만 주철이나 내열강으로 만들어 끼워 넣는 것으로 만든다.
밸브가 시트에 접촉할 때는 매우 큰 충격이 생기고, 점차 밸브 시트가 마모된다. 이 형상을 밸브 시트 리세션(Valve Seat Recession)이라고 하는데, 유연 가솔린의 경우는 연소에 의해 생긴 납 화합물이 밸브의 접촉면에 부착하여 충격을 완화하므로 밸브 시트의 마모를 방지하는 작용을 한다.
그러나 무연 가솔린의 경우는 이 방지 작용이 없기 때문에 알루미늄 헤드는 물론 주철 헤드에도 소결 합금 등의 시트 링을 끼워 넣어 시트부의 마모 방지 대책을 하고 있다.
밸브 시트의 각도는 밸브 페이스와 같으며, 일반적으로 45°의 원추로 하는데, 30° 밸브 페이스도 사용되는 것이 있다.

또한 밸브와 밸브 시트의 접촉 폭은 넓을수록 냉각 효과가 크고, 좁은 만큼 밀착이 잘되어 가스 누출이 적기 때문에 일반적으로 1.4~2.0mm 정도이며, 배기 밸브 쪽은 약간 넓게 한다.

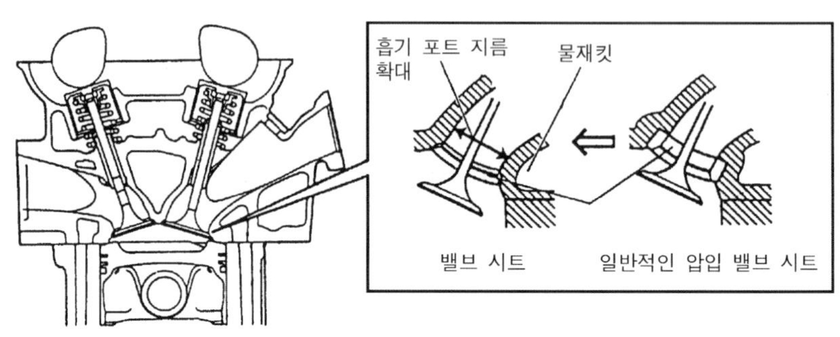

그림 2.118 밸브 시트

밸브 스템 가이드는 일반적으로 주철제이며 실린더 헤드나 실린더 블록에 압입되고, 밸브면과 밸브시트 간의 밀착을 좋게 하기 위한 안내를 하고 있다.

또한 배기쪽에는 카본에 의한 밸브 스틱(Valve Stick)을 방지하기 위하여 보어(Bore)를 약간 깎아낼 때가 많다.

그리고 밸브 스템 가이드와 밸브 스템의 틈새를 통해 엔진 오일이 과도하게 연소실로 침입하는 것을 방지하기 위하여 밸브 스템에 고무제의 오일 시일을 장치한다.

6. 밸브 스프링

밸브 스프링은 다음과 같은 역할을 가지고 있으므로 그 양부는 직접 엔진 출력에 관계된다.

① 밸브가 밸브 시트에 밀착하여 가스 누출을 일으키지 않을 만큼의 장력을 가지고 있을 것

② 밸브와 밸브 기구가 캠에 의해 운동할 때 관성력을 이겨 밸브가 캠의 형상과 같이 움직일 것

③ 최고회전 속도로 장시간 운동해도 충분히 견딜 만큼의 내구력을 가지고 있을 것

④ 밸브 특유의 서징(Surging)을 일으키지 않을 것

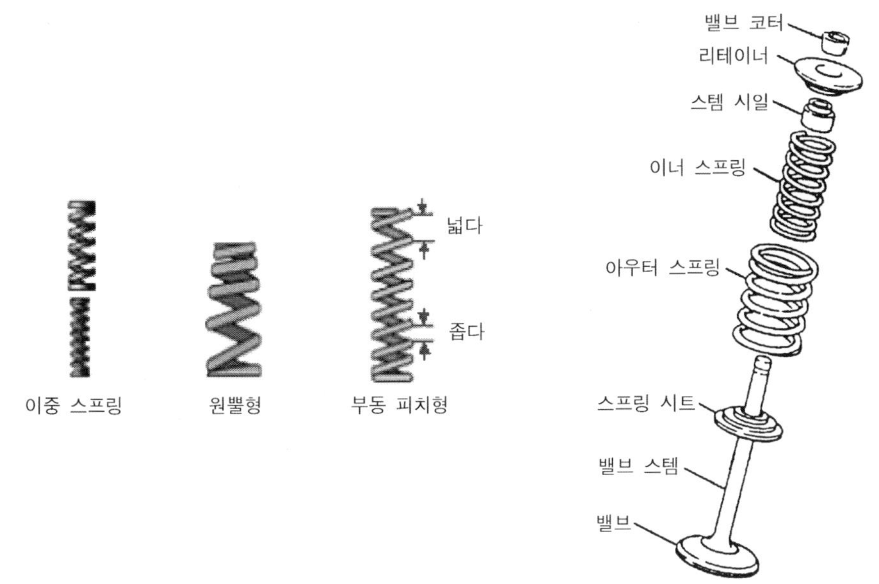

그림 2.119 밸브 스프링

밸브 스프링의 재료는 탄력성이 풍부한 니켈강 또는 규소 크롬강을 사용하지만, 장력이 너무 강하면 밸브를 여는데 큰 힘을 요하기 때문에 출력의 손실이 될 뿐만 아니라 밸브와 밸브 기구 부품의 마모를 촉진한다.

반대로 장력이 너무 약하면 밸브의 밀착이 불충분하게 되며 흡기 밸브에서는 압축 부족으로 엔진 추력이 저하하고, 배기 밸브에서는 연소 가스의 불로 바이(Blow By)에 의해 소손이 발생하며 밸브 서징을 일으키기 쉽다.

밸브 서징(Valve Surging)이란 캠에 의한 밸브의 개폐 회수가 밸브 스프링의 고유 진동수와 같거나 또는 그 정수배가 되었을 때 밸브 스프링은 캠에 의한 강제 진동 및 스프링 자체의 고유 진동과 공진하여 캠에 의한 작동과는 관계없이 진동하게 된다.

이와 같은 현상을 밸브 서징이라고 한다.

서징이 일어나면 밸브의 개폐는 정확하게 이루어지지 않으며 동시에 스프링의 국부에 예상 외로 큰 압축력이나 변형이 생겨 피로 파손될 수 있다.

서징을 방지하는 데는 부등 피치 스프링을 사용하거나 고유 진동수가 다른 스프링을 내외로 조합시킨 이중 스프링을 사용하여 공진을 방지함과 동시에 정해진 리프터 내에서 충분한 정수를 얻도록 해야 한다.

또한 고속 엔진에서는 부등 피치의 원추형(Conical) 스프링을 사용하여 서징을 방지하고 있는 것도 있다.

밸브 스프링을 밸브 스템에 고정시키는 부품으로 밸브 스프링의 하단부는 실린더 헤드에 고정되고 상단부는 리테이너와 리테이너 록에 의해 밸브 스템에 고정된다.

리테이너 록은 현재 원뿔형이 많이 사용되고 있다.

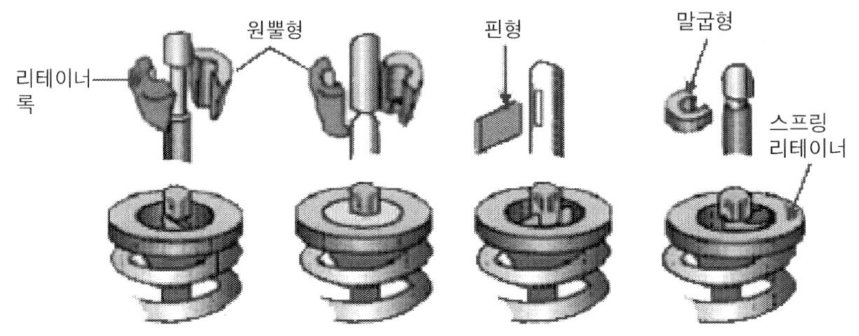

그림 2.120 스밸브스프링 리테이너 록의 종류

2.11 밸브 타이밍

밸브 타이밍이란 피스톤의 각 행정에 대한 밸브 개폐시기를 말한다.

엔진은 밸브가 개폐함으로써 혼합기의 흡입, 압축, 폭발, 연소 가스의 배출 등을 한다.

밸브의 개폐는 피스톤의 상사점이나 하사점에서 개폐하는 것이 아니라 다음과 같이 작동을 한다.

흡기 밸브는 피스톤의 흡입 행정 앞 즉, 상사점 전에서 열리고, 흡입 행정 후 즉, 하사점 후에서 닫힌다.

이것은 흡기 관성을 이용하여 혼합기를 될 수 있는 한 많이 실린더 내에 충진하기 위한 것이다.

또한 배기 밸브는 피스톤의 배기 행정 전에 즉, 하사점 전에 열려서 연소 가스를 신속하게 연소실에서 배출한다.

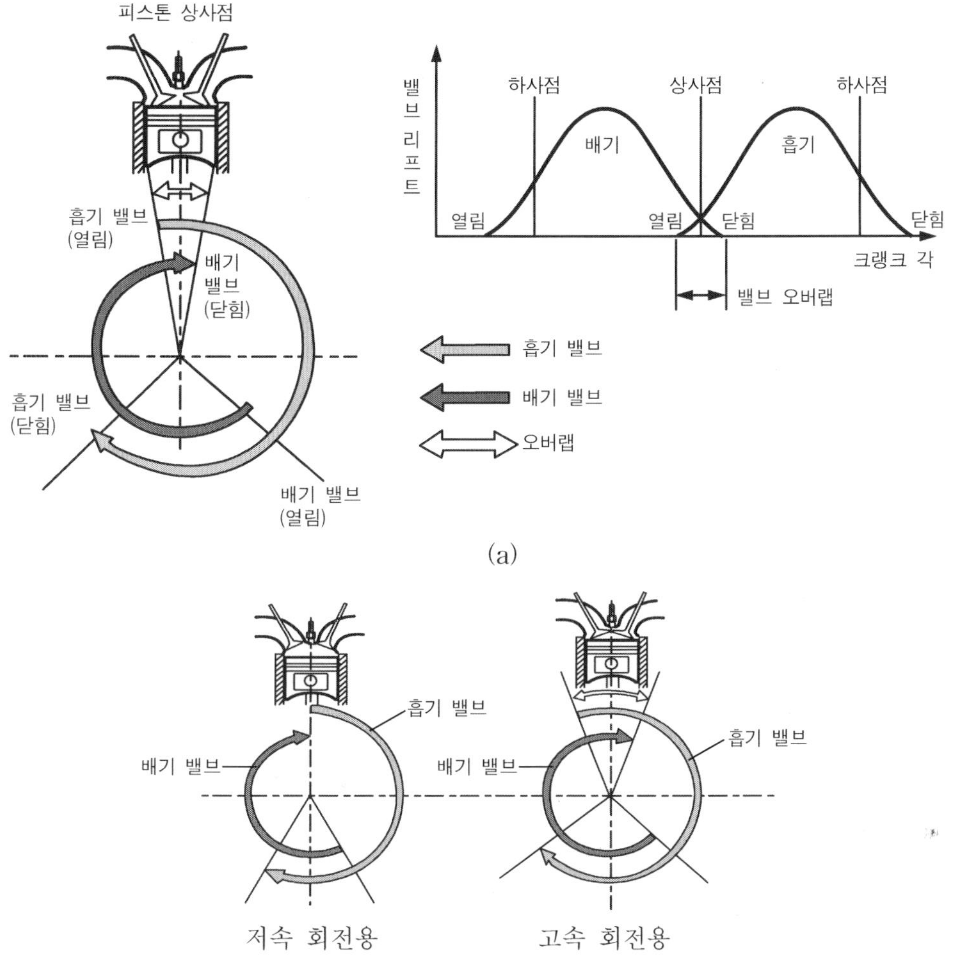

	흡기 밸브(닫힘)	배기 밸브(열림)	오버 랩	밸브 리스트
고속 회전	늦다	빠르다	대	대
저속 회전	빠르다	늦다	소	소

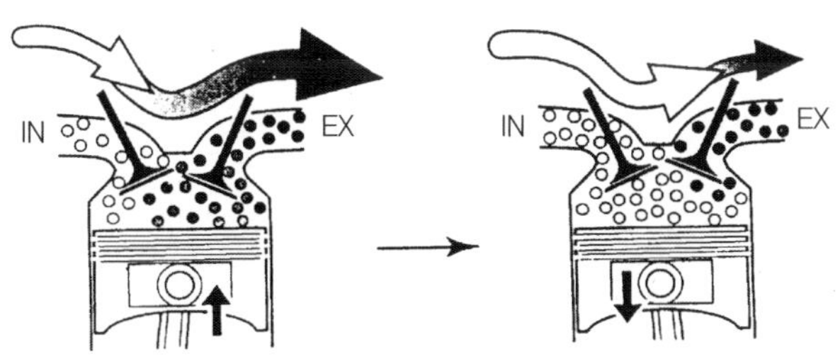

그림 2.121 밸브 오버랩

또한 배기 행정을 끝마치고 흡입 행정으로 넘어간 직후 즉, 상사점 후에 닫는다. 이것은 연소 가스의 배출을 될 수 있는 한 완전히 하기 위한 것이다.

그림 2.122는 흡입 밸브 및 배기 밸브의 개폐시기를 크랭크 축의 회전 각도로 나타내는 것으로 밸브 타이밍 다이어그램(Valve Timming Diagram)이라고 한다.

이 그림에서도 알 수 있는 것처럼 배기 행정 종료로부터 흡입 행정의 초기에 있어서는 흡입 밸브와 배기 밸브가 함께 열려 있는 시간이 있다.

이것을 오버랩(Over Lap)이라고 하며 연소 가스의 배출을 완전히 함과 동시에 혼합기의 충진 효율을 높이기 위한 것이다.

일반적으로 오버랩(Over Lap)은 고속형 엔진일수록 흡배기 효율을 높이기 위하여 크게 하는 것이 요구된다.

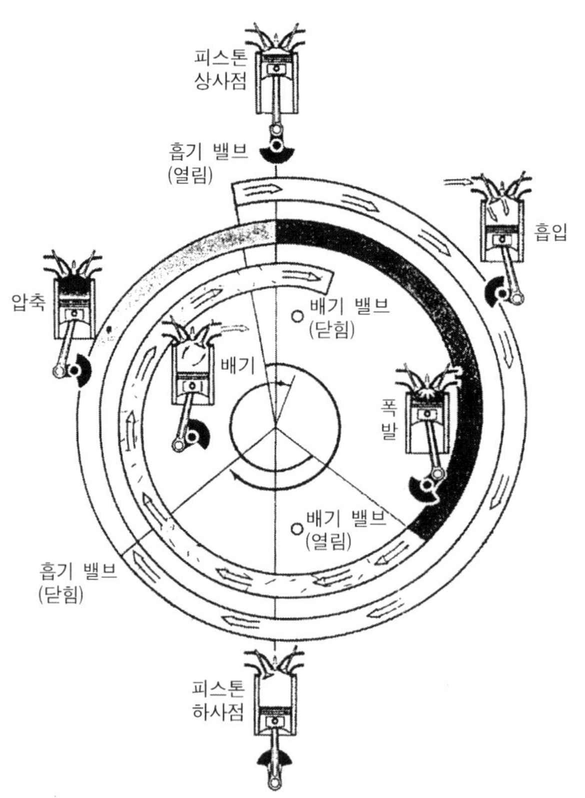

그림 2.122 밸브 타이밍 다이어그램

또한 배기가스를 정화하는 면에서는 오버 랩을 크게 하여 연소 가스의 일부를 흡입 혼합기 중에 혼합시켜서 연소 속도를 완만하게 하면 최고 연소 온도가 낮아진다. 이로써 NOx(질소 산화물)을 저감시킬 수 있다. 그러나 저속 저부하의 상태에서는 혼합기의 불로 바이에 의해 HC(탄화수소)가 증가함과 동시에 출력 저하를 가져오므로 각 엔진마다 최적의 오버랩이 만들어 질 수 있도록 한다.
그림 2.123은 4사이클 엔진의 행정과 밸브 타이밍을 합쳐서 나타낸 것이다.

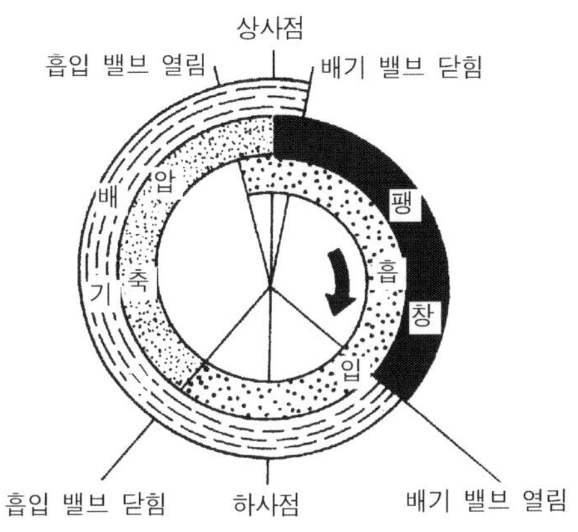

그림 2.123 4사이클 엔진의 밸브 타이밍과 행정의 관계

이것에 의하면 흡입, 압축, 팽창, 배기의 행정에 대해서 흡입 밸브, 배기 밸브가 열려 있는 기간(각도) 및 닫혀있는 기간(각도)을 알 수 있다.
또한 크랭크 축을 병행하여 기록하면 그림 2.124(a), (b)와 같이 되며 각 실린더가 작동하고 있는 행정을 알 수 있다.

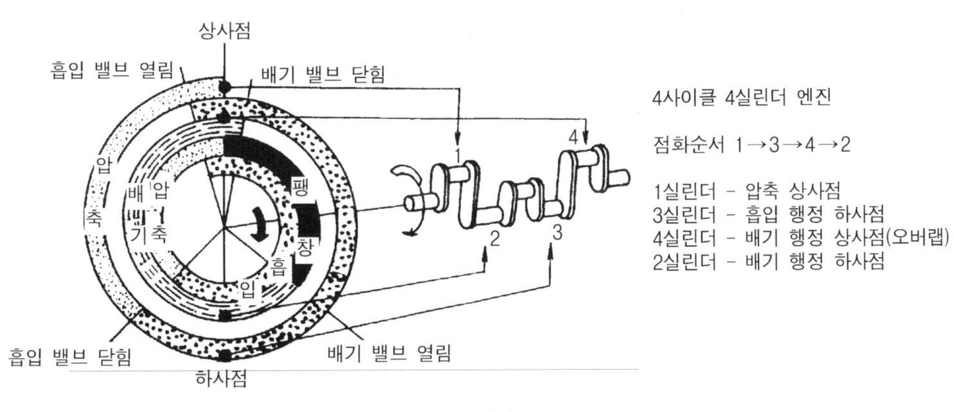

(a)

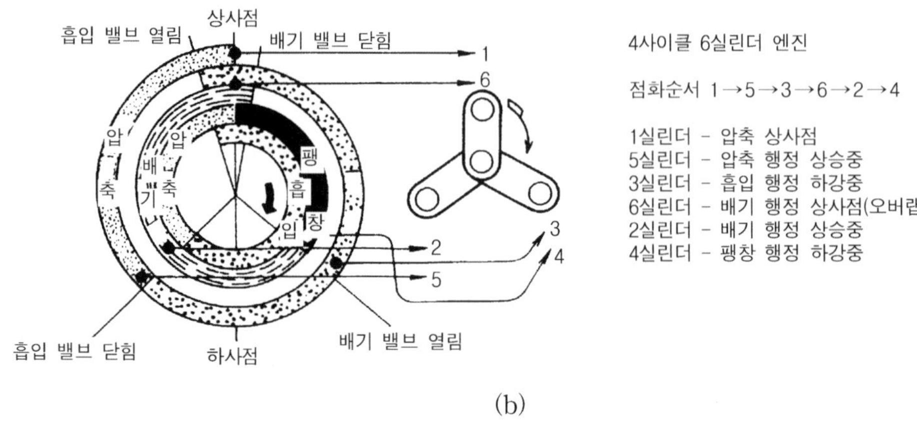

(b)

그림 2.124 4사이클 엔진의 밸브 타이밍과 행정과의 관계

제3장 냉각 장치

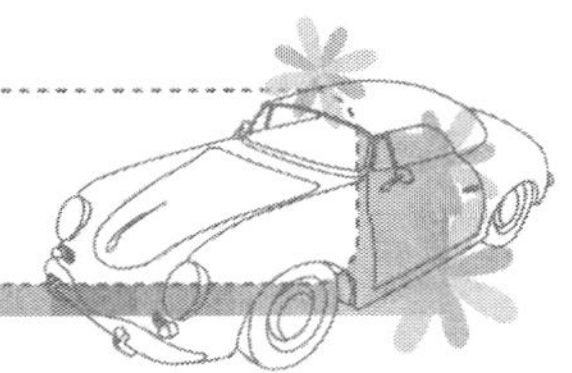

3.1 개 요

엔진을 냉각하여 과열을 방지하고 적온으로 유지하는 장치를 냉각 장치(Cooling System)라 한다.

실린더 내의 연소 가스 온도는 2000℃ 이상에 달하지만, 이 열의 상당량이 실린더, 실린더 헤드, 피스톤 등에 흡수된다.

이들 부분의 온도가 과도하게 상승하면, 실린더에 변형을 일으키거나 실린더 벽의 유막이 파괴되어 윤활 불량이 되며 심할 때는 엔진을 손상시킨다.

또한 연소 상태도 나빠져 노킹이나 조기 점화(Pre Ignition)를 일으켜 출력은 급격히 저하한다.

반대로 너무 냉각되면 연소에 의해 생긴 열 중에서, 냉각으로 상실되는 양이 많아져 엔진의 열효율을 저하시켜 연료 소비를 증대시킨다.

또 실린더에 가솔린의 무화가 불충분한 혼합기가 공급되기 때문에 가솔린에 의해 엔진 오일을 묽게 만드는 원인이 되며 실린더의 마모를 촉진시키는 원인이 된다.

엔진을 냉각시키는 방식에는 외기를 이용하여 엔진의 외부를 직접 냉각하는 공랭식과 냉각수를 엔진 내부로 순환시켜 냉각하는 수냉식이 있다.

수냉식은 워터 펌프에 의해 냉각수를 라디에이터로부터 실린더 블록 및 실린더 헤드의 워터 재킷으로 끌어들여 방열하며, 데워진 냉각수는 또다시 펌프를 이용해 순환시키고 있다.

또한 워터 펌프에는 회전날개가 설치되어 있어 강제적으로 냉각수를 라디에이터로 보내, 외기를 접촉시켜 방열 효과를 좋게 한다.

또한 워터 재킷과 라디에이터 사이에는 서모스탯(Thermostat)이 설치되어 있어서 온도에 따라 냉각수의 순환 경로를 변환하게 되어 있다.

공랭식은 실린더의 주변에 쿨링 핀을 설치하여 이것에 외기를 접촉시키든가 팬으로 외기를 강제적으로 보내, 엔진의 열을 방출시키는 방식을 채택하고 있으며 실린더수가 적은 엔진에 사용된다.

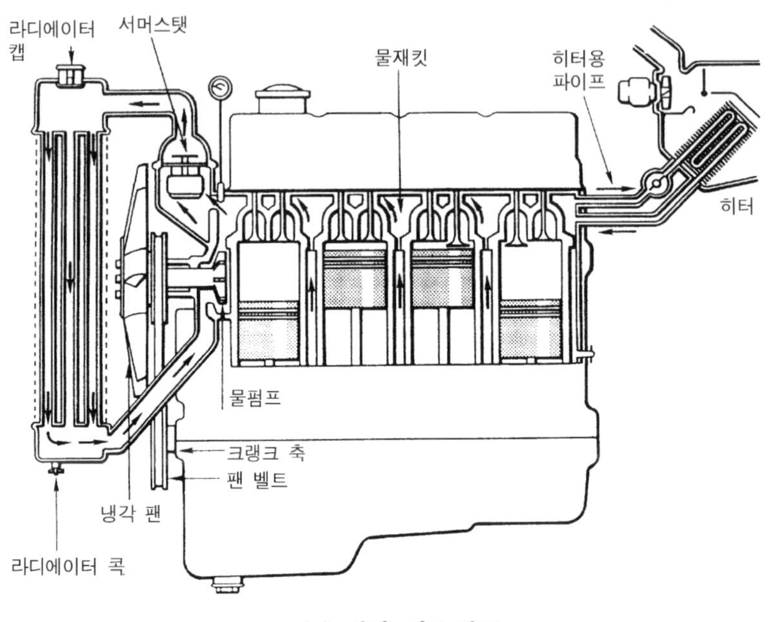

(a) 냉각 시스템도

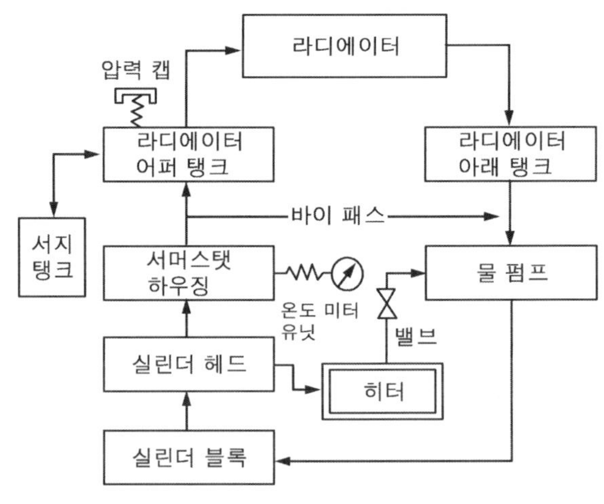

(b) 냉각 계통의 블록 다이어그램

그림 3.1 엔진 냉각 장치의 구성

3.2 수냉식의 구조와 기능

수냉식 냉각 장치는 그림 3.2와 같이 실린더와 연소실을 둘러 싸는 워터 재킷, 물을 실린더 내로 압송 순환시키는 워터 펌프, 온도가 높은 냉각수의 열을 외기에 전달하여 냉각하는 라디에이터, 라디에이터의 통풍을 돕는 팬, 시동직후에 냉각수를 빨리 적정 온도로 올리기 위한 서머스탯(Thermostat) 등으로 구성되어 있다.

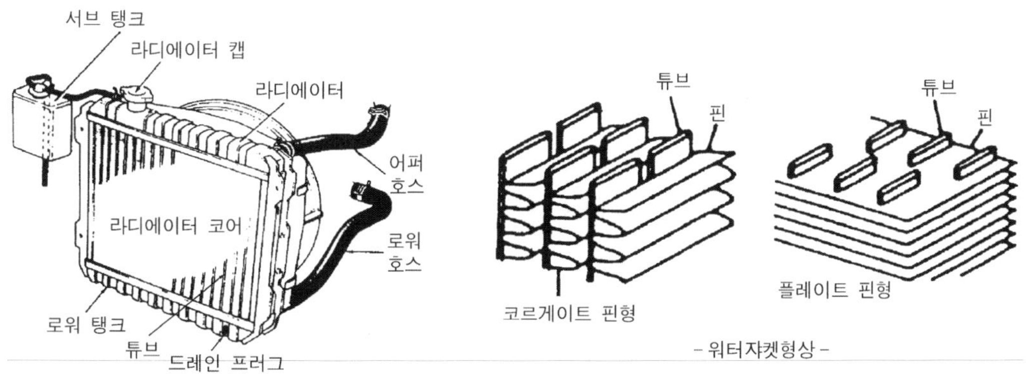

그림 3.2 라디에이터의 구조

1. 라디에이터(Radiator)

라디에이터는 큰 방열 면적을 가지며 다량의 물을 담을 수 있는 일종의 탱크이다. 그림 3.2와 같이 상부 탱크와 하부 탱크로 연결하고 될 수 있는 한 많은 열을 대기중으로 발산하기 위하여 방열 면적을 크게 한 코어(Core)로 되어 있다.

코어는 물이 통과할 수 있는 파이프와 공기가 접촉할 수 있는 핀 부분으로 되어 있다.

핀의 형식에는 플레이트 핀형과 코르케이트 핀형이 있다.

플레이트 핀형은 냉각 면적이 큰 편평한 황동관을 수직으로 나열하고 평면판의 핀을 일정 간격으로 납땜한 것으로 종래부터 많이 사용되어 오는 형식이다.

표 3.1 라디에이터의 재료별 비교

항목 \ 종별		황동 라디에이터	알루미늄 라디에이터
방열성		○	○
강 도		○	◎
내식성	공기측	○	○
	물 측	○	△
중 량		○	◎
보수		○	△

◎ : 우수　　　○ : 양호　　　△ : 불량

표 3.1은 황동 라디에이터와 알루미늄 라디에이터를 비교한 것이다.

표에서도 알 수 있는 것처럼 알루미늄제의 특히 뛰어난 성질은 경량이고 강하다는 점이다.

열전도성과 강도라는 측면에서는 황동이 뛰어나지만, 알루미늄은 판을 두껍게 하는 것으로 해결하며, 그것에 따라 전체 강도를 늘리고 또한 중량은 약 1/2~2/3로 줄어든다.

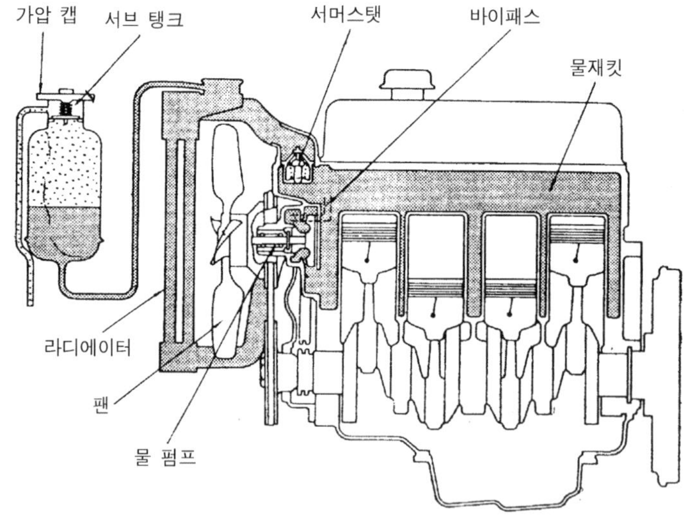

그림 3.3 서브 탱크 부착 라디에이터

또한 라디에이터에는 그림 3.3과 같은 서브 탱크(스페어 탱크)를 붙인 것이 있다. 이것은 라디에이터 내의 냉각수의 체적 팽창을 서브 탱크에 흡수하도록 되어 있으며, 오버 플로 파이프(Over Flow Pipe)에서 유출되는 냉각수의 낭비를 없애고, 장기간 냉각수를 보충하지 않아도 될 수 있도록 하고 있다.

2. 라디에이터 캡(가압식)

라디에이터 내부가 만약 외기와 통해있으면 수온은 100℃ 이상으로 올라가지 않기 때문에 외기와의 온도차는 언제나 (100℃-외기온)이다.
이 온도차를 크게 하여 냉각 효과를 좋게 하는 데는 수온을 100℃ 이상으로 하는 방법이 사용된다.
이 방법을 가압식 냉각법이라고 하고 그림 3.4와 같은 라디에이터 캡으로 냉각수를 가압한다.

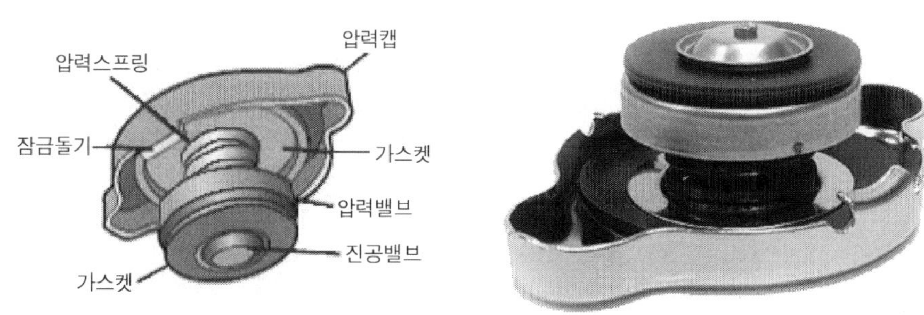

그림 3.4 가압식 라디에이터 캡

이와 같이 가압식에는 라디에이터 캡으로 라디에이터 내부를 밀폐하여 온도가 높아지면 물이 팽창하여 액면상의 공기를 압축하므로 압력이 작용하여 냉각수가 100℃ 이상이 되어도 비등하지 않고 외기와의 온도차가 커진다.
이 때문에 냉각 효율이 커질 뿐 아니라 같은 냉각 효과를 얻는데 있어서 면적이 작은 라디에이터를 사용할 수 있으므로 중량도 경감할 수 있다.
또한 차체의 진동에 따라 냉각수가 누출되지 않는 등의 이점이 있다.
따라서 현재 자동차용 엔진은 대부분 이 방식을 사용한다.
가압식의 라디에이터 캡에는 그림 3.5와 같이 압력 밸브(가압식)와 진공 밸브(진공식)가 설치되어 있다.

압력 밸브는 엔진이 운동중 냉각 계통 내에 생긴 압력을 유지하고 냉각수가 110~120℃ 정도로 올라가 압력이 0.3~1.0kgf/cm²가 되면 밸브를 밀어 열어 오버 플로 파이프를 통하여 외기 중으로 빠져나간다.

이와 같은 과정을 통해 라디에이터 내에는 항상 압력이 일정 압으로 유지된다.

서브 탱크가 붙는 밀봉압력식의 경우에는 서브 탱크의 오버 플로 파이프를 통해서 서브탱크로 과잉압력의 수증기가 빠져 나간다.

진공 밸브는 엔진의 온도가 낮아져 라디에이터 내부의 압력이 대기압보다 낮아졌을 때 바로 이 밸브가 열리고 외기가 들어와 압력순환식 라디에이터내의 부압을 제거하는 작동을 한다.

서브 탱크가 붙는 경우에는 서브 탱크내의 냉각수가 진공 밸브를 통하여 라디에이터로 들어가 부압을 없앤다.

이와 같이 진공 밸브는 대기압에 의해 라디에이터가 파손되는 것을 방지하기 위하여 설치된다.

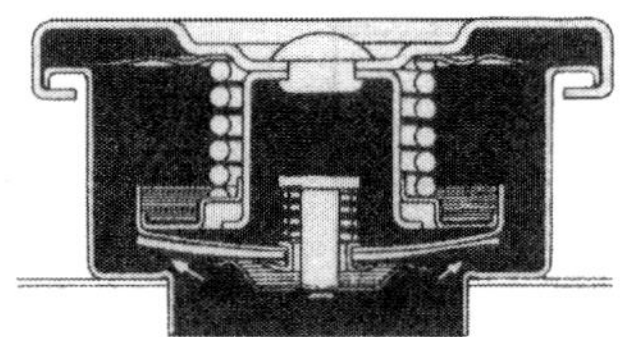

(a) 가압 밸브 작용

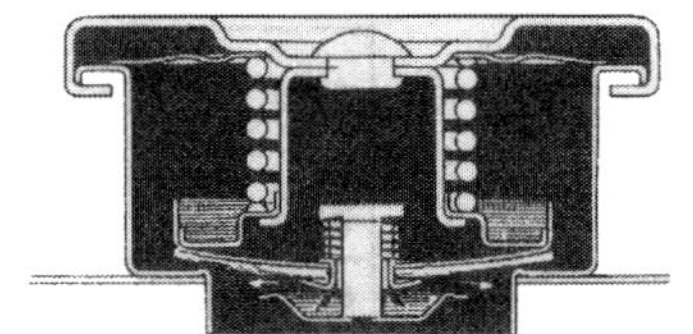

(b) 부압 밸브 작용

그림 3.5 라디에이터 캡의 작용

3. 워터 펌프

워터 펌프에는 원심 펌프(Centrifugal Pump)가 사용된다.

이 펌프는 중앙의 임펠러(Impeller)의 회전에 따라 물을 원심력으로 외부로 보내주는 펌프 작용을 한다.

펌프는 크랭크 축 풀리에 의해 V벨트로 구동되며 회전 속도는 크랭크 축의 1.2~1.6배 정도이다.

임펠러는 6장 정도의 날개를 가지고 있으며 로터 축에 압입되어 케이싱 내에서 회전한다.

케이싱과 로터 축 사이에는 시일 고무, 스러스트 플레이트, 스프링 등으로 이루어지는 시일 기구가 설치되어 있으며, 물의 누출을 방지한다.

원심 펌프는 소형으로 송수량이 많고, 출구를 좁혀도 압력이 올라가지 않으므로 온도 조정이 용이하다.

물은 자유로이 날개 사이를 흘러서 불완전하면서도 자연 순환하여 냉각되므로 곧바로 오버 히트를 일으키지 않는 이점이 있다.

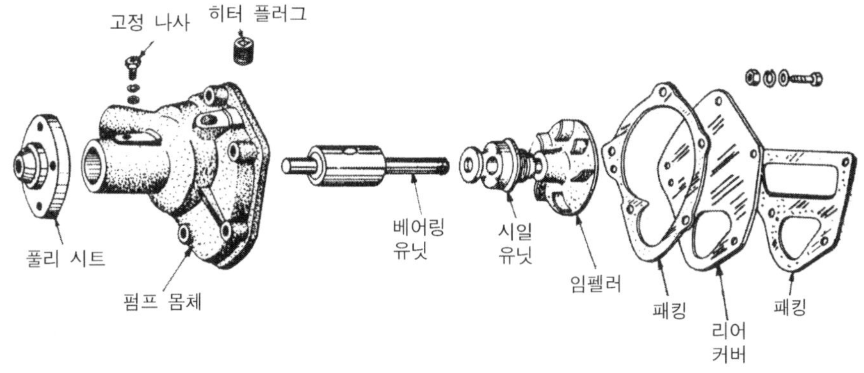

그림 3.6 물 펌프의 분해도

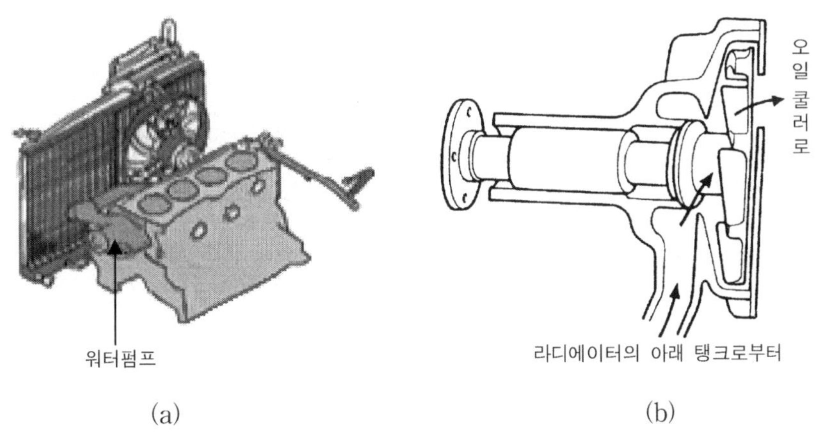

(a) (b)

그림 3.7 물 펌프 위치와 강제 순환

4. 정온기(Thermostat)

1) 정온기의 기능

엔진은 작동중에 냉각수의 온도가 너무 낮거나 너무 높아지게 되면 고장이 생기는 원인이 된다.
또한 엔진의 성능에 미치는 영향이 크기 때문에 엔진의 성능을 가장 높은 상태로 유지하고, 내구성을 유지하기 위해서 적당한 온도로 유지하도록 해야 한다.
서머스탯은 수온에 따라서 자동으로 작동되는 밸브로서 수온이 낮을 때는 통로를 막아 엔진의 냉각수가 라디에이터로 가지 못하도록 한다.
또한 수온이 높아지면 방열을 위하여 밸브를 열어 냉각수를 라디에이터로 보내 온도를 낮춘다.
가장 적당한 엔진의 온도는 80~90℃이다
이와 같이 정온기는 냉각수의 온도에 따라서 자동적으로 밸브개폐 작동을 하여 라디에이터로 순환하는 물의 양을 제어하는 기능을 한다.

2) 정온기의 비교

정온기에는 벨로즈형(Bellows Type)과 왁스 펠릿형(Wax Pellet Type)의 두 종류가 있다.
벨로즈형은 알콜이나 에테르의 열팽찰율이 높은 것을 이용하여 벨로즈 속에 알콜이나 에테르를 넣어 열팽창으로 벨로즈를 신축하여 밸브를 개폐하는 구조로 되었다.
왁스 펠릿형은 파라핀(Paraffin)이라는 왁스가 용해할 때에 생기는 체적팽창을 이용하여 밸브를 개폐하게 된다.
벨로즈형은 수압에 의해 작동온도가 불안정해지는 결점이 있지만 왁스 펠릿형은 수압의 영향을 받지 않고 누수가 적기 때문에 내구성이 좋아 최근에 많이 사용되고 있다.
정온기는 사용 조건에 따라 동절기용, 하절기용, 한랭지용 등으로 구분된다.

(1) 벨로즈형 정온기

벨로즈형 정온기는 그림 3.8과 같은 구조이며, 황동판으로 만든 벨로즈 속에 알콜과 같은 휘발성 물체가 들어 있으며, 벨로즈에는 축과 밸브가 함께 장치되어 있다.

냉각수의 온도가 낮을 때는 정온기 속의 알콜을 수용하는 체적이 작기 때문에 벨로즈의 내부에 부압이 생겨 수축되므로 밸브가 닫힌다.

따라서 냉각수의 순환은 정지되고 물재킷 속의 물의 온도가 올라간다.

냉각수의 수온이 상승하면, 알콜은 기화되어 체적이 증가한다.

그에 따라 벨로즈가 늘어나기 시작하고 일정 온도 이상이 되면, 밸브를 열고 냉각수를 라디에이터로 흐르게 하여 물의 온도를 낮춘다.

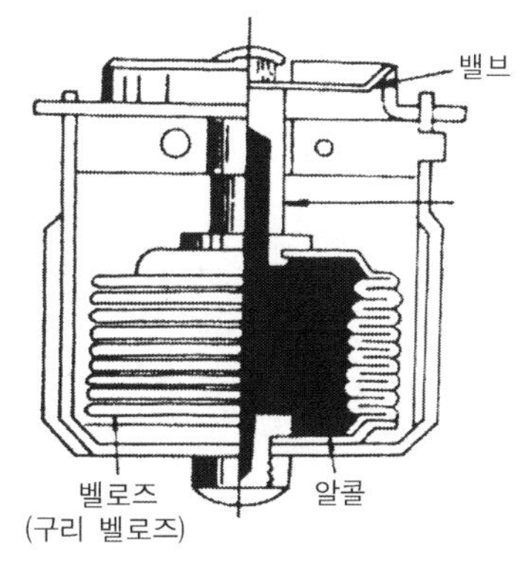

그림 3.8 벨로즈형 정온기의 구조

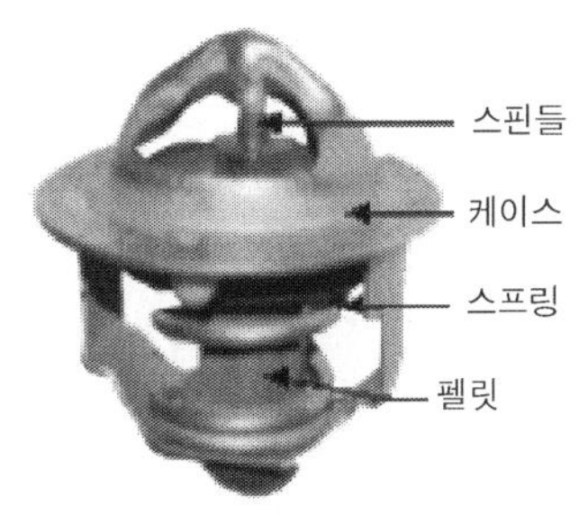

그림 3.9 왁스 펠릿형 정온기의 구조

(2) 왁스 펠릿형 정온기

왁스 펠릿형은 용기 속에 고체 상태의 왁스(파라핀)와 탄성체인 고무 가운데에 피스톤이 조립되어 있으며, 피스톤의 한쪽은 외부의 플랜지에 고정되어 있다.

냉각수의 온도가 저온일 때는 그림 3.10(a)와 같이 밸브가 닫혀 있다.

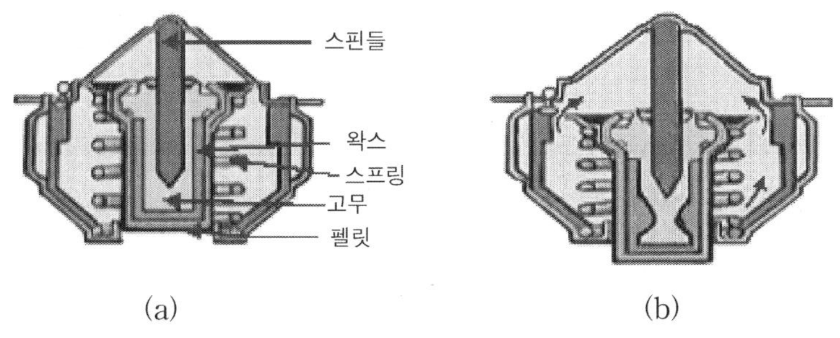

그림 3.10 왁스 펠릿 정온기의 개폐작용

냉각수가 규정 온도 이상으로 상승하면 펠릿안의 왁스가 팽창하여 합성고무막을 압축하므로 중심에 있는 스핀들을 밀어 올리려고 하지만 케이스에 고정되어 있으므로 펠릿이 스프링 장력을 이기고 아래로 밀려 내려가서 밸브가 개방된다. 냉각수의 온도가 낮아지면 팽창했던 왁스가 수축하면 펠릿은 스프링 장력에 의해 원상태로 돌아가 밸브가 닫힌다.

바이패스가 있을 때는 밸브가 규정량만큼 열리면, 바이패스 밸브는 하우징의 바이패스 호스 입구를 닫는다.

계속하여 밸브가 열리려고 할 때, 핀이 스프링을 축소하여 바이패스 밸브와 관계없이 밸브를 열 수가 있게 되어 있다.

작동 상태는 다음과 같다.

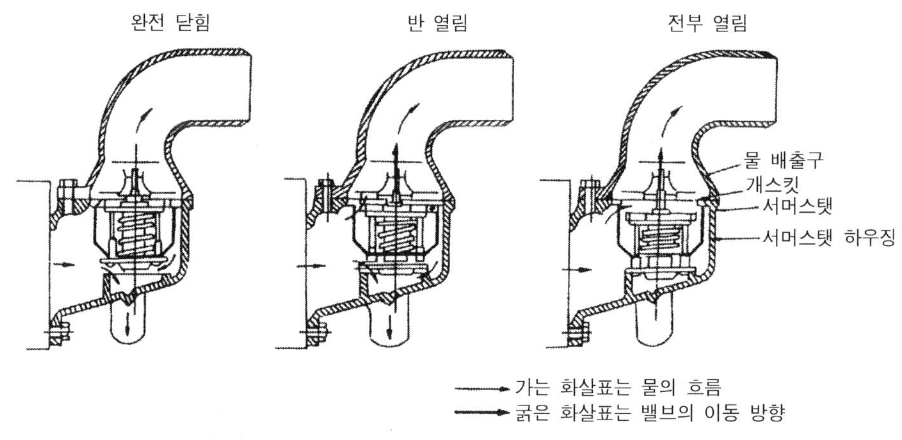

그림 3.11 정온기의 작동에 따른 냉각수 흐름

① 완전 닫힘

엔진의 냉각수 온도가 낮을 때의 정온기는 밸브를 닫고 있으므로 대부분의 물은 라디에이터로 나가지 않고 정온기 하우징의 바이패스로부터 물펌프의 흡입측으로 들어가서, 엔진 내부만을 순환하지만 소량의 냉각수는 정온기 리크 홀(Leak Hole)을 통해서 라디에이터로 흐르게 되므로 워밍업 시간을 단축시킬 수 있다.

② 반 열림

수온이 표준 상태일 때에 열리기 시작하는 온도(75~78℃)가 되면, 정온기의 밸브는 서서히 열리면서 바이패스 밸브에 의해서 바이패스 파이프로 통하는 입구를 좁히게 된다.
따라서 냉각수는 라디에이터와 바이패스 호스를 경유해서 물펌프의 앞쪽으로 흐른다.

③ 전부 열림

수온이 표준 밸브 작동 온도(90℃) 이상이 되면, 정온기 밸브는 완전히 열리고 바이패스 밸브는 완전 닫히게 되어 전체의 수량이 라디에이터로 흘러서 순환하여 냉각된다.
왁스 펠릿형은 벨로즈형에 비하면 왁스가 팽창할 때에 생기는 압력이 크기 때문에 수압의 영향을 받지 않고 온도 특성이 확실하다.
또한 왁스가 발생 압력에 견디는 강도를 갖고 있으므로 내구성이 풍부하다.
최근에 자동차와 같은 가압식 냉각 계통에서는 고장이 적고 내구성이 있으므로 대부분 왁스 펠릿형을 사용한다.

5. 냉각 기구

1) 팬(Fan)

일반적으로 팬은 물 펌프와 함께 조립되어 있으며, 크랭크 축 풀리를 동력원으로 하는 벨트에 의해서 구동된다.
엔진의 주변을 순환하여 온도가 높아진 냉각수를 팬을 사용하여 라디에이터를 통과하는 공기에 의해서 냉각시킴으로써 냉각수의 온도를 유지한다.
이때 라디에이터를 통과하는 공기의 속도가 빠르면 방열 효과는 좋아진다.
자동차가 어느 정도의 속도로 주행하고 있을 때는 라디에이터의 전면에 주행풍이 닿기 때문에 충분한 냉각이 된다.
반면 저속으로 주행하거나 정차중의 아이들링 상태에서는 냉각이 잘 안되므로 어떠한 상태에서도 냉각이 잘되도록 라디에이터의 후방에 냉각팬을 설치한다.
냉각팬의 날개는 통상 2, 4, 6개로 되어 있으며, 팬 원호의 반지름은 120~140mm

정도이다.

팬은 고속 회전을 하면 바람의 저항이 증가하여 소음이 커지게 된다.

팬의 소음 원인은 맴돌이(Turbulance)에 의한 것과 불균형에 의한 팬의 진동이 원인이 되며, 팬의 형태에 따라 동일 지름 또는 동일한 날개 수라도 소음량이 달라진다.

팬의 회전 속도와 차의 속도에 의해서 냉각 공기 통과량이 달라지지만, 저속시에도 그 필요량을 확보하기 위해서 코어(Core)를 통과하는 풍속은 최소 8~10m/s 정도가 필요하다.

또한 출력의 감소나 과도한 냉각의 우려가 있으므로 어느 정도 이상 회전이 안 되도록 하는 유체 커플링(Fluid Coupling)이나 라디에이터의 냉각수 온도가 규정 온도 이상이 안 되면 팬이 회전하지 않도록 하는 정온기 등이 있다.

냉각 팬의 형태와 재질 : 냉각 팬은 다음과 같은 형태의 것이 있다.

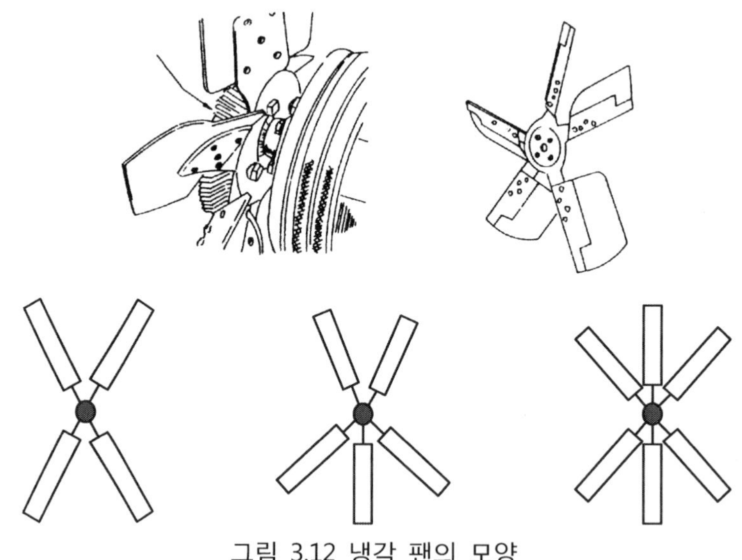

그림 3.12 냉각 팬의 모양

(1) 일체 팬

1매의 강철판을 어떤 각도를 주어 비틀어 엔진에 장치하는 위치까지 일체로 만든 것으로, 엔진에 장치할 때는 90° 간격으로 2매를 사용(4개의 팬)하는 형식이 가장 많이 사용되고 있으나, 1매만 사용하는 차량도 있다.

(2) 스파이더 팬

엔진의 장치부에 강판으로 만든 블레이드(깃)를 2매 이상 리벳팅한 것으로 엔진의 발열량이 많거나 카 쿨러(Car Cooler)를 장치하여 큰 냉각 성능이 요구되는 경우에 사용한다.

(3) 나일론 수지팬

팬 전체를 일체로 나일론 수지로 만든 것으로 중량이 가벼우므로 소형차에 사용하고 있으며, 나일론 팬은 철판으로 만든 팬 보다 소음이 적다.

2) 팬의 회전 제어 장치

팬은 고속 회전을 하면, 바람의 저항이 커지기 때문에 소음이 증대하며 팬을 회전하는 힘도 커야 하므로 그 만큼 손실 마력이 증대된다.
차의 속도가 빨라지면 라디에이터의 전면에 닿는 주행풍이 많아져서 냉각 팬으로 인입되는 공기의 양은 차의 속도에 비례해서 많아진다.
반면 소음과 손실 마력이 커지므로 일정한 회전수(3,000~3,500rpm) 이상이 되면, 회전 속도가 자동 조정되는 것에 다음과 같은 것이 있다.

(1) 유체 클러치

유체 커플링(Fluid Coupling)은 엔진의 회전수에 관계없이 일정한 회전 이상이 되지 않도록 한 것이며, 풀리의 회전수가 2,500~3,000rpm 이상이 되면 팬의 회전차가 생긴다.
유체 커플링은 물 펌프 축과 일체로 조립되어 유체 커플링 로터와 베어링을 넣고 장치한 유체 커플링 케이스로 구성된다.
펜은 유체 커플링 케이스에 장치되어 있다.
유체 커플링 케이스 속에는 규정 점도(3,000S)의 실리콘 오일이 규정량 만큼 봉입되어 있다.
회전면은 유체 커플링 로터에 전달되어 실리콘 오일을 교반하여 유체 커플링 케이스가 실리콘 오일의 점성 때문에 회전한다.
이 회전이 어느 회전수가 되면 실리콘 오일이 굳어져 점성이 추종(追從)할 수 없게 됨으로써 유체 커플링 케이스가 그 이상은 회전하지 않도록 되어 있다.
풀리의 회전수가 3,500rpm 이상일 때 팬의 회전수는 2,300~2,500rpm 정도이며,

최고 회전수는 실리콘 오일의 점도에 따라 결정된다.

(2) 팬 클러치(Borg Warner Type)

팬 클러치는 필요할 때만 팬을 회전시키며, 필요하지 않을 때는 공진하게 하여 소음을 적게 하고 연료 소비량을 절약할 수가 있다.
팬 클러치는 라디에이터를 통해서 오는 공기의 온도에 의해서 작동한다.
클러치의 주요 부품은 4개로 구성되어 있으며, 물 펌프축에 장치되어 있다.

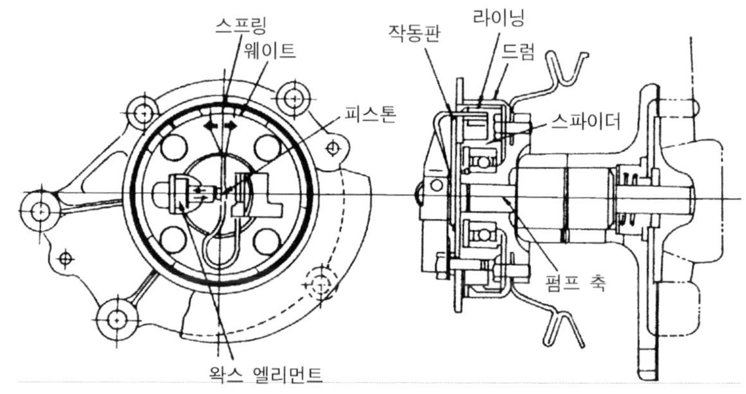

그림 3.13 팬 클러치의 상세도

① 클러치 드럼은 펌프 풀리와 일체로 되어 있으며, 물 펌프축에 조립되어 항상 물펌프와 같이 회전하도록 되어 있다.
② 팬은 2개의 볼 베어링에 의해서 펌프축에 장치되어 있으며 물 펌프축과 관계없이 회전한다.
팬 장치부의 전면에 왁스 엘리먼트(Wax Element)가 있으며, 라디에이터를 통해서 흐르는 공기의 온도에 따라 클러치 라이닝을 작동시킨다.
③ 클러치 라이닝은 클러치 드럼과 팬 베어링의 하우징 사이에 있으며 팬의 토크에 맞추어 밸런스 웨이트가 장착되어 있으며, 클러치 라이닝이 작동됨으로써 회전력이 드럼에 전달된다.

팬 클러치의 장점은 다음과 같다.
① 연료 소비량이 평균 10% 절약된다 : 팬의 회전은 저온, 저속시에는 그다지 필요하지 않으며, 일정 회전수 이상이 되면 마력 손실이 생기지만 팬 클러치를 장착하면 동절기에 냉각에 필요한 마력 손실을 방지할 수 있으며, 하절기

에도 주행 상태에 따라 몇 %가 절약될 수 있다.

② 팬의 소음이 감소된다 : 불필요한 팬의 회전이 없기 때문에 팬으로부터 발생하는 소음이 없어지며 정숙한 운전이 된다.

③ 고장이 적다 : 불필요시에는 공전하며, 필요시에는 정온기가 확실히 작동하며 팬을 작동시키기 때문에 과열이나 과냉 현상이 없다.

(3) 전동 팬

전륜 구동차에는 엔진을 가로놓임으로 장착하는 경우가 많으므로 바디 앞부분에 장착되어 있는 라디에이터와 크랭크샤프트(팬)의 방향이 일치하지 않는다.
따라서 엔진의 힘으로 벨트를 돌림으로써 팬을 회전시키는 것이 곤란하다.
그래서 그림 3.14와 같이 전동기로 냉각팬을 구동하는 전동식 팬이 장착되고 있다.
이 방식에 의하면 라디에이터의 장착위치가 상당히 자유로워진다.
팬은 수온센서로 냉각수의 온도를 감지하여 어느 온도에 달하면 ON이 되고, 어느 온도 이하로 내려가면 OFF됨으로서 오버히터(과열현상)와 오버쿨링(과냉현상)의 발생을 방지할 수가 있다.
수온센서의 설정온도는 일반적으로 90～100℃사이고, ON/OFF의 온도차는 대략 3～5℃이다.
또한 자동차가 운행중에는 주행바람이 라디에이터를 통과하기 때문에 냉각수 온도는 자연히 내려가게 된다.
따라서 팬이 작동하지 않음으로써 엔진출력을 절약하는데도 도움이 된다.

전동팬의 장점은 다음과 같다.

① 라디에이터의 설치 위치가 자유롭다.

② 히터의 난방(웜업)이 빨리 된다.

③ 일정한 풍량을 항상 확보할 수 있어 공회전시나 번잡한 시가지 주행시에도 충분한 냉각성능을 갖는다.

단점으로는 값이 비싸고, 팬을 가동하는 소비전력이 많고, 소음이 큰 것 등을 들 수 있다.
전동팬의 송풍량은 전동기의 용량에 따라 결정되며, 전동기의 용량은 일반적으로 35～130 W의 범위이다.
팬의 지름은 190～280mm이고 송풍량은 500～1,400㎥/h 정도이다.

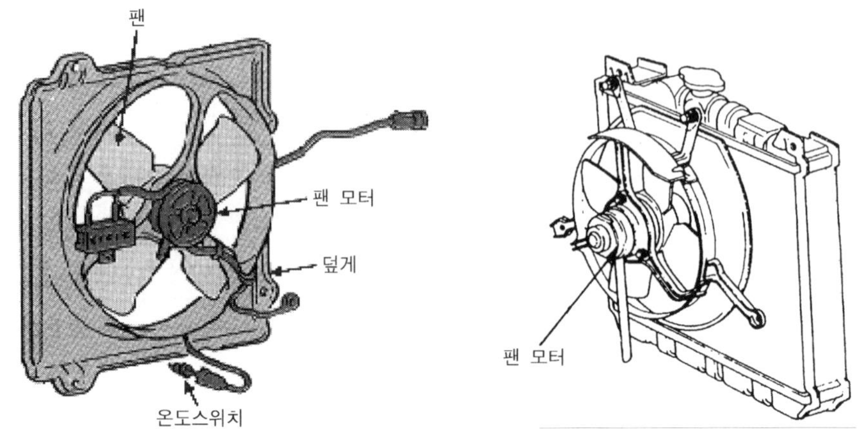

그림 3.14 전동 팬

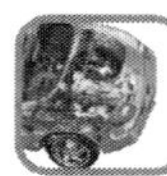

3.3 냉각액

1. 냉각액의 개요

수냉식 엔진의 냉각액은 물이 많이 사용되고 있다. 물의 비열(比熱)이 다른 액체에 비해서 증발 잠열이 높기 때문에 냉각액으로는 가장 적합하다고 할 수 있다.

그러나 물에는 여러 가지 불순물이 혼입되어 있다.

지하의 토질 상태에 따라서 염분을 포함한 물이나 경도가 높고 철분이나 불순물이 많이 섞인 물이 있는가 하면 온천 지대에 많은 무수 황산, 황화수소를 포함한 물, 석회암이 많은 지방에서는 칼슘 성분 등이 포함된 물 등이 있다.

이들을 장기간 사용하면, 엔진 내부에 물때(Scale)가 퇴적하여 금속을 부식시키거나, 고무호스를 경화시키는 원인이 되므로 경수나 불순물을 포함한 물은 냉각계통의 고장 원인이 된다.

최근의 엔진은 실린더 헤드와 블록이 경합금으로 만들어진 것이 많으므로 대용품으로 롱 라이프 쿨런트(Long Life Coolant)를 사용하고 있다.

쿨런트(Coolant)는 최근의 고출력 엔진에 요구되는 여러 가지 요소를 갖춘 것으로 냉각 장치의 냉각 작용과 엔진의 과열 방지, 냉각 계통의 보호를 위해서 만든 냉각액을 말한다.

쿨런트에는 여러 가지 첨가제가 포함되어 있으며, 부동액으로서의 동결 방지제, 부식 방지제, 방청용 첨가제, 캐비테이션과 산화 방지제, 윤활제, 경수 연화제, 금속이론 커레이트 연화제를 혼합한 균일한 액체이다.

이와 같은 첨가제에 의해서 엔진 냉각 계통의 방청 성능과 물 펌프의 메커니컬 시일의 윤활 성능, 고무 부품의 열화 방지 등의 기능을 할 뿐 아니라 부동액의 역할도 겸해서 한다.

2. 부동액

냉각수로 사용하는 물은 0℃에서 동결하여 약 10%의 체적 팽창이 있으므로 한랭시에 조금만 얼어도 라디에이터와 실린더 본체를 파손하는 일이 생긴다.

사용 여건이 지방에 따라 다르기 때문에 그에 따라 빙결되는 온도가 다르므로 유동성과 수용성이 좋은 알콜, 또는 글리콜류를 혼합하여 응고점(凝固點)을 낮춘다.

이와 같은 것을 부동액이라고 하며 낮은 온도에서도 잘 얼지 않는다.

1) 부동액에 요구되는 조건

① 엔진의 메탈류나 작동 부위, 연료, 윤활유 등에 적당한 온도 범위를 유지할 수 있을 것

② 가열, 냉각이 반복되므로 성상 변화가 없을 것

③ 냉각 계통을 구성하는 재료(각종 금속, 고무, 합성 수지 등)를 부식시키지 않을 것

④ 비점이 높고, 빙점이 낮으며, 거품이 적고, 공기의 용해량이 적을 것

⑤ 수용성이 좋고 침전물이 생기지 않을 것

2) 부동액의 종류와 장점

(1) SPT(Semi Permanent Type)

현재 가장 많이 사용되고 있으나 알콜과 에틸렌글리콜을 혼합해서 사용한다.

알콜분이 많을 때는 사용중에 알콜 성분이 증발하므로 원액을 보충하지 않으면 부동액의 역할을 하지 못한다.

그의 조성은 글리콜류와 알콜류를 주제로 한 것으로서 색상은 청색이다.

(2) PT(Permanent Type)

에틸렌글리콜을 주체로 하여 방청제와 기타 첨가제가 혼합된 것으로 한번 주입하여 장기간 부동액으로서 사용한다.
에틸렌글리콜은 비점(약 197℃)이 높기 때문에 냉각수의 온도가 높아져도 비등하지 않는다.
액이 감소되었을 때는 같은 혼합 비율의 액을 보충한다.
조성은 글리콜류만을 주제로 한 것이며, 색상은 녹색이다.
유기 인산염의 성분으로 경합금 표면에 부식 방지막을 형성하므로 장기간 사용할 수 있으며, 일반적으로 2년마다 교환하게 되어 있다.

장점은 다음과 같다.
① 동절기에도 얼지 않는다(동결 온도는 -40℃ 이하로 고정).
② 엔진의 워밍업 시간이 단축된다.
③ 장기간 사용해도 냉각 계통 내부에 녹과 부식이 생기지 않는다.
④ 윤활성 때문에 물펌프 시일의 마모가 감소되어 부식을 방지할 수 있다.
⑤ 오버 히트를 방지할 수 있다.

3) 부동액의 혼합율과 빙결 온도

부동액은 물과의 혼합율에 따라서 빙결 온도가 달라진다.
응고점이 가장 낮은 것은 통상 부동액 60%, 물 40%일 때 최대이며, 그 이상 부동액을 증가하여도 빙결 온도는 낮아지지 않는다.

4) 부동액 사용상의 주의점

① 처음으로 부동액을 사용할 때는 냉각수를 완전히 빼내고 깨끗한 물이나 세정제(洗淨劑)를 사용하여 물때와 퇴적물을 제거한다.
② 부동액에 사용하는 물은 되도록이면 순수하여야 하며, 그렇지 못하면 수돗물을 사용하되 경수(우물, 온천, 샘물) 등은 사용하면 안된다.
③ 혼합량은 차에 사용하는 라디에이터 용량과 기온에 따라 결정하며 메이커의 지시에 따라 사용한다.

기온은 그 지방의 동절기의 최저 온도가 -10℃이면 보통 온도를 -15~-20℃ 정도의 혼합률로 한다.

④ 주입하기 전에 라디에이터 호스나, 클램프, 물재킷, 커버 등 각부의 개스킷, 콜크, 플러그 등에 풀림이나 누출이 있는가 점검한다.

⑤ 주입할 때는 먼저 총 용량의 80%를 넣고 엔진을 시동하고 정온기가 작동하여 충분히 냉각수가 더워졌을 때 나머지 양을 규정 위치까지 보충한다.

⑥ 냉각수의 보충은 PT의 경우에는 물만 보충하고, SPT일 때는 원액과 물을 먼저와 같은 비율로 혼합하여 보충한다.

⑦ 차체(Body)의 도장면에 부동액이 묻지 않도록 주의하고 만약 묻었을 때는 잘 닦아낸다.

5) 부동액의 효과

① 냉각수의 동결로 인해서 실린더 블록과 라디에이터가 파손될 염려가 없다.

② 냉각 계통을 세척하고 방청한다.

③ PT는 물보다 비등점이 높기 때문에 오버 히트가 생기지 않으며 성분이 변질되지 않기 때문에 수명이 길다.

6) 냉각 기능에 미치는 요소

(1) 냉각 계통 내의 녹과 물때

녹이나 물때는 표면은 연하지만 속은 열을 받아서 경화되어 있다.
따라서 내열성이 대단히 크기 때문에 냉각 부족으로 인한 오버히트를 일으켜 충분한 성능을 발휘할 수가 없다.
물재킷이나 냉각액 통로에는 다갈색(茶褐色), 점토상(粘土狀) 물질이 부착된다.
따라서 부동액을 장기간 사용하거나 불량품을 사용하면 더욱 심해지기 때문에 정기적으로 점검하여 교환해야 한다.

(2) 냉각 계통의 녹

냉각액의 통로에는 가압, 가열, 냉각의 변화가 일어나기 때문에 호스의 훼손이나 이음 부위가 벗겨지면 누수가 발생한다.
물이 새면 수량 부족으로 냉각 계통의 압력이 저하하여 오버 히트를 일으키므로 주의해야 한다.

냉각 계통의 누수는 라디에이터 캡 테스터를 사용하면 간단히 발견할 수 있다. 누수의 위치는 호스의 이음이나 라디에이터 탱크의 연결부에서 많이 발생한다.

3.4 공랭식

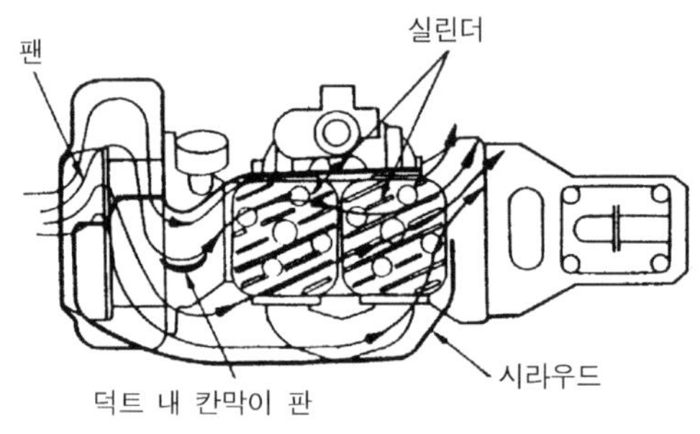

그림 3.15 강제 공랭 방식

공랭식은 일반적으로 냉각 팬에 의한 강제 공랭식이 사용되며 실린더 헤드 및 실린더 블록 외벽에 냉각핀을 설치하여 방열면적을 크게 해서 냉각 효율을 높이기도 한다.

또한 팬에 의한 강제 통풍을 시라우드(통풍안내판)에 의해 도입하여 실린더 각부를 균등히 냉각한다.

공랭식은 수냉식에 비해 구조가 간단하므로 물이 누수될 걱정이 없지만 엔진의 온도 제어가 어렵고 소음도 크다.

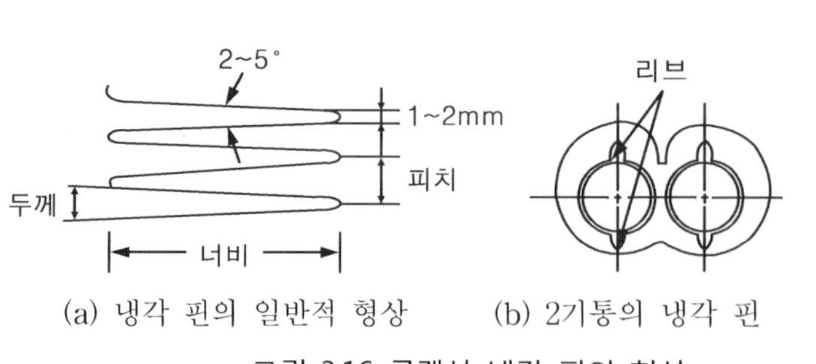

(a) 냉각 핀의 일반적 형상 (b) 2기통의 냉각 핀

(c) 공랭식 엔진의 핀

그림 3.16 공랭식 냉각 핀의 형상

제4장 윤활 장치

4.1 윤활 장치의 작용과 목적

1. 윤활의 목적과 작용

엔진, 기어 등 자동차의 움직이거나 접촉되고 있는 부품들은 오일의 유막에 의해서 원활하게 운전될 수 있도록 윤활하고 있다.
승용차, 상용차 등 그 성능을 충분히 발휘하기 위해서는 이 유막이 깨끗한 상태로 존재하여야 한다.

엔진에 필요한 오일의 조건은
· 적정한 오일(고품질)상태
· 적정한 양(규정량)
· 적정한 정비(정기 교환)
등이 필요하다.

2. 오일의 역할

1) 윤활 및 마찰 마멸 저감 작용

엔진에는 피스톤, 실린더, 베어링 등 고속으로 금속끼리 마찰하는 부분이 많이 있다.
그 마찰 부분에 유막을 만들어 직접적으로 접촉하지 않게 함으로써 마찰 저항을 감소시켜 마모를 최소한으로 한다.

2) 밀봉 작용

피스톤 부분에서의 가스 누출을 억제하고 파워 손실을 방지한다.

피스톤과 실린더 부분을 유막으로 막고, 실린더내의 연소 가스의 누설을 억제하여 출력을 유지한다.
누설이 있으면 연비의 악화와 오일의 수명을 단축하며 엔진 부식의 원인이 된다.

3) 냉각 작용

엔진 내부의 열을 빼앗아 과열에 의한 손상을 방지한다.
냉각수에 의한 냉각은 발생 열량의 60% 정도 밖에 냉각하지 못한다.
캠 축이나 터보 차저 등 냉각수만으로는 냉각이 부족한 부분에 대한 냉각작용을 한다.

4) 청정 분산 작용

폭발 연소나 오일이 연소하였을 때의 그을음이나 오일 슬러지가 엔진 내부의 윤활 부분에 부착하여 마모나 눌어 붙음이 생기지 않도록 용해하여 오일 속에 분산 부유시키는 작용을 한다.
따라서 오일은 검게 오염된다.

5) 방청·방식 작용

엔진 내부에 발생하는 산화물이나 수분에 의한 녹의 발생과 부식을 방지하고 보호한다.

6) 완충(응력 분산) 작용

베어링 등 회전부분이나 미끄럼 운동부분에는 일시적으로 압력이 집중되어 충격을 받게 된다. 이와 같은 경우에 형성된 유막이 충격을 흡수하고 소음을 감소시키는 역할을 한다.

3. 윤활 상태

(1) 유체 윤활

충분한 두께의 유체막이 마찰면 사이에 존재하는 상태를 말하는 것으로서 가장 이상적인 윤활 상태이다.

서로 섭동하는 미끄럼 면에 작용하는 모든 하중이 유막에서 발생하는 유압에 의하여 지지되는 상태로서 마모는 발생하지 않으며 마찰력도 매우 작다.
그러나 하중이 크고 오일의 점도가 작으며, 상대운동 속도가 작은 경우는 유막이 얇아진다.
이 유막 두께가 표면 거칠기 이하가 되면 미소한 마모가 발생하는 경우도 있다.
유체 윤활을 유지하는 데는 점도와 상대운동 속도가 크면서 하중은 미끄럼 면이 쐐기형상인 경우가 유리하다.

(2) 경계 윤활

유막 두께가 접촉면의 표면 거칠기 이하로 되어도 즉시 응착이 발생하지는 않는다.
즉, 윤활유중 화학적 친화력이 강한 분자가 금속 표면에 견고하게 결합되어 융단과 같은 층을 형성하기 때문에 상대 물체는 쉽게 미끄러지기 쉬운 상태가 된다.
이러한 미끄럼 상태를 경계 윤활 상태라고 한다.
이때 마찰계수는 고체마찰과 유체마찰의 중간 정도가 되며 하중이나 속도의 영향은 별로 받지 않지만 윤활유의 온도에는 민감하게 영향 받는 특징이 있다.
유체 윤활보다 마찰이 크고 내마모성이 좋지 않다.
충격, 고하중시의 저속 상태, 급유 부족, 시동, 가감속이나 부적당한 윤활유를 사용했을 때 생기기 쉽다.

(3) 극압 윤활

하중이 매우 커져서 접촉면의 온도가 높아지면 얇은 층의 윤활유로는 하중을 지탱할 수 없다.
따라서 유막이 파괴되어 직접 접촉을 일으키고 회전축이 눌어 붙거나 손상이 발생하여 마찰이 급격하게 증대한다.
이와 같은 가능성이 있을 때는 인, 염소, 유황 등의 유기 화합물을 첨가한 기어오일을 사용한다.
이 극압 윤활유의 첨가제 작용은 접촉 금속면과 화학적으로 작용하여 접촉면에 금속 화합물의 피막을 만든다.
접촉면의 볼록 부분만을 생각하면, 볼록 부분끼리 접촉할 때에 걸리는 하중은 매우 크기 때문에 발열량도 역시 많다.
극압 첨가제는 이 고온부에 작용하여 염소 화합물이 작용하였을 때 이 부분은 염화철이 된다.
이 염화철은 기어의 재질보다 연하기 때문에 볼록한 부분은 깎여나가서 오목부를 메우고 전체적으로 오목, 볼록이 없는 평면이 되므로 비정상적인 고압부, 고온부는 없어지며 타붙음의 원인은 소멸한다.
이와 같이 극압 첨가제를 사용하여 표면을 합금화하는 데는 메탈이나 부시류의 경우도 마찬가지이다.
이 극압 윤활은 자동차 종감속 장치에 사용되는 하이포드 기어(Hypoid Gear)의 윤활에서 볼 수 있다.

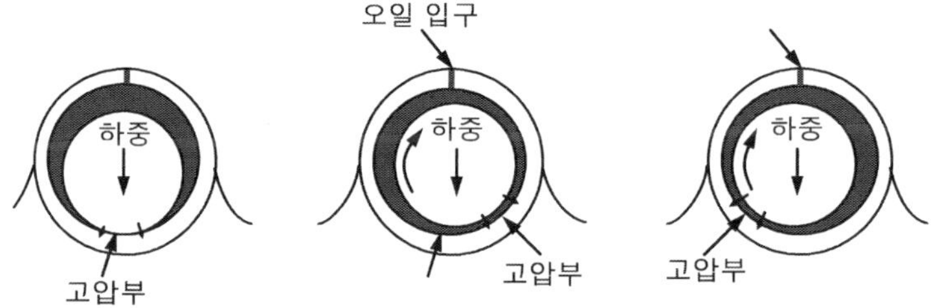

그림 4.1 극압 윤활의 형태

(4) 고체 윤활

액체 윤활을 사용하기 어려운 부분에 사용되며 특수한 고체 물질(2황화 몰리브덴 등)을 접촉면에 개재시키는 윤활 방법이다.
이것은 고체 물질 자체가 윤활제에 필요한 여러 가지 요소를 갖추고 있기 때문이다.

4.2 윤활유의 성상

1. 점도 및 점도 지수

윤활유에 있어 필요한 성상은 여러 가지가 있으나 가장 중요한 것은 점도이다.

점도란 오일의 끈끈한 정도를 나타내는 것으로 점도가 높은 오일은 금속 표면에 만드는 유막이 두껍고 그 만큼 큰 하중을 지탱하는 힘을 가지고 있다.
그러나 점도가 너무 높으면 윤활유의 내부 마찰이 커지고, 저항도 커져 동력의 손실이 증가한다.
반대로 점도가 낮으면 동력의 손실은 적지만, 유막이 끊어져서 마찰 작용이 충분히 이루어지지 않게 된다.
또한 윤활유의 점도에 대해서 가장 중요한 문제는 온도이다. 일반적으로 윤활유의 점도는 온도가 상승함에 따라 저하한다.
이 온도에 대한 점도 변화의 정도를 점도지수라고 한다.
점도 지수를 그림 4.2에 의하여 설명하면 1의 실선으로 나타내는 오일은 2의 점선으로 나타내는 오일에 비해서 저온에서의 점도가 낮아진다.
반대로 고온에서는 2의 오일보다 점도가 높아진다.
이 때에 1의 오일은 2의 오일보다 점도 지수가 크다고 말한다.
즉, 온도에 의한 점도 변화가 적은 오일을 점도 지수가 크다고 표현한다.
자동차에서 사용되는 엔진 오일과 같이 온도 변화가 격심한 사용 조건에서 사용하는 오일에서는 점도 지수가 큰 것이 바람직하다.

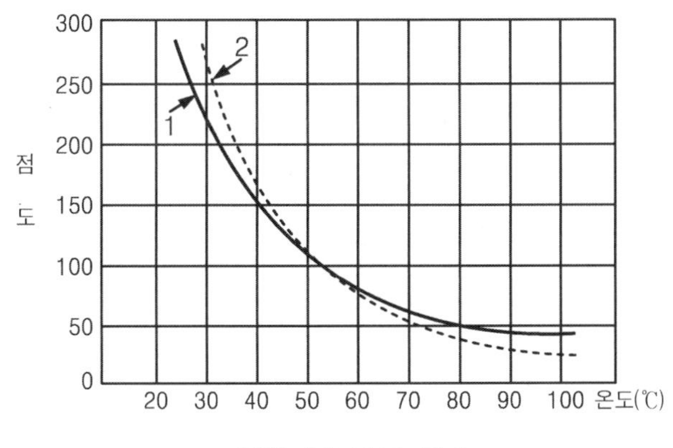

그림 4.2 점도 지수

2. 윤활유의 조건

가솔린 엔진용의 엔진 오일에 필요한 조건은 다음과 같다.

· 비중과 점도가 적당하고 점도 지수가 높을 것

- 유성이 좋을 것
- 금속면을 보호하며 부식시키지 않을 것
- 청정성이 좋을 것
- 산화가 잘 되지 않을 것
- 인화점이 높고 기화가 잘 되지 않을 것
- 열전도가 좋고 응고점이 낮을 것

엔진 오일에는 본래 가지고 있는 바람직한 성질을 향상시키거나 새로운 성질을 부여하기 위하여 산화 방지제, 부식 방지제, 점도 지수 향상제, 기포 발생 방지제 등의 각종 첨가제가 첨가되어 있다.

3. 윤활유의 분류

1) 점도에 의한 분류

엔진 오일에 있어서 첫째로 중요시되는 기본적 성질은 점도이다.
점도에 의한 분류로는 일반적으로 표 4.1에 나타낸 것처럼 SAE(미국 자동차 공학회) 규격이 사용되고 있다.
표시 방법은 점도가 낮은 것에는 작은 수치를, 점도가 높은 것에는 큰 수치를 주어 표시한다.
또 표 중 W 마크가 붙어 있는 것은 특히 한랭 지역의 오일을 나타내고 있다.
또 이 분류 중에서 (10W-30) 등으로 나타내고 있는 오일은 특히 점도 지수가 크고, 모든 계절을 통하여 사용할 수 있는 것을 나타내고 있다.

표 4.1 엔진 오일의 SAE 점도 분류

SAE 5W SAE 10W	한랭 지역
SAE 20W SAE 20	겨울철용
SAE 30	봄 가을용
SAE 40	여름철용

2) 엔진 오일의 규격

어떤 오일을 사용하면 좋은가를 자동차 메이커가 운전자에게 알리는 간단한 방법의 하나는 오일의 복잡한 품질 레벨에 기호를 규정하여 그 기호로써 사용 지시를 하는 것이다.

이 때 오일 메이커도 그 기호에 따라 오일을 보급할 수 있어서 편리하다.

오일에는 점도 규격과 품질 규격이 있다.

(1) SAE(Society Automotive Engineers)

미국 자동차 기술자 협회에 의한 점도 규격, 저점도의 0W로부터 고점도의 60까지 12단계로 분류하고 있다.

점도는 시동성, 연비, 윤활 성능에 영향을 준다.

그 외에 외기온에 의해서도 구분 사용하며 5W-30W와 같은 올 시즌 타입이 사용하기 쉽다.

(2) API(American Petroleum Institute)

미국 석유 협회의 약자로서 세계에서 가장 널리 사용하고 있는 품질 규격이다.

가솔린 엔진 오일용의 SA부터 SJ까지와 디젤용의 DG부터 DS까지가 있다.

(3) MIL

미국의 오일 주입 규격, API에 연동, 고성능이라는 뜻은 아니다.

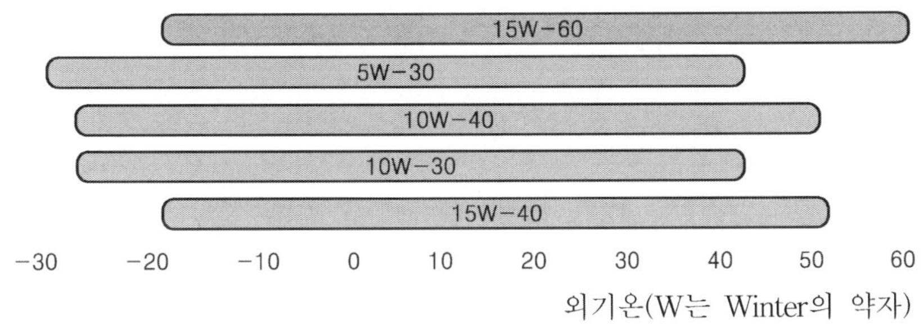

그림 4.3 점도 분류

3) 성능 또는 용도에 의한 분류

성능 또는 용도에 의한 분류로는 일반적으로 표 4.2에 나타낸 것처럼 SAE(미국 자동차공학회) 및 API(미국 석유 협회) 서비스 분류가 이용되고 있다.

표 4.2 (a) 가솔린엔진용 SAE 분류와 API 분류의 비교

SAE 분류	API 분류	세부 내역
SA	ML	경하중 가솔린 엔진 오일, 광물성 엔진오일
SB	MM	중하중 가솔린 엔진오일, 산화방지제 적용
SC	MS	고온 고하중용 가솔린 엔진오일
SE		산화방지, 부식방지
SF		산화방지, 마멸방지
SG		산화방지, 부식방지

(b) 디젤엔진용 SAE 분류와 API 분류의 비교

SAE 신분류	API 분류	세부 내역
CA	DG	소형디젤 엔진용
CB	DM	소형디젤 엔진용
CC		중형디젤 엔진용
CD	DS	고속, 고출력 과급기 부착 엔진

4. 엔진 오일의 교환 사이클

1) 교환사이클

실제의 주행 방법에 따라 크게 달라진다.

엔진 오일의 교환 사이클은 사용하는 오일의 품질 등급과 자동차의 사용 조건에 의해서 크게 달라진다.

승용차의 경우 1년간에 1만km 정도의 주행을 하는 차를 기준으로 자동차 메이커가 지시하는 품질 수준의 오일(API SL 또는 SJ)을 사용하고 있다고 전제하여 대부분의 자동차 메이커가 다음과 같은 사이클을 지정하고 있다.

(1) 가솔린 엔진

1.5만km 또는 1년간에 1회(먼저 임하는 것 적용, 이하 같다.)

(2) 터보엔진

5천km 또는 반년에 1회

(3) 디젤엔진 직접 분사식

1만km 또는 1년에 1회
디젤엔진 예연소실식 - 5천km 또는 반년에 1회
단, 가혹 조건의 사용에서는 교환 사이클을 절반으로 한다.

2) 엔진 오일의 열화 원인

연소 및 공기의 오염에 의해 영향을 받는다.
사용중의 오일이 열화하는 원인은 다음과 같다.

① 연료가 연소할 때 발생하는 그을음의 혼입에 의해 오염된다.
② 연료가 연소할 때 이산화탄소와 동시에 수분이 발생한다. 저온 운전시에 이 수분이 결로되어 오일에 혼입되어 부식 마모의 원인이 된다.
③ 엔진이 흡입하는 공기중에 포함되는 티끌이나 미립자 모양의 모래의 영향
④ 연료가 연소할 때는 2000℃에 가까운 고온이 되며 오일은 산화한다.
⑤ 첨가되어 있는 첨가제가 사용중에 점차 소모되어 오일로서의 성능이 상실된다. 그 외에 산화한 오일이 수분과 반응하여 슬러지(Sludge)를 만든다.

5. 윤활유의 성상

1) 비중(Specific Gravity)

표준 대기압 하에서 4℃인 물의 단위체적당 중량을 1로 하고 다른 액체나 고체의 단위체적당 중량비를 비중이라고 한다.
엔진 오일은 대략 0.86~0.91 정도이지만, 그것을 정제한 원유의 종류, 유출 온도 등에 따라서도 달라진다.
파라핀계 탄화수소를 많이 포함한 원유는 나프텐계를 많이 포함하는 것보다 비

중은 작다.

2) 인화점(Flash Point)

오일을 일정한 조건하에서 가열하였을 때, 작은 불꽃을 가까이 갖다 대면 불이 붙는다. 이 때의 온도를 인화점이라고 하며 인화점은 높을수록 좋다.
밀폐식, 마르텐식 시험기로 측정할 때가 있으나 개방식의 클리블랜드로 측정할 때도 있다.

3) 잔류 탄소(Carbon Reside)

오일이 연소한 후에 슬러지(Sludge)가 생긴다. 이것은 주로 탄소가 원인이며, 이것을 잔류 탄소라고 한다.
코라드슨 시험기에 의해서 얻어지는 숫자를 가지고 나타내기 때문에 코라드슨 잔류 탄소라고도 한다. 이것은 될 수 있으면 작은 것이 좋다.

4) 응고점(Setting Point, Congealing) 또는 유동점

오일을 냉각시켰을 때 오일이 굳어서 유동성을 상실하기 시작하였을 때의 온도를 응고점이라고 한다.
응고점보다 25℃ 높은 온도를 유동점이라고 한다. 이것은 낮을수록 좋다.
점도가 큰 오일은 일반적으로 응고점이 높고, 점도가 같은 경우에 나프텐계 원유는 파라핀계 원유보다 응고점이 현저하게 낮다.
염소화납, 파라프론 등을 오일에 조금 섞어서 응고점을 낮추는 방법이 있다.

5) 부식(Corrosion Test)

정밀하게 연마한 구리판을 오일 속에 집어넣어 윤활유 속에 포함되어 있는 특수성분 중에서 특히 유황의 영향을 알아보는 것으로서 시험유 속에 구리판을 집어넣어 끓는 물속에 1시간 담가 두었을 때, 구리판이 거의 변색하지 않는 것을 합격품으로 처리한다.
그러나 최근의 제품에는 용도에 따라 유황의 화합물을 첨가한 것이 있으므로 주의하여야 한다.

6) 점도(Viscosity)

점도라는 것은 오일의 끈기(찰기)를 말하는 것이다.
유체의 내부에 상대 운동이 존재할 때 그 경계면에 운동에 저항하는 작용이 생긴다. 이와 같은 작용을 유체의 내부 마찰이라고 한다.
완전 윤활의 경우 윤활 작용은 고체 마찰이 오일 내부 마찰로 전화(轉化)하여 이루어지므로 유막을 지배하는 하나의 요소가 되며, 윤활유에 있어서는 점도가 중요한 성상이 된다.

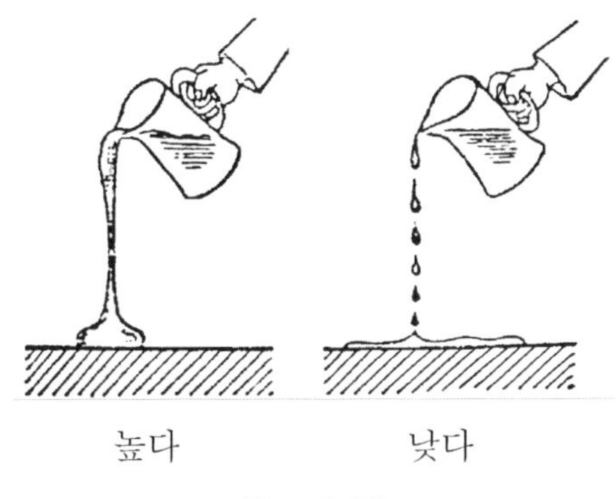

높다　　　　낮다

그림 4.4 점도

7) 유성(Oilness)

유성은 유막의 강도를 지배하는 힘이다.
미국 SAE의 정의는 “상이한 윤활유를 동일 시험 조건으로 비교할 때, 그 마찰의 상이점이 점도에 의한 상이보다도 크게 나타날 때에 그 마찰의 서로 다른 차를 나타내는 말이 유성이다”라고 한다.
유성은 오일 분자나 함유 성분의 금속에 대한 친화력의 대소에 대한 문제로서, 점도와는 관계없이 유막의 강도를 지배하는 오일의 특성이다.
유막이 아주 얇은 경계 윤활에 있어서 유성이 좋은(높은, 큰) 오일은 강력한 유막을 만들어 금속면 상호간의 접촉을 방지한다.
반대로 유성이 나쁜(낮은, 작은) 오일의 경우에는 유막이 파손되어 금속 상호간의 고체 마찰이 되어 타붙음이나 마모를 일으킨다.

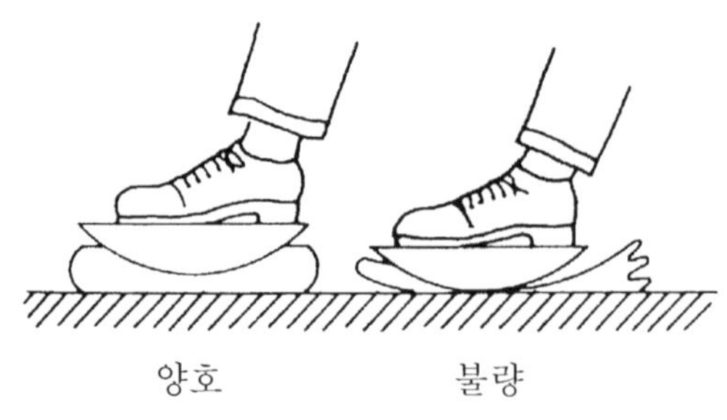

그림 4.5 유성

유성은 매우 중요한 성질이지만 과학적으로 확연한 정의를 내릴 수 없으며, 이를 측정하는 시험법이 확립되어 있지 않다.
일반적으로 지방유는 유성이 크고, 순수한 탄화수소는 유성이 낮으나 천연 광유에는 유성을 높이는 물질이 포함되어 있다.
또 나프텐계의 오일은 파라핀계의 오일보다 유성이 크다. 적당한 극성 분자 화합물, 즉 유성 향상제를 첨가함으로써 그 성질을 향상시킬 수 있다.

8) 점도 지수(Viscosity Index)

오일 뿐 아니라 일반적으로 물질은 온도가 올라가면 점도가 희박해지고 저온이 되면 농후해진다.
이 온도 변화에 대한 점도의 변화하는 비율을 점도 지수(V.I)라고 하며 V.I가 큰 오일은 온도가 달라져도 점도 변화가 적기 때문에 시동시의 저온으로부터 운전중의 높은 온도까지 온도 변화가 큰 자동차 엔진용으로서 적합하다.
멀티 그레이드유(multi grade oil)는 점도 지수가 매우 크다.

9) 희석도(Dilution)

오일 속에 혼입한 연료의 양을 나타내는 것으로서 가솔린은 3%, 경, 중유는 5% 정도가 대략 교환 한도라고 생각된다.

10) 수분(Moisture)

사용중에 1% 이상의 수분이 오일 속에서 검출되었을 때는 냉각 계통에서 운전 조건의 불량(저온 운전, 단속 운전)을 생각하여야 한다.
수분이 섞이게 되면 저온 슬러지를 발생케 하여 베어링의 부식, 거품을 발생시커 첨가제의 효과를 현저하게 저하시킨다.
고급 오일 일수록 의외로 수분에 약하므로 주의하여야 한다. 0.3% 정도가 교환 한도이다.

4.3 윤활 방식

1. 비산식

이 방식은 커넥팅 로드 큰 쪽에 붙어 있는 주걱(Dipper)으로 오일 팬 안의 오일을 각 윤활부에 뿌리게 되어 있다(그림 4.6).

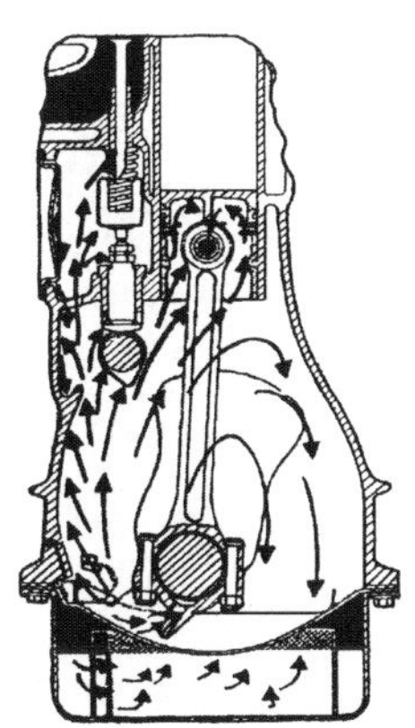

그림 4.6 비산식 윤활 장치

이 방식은 단기통이나 2기통의 소형 엔진에서만 사용되고 있다.

2. 압송식

이 방식은 캠 축에 의해 구동되는 오일 펌프로 오일 팬 안에 있는 오일을 흡입 가압하여 각 윤활부에 보내는 강제급유 방식으로 되어 있다(그림 4.7).
오일 펌프에 의해 흡입된 오일은 먼저 실린더 블록의 크랭크 케이스 쪽에 만들어져 있는 주 오일 통로(Oil Gallery)에 들어가고, 여기서 크랭크 축 메인 베어링을 비롯하여 각 윤활부에 압송된다.
회로 내의 유압은 2~3kg/cm²(30~40psi)이다.

이 형식에서 실린더 벽의 윤활은 비산식에 의한다.

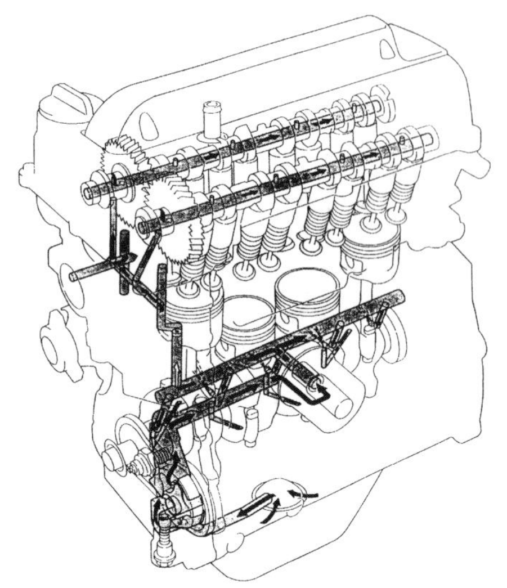

그림 4.7 압송식 윤활 장치

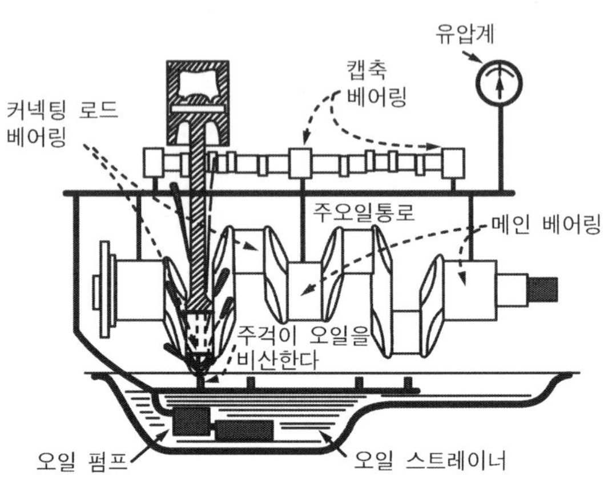

그림 4.8 비산 압송 조합식

3. 비산 압송 조합식

이 방식은 비산식과 압송식을 조합한 것이며, 크랭크 축 베어링, 캠 축 베어링, 밸브 기구 등은 압송식에 의해 윤활되고, 실린더 벽, 피스톤 핀 등은 비산식에 의해 윤활된다(그림 4.8).

자동차 엔진에서는 이 방식을 가장 많이 사용하고 있다.

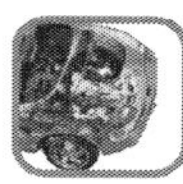

4.4 윤활 장치의 구성품

1. 오일 펌프와 오일 펌프 스트레이너

1) 오일 펌프

일반적으로 기어 펌프와 트로코이드 펌프가 주로 사용된다.

오일 펌프는 보통 크랭크 축 또는 캠 축에 의하여 구동되며, 오일 팬 내의 오일을 흡입 가압하여 각 윤활부에 보내는 일을 한다.

오일 펌프는 크랭크 케이스의 내부나 외부에 설치되어 있으며 기어식, 로터리식, 플런저식, 베인식 등이 있다.
플런저식은 주로 소형 엔진에 사용되며 편심륜에 의해 구동된다.
펌프 능력은 송유량과 송유 압력으로 표시하고 오일의 과도한 송출이나 압력은 유압 조절기로 조절한다.

(1) 기어 펌프

기어 펌프는 구조가 간단하며 고장도 적고 튼튼하여 가장 무난하게 사용된다.
기어 펌프는 펌프 보디 안에 조립된 구동 기어(Drive Gear)와 피동 기어(Driven Gear)로 되어 있다(그림 4.9).
(a)그림과 같이 외접형 기어 펌프에서는 구동 기어가 회전하면 피동 기어는 역방향으로 회전하며 이에 따라 펌프실 안에 부압이 생겨 오일이 흡입되고, 기어 사이에 끼어 출구쪽으로 운반되어 배출된다.
(b)그림과 같은 내접형 기어 펌프는 주로 소형 승용차에 사용되며 편심된 내측 기어의 회전에 따라 기어사이로 오일이 운반된다.

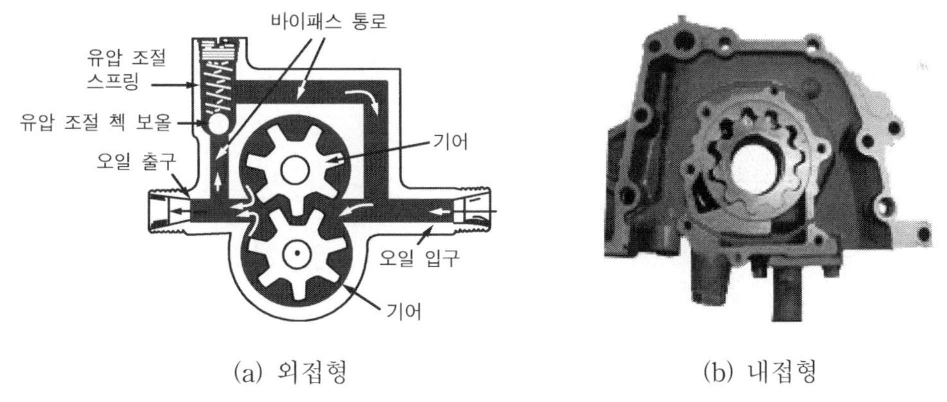

(a) 외접형 (b) 내접형

그림 4.9 기어 펌프

(2) 트로코이드 펌프

트로코이드 펌프는 펌프 보디 안에 조립된 바깥 로터(Outer Rotor, 피동 로터)와 안 로터(Inner Rotor, 구동 로터)로 되어 있으며 안 로터는 구동축에 핀으로 고정되어 있다(그림 4.10).

구동축이 회전함에 따라 안 로터가 회전하면 안로터의 중심이 편심되어 있어, 안 로터의 볼록부와 바깥 로터의 오목부가 차례로 물리면서 바깥 로터를 회전시킨다.

바깥 로터는 안 로터의 4/5의 속도로 회전한다.

펌프의 작용은 회전중 양 로터의 물리는 곳의 변화로 이루어진다.

즉 공간 체적이 커지는 부분에 오일이 흡입되고, 반대쪽의 공간 체적이 작은 부분에서 배출하게 된다.

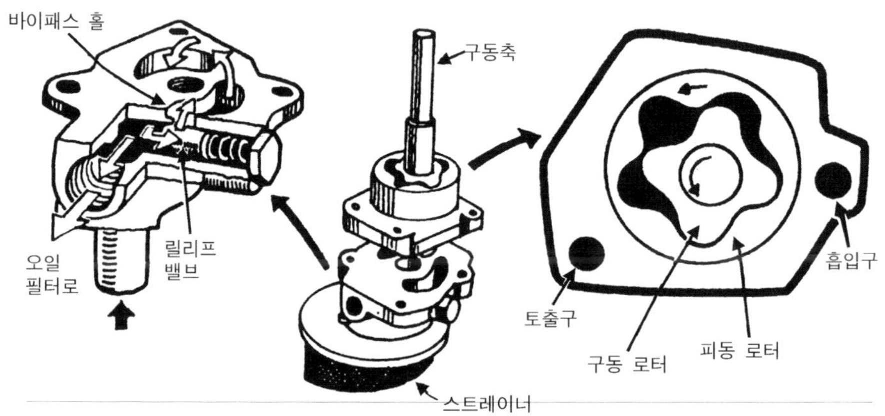

그림 4.10 트로코이드식 오일 펌프의 구조

(3) 플런저 펌프

플런저 펌프는 펌프 보디 안에 조립된 플런저 스프링, 첵 볼로 되어 있으며, 플런저는 스프링과 캠 축에 의해 왕복 운동을 한다(그림 4.11).

플런저 스프링이 플런저를 올리면 펌프실 내의 체적이 크게 되어(부분 진공이 생긴다.)

오일이 첵 볼을 거쳐 흡입되고, 캠 축이 플런저를 누르면 펌프실 체적이 작게 되므로(압력이 높아진다.), 첵 볼이 열려 배출된다.

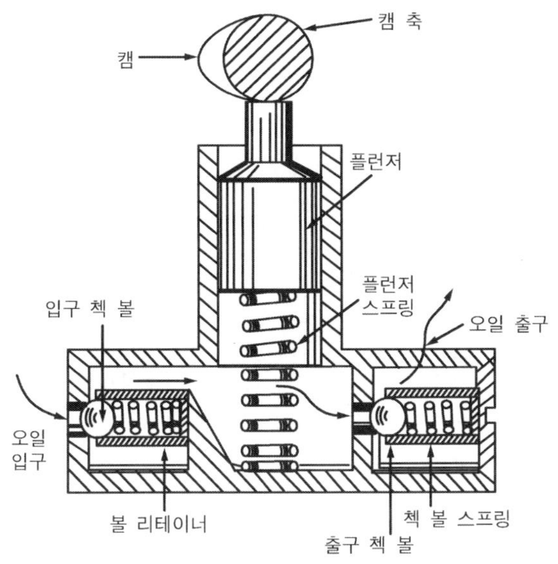

그림 4.11 플런저 펌프

(4) 베인 펌프

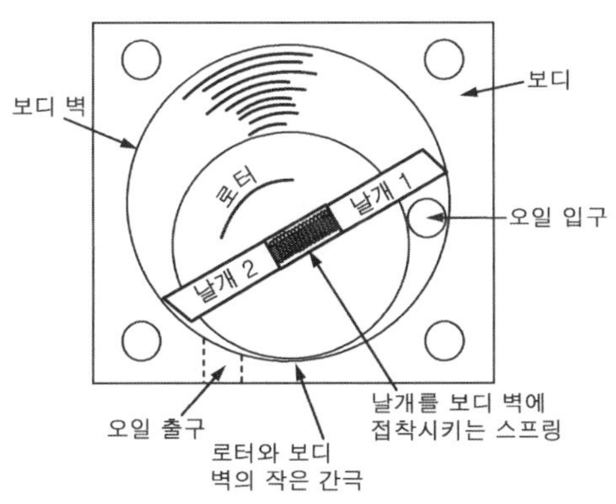

그림 4.12 베인 펌프

베인 펌프는 둥근 하우징과 그 속에 편심으로 설치되어 있는 로터로 되어 있다. 로터에는 두개 이상의 날개(Vane)가 있으며 로터에 있는 홈(Slot)에 스프링을 사이에 두고 끼워져 있다(그림 4.12).

펌프축이 회전되면 날개는 펌프실 안쪽면과 접촉을 유지하면서 로터와 함께 회전한다.

이에 따라 오일이 입구를 거쳐 펌프실에 흡입되고 다음에 오는 날개에 의해 출구쪽으로 운반되어 출구를 거쳐 배출된다.
흡입 오일이 출구쪽으로 운반될 때 압력이 가해진다.

2) 오일 펌프 스트레이너

오일 펌프 스트레이너에는 오일 속에 포함된 비교적 큰 입자의 불순물을 제거하기 위해 고운 스크린으로 감싸있어 펌프 내에 오일을 흡입할 때 입자가 큰 불순물을 제거하여 오일펌프에 유도하는 작용을 한다.
또 제거된 불순물 등으로 스크린이 막히는 경우 옆통로(By-Pass)를 통할 수 있도록 바이패스 밸브(By-Pass Valve)가 있다.

2. 유압 조절 밸브

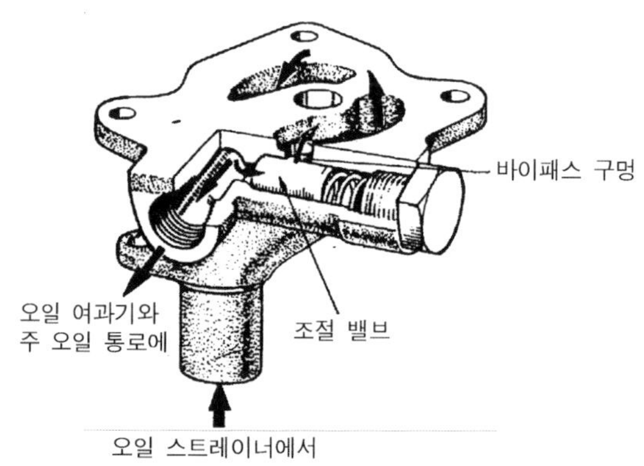

그림 4.13 오일 펌프에 설치되어 있는 유압 조절 밸브

유압 조절 밸브는 윤활 회로 내의 압력이 과도하게 올라가는 것을 방지하여 유압을 일정하게 유지하는 구실을 한다.
이 밸브는 스프링의 힘으로 눌려 있는 볼 또는 플런저로 되어 있으며 유압이 스프링의 힘보다 커지면 이 밸브가 열려 과잉 압력의 오일이 오일 팬으로 되돌아가게 된다.

유압 조절 밸브는 펌프와 일체로 펌프 보디에 설치되어 있거나, 오일 펌프와 주 오일 통로 사이에 설치되어 있다.

3. 오일 필터

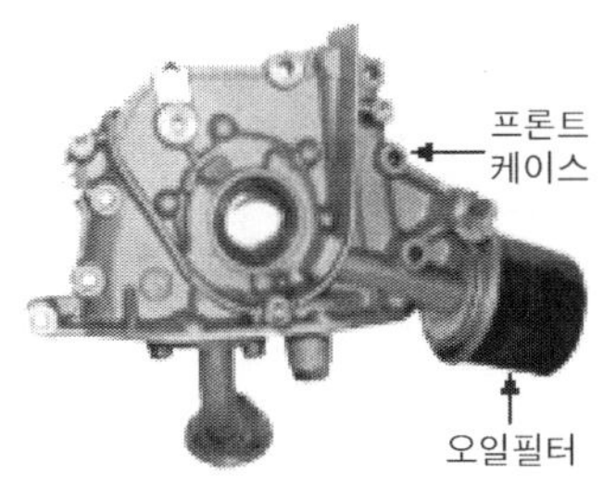

그림 4.14 일체식 오일필터의 외관

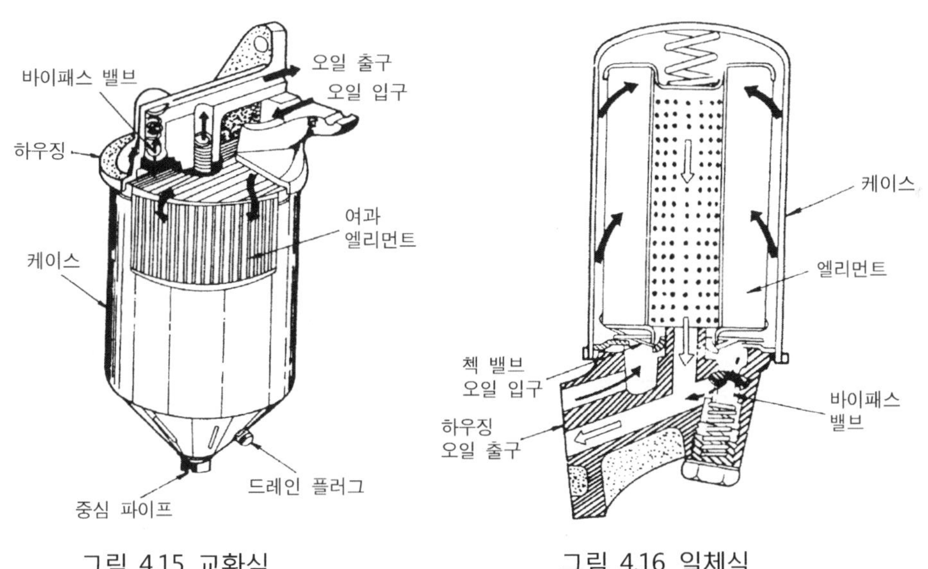

그림 4.15 교환식

그림 4.16 일체식

윤활 장치 내를 순환하는 오일은 점차로 수분, 연소 생성물인 탄소, 윤활부에서 생기는 금속 분말, 슬러지 등을 함유하여 오일의 기능이 저하되므로 오일 통로에 오일 여과기를 두어 이 불순물을 제거한다.

오일 여과기는 케이스와 그 내부에 들어가는 엘리먼트로 되어 있다.

오일 여과기에 들어 온 오일은 엘리먼트를 거쳐 중앙으로 들어 간 다음 출구로 나가게 되며, 엘리먼트를 거칠 때 오일에 함유된 불순물을 떨어뜨린다.

제거된 불순물은 케이스 밑바닥에 침전되며, 드레인 플러그를 통해 배출시킨다.

오일 여과기의 엘리먼트는 여과지, 면사 등으로 되어 있으며, 여과지의 것이 널리 사용되고 있다.

여과 방식에는 분류식과 전류식, 병용식 등의 형식이 있다.

1) 분류식(By-Pass Filter Type)

분류식은 오일 펌프에서 나온 오일의 일부만을 여과하고 나머지는 그대로 윤활부로 가게 된 형식이다(그림 4.17). 이 형식에서는 오일 여과기를 거치지 않은 오일이 윤활부에 공급되므로 베어링이 손상될 우려가 있다.

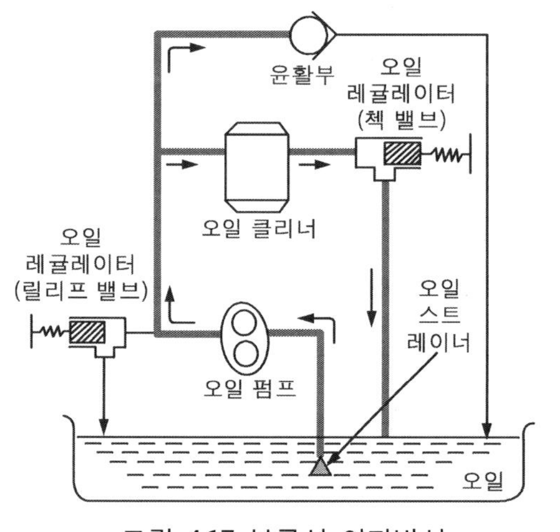

그림 4.17 분류식 여과방식

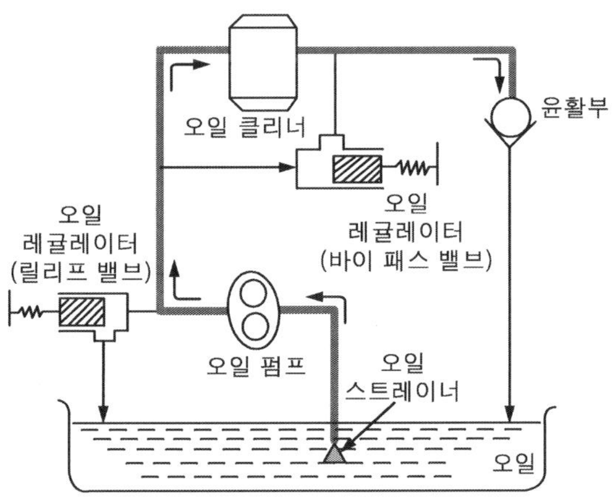

그림 4.18 전류식 여과방식

2) 전류식(Full Flow Filter Type)

전류식은 오일 펌프에서 나온 오일 전부가 오일 여과기를 거쳐 여과된 다음 윤활부로 가게 된 형식이다(그림 4.18).

이 형식은 언제나 여과된 오일을 윤활부로 보내는 장점은 있으나 여과 엘리먼트가 막혔을 때 등을 위해 이 여과기에는 바이패스 밸브가 설치되어 있어 바이패스를 통해 오일이 흐르게 되어 있다. 최근 주로 적용하는 방식이다.

3) 병용식

전류식과 분류식을 병용한 것이다. 두 방식의 단점을 보안하여 오일의 청정작용을 높게 만든 방식이다. 주로 디젤기관에 사용되며 여과기와 주 오일통로사이에 오일냉각기(Oil Cooler)가 설치되어 있다.

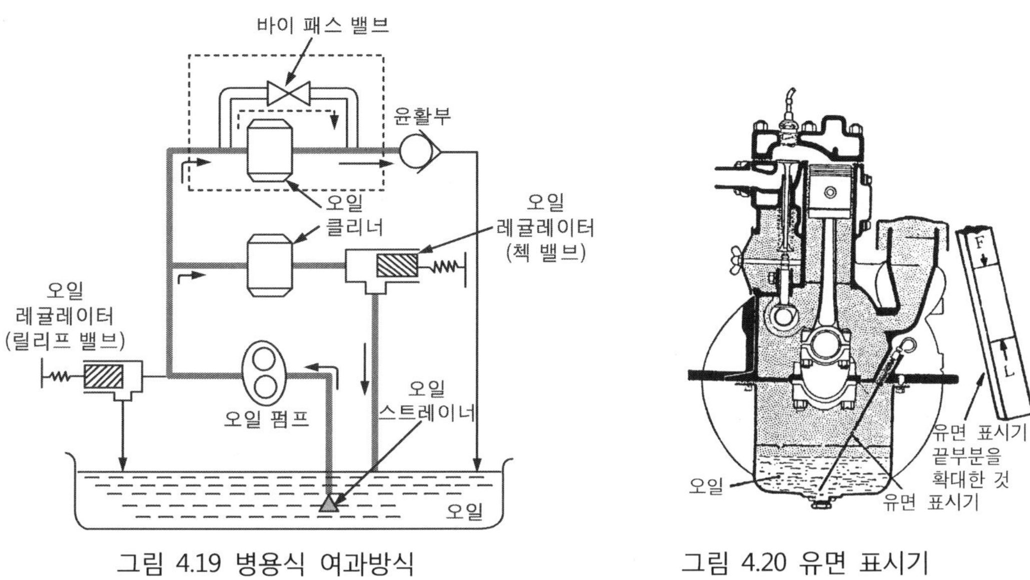

그림 4.19 병용식 여과방식

그림 4.20 유면 표시기

4. 유면 표시기 및 유압계

1) 유면 표시기

유면 표시기는 크랭크케이스 내의 유면의 높이를 점검할 때 사용하는 금속 막대이며 그 끝 부분에 풀(Full)과 로(Low)의 표지 눈금이 새겨져 있다(그림 4.20).

2) 유압계

유압계는 윤활 장치 내의 유압을 표시하는 것이며 보통 계기판에 설치되어 있다. 자동차에 따라 표준 유압이 다르나 보통 2~6kg/cm^{2}이다.

유압계에는 부어든 튜브를 이용한 부어든 튜브식과 전기식이 있다.

(1) 부어든 튜브식

이것은 가변성(Flexible)의 부어든 튜브를 파이프를 통하여 윤활 장치의 회로와 연결한 것이다(그림 4.21).

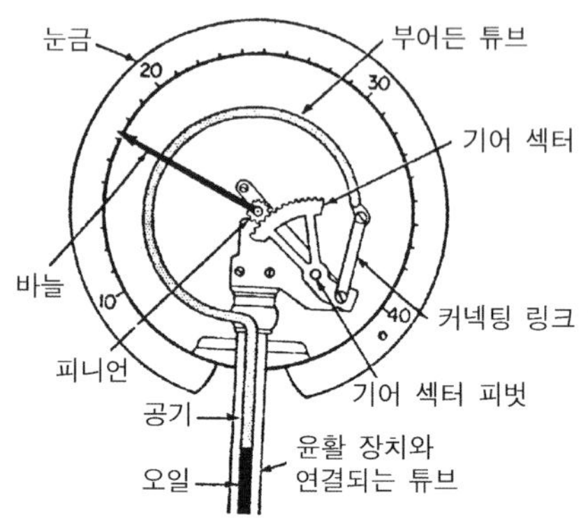

그림 4.21 부어든 튜브식 유압계

부어든 튜브는 유압이 올라가면 파이프 내의 공기가 압축되므로 직선으로 펴지게 된다.

이것이 부어든 튜브 끝에 설치되어 있는 기어와 바늘을 움직여 유압을 표시하도록 되어 있다.

(2) 전기식 유압계

전기식 유압계는 계기 회로를 흐르는 전류의 크기를 변화시켜 계기의 바늘을 움직이게 하는 것이며, 밸런싱 코일식과 바이 메탈 서머스탯식이 있다.

主 전기식 유압계와 연료계는 그 구조 작동에 있어 똑같다.

① 밸런싱 코일식(Balancing Coil Type)

이 형식은 계기판의 계기부와 엔진 윤활 장치 회로에 설치된 엔진부와 이를 연결하는 전선으로 되어 있다.

엔진 유닛에는 유압에 따라 상하 운동을 하는 막(Diaphragm)이 있으며 이 막의 운동이 전기 저항을 변화하게 하고, 이것이 계기에 있는 1조의 밸런싱 코일의 한쪽에 세게 작용하여 아마추어를 움직인다.

이에 따라 아마추어에 고정된 바늘이 움직여 유압이 표시된다.

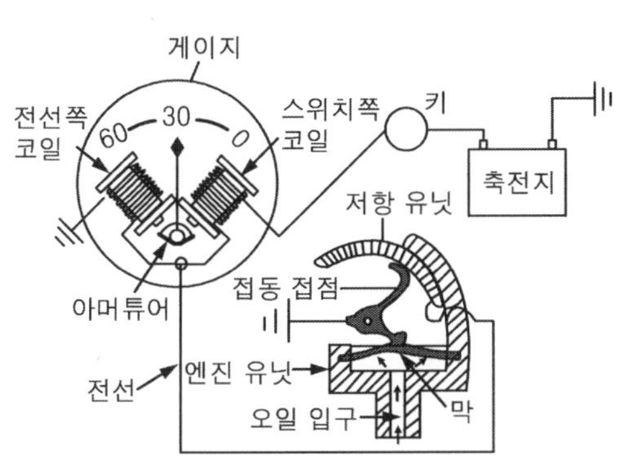

그림 4.22 밸런싱 코일식 유압계

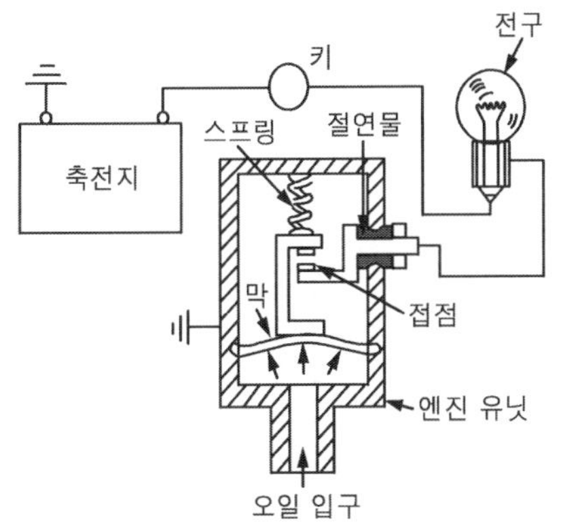

그림 4.23 유압 표시등 회로

② 바이메탈 서머스탯식

이 형식도 엔진 유닛과 계기부로 되어있다.

엔진 유닛의 막이 서머스탯식 블레이드(Thermostat Blade)를 움직이면 이에 따라 계기부의 서머스텟 블레이드도 움직여 계기판의 바늘이 움직이게 되어 있다.

(3) 유압 경고등

가장 일반적으로 사용되는 방식으로 단순히 on, off 기능에 의한 경고등으로 표시한다. Not회로를 이용하여 유압이 작동안하면 on(점등)되고, 유압이 작동되면 off(소등)되도록 한다.

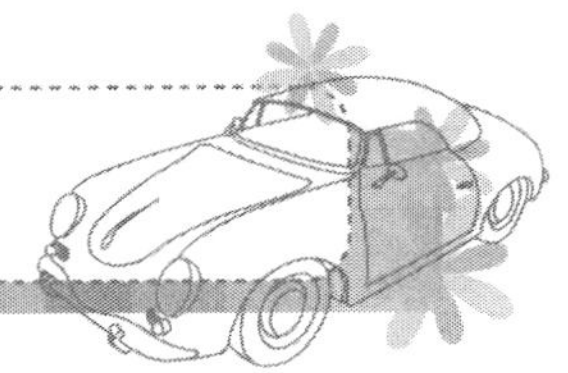

제5장 연료 장치

5.1 개 요

연료 장치는 모든 운전 조건하에서 엔진에 필요한 혼합기를 가장 연소하기 쉬운 상태로 공급하는 장치이다.

그 기능은 엔진의 성능, 특히 출력이나 경제성을 크게 좌우하는 중요한 기구이다.

이 장치의 주요부는 기화기 또는 연료분사 장치로 여기에서 연료와 공기를 적절히 혼합시켜 엔진에 공급한다.

연료를 공급하는 장치는 연료를 저장하는 연료탱크, 연료 속에 있는 수분과 먼지 등을 제거하는 연료 필터, 연료를 압송하는 연료 펌프 등이 있으며 이들은 연료 파이프로 연결되어 있다.

또한 최근에는 연료 계통에서 가솔린 증기가 대기중으로 방출하는 것을 방지하기 위하여 차콜 캐니스터 등을 사용한 연료 증발 가스 배출억제 장치가 설치되어 있다.

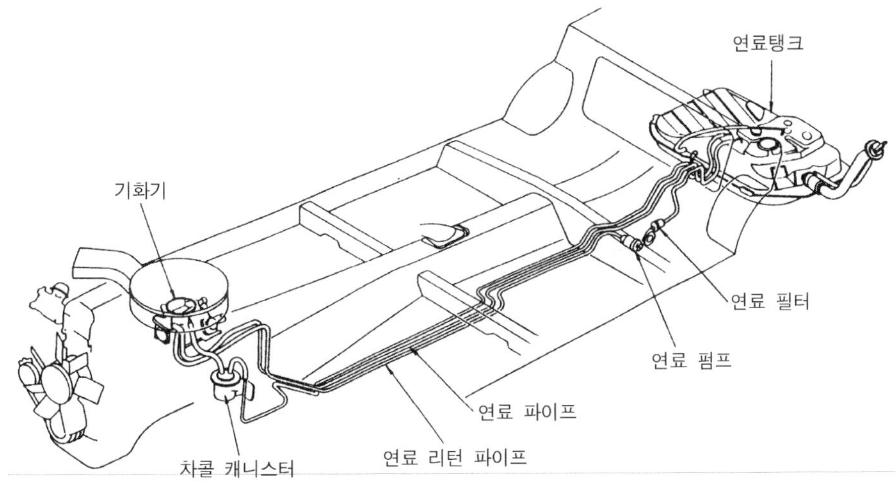

그림 5.1 연료 장치 시스템

1. 연료 필터

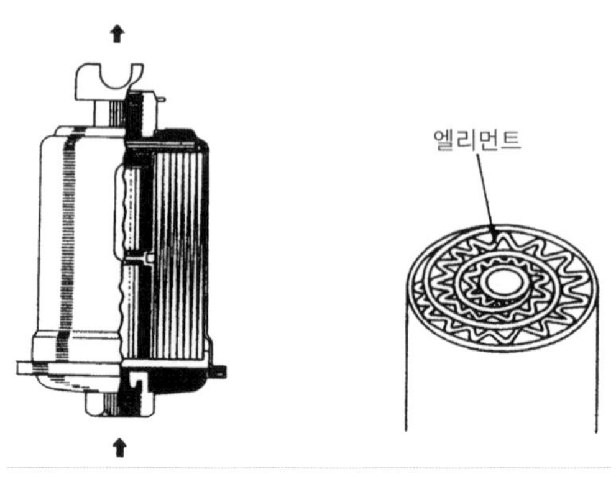

그림 5.2 연료 필터

연료 필터는 연료에 포함되어 있는 수분과 먼지 등을 제거하는 역할을 한다. 일반적으로 그림 5.2에 제시한 것과 같은 비분해식의 것이 사용된다. 내부에는 여과 면적을 가능한 한 크게 할 수 있도록 만든 여과지가 들어있다.

2. 연료 펌프

연료 펌프는 연료탱크에서 연료를 뿜어 올려 기화기 또는 연료분사 장치로 압송하는 장치로서 기계식과 전기식이 있다.

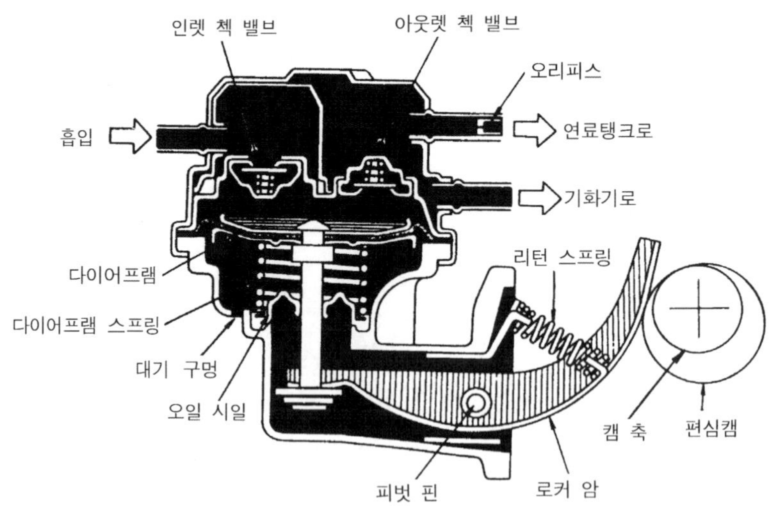

그림 5.3 기계식 연료 펌프

1) 기계식 연료 펌프

기계식 연료 펌프는 기화기식의 연료 장치에 주로 사용되는 펌프로 인슐레이터(엔진에서 발생하는 열을 덜 받게 하는 격리판)를 중간에 집어넣고 실린더 블록에 장치하게 되어 있다.

그림 5.3과 같이 엔진의 캠 축에 설치된 편심 캠에 의해 구동된다.

캠 축이 회전하면 로커암이 구동하면서 피벗 핀(Pivot Pin)을 지점으로 하여 다이어프램이 하사점까지 내려가 펌프 실내에 부압이 발생하여 입구 첵 밸브(Inlet Check Valve)로부터 연료가 흡입된다.

다음에 캠 축이 계속 회전하여 로커 암이 원래의 위치로 되돌아가면서 다이어프램은 다이어프램 스프링의 스프링력으로 밀려 올라가 출구 첵 밸브를 열어 기화기로 보낸다.

이와 같은 동작을 반복하여 연료의 압송 작용이 이루어진다는 것이다.

이 경우, 다이어프램의 하사점은 항상 일정하지만 상사점은 토출측의 연료 압력과 다이어프램 스프링의 스프링력의 균형을 이루는 위치에 따라 각각 달라진다.

이 때문에 다이어프램의 행정은 연료 소비량에 비례하여 변화하여, 연료의 압송 압력이 일정하게 유지되도록 되어 있다.

로커 암의 리턴 스프링은 항상 로커 암을 편심 캠면으로 밀어 붙여 고속시에 발생하는 로커 암의 진동이나 소음의 발생을 방지한다.

오일 시일은 로커 암부로 흘러 들어오는 안개 모양의 오일이 상부로부터 누설되지 않도록 하기 위해 삽입되어 있다.

또한 그림 5.3과 같은 연료 펌프에서는 오리피스(Orifice)를 통해서 연료탱크로 통하는 리턴 파이프가 있으며, 연료를 순환시킴으로써 장치내에서 연료가 기화되는 것을 방지한다.

2) 전기식 연료 펌프

전기식 연료 펌프에는 전자식(Solenoid Type)과 모터식이 있는데, 여기서는 현재 많이 사용되고 있는 모터식에 대해서 설명한다.

그림 5.4는 연료 펌프부의 단면이다. 이 부분은 모터로 구동되는 로터 펌프, 보디에 해당하는 펌프 스페이서, 로터와 스페이서 사이에서 시일의 역할을 하는 롤러로 구성되어 있다.

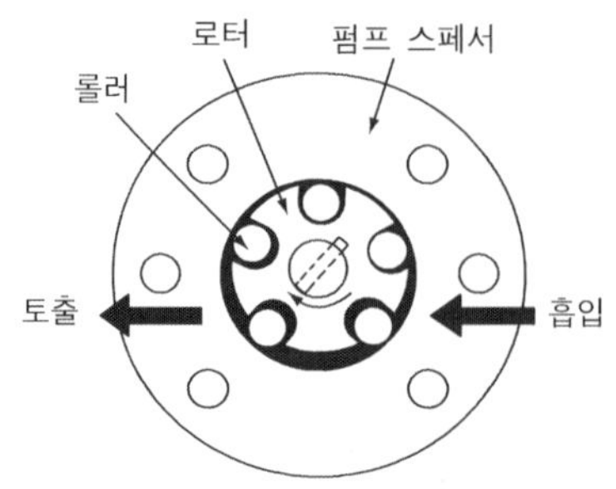

그림 5.4 펌프 단면도

로터가 회전하면, 롤러는 원심력에 의해 펌프 스페이서 내벽을 따라 이동하게 되므로, 이들 3부품으로 둘러싸인 부분의 용적이 변화하여 연료를 빨아올린다.

펌프에서 빨아올린 연료는 그림 5.5의 모터 하우징 내에서 아마추어 주위를 돌아 토출구로 보내지며 책 밸브를 경유하여 압력 라인으로 토출된다.

사일렌서(Silencer)는 펌프에서 발생한 맥동(Pulsation)을 흡수하는 기능을 한다.

모터내의 압력이 높아지면 릴리프 밸브가 밀려 올라가 고압 연료는 흡입측과 도통하여 연료는 펌프와 모터 속을 순환하여 일정압 이상으로 연료 압력이 올라가는 것을 방지한다.

또한 잔압용 책 밸브는 펌프가 정지한 후에는 닫혀서 압력 라인에 잔압을 남겨두어 재시동을 용이하게 한다.

이 펌프는 연료탱크에서 엔진까지의 도중에 아무데나 설치할 수 있지만 최근에 출고되는 제품은 연료탱크에 들어 있는 형식도 있다.

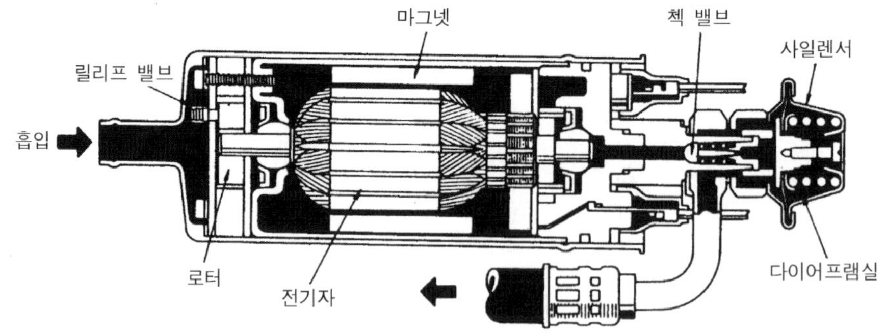

그림 5.5 전기식 연료 펌프(로터 타입)

그림 5.6은 연료탱크 내에 설치한 연료 펌프의 일 예인데, 펌프 부분이 앞에서

설명한 로터식(그림 5.4)과 다른 터빈식으로 되어 있다.
이 형식에서는 로터식에 비해 토출시의 맥동이 적으므로 사이렌서가 필요없다.

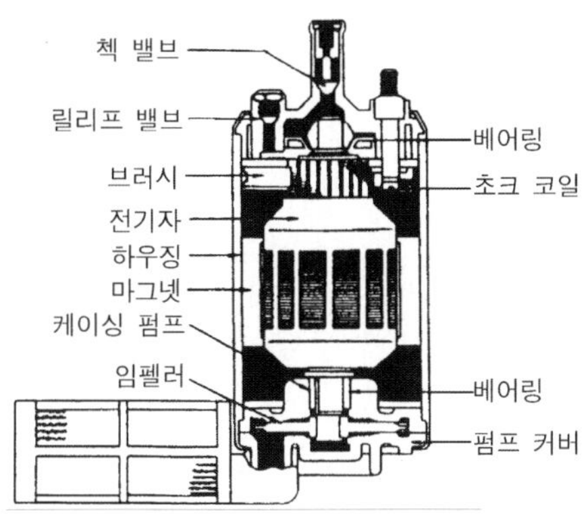

그림 5.6 모터식 연료 펌프(터빈 타입)

그림 5.7에 제시한 것처럼 모터의 회전과 함께 임펠러가 회전하면 임펠러의 외주에 있는 날개홈이 그 전후에서 유체 마찰의 작용으로 압력차가 생긴다.
계속적으로 회전이 반복되면 펌프 내에 와류(맴돌이)가 발생하여 연료의 압력이 올라가 펌프실에서 토출된다.
이 형식의 연료 펌프에는 얇은 임펠러를 사용하고 있기 때문에 모터를 낮은 토크로 만들 수 있으므로 신뢰성이 향상된다.
또한 사이렌서가 필요 없으며 소형화할 수 있는 등의 이점이 있다.

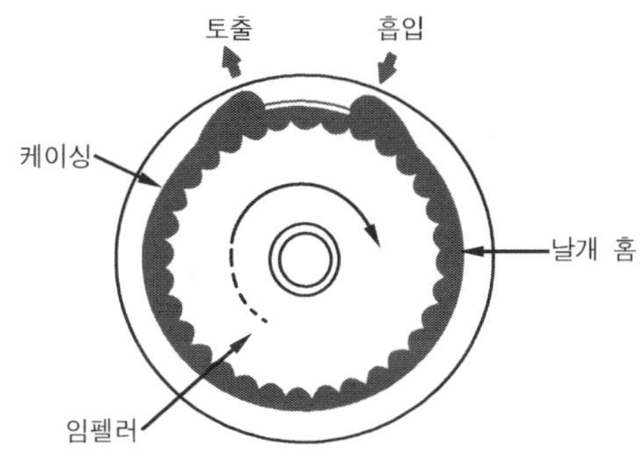

그림 5.7 펌프부 단면

3. 연료 증발 가스 배출 억제 장치

연료탱크 등 연료계에서 발생하는 가솔린 증기는 종래는 대기중으로 방출하였다. 그러나 근래 들어 환경오염에 대한 인식이 높아지면서 배출가스는 대기중으로 방출하지 않고 연소실로 유도하여 연소시키도록 하였다.

이 장치를 연료 증발 가스 배출 억제 장치라고 하며 다음과 같은 조건을 만족할 필요가 있다.

① 이 장치를 설치함으로써 배기가스 중에 유해 성분의 증가가 수반하지 않을 것
② 장치는 소형으로 원리적으로 간단하며 수명이 길고 신뢰성이 높을 것
③ 차의 성능에 나쁜 영향을 미치지 않을 것
④ 최소의 설계 변경으로 모든 차에 장착이 가능할 것

가솔린의 증발 가스는 연료탱크 외에 기화기에서 발산하는 것도 있지만, 기화기의 통기구는 에어 클리너의 내부로 통하게 되어 사실상 이들의 대기 방출은 미량이기 때문에 연료탱크에 주안을 두어 다음과 같은 장치가 사용되고 있다.

1) 크랭크 케이스 스토리지 방식(Crank Case Storage System)

연료탱크 내의 증발 가스를 크랭크케이스 내에 저장하여 블로바이 가스 환원 장치(P.C.V 장치)를 이용해서 연소실로 인도하는 방식으로 그림 5.8과 같은 구조로 되어 있다.

연료탱크 내에서 발생한 증발 가스는 규정 압력이 될 때까지 연료탱크 내에서 축적되었다가 규정 이상의 압력이 되면 첵 밸브가 열리면서 퍼지 컨트롤 밸브(Perge Control Valve)로 이동한다.

퍼지 컨트롤 밸브는 증기압이 규정 이상이 되면 크랭크 케이스 쪽의 밸브가 열리게 된다.

이때 증기 가스는 크랭크케이스로 인도되어 블로바이 가스와 혼합하여 P.C.V 장치에 의해 연소실로 유입되어 연소한다.

엔진 정지시에는 P.C.V 밸브가 닫히기 때문에 증발 가스는 크랭크 케이스 내에 축적된다.

또한 운전 중, 탱크 내에 부압이 형성되는 경우에는 탱크 캡의 첵 밸브 및 퍼지 컨트롤 밸브의 에어 클리너 측 밸브가 열려서 대기를 흡입하여 압력 저하를 방지하도록 되어 있다.

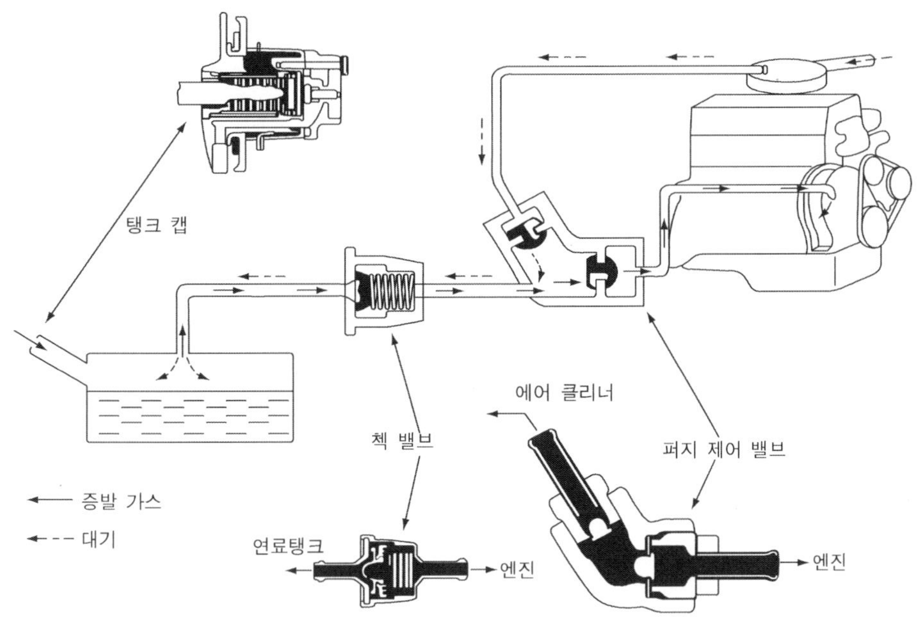

그림 5.8 크랭크 케이스 스토리지 방식

2) 차콜 캐니스터 방식(Charcoal Canister System)

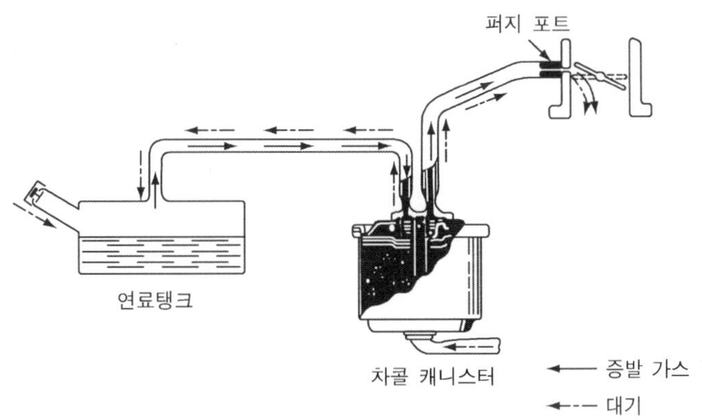

그림 5.9 차콜 캐니스터 방식(기화기 장착차)

증발 가스를 활성탄에 흡착시켜 저장하였다가 외기와 함께 기화기로 보내는 방식인데, 그림 5.9에서 그 작동을 설명한다.

탱크 내의 증기압이 상승하면 첵 밸브가 열리고, 증발 가스는 차콜 캐니스터 내로 흘러 들어간다.

엔진 정지중에는 퍼지 컨트롤 밸브가 닫혀 있기 때문에 증발 가스는 엔진 쪽으로 흐르지 않고 캐니스터 내에 멈추게 되고 가솔린은 활성탄에 흡착되어 공기만이 대기중으로 방출된다.

엔진이 작동하면 엔진의 흡입 부압에 의해 퍼지 컨트롤 밸브가 열리고, 대기가 캐니스터를 통과할 때 흡착된 가솔린을 따라 기화기에 흡입된다.

이 때 활성탄은 청소되므로 반복해서 사용할 수 있다.

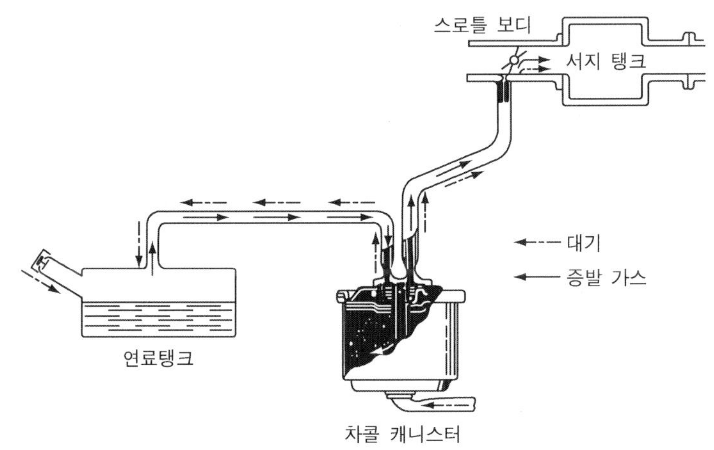

그림 5.10 차콜 캐니스터 방식(연료분사 장치 장착)

탱크 안에 부압이 만들어지는 경우에는 캐니스터로부터 첵 밸브를 통해 대기가 유입된다. 만약 캐니스터가 막혔을 경우에는 탱크 캡의 첵 밸브가 열리도록 되어 있다.

또한 전자제어 연료분사 장치 장착 차는 그림 5.10과 같이 구성되며 탱크 안에 발생한 증발가스를 차콜 캐니스터에 흡입시켜 엔진 운전시에는 스로틀 보디로부터 연소실로 보내서 연소시켜 버린다.

5.2 기화기

1. 기화기의 원리

기화기의 원리를 설명하는데 주로 사용되는 것이 분무기의 예이다.

이것은 그림 5.11과 같이 넓은 곳에서 좁은 곳으로 흐를 때는 에너지 보존의 원칙에 의해 「좁은 곳에 흐르는 유속은 빨라지고 그의 압력은 낮아진다.」라는 베르누이의 정리에 의해서 유속의 2제곱의 증가에 비례해서 유체의 압력이 낮아지는 것을 이용한 것이다.

그림 5.12의 분무기의 경우에는 A의 지름보다 B의 지름이 좁으며 따라서 유속이 빨라진다.

이 때 물에는 대기압이 걸려 있으며 B의 출구 압력이 낮기 때문에 압력차가 생겨서 물이 흡출된다.

이와 같은 것을 그림 5.13과 같이 스푼을 이용해서 실험을 해보면 이해하기 쉽다. 2개의 스푼의 뒷면 등쪽을 수돗물에 대어 주면 스푼은 안쪽으로 딸려들어 간다. 이 스푼에 가는 노즐을 장치했다고 생각하면 노즐에도 흡출력이 작용할 것이다. 이것을 그림 5.14와 같이 바꾸어 보면 뜨개실내의 가솔린은 벤츄리부(잘록해진 부분)를 설치함으로써 선단의 노즐에서 가솔린이 흡출될 것이다.

또한 흡출된 가솔린이 유속에 의해 분무되어 안개 모양(무상)이 되어 공기와 혼합해서 혼합기로서 실린더 내에 흡입된다.

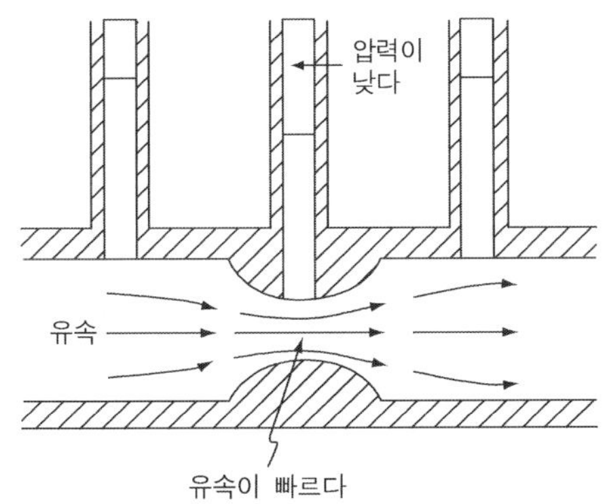

그림 5.11 벤츄리관(조리개관)의 특징

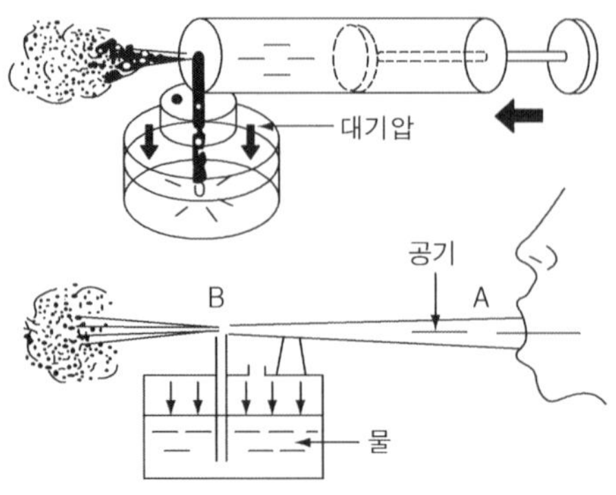

그림 5.12 분무기의 원리

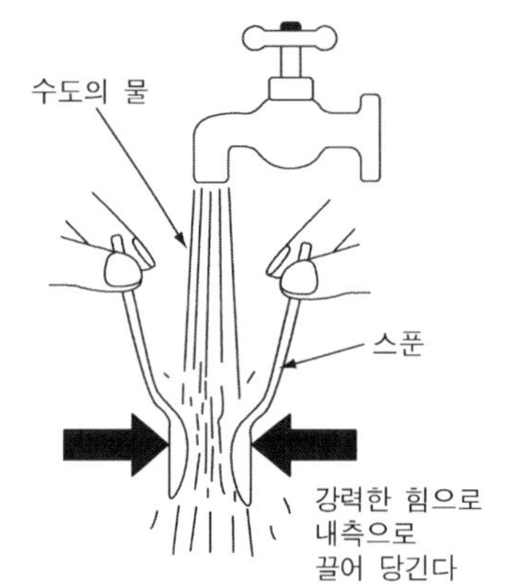

그림 5.13 스푼에 의한 실험

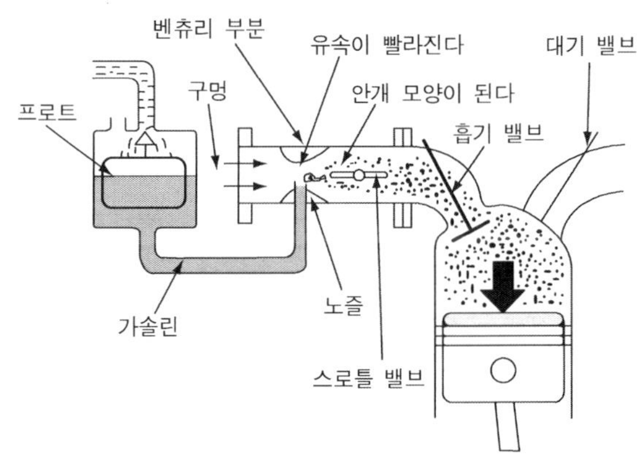

그림 5.14 가솔린이 흡출되는 구조

2. 기화기와 흡입 행정의 관계

기화기에서는 혼합기의 흡입은 흡입 행정과 매우 밀접한 관계에 있다.

이것은 흡입행정에서 피스톤이 하강한 것만큼의 혼합기를 실린더 내에 흡입하려고 하기 때문이다.

예를 들어서 배기량이 100cc라도 100cc를 흡입하는 것은 불가능하며(과급기 부착은 별도)많아야 80cc 정도이다(실제로는 그것보다 적은 것이 현실이다.).

이것을 그림 5.15와 같이 주사기에 비유해보면 A의 흡입구의 지름이 B의 피스톤의 지름보다 작기 때문에 A로부터는 빠른 속도로 공기가 흡입되지 않으면 피스톤 하강의 흡입량을 따라가지 못한다.

이 때의 공기의 속도를 유속이라고 한다. A의 지름이 작을수록 유속은 빨라지며 역으로 A의 지름이 커지면 유속은 느려진다.

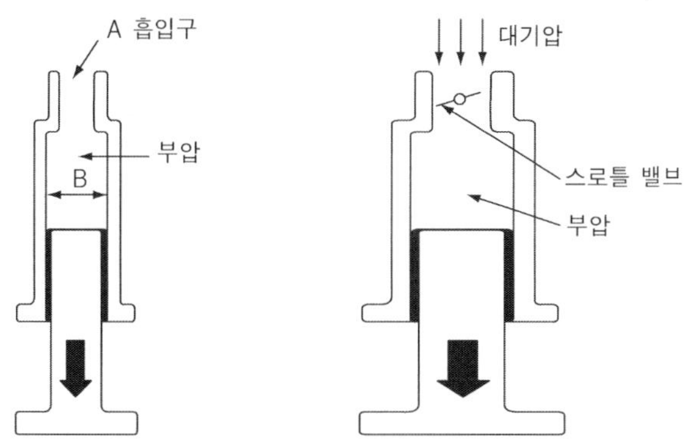

그림 5.15 주사기를 예로든 흡입량과 유속의 관계

그러나 실제의 자동차 엔진에서는 엔진의 회전수가 저속에서 고속까지 변화하므로 A의 지름을 저속에 맞추어서 작게 하면 저속시에는 좋으나 어느 회전수를 초과하면 역으로 흡입 저항이 커져서 기능 불량이 생긴다.

또 레이스용 엔진과 같이 최고 회전수에 맞추어서 A의 지름을 크게 하면 최고 출력은 증가하나 저속시에는 유속이 느려지게 되어 흡입 공기량이 감소한다.

또 가솔린의 무화가 나빠져 저속 토크가 감소해서 기능 불량이 생긴다.

유속은 빠를수록 좋으며 이것은 가솔린의 무화를 촉진시킴과 동시에 혼합기의 각 실린더로의 분배를 원활하게 한다.

또 가속시의 가솔린의 흡출 효과를 높여서 가속성을 좋게 하고 있다.

이와 같은 기능 불량이 생기지 않도록 흡입 공기량에 따라 흡입구의 지름을 그림 5.16과 같이 저속시에는 가는 지름을, 고속시에는 굵은 지름을 사용하거나 하여 변화시키고 있다.

이것에 의해 흡입 저항의 증가나 유속이 늦어지는 상태가 생기지 않도록 대응시키고 있다.

그림 5.16(a)는 싱글 스테이지 타입이며 엔진 회전수의 커다란 변화가 적은 엔진에 사용되고 있다.

그림 5.16(b)의 2스테이지 타입은 일반적인 타입으로 지름이 가는 쪽은 1차(Primary)측이라고 하며 저중속 회전 역에서 사용된다.

지름이 굵은 쪽은 2차(Secondary) 쪽이며 고속 회전시의 흡입 저항이 커졌을 때에 열려서 흡입 효율의 저하를 방지하고 있다.

그림 5.16(c)의 3스테이지 타입은 2스테이지 타입과 같이 운전 조건에 대응해서

유속을 되도록이면 일정하게 유지할 수 있게 고안된 것이다.

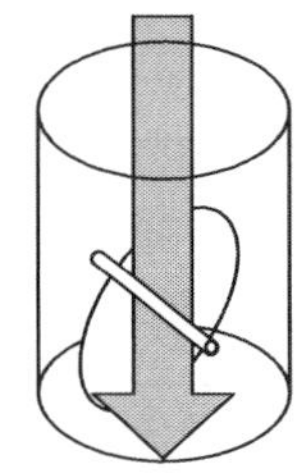

(a) 싱글 스테이지 타입(1단식)

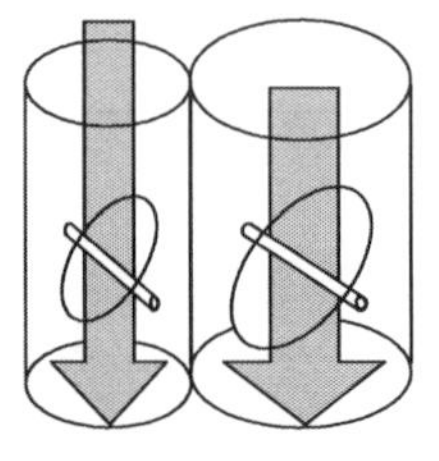

(b) 2스테이지타입(2단식)

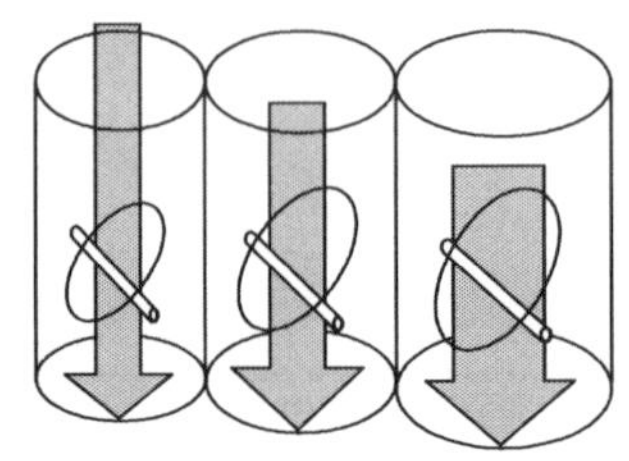

(c) 3스테이지 타입(3단식)

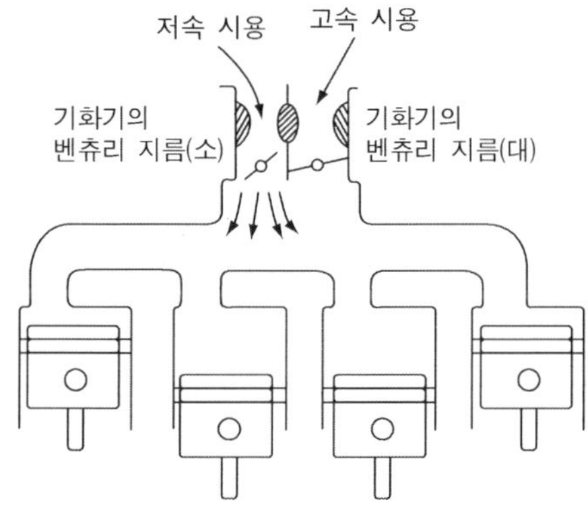

그림 5.16 스테이지에 의한 기화기의 분류와 기화기의 저속 고속용 벤츄리의 예

또한 이 유속은 그림 5.17과 같이 실린더 내에 들어갔을 때 맴돌이(Swirl)가 되어 연소를 돕는 일을 한다.

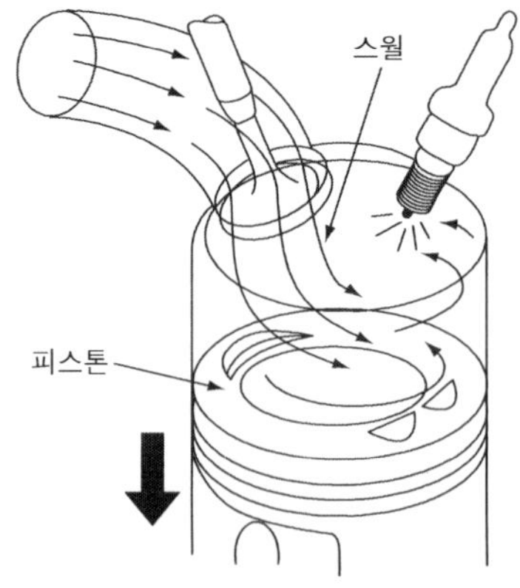

그림 5.17 연소를 촉진하는 스월(맴돌이)

그림 5.18과 같이 모닥불을 피웠을 때 바람이 부는 것이 힘차게 타는 것과 같은 원리이다.

이때에 더욱 가늘게 장작을 쪼개는 것이 보다 빠르게 타기 쉬운데 기화기에서 가솔린을 안개 모양(무상)으로 하는 것과 같다.

즉, 기화기는 흡입 행정에서 어떻게 해서 많은 혼합기를 연소하기 쉬운 상태로 흡입하는가 하는 것이 중요하다.

따라서 흡입 행정에서 엔진의 마모로 공기를 흡입하는 능력이 저하되었을 때는 당연히 기화기로부터 연료를 흡입하는 능력이 저하하여 출력 부족을 가져온다.

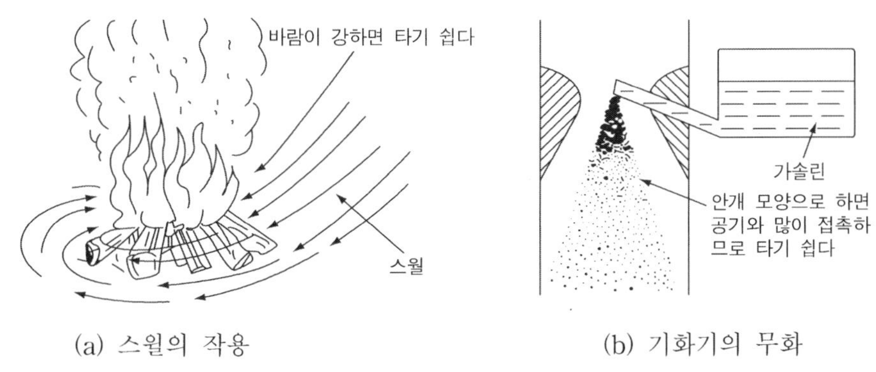

(a) 스월의 작용　　(b) 기화기의 무화

그림 5.18 맴돌이와 무화

3. 스로틀 밸브의 작용

엔진의 회전 속도를 조정하는 엑셀 페달에 연동되어 있는 것이 그림 5.20에 나타내는 스로틀 밸브이다.

이의 작용은 그림 5.20(a)와 같이 스트롤 밸브가 닫혀 있을 때는 부압이 높다.

이 때 흡입한 혼합기를 압축하더라도 압축 압력은 그림 5.20(b)에 비해서 낮기 때문에 연소 압력이나 연소 온도 모두 낮다.

역으로 스로틀 밸브의 개도(열림)가 커지게 되면 대기압이 도입되기 때문에 압축압력도 높고 연소 온도도 높아져 연소 압력이 높아진다.

따라서 피스톤을 미는 힘이 강해지므로 엔진의 회전 속도가 상승하면 그에 걸맞는 혼합기를 기화기로부터 흡입한다.

즉 스로틀 밸브를 경계로 하여 내측(매니폴드쪽)을 흡기 매니폴드 부압이라고 하며, 아이들링시에 그의 진공도가 가장 높다.

이것을 이용하여 엔진의 상태를 알아낼 수 있는 것이 진공계이다.

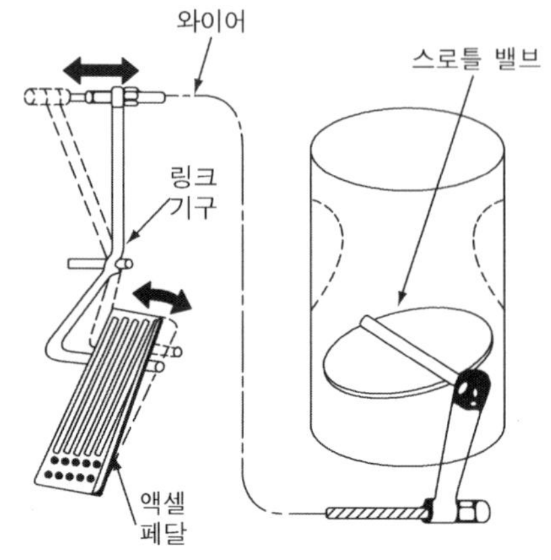

그림 5.19 스로틀 밸브와 액셀 페달

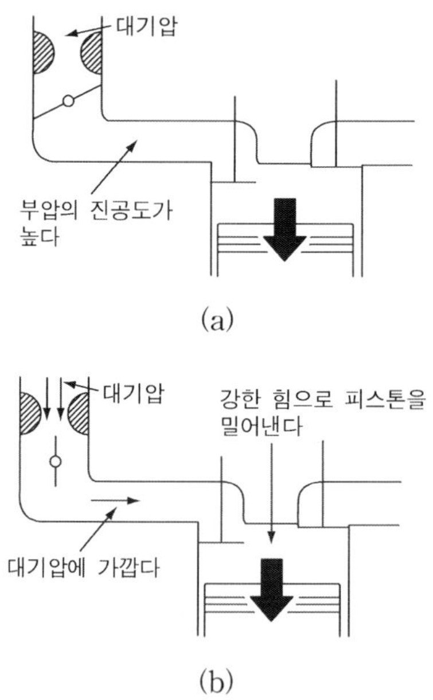

그림 5.20 스로틀 밸브의 작동

기화기를 대별하면 연료를 일시적으로 축적하여 일정 수준으로 유지하는 프로트 챔버(뜨개실)와 공기와 연료를 혼합시키는 믹싱 챔버로 나누어진다.

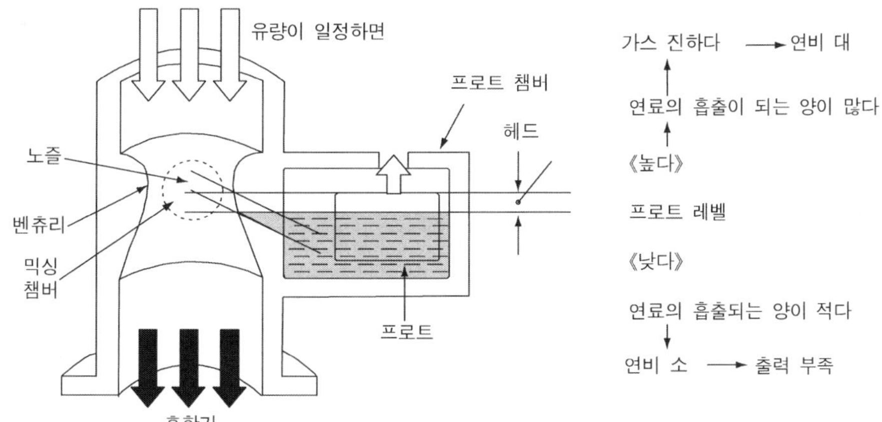

그림 5.21 기화기의 구조

4. 프로트 챔버의 역할

프로트 챔버에는 프로트(뜨개)가 있으며 이것으로 프로트 레벨을 일정하게 유지한다.

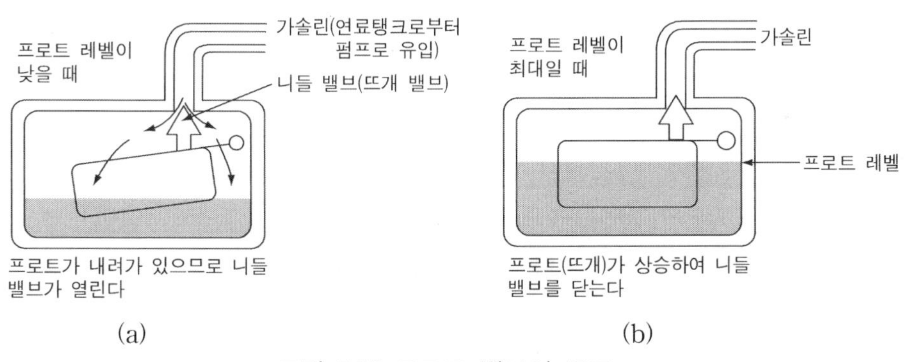

그림 5.22 프로트 밸브의 구조

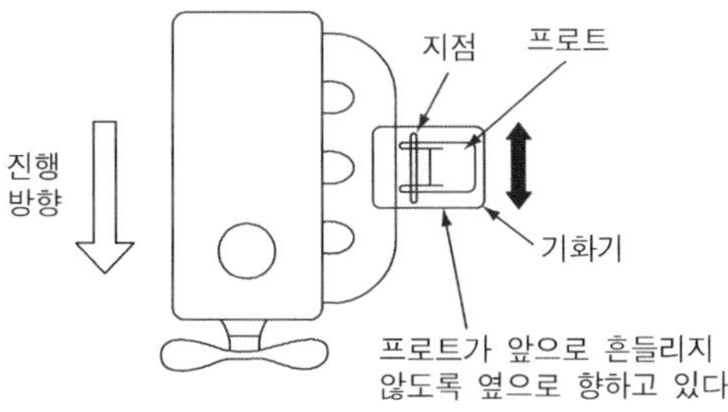

그림 5.23 프로트 진행방향

그림 5.22와 같이 연료탱크로부터 연료 펌프에 의해서 이송된 연료는 그림(a)와 같이 프로트 챔버에 유입한다.
그리고 서서히 뜨개가 부력으로 떠오르는데 프로트 챔버의 연료 입구에 있는 니들 밸브도 동시에 상승하여 연료가 프로트 레벨의 최대 위치에 오면 입구를 막아 연료를 멈추게 한다.
프로트 챔버 내의 연료가 소비되어서 적어지게 되면 프로트가 하강하여 동시에 니들 밸브도 내려가 입구가 열려 또다시 연료가 프로트 챔버 내로 들어간다.
이와 같이 해서 뜨개는 상하로의 움직임을 계속 반복하여 프로트 챔버 내의 액면을 일정하게 유지한다.
이 액면의 높이를 프로트 레벨이라고 하며 각 메이커에 의해 기준면이 결정되어 있다.
또 브레이크 제동시나 가속시에 가솔린이 전후로 이동하여 프로트 챔버에 여분의 가솔린이 들어가게 되므로 프로트 레벨은 그림 5.23과 같이 프로트는 전진방향에 대하여 직각의 위치로 장착 되는 것이 보통이다.
이것에 의해서 전후로의 움직임을 억제하고 상하만으로 작동한다.

1) 프로트 레벨의 중요성

왜 프로트 레벨을 일정하게 유지해야 하는가?
그림 5.24와 같이 메인 노즐에서 프로트 레벨까지의 높이 h를 헤드라고 한다.
만약에 프로트 레벨이 높아져 h가 작아지면 벤츄리의 유속이 일정하면 가솔린은 흡출되기 쉬우며 그만큼 혼합기가 진하게 되어 연비가 나빠진다.
또 프로트 레벨이 노즐보다 높아지면 가솔린이 넘쳐 나와 혼합기가 과농하게 되어 엔진이 정지해 버린다(이 현상을 오버 플로라고 한다.).
역으로 프로트 레벨이 낮으면 헤드가 높아져 가솔린이 흡출되기 어렵게 되어 혼합기가 엷고 연비는 좋아지지만 출력 부족이 된다.

2) 프로트 레벨의 조정

조정 방법은 상승 위치에서 하는데 그림 5.24와 같이 프로트실을 거꾸로 했을 때의 h1의 간극을 측정하여 메이커의 기준값으로 조정한다.
이 틈새의 조정은 프로트립을 구부려서 조정한다.

어떤 것에는 시트 개스킷으로 프로트 레벨을 조정할 수 있는 타입도 있다.
이때에는 시트 개스킷의 매수를 감소시키면 프로트 레벨이 내려가며 역으로 매수를 증가시키면 프로트 레벨이 올라가는 것으로서 이 타입은 분해하지 않고 조정할 수 있으므로 편리하다.
프로트 레벨의 하강 위치도 합쳐서 점검할 필요가 있다.
예를 들면 연료 끊어짐 등을 일으켰을 때 프로트가 불안정하게 되는 것을 방지하여야 한다.
이 역할은 그림 5.24의 프로트 스토퍼에 의해 프로트가 지나치게 내려가지 않게 하고 있다.
조정은 프로트 스토퍼를 구부려서 h2를 정규의 간격으로 조정한다.
프로트 레벨의 액면이 보이는 타입에서는 반드시 엔진 시동 후에 레벨 마크에 맞았는지 점검할 필요가 있다.
또 레벨이 보이지 않는 타입에서는 유리관 등을 사용한 특수 지그(Special Jig)로 점검하게 되어 있다.
또 그림 5.25와 같이 니들 밸브 어셈블리를 분해하여 니들 밸브 선단의 턱진 마모의 유무를 점검한 다음에 뜨개 레벨을 조정하지 않으면 재수리의 가능성이 생기므로 주의가 필요하다.
니들 밸브의 선단이 볼모양의 타입도 있는데 이것은 프로트 밸브라고 한다.

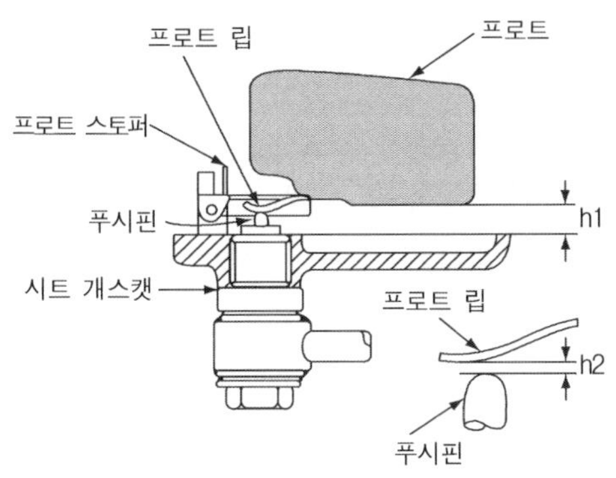

그림 5.24 프로트 레벨의 조정

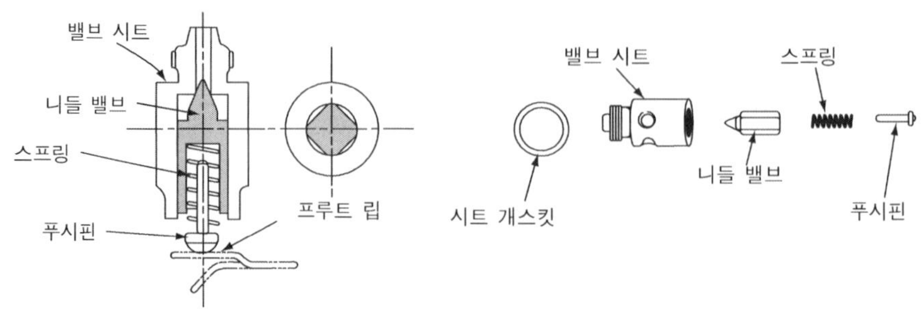

그림 5.25 니들 밸브의 구성

3) 오버 플로

프로트의 점검에는 흔히 말하는 오버 플로(Over Flow)라는 현상이 있다. 이때에는 가솔린 내에 세밀한 모래 모양의 이물이 없는가 충분한 점검이 필요하다.
또 연식이 오래된 것은 가솔린에 함유된 녹이 연료 스트레이너를 통과해서 니들 밸브에서 닫히는 것을 방지하여 가솔린이 프로트 챔버 내에 과도하게 유입하여 오버 플로할 때가 있다.
이 현상은 엔진을 시동하여 최초의 얼마동안은 정상의 프로트 레벨이지만 잠시 지나면 오버 플로를 재발할 때가 많다.
또한 니들 밸브의 속에 있는 스프링은 엔진 진동에 의한 프로트의 진동을 흡수하는 중요한 일을 하는 것이기 때문에 조립시에는 빠뜨리지 않도록 주의한다.
프로트 밸브 조립시에는 그림 5.26과 같이 입으로 불어 보아 공기의 누설이 없는지 확인을 한다.

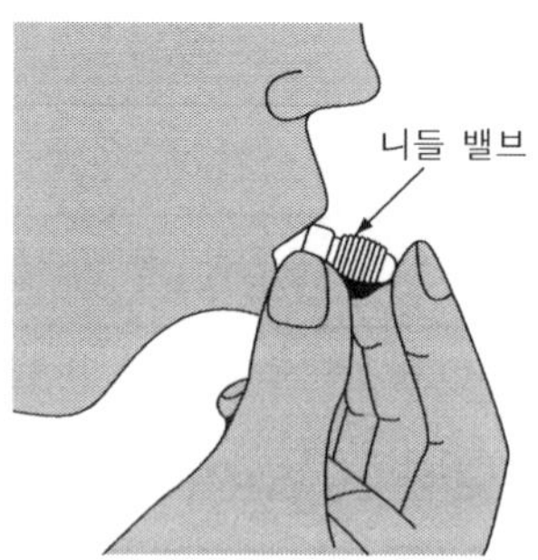

그림 5.26 니들 밸브의 점검

4) 에어 벤트 튜브의 역할

그림 5.27에 에어 벤트 튜브를 나타낸다. 이것은 벤츄리의 에어혼 부분과 프로트 챔버를 가느다란 파이프로 연통시켜 이 가는 파이프 이외에서는 프로트챔버 내에 공기가 들어가지 못하는 구조이다.

엔진 작동중에는 프로트 챔버 내의 압력과 에어 클리너를 나온 다음의 기화기 입구 부근의 압력(초크 밸브 위쪽)을 항상 같게 하고 있다.

에어 클리너가 막혀서 흡입 저항이 많아지게 되어 에어 혼 부분의 부압이 높아지더라도 프로트 챔버에도 에어 혼 부분과 동등한 부압이 걸리게 되어 공기도 들어가기 어렵고 가솔린이 넘쳐흐르지 않는다(혼합기의 과농을 방지).

엔진 작동 중에는 에어 혼 부분과 프로트 챔버는 부압 상태이나 에어 혼 부분이 느슨해지거나 프로트 챔버의 개스캣의 파손이나 체결 볼트의 풀림이 있으면 프로트 챔버 내는 상시 대기압이 되기 때문에 가솔린이 많이 흡출되어서 연비가 나빠진다.

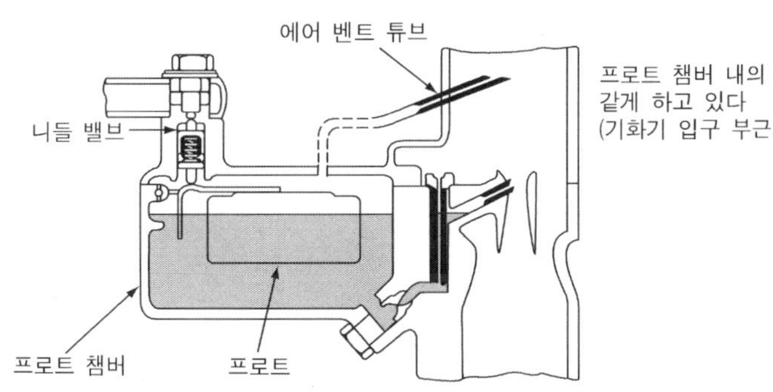

그림 5.27 에어 밴트 튜브

5. 믹싱 챔버의 작용

프로트 챔버에 축적된 가솔린을 공기와 혼합시키는 역할을 하는 것이 믹싱 챔버이며 벤츄리 부분이 이것에 해당한다.

벤츄리 부분의 지름은 최고 출력, 경제성, 가속성의 3요소에 중요한 영향을 주기 때문에 이와 같은 것들을 생각해서 결정되어 있다.

예를 들면 지름이 작으면 연료의 무화(안개화)는 잘 되지만, 고속시에는 흡입 저항이 커지게 되어 출력이 저하한다.

역으로 지름을 크게 하면 벤츄리 부분의 유속이 느려지게 되어 저속에서 연료의 흡출이 나빠진다.

6. 스로틀 계통

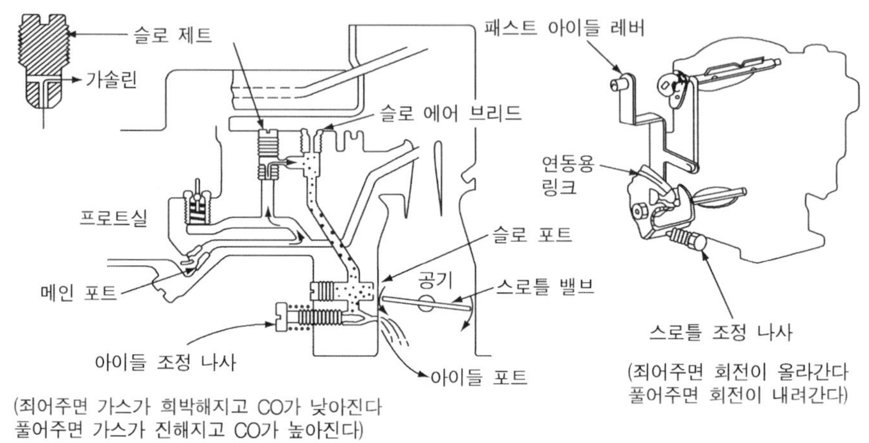

그림 5.28 스로틀 계통의 구조

스로틀 계통은 저속 회전에 있어서 연료의 공급을 감당하고 있다.

연료의 흐름은 그림 5.28과 같이 프로트 내의 연료는 먼저 메인 제트에서 계량되며 또 다시 스로틀제트에서 정확하게 계량된다.

다음에 슬로 에어 브리더에서 미립화가 촉진되어 아이들 포트에서 분출된다.

1) 스로틀 조정나사와 아이들 조정나사

이것은 아이들링 상태이며 슬로틀 밸브는 전폐에 가깝고 아이들 포트에 흡기매니폴드의 부압이 가장 높게 작용하고 있다.

그리고 스로틀 밸브의 근소한 틈새로부터 공기가 들어가서 공연비를 유지하고 있다.

이 스로틀 밸브의 틈새를 미조정하는 것이 스로틀 조정 나사이며 아이들 포트에서 분출하는 가스를 조정하는 것이 아이들 조정 나사이다.

2) 조정 방법

일반으로 아이들 조정나사를 최대한 죈 상태로부터 1회전 또는 1/4~2회전 풀어주는 것이 정규의 상태이다.
그 이상으로 되돌리거나 죄어주는 것은 좋지 않다.
또 아이들 조정 나사를 죌 때에 강하게 죄면 선단에 턱이 생기거나 상처가 나므로 충분한 주의가 필요하다.

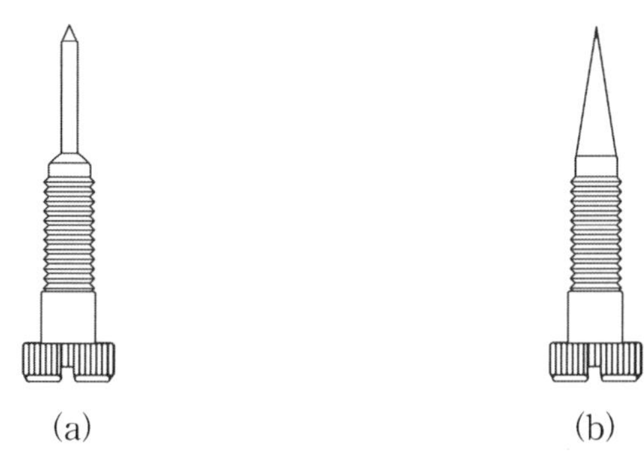

그림 5.29 아이들 조정 나사의 종류

아이들 조정 나사는 죄면 가스가 없어지고 CO값은 내려가며 역으로 풀면 가스가 진해지고 CO값은 올라간다.
최근의 기화기에서는 공해 대책 때문에 선단의 형상이 그림 5.29(a)와 같은 아이들 조정 나사도 있다. 그림 5.29(b)는 일반적인 조정 나사이다.

3) 스로틀 포트의 역할

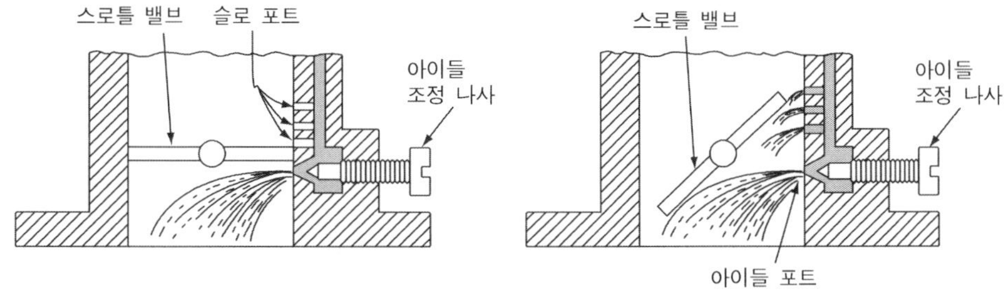

그림 5.30 슬로 포트

그림 5.30과 같이 액셀 페달을 밟아 들어가면 스로틀 밸브가 연동해서 열린다.
연료의 공급은 그림 5.30의 오른쪽 그림과 같이 스로틀 밸브의 개도에 따라 슬로 포트에 서서히 부압이 걸리게 되어 연료가 공급된다.
즉 스로틀 밸브가 열리면서 경부하의 저속 회전으로부터 다음에 메인 계통의 연료가 공급될 때까지 이어주는 역할을 한다.

4) 2차 계통의 필요성

저속 회전시에는 벤츄리의 지름을 굵게 하면 그곳을 지나는 유속은 늦어지기 때문에 효율이 나빠진다.
역으로 벤츄리의 지름을 가늘게 하면 저속 회전시에는 효율이 좋아지나 고속·고부하시에는 흡입 저항이 커진다.
이와 같이 저속에서 고속까지 1개의 벤츄리를 사용하게 되면 저·고속 중 어느 하나는 대응할 수 없기 때문에 일반적으로 2개의 벤츄리를 사용하고 있다.
상시 사용하는 1차(Primary)쪽은 경제적으로 공연비를 제어하기 위해서 가늘게 되어 있다.
어느 회전역까지를 커버하여 그 이상의 회전 역에서 흡입 저항이 커지게 되면 2차(Secondary)쪽이 작동하여 효율의 저하를 방지하고 또 필요한 연료를 공급하고 있다.
또 2차 쪽은 1차 쪽의 보완의 역할을 하고 있으나 고속 회전시의 메인 계통이라고 생각해도 된다.

7. 전자 제어식 기화기

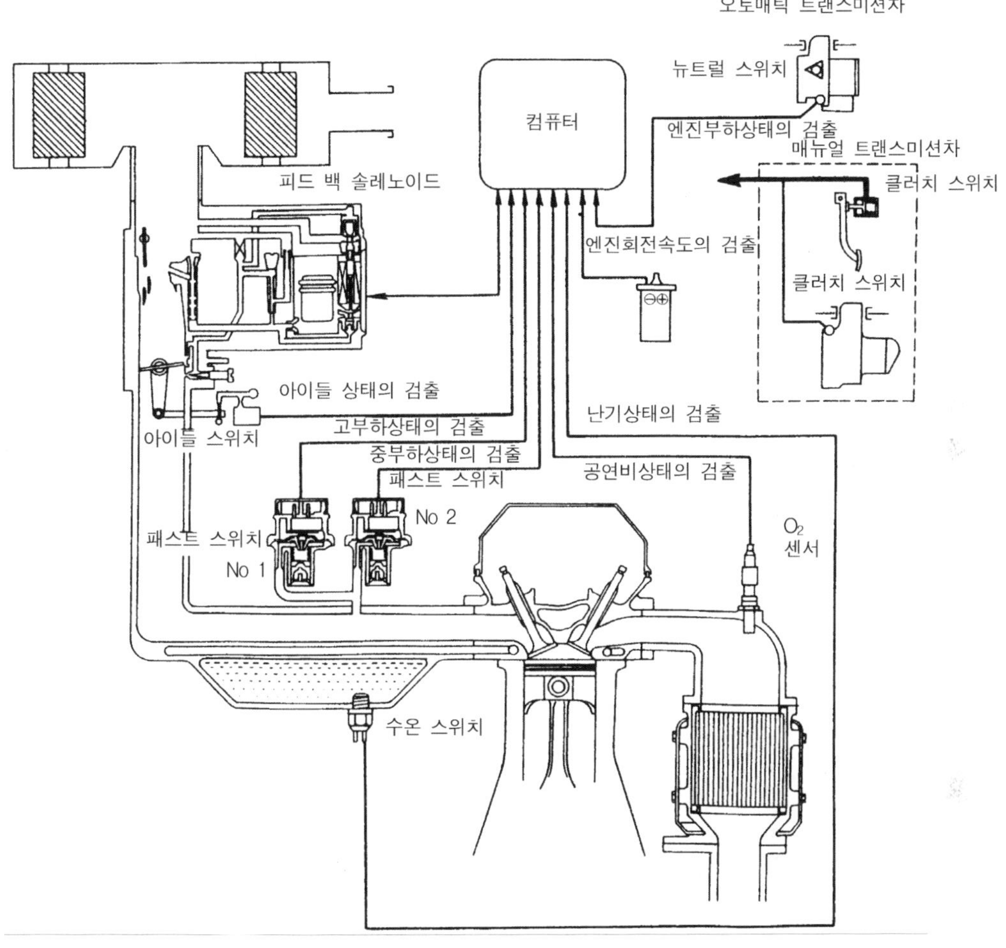

그림 5.31 전자 제어식 기화기 엔진의 구성

이 기화기는 혼합비 보정용의 솔레노이드를 설치하였다.

이것을 컴퓨터의 신호에 의해 작동시켜 저속계의 보조 공기 통로와 메인계의 보조 연료 통로를 개폐함으로써 혼합비를 삼원 촉매의 가장 정화율이 높은 이론 혼합비 정도까지 제어하는 것이다.

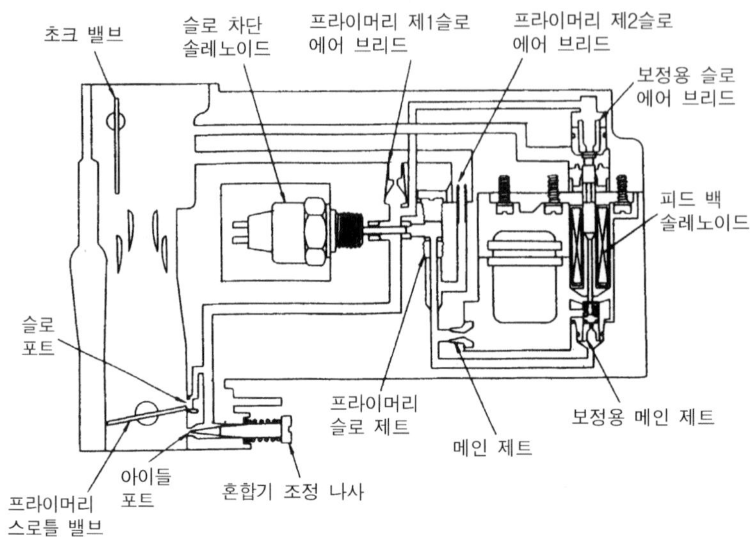

그림 5.32 전자 제어 기화기

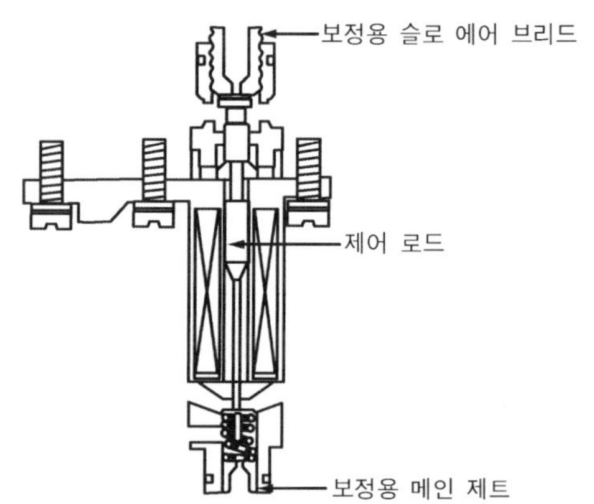

그림 5.33 피드 백 솔레노이드

이 기화기는 그림 5.32에 제시하는 것처럼 혼합비 보정용의 저속 에어 브리드와 메인 제트 및 이것을 개폐하는 솔레노이드를 일체 구조로 하는 피드 백 솔레노이드(Feed Back Solenoid)를 종래의 기화기의 동력 제트의 위치에 설치하여 일차측의 혼합비를 컴퓨터에 의해 제어하는 기구로 되어 있다.

피드 백 솔레노이드는 그림 5.33에 제시하는 것처럼 위에는 보정용 저속 에어 브리드, 아래쪽으로 보정용 메인 제트를 배치하였다.

그리하여 컴퓨터로부터의 신호에 의해 작동하는 제어 로드가 각각 통로를 개폐하여 혼합비를 보정한다.

1) 솔레노이드 ON일 때

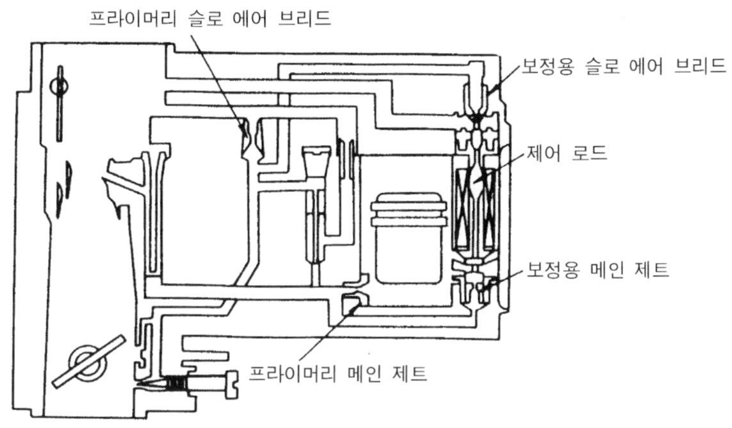

그림 5.34 솔레노이드 ON일 때

제어 로드는 아래방향으로 이동하여, 그림 5.34와 같이 보정용 에어 브리드가 열리고 보정용 메인 제트는 닫힌다.
저속계는 보정용 저속 에어 브리드가 열리면, 1차 저속 브리드와 두 곳에서 대기가 유도되기 때문에 연료를 빨아올리는 부압이 작아져 혼합기가 엷어진다.
또한 메인계는 보정용 메인 제트가 닫혀 있으며 연료는 1차 메인 제트에서만 공급되기 때문에 연료의 공급량이 적어 혼합기가 엷어진다.

2) 솔레노이드 OFF일 때

제어 로드는 위로 이동하여 그림 5.35에 제시하는 것처럼 보정용 에어 브리드가 닫히고 보정용 메인 제트는 열린다.
저속계는 보정용 저속 에어 브리드가 닫히면, 1차 저속 에어 브리드에서만 대기가 엷어지기 때문에 연료를 빨아 올려 부압이 커지면서 혼합기가 농후해진다.
이상과 같은 혼합비 제어는 운전 상태와 배기가스 농도를 검출하는 센서로부터 신호를 받아 컴퓨터로 처리하여 이 결과를 피드 백 솔레노이드로 전달함으로써 제어된다.

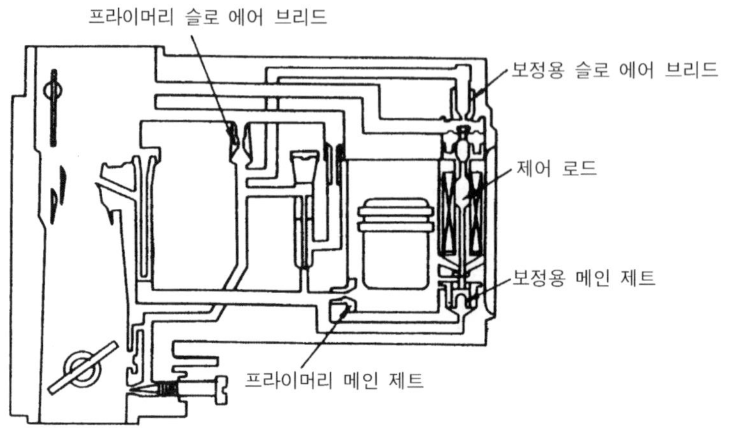

그림 5.35 솔레노이드 OFF일 때

혼합비 제어는 피드 백 제어와 오픈 제어의 두가지가 있으며 각각 다음과 같이 가능하다.

(1) 피드 백 제어

엔진의 운전 상태를 검출하는 각종 센서의 신호와 O_2 센서의 신호에 의해 혼합비를 이론 혼합비 정도로 제어한다.

(2) 오픈 제어

시동이나 고출력시 등 이론 혼합비 부근의 혼합비에서는 엔진의 성능을 충분히 발휘할 수 없는 경우 피드 백 제어를 정지하고 사전에 컴퓨터에 기억시켜 둔 고정 신호로 제어한다.
또한 고정 제어에는 시동시 증량 보정, 감속시 보정, 고부하 증량 보정, 고회전 증량 보정, 중부하 증량 보정, 냉간시 보정이 있다.

5.3 LPG 연료 장치

1. LPG의 성상과 용도 및 취급

LPG 용기는 고압가스 취급법과 고압가스 용접, 용기, 제조 기준에 따라 각 차량에 맞도록 설계되어 있다.

승용차의 경우는 트렁크 룸 속에 장치하고 화물 자동차는 섀시 프레임 측면에 장치한다.

또한 용기 격납 방법에 따라 용기를 강판제의 기밀실을 설치하여 격납하고 객실과의 기밀을 유지하는 방식(컨테이너 방식)과 트렁크 룸 자체를 용기의 격납실로 만들어 객실과 트렁크 룸을 격납판으로 차단하고 객실과의 기밀을 유지하는 방식(격벽 방식)의 두가지 종류가 있다.

2. LPG의 개요

유전에서 분출하는 천연 가스는 LNG(Liquefied Natural Gas)라 하고, LPG는 액화 석유 가스(Liquefied Petroleum Gas)의 약자로서 석유를 정제하여 석유 제품을 만들 때 부수적으로 생산되는 가스를 말한다.

LPG는 압축하거나 냉각시키면 쉽게 액화한다.

상온에서 가스의 압력을 증기압력 이상으로 상승시켜 액화하는 것을 가압액화라 하며 일반적으로 가정에서 사용하는 용기, 저장탱크, 탱크로리 등에 저장된 가스는 대부분 가압액화 한 LPG이다.

LPG가 자동차의 연료로 사용될 때에 여러 가지 장점이 있으며, 우수한 성능과 경제성 때문에 영업차에 주로 사용되고 있으나 여러 가지 결점도 가지고 있다.

1) LPG 자동차의 장점과 단점

[장점]

① LPG는 기체이므로 공기와의 혼합 상태가 균일하며, 각 실린더에 대한 분배성이 좋고 이상적인 이론 공기 혼합비와 근사하기 때문에 완전 연소하므로 엔진의 소음이 적다.

② 연료비가 싸며 경제적이다(약 1/2).
③ 연소실의 카본 퇴적이 없으며, 점화 플러그의 수명을 연장할 수 있다.
④ 엔진 오일이 블로바이 가스에 의해서 희석(稀釋)되는 일이 없으므로 실린더의 마모가 적으며, 엔진 오일의 교환 시기가 연장된다.
⑤ 엔진의 오버 홀(Over Haul) 시기가 길어진다.
⑥ 옥탄가가 높기 때문에 노크의 현상이 없다(가솔린보다 약 10% 높다.).
⑦ 배기가스는 거의 냄새가 없으며 유해한 일산화탄소의 함유량이 적고 연기가 없기 때문에 오염이 적고 위생적이다.
⑧ 유황분의 함유량이 적다(가솔린은 1/10 이하, LPG는 1/100 이하이므로 연소할 때에 배기가스에 의한 금속 부식이 적으며, 머플러의 손상이 적다.).

[단점]

① 증발기가 필요하다. 액화된 것을 기화시켜 사용하기 때문에 15kg/cm^{2}를 0.3~0.4kg/cm^2 정도까지 감압하기 위한 장치가 필요하다.
② 고압가스 용기가 필요하다. 장치의 중량이 무거우며, 용기가 차지하는 체적이 크다.
③ 액체상태의 LPG는 물보다 가벼우나 기체상태 LPG는 공기보다 1.5~2.0배 무거워 누출되면 낮은 지면에 고이는 특성이 있어 위험함으로 취급에 주의를 요한다.
④ 저온시의 시동성이 가솔린에 비하여 떨어진다. 특히 부탄이 주성분으로 되어 있을 때는 시동성이 나쁘다.
⑤ 연료와 공기의 혼합비 조절이 어렵기 때문에 출력이 저하한다.

2) LPG의 성질

(1) 독성

LPG중에는 일산화탄소가 전혀 없으므로 중독성이 없으나 많이 취급하면 마취되는 경우가 있다.
실제 연소 시에는 공기가 부족하여 불완전 연소가 되면 일산화탄소를 발생하는데 가솔린과 비교하면 엔진의 회전수에 따라 1/3~1/4 정도의 차이가 있다.

(2) 냄새와 빛깔

프로판과 부탄은 무색, 무미로서 냄새는 다소 가솔린과 같은 냄새가 날 정도이며, 누출되어도 알 수가 없다.

따라서 가정용과 자동차용은 공기 중으로 환산하여 1/200 이상 용량을 혼재하고 있을 때 알 수 있도록 착취(着臭)를 하여 판매하고 있으며, 공업용은 그렇지 않다.

(3) 액체 비중

액체 비중은 액의 질량과 같은 체적의 4℃의 물에 대하여 질량비로 나타낸다.

액체 비중은 특히 온도에 따라 변하므로 4℃의 물을 기준으로 할 때는 15℃의 액과 4℃의 물과 질량의 비로 나타낸다.

액화 프로판의 비중(15/14℃)은 0.51이며 부탄은 0.58이다.

액화 프로판 1ℓ의 중량은 약 0.5kg으로서 물 1kg의 액체는 약 2ℓ의 용적이 된다.

(4) 가스의 비중

가스의 질량과 같은 체적인 0 ℃, 1 기압일 때의 공기의 질량에 대한 비를 가스의 비중이라고 한다.

이는 공기의 무게를 1로 하고 이와 같은 체적의 가스의 무게를 비교하는 수치로서 프로판의 비중은 부탄 2.0, 즉 기화한 프로판이나 부탄은 공기의 약 1.5~2.0배의 무게가 있다.

특히 바람이 없거나 습기가 많을 때는 낮은 곳에 머물기 쉬우므로 주의해야 한다.

(5) 기체와 액체와의 체적비

LPG는 용이하게 액체로부터 기체로, 기체에서 액체로 변하는 것이 특징으로서, 가정용 연료로 보급되는 것은 이와 같은 장점이 있기 때문이다.

액화하여 1/250로 압축해서 용기에 넣으면 운반하기가 용이하다.

액체 프로판이 1ℓ 기화하면 약 280ℓ로 팽창하며, 액체 부탄 1ℓ가 기화하면 약 240ℓ로 팽창하므로 소량의 액체가 분출해도 다량의 가스가 누설된 것과 같은 결과가 된다.

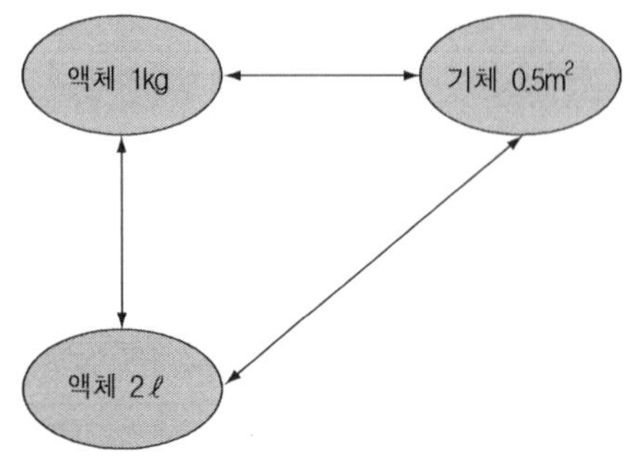

그림 5.36 체적비

(6) 증기압

밀폐 용기 속에 액체를 넣고 다른 기체(공기 등)를 전부 제거하였을 때, 액의 일부는 증기가 되어 용기 내의 공간을 채운다.

이때의 용기 속의 액체와 증기는 평형 상태에 있다고 할 수 있다.

따라서 용기 속의 압력은 이 온도에 대한 증기압을 나타낸다.

즉, 조성이 일정한 LPG가 일정한 온도로 유지되고 있으면, 용기 내의 압력은 그 때의 온도에 따라 변화하기 때문에 여름에는 압력이 높고 겨울에는 압력이 낮아진다.

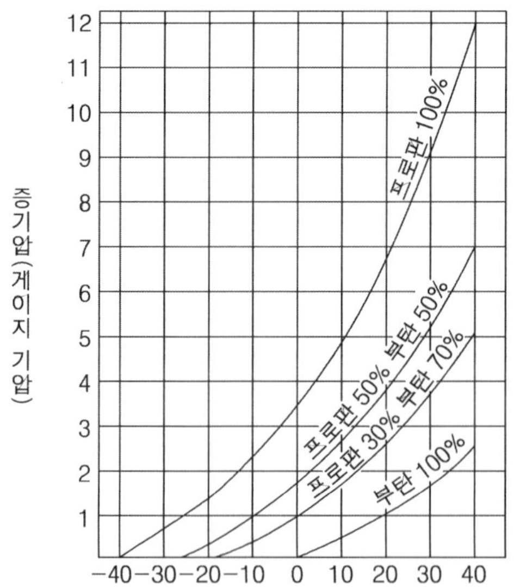

그림 5.37 프로판, N-부탄 혼합 액체의 증기압

증기압은 상온에서 프로판은 약 8 kg/cm^2이며, 부탄은 2 kg/cm^2로서 온도가 올라가면 급격하게 증가한다.
이와 같이 용기 내에 압력이 있으므로 가솔린차와 같은 연료 펌프가 필요하지 않으며, 증기압으로 액화 가스를 밀어낸다.

(7) 연소와 발열량

완전 연소를 위한 방정식은 다음과 같다.

프 로 판 $C_3H_8+5O_2=3CO_2+4H_2O$

노멀부탄 $C_4H_{10}+6.5O_2=4CO_2+5H_2O$

이와 같이 완전 연소했을 때는 탄산가스(CO_2)와 수증기(H_2O)가 된다.
그러나 공기 또는 산소의 양이 적을 때는 불완전 연소를 일으켜 일부는 일산화탄소(CO), 수소(H_2), 탄소(C) 등을 발생한다.
완전 연소에 필요한 산소량은 프로판의 경우 5배(6.5배)가 필요하며, 탄산가스가 3배(4배), 수증기가 4배(5배) 생긴다. 이상의 ( )속은 노멀 부탄이다.
이와 같은 완전 연소에 필요한 비율을 알면 그에 필요한 공기량과 산소량도 알 수 있다. 공기 중에는 산소가 21%이므로 필요한 공기량은 표 5.1과 같다.

표 5.1 LPG의 연소와 산소량

혼합비 \ 종류	프로판	노멀부탄	아세틸렌	LPG
$1m^3$의 연소에 필요한 산소량(m^3)	5	6.5	2.5	약 0.5
$1m^3$의 연소에 필요한 공기량(m^3)	약 24	약 31	약 12	약 3.5

(8) 연소 속도

가연성 가스의 일부분에 점화하면 불꽃은 다른 한 끝을 향해서 진행하지만 이때의 연소면 이동 속도를 연소 속도(불꽃 전파 속도)라고 한다.
연소 속도는 가스의 종류와 혼합 가스의 조성, 압력, 온도에 따라서 다르며 일반적으로 온도가 높아질수록 커진다.
LPG의 연소속도는 가솔린보다 빠르기 때문에 점화시기를 진각시켜야 기관이 원활하게 작동할 수 있다.

표 5.2 불꽃 전파 속도

구분 \ 종류	수소	LPG	메 탄	프로판	노멀부탄	아세틸렌	가솔린
불꽃속도(1' 파이프 중 m/s)	4.85	1.42	0.67	0.81	0.825	4.7	0.83

표 5.3 가솔린의 옥탄가

구분 \ 종류	프로판	노멀부탄	이소부탄	하이 옥탄 가솔린	레귤러 가솔린
옥탄가(리서치법)	112~125	90~95	95~100	90~99	81~89

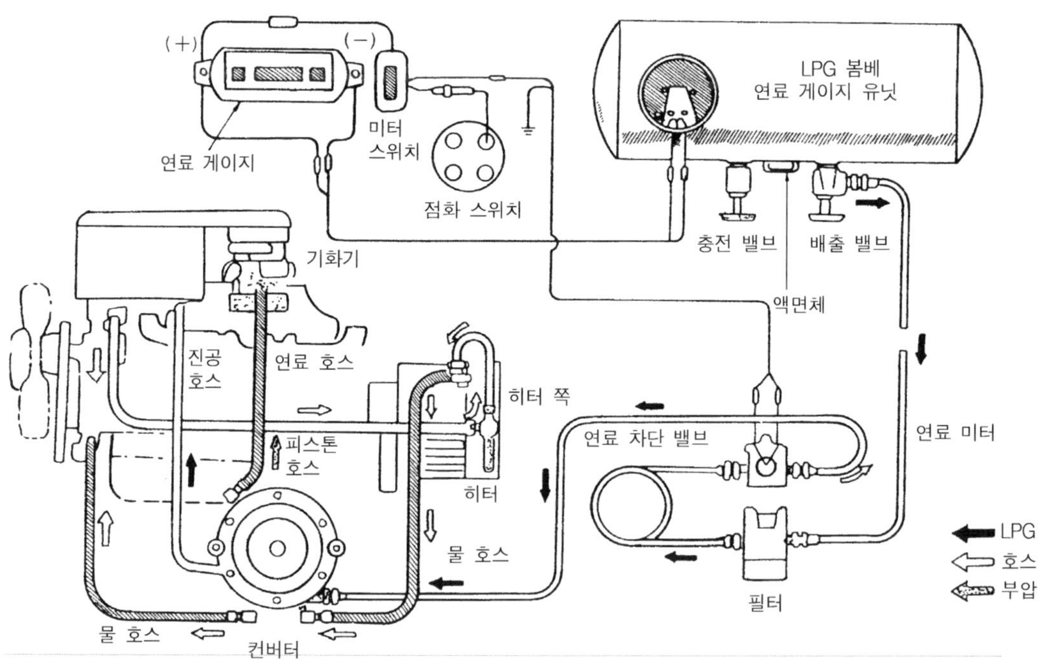

그림 5.38 LPG 연료 계통도

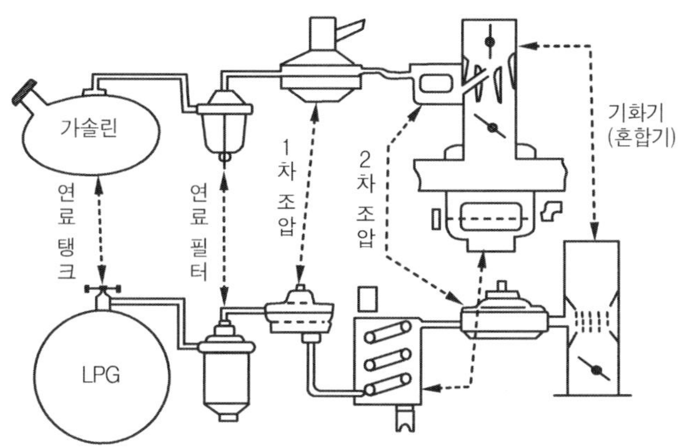

그림 5.39 LPG차와 가솔린 차의 연료 계통 비교

3. LPG차의 겨울철 시동

겨울철에는 LPG차의 시동성이 나빠지므로 겨울철 시동에 대하여는 다음과 같은 점에 주의한다.

1) 부동액을 넣는다

LPG차는 반드시 부동액을 사용하여야 한다. 그 이유는 엔진의 냉각수에 의해서 증발기(Vapourizer, Converter)로 통하는 수로에 의해서 가열하기 때문이다.

그러나 증발기는 고압 액화 가스를 기화하기 위해서 다량의 기화열을 필요로 한다.

따라서 열을 받지 않았을 때의 엔진 냉각수는 수로가 가늘기 때문에 동결하기 쉬우며 얼면 엔진은 시동 불능이 되어 증발기가 파손된다.

2) 공전을 하지 않을 것

엔진 시동 후 워밍업을 빨리 할 목적으로 가속을 하지 않아야 하며, 시동 직후의 레이싱(가속, 공회전)은 기화열을 빼앗기 때문에 증발기의 동결을 촉진하게 되어 엔진의 수명에도 영향이 있다.

3) 가스의 압력은 적당하게

기온의 저하에 따라 LPG의 압력도 저하되지만 최소한 1 kg/cm^2(게이지 압) 이

하일 때는 시동이 곤란하다.

따라서 압력이 유지될 수 있게 프로판, 부탄이 배합되어 있는 연료를 사용하는데, 가스의 압력은 2~5kg/cm^{2}가 좋다.

4) 축전지의 용량은 충분하게

온도의 저하와 더불어 축전지의 기능도 저하한다. LPG차는 크랭킹 시간이 길기 때문에 언제나 축전지의 충전량에 주의하여 기동기가 충분히 회전할 수 있도록(기동에 필요한 회전수 80rpm 이상) 주의한다.

5) 진각은 적절한 위치에

LPG 차는 앤티 노크성이 매우 크기 때문에 점화시기는 가솔린차에 비해서 많이 진각시킬 수 있으나 너무 빠른 진각은 시동이 곤란하게 되므로 가솔린 차의 위치보다 7~8° 정도 진각시킨다.

6) 점화 플러그의 손질을 한다

LPG 차는 가솔린 차에 비해서 점화 플러그에 카본이 퇴적하는 일이 거의 없으며, 자기부(磁器部)의 오염이 없기 때문에 장시간에 걸쳐서 사용하기 쉬우므로 시동 곤란이 되는 경우가 많다.

7) 증발기를 워밍업한다

한랭시에 시동을 용이하게 하기 위해서 증발기에 더운 물을 붓는 것은 좋으나 불꽃이 있는 불은 접근시키면 안된다.

8) 시동시에 한번 실패하였으면 잠시 동안 대기한다

1차실(Primary Chamber)은 액체 LPG로 충만되어 있을 뿐 아니라 온도가 저하되어 있기 때문에 온도의 회복을 기다린다.

9) 시동시의 가속 페달 사용법

시동시에는 가속 페달을 움직이면 안되며, 알맞게 스로틀 밸브가 열린 상태에서 진공 다이어프램의 작동을 촉진한다.

10) LPG 누설 방지를 위한 더 죔

고압 배관의 각 접속 부위를 비눗물로 점검하여 누설이 있으면 더 죔을 하되 누설이 멈추지 않을 때는 먼저 발라 놓은 밀봉제(密封劑)를 벗겨내고 새로운 밀봉제를 발라서 더 죔을 한다.
특히 테이퍼 나사로 접속되어 있는 위치에는 더 죔으로 인해 암나사 쪽의 보스(Boos)에 균열이 생길 때가 있으므로 주의한다.

4. LPG 엔진의 구조와 기능

1) 봄베

봄베(Bombe)는 고압가스 취급법에 의해서 규정되며, 고정식 봄베를 사용하고 도색은 회색으로 한다.
용량은 사용하는 자동차의 출력과 주행 거리, 연료 소비량, 장치 위치, 공급 조건 등을 고려하여 적당한 것을 선정할 필요가 있다.
최대 충전량은 내부 용적에 대하여 약 85%로 하며, 2000cc급으로서 40kg(순 프로판으로 환산) 주입할 수 있도록 설치한다.

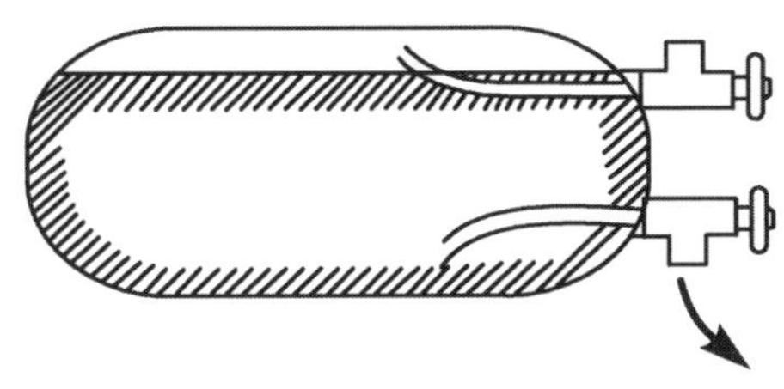

각인과 마크
봄베의 경판
각인과 마크
봄베의 경판(end plate)에는 다음과 같은 각인되어 있다.

① 가스 명칭	LPG
② 내압	TP 30(kg/cm^2)
③ 제조 년월일	06－1999
④ 내용량	V(ℓ)(실측값) V(ℓ)(실측값)
⑤ 중량	W(kg)(실측값)

봄베의 정면에는 왼쪽으로부터 LPG 자동차용이라고 명기되어 있다.

그림 5.40 자동차 봄베

내압 시험은 30kg/cm^{2}로 하고 합격품에는 봄베 증명서가 발행되며, 매년 내압 시험에 대한 재검사를 받아야 한다.
부속품은 LPG액 주입 밸브(안전 밸브 붙음), LPG액 배출 밸브 등(엑세스 플로 밸브 붙임)이 있으며, 가창식 액면계(可窓式 液面計), 플로트식 액면계가 장착되어 있다.

(1) LPG액 주입 밸브

이 밸브는 안전 밸브 붙임 Y형 밸브이며, 청색 핸들의 막힘 플러그(Blind Plug)이다. 충전시 이외는 반드시 폐쇄하고 플러그를 잠가 둔다.
안전밸브는 트렁크 룸의 실온이 어떤 이유에서 높아졌을 때(봄베 압력이 봄베의 내압 시험 압력(30kg/cm^{2}의 8할 24kg/cm^2) 이상이 되면 봄베 내압을 낮추기 위해서 작동압이 24kg/cm^{2}로 조정되어 있어서 봄베의 파열을 방지한다.

(2) 안전 밸브의 작용

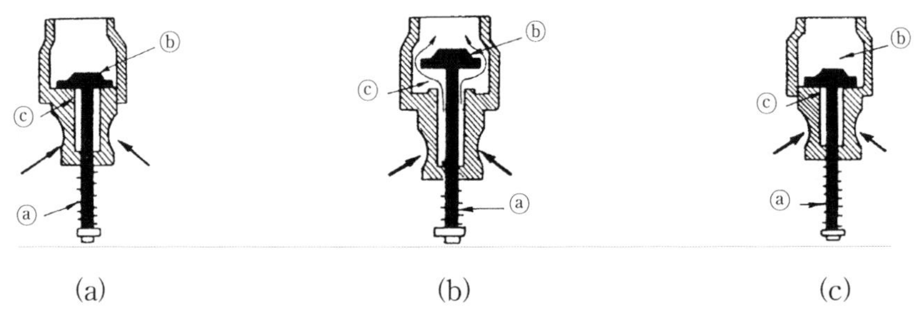

그림 5.41 안전 밸브의 작용

① 안전한 압력일 때 : 봄베 내압이 저압으로서 안전한 경우에는 스프링 ⓐ에 의해서 밸브 ⓑ가 노즐 ⓒ에 밀착되어 있다(그림 5.41(a)).
② 압력이 비정상으로 높아졌을 때 : 봄배 내압이 이상하게 올라가면 스프링 ⓐ의 힘을 제어하고 밸브 ⓑ가 노즐 ⓒ에서 떨어져서 가스의 방출이 시작된다(그림 5.41(b)).
③ 안전한 압력으로 저하되었을 때 : 밸브가 내려가면 가스는 봄베에서 방출되어 증기압이 저하하여 충분한 저압이 되며, 스프링 ⓐ의 힘으로 밸브 ⓑ가 끌려서 노즐 ⓒ를 막고 이 이상 가스가 방출되지 않도록 되어 있다(그림 5.41(c)).

(3) 플로트식 액면계

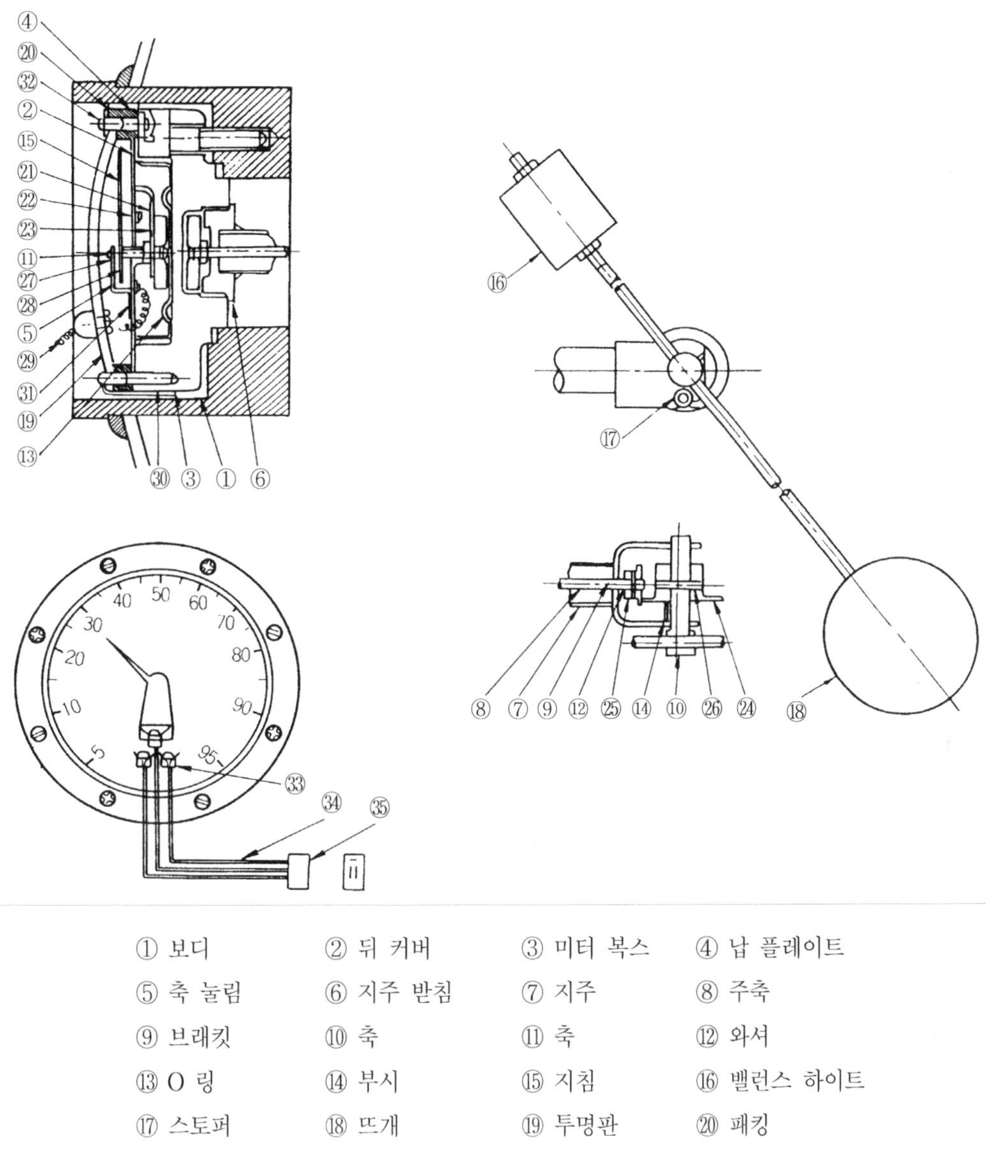

① 보디	② 뒤 커버	③ 미터 복스	④ 납 플레이트
⑤ 축 눌림	⑥ 지주 받침	⑦ 지주	⑧ 주축
⑨ 브래킷	⑩ 축	⑪ 축	⑫ 와셔
⑬ O 링	⑭ 부시	⑮ 지침	⑯ 밸런스 하이트
⑰ 스토퍼	⑱ 뜨개	⑲ 투명판	⑳ 패킹
㉑ 마그넷	㉒ 접동 저항체	㉓ 접동자	㉔ 기어
㉕ 기어	㉖ 노크 핀	㉗ 너트	㉘ 너트
㉙ 터미널	㉚ 작은 나사	㉛ 리벳	㉜ 작은 나사
㉝ 헤어 스프링	㉞ 도관	㉟ 코일	

그림 5.42 플로트식 액면계 단면도

가솔린 탱크와 같이 용기 안에 플로트가 있으며, 이것이 상하 운동을 하면 섹터 축이 회전한다.

섹터축 위에 장치되어 있는 자석이 경합금 플랜지를 거쳐서 표시판의 핀에 있는 자석을 회전시킨다.

플랜지에는 고무 패킹이 있으며 여기서 완전한 기밀을 유지한다.

플랜지 위에는 접동 저항선이 있는데, 이것을 센더(Sender)라고 하며, 대시보드 미터의 LPG용 리시버(수액기)와 연결함으로써 운전석에서도 언제나 가스의 양을 알 수 있다.

(4) 가창식 액면계

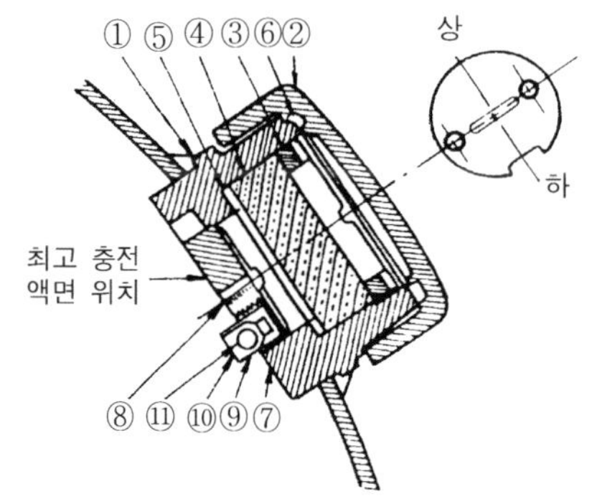

그림 5.43 가창식 액면계

LPG는 봄베 전용적의 85%까지 충전할 수 있으나 이때의 최대 충전량을 직접 눈으로 보기 위해서 플로트 게이지 외에 가창식 액면계(可窓式 掖面計)를 사용하여 그 위치를 정확하게 알기 위해서 장치한 것이다.

차가 충돌 사고를 일으켰을 때 투명판 ④에는 내열성 강화 글라스를 사용하고 있으나 급격한 충격으로 파손되는 경우를 생각해서 안전장치로서 볼 ⑩이 가스의 통로를 막고 LPG가 다량으로 방출되는 것을 방지하도록 되어 있다.

LPG가 기체와 통하기 위해서 마련된 상부의 구멍에서는 다소 가스가 누출되지만 극소하기 때문에 위험은 없다.

2) LPG액 배출 밸브

이 밸브는 긴급 차단 밸브로서 핸들에 청색이 칠해져 있다.

엔진 룸에 이르는 도관에 접속되어 액상 부분에 연결되어 있는 액배출 전용으로서 장시간 운전하지 않을 때는 반드시 닫는다.

긴급 밸브 또는 과류 방지 밸브(EFV : Excess Flow Valve)는 액 배출 밸브에 있는 일정량 이상의 연료가 흘렀을 때에(절손 등에 의해서 파이프에서 분출 하였을 때) 자동적으로 작동하여 순간적으로 닫히고 대량의 가스가 분출되지 않도록 설계되어 있다.

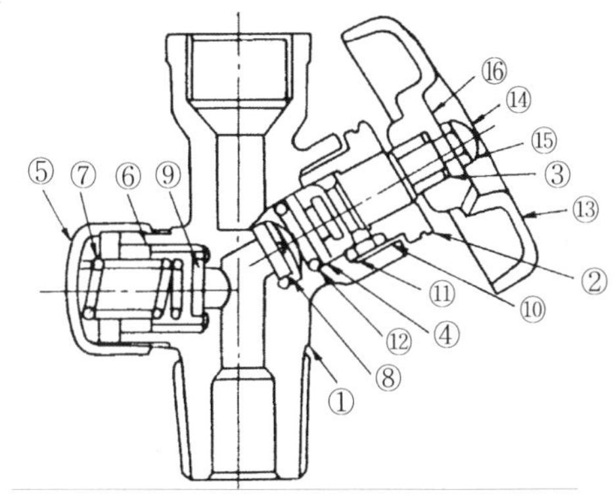

① 보디	② 글랜드 너트	③ 스핀들
④ 밸브 스템	⑤ 스프링 클립	⑥ 안전 밸브 시트
⑦ 스프링	⑧ 시트 패킹	⑨ 시트 패킹
⑩ 백 패킹	⑪ 패킹	⑫ O 링
⑬ 핸들	⑭ 세트 나사	⑮ 스프링 나사
⑯ 네임 플레이트		

그림 5.44 LPG액 배출 밸브 내부 구조

3) 긴급 차단 밸브(EFV)의 작용

(1) 유량이 정상인 경우

스프링 ⓐ에 의해서 책 플레이트(닫힘판) ⓒ는 개구부 ⓓ에서 떨어져 있으며, LPG 가스는 봄베의 안팎의 양쪽 방향으로 흐를 수 있다(그림 5.45(a)).

(2) 유량이 과잉되었을 경우

LPG 배관의 이음이 풀리거나 파손되어 흐름이 빨라지면 스프링 ⓐ의 반발력에 의해서 첵 플레이트를 밀고있는 힘이 커져서 첵 플레이트 ⓒ가 작동하여 개구부 ⓓ를 닫고 가스의 유출을 방지한다(그림 5.45(b)). EFV 폐지 유량 : 3~6 ℓ/min

(3) 정상 유량으로 환원되는 경우

첵 플레이트가 작동한 후에도 LPG는 다소나마 첵 플레이트에 있는 균압공(均壓孔) ⓔ로부터 밸브의 외부로 흘러서 불량 개소가 수리되면 밸브 안쪽의 압력이 균등하게 되어 스프링 ⓐ의 힘으로 첵 플레이트 ⓒ는 개구부 ⓓ로부터 떨어져 보통 상태가 된다.

밸브를 열었을 때에 누출을 방지하기 위해서 O링을 조립하지만 더욱 완전하게 하기 위해서 백 패킹이 있다.

따라서 밸브를 열 때는 백 패킹이 작용하도록 다 열고 사용하는 것이 좋다(그림 5.45(c)).

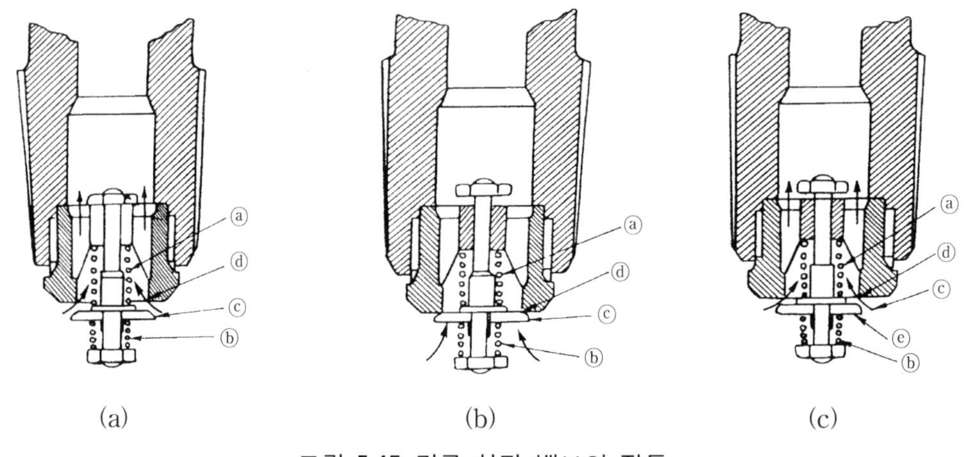

그림 5.45 긴급 차단 밸브의 작동

4) 필터

필터는 봄베에서 나오는 액화 LPG중에 흡입되어 있는 철의 녹이라든가 먼지, 유황 등의 불순물을 제거하기 위해서 봄베와 솔레노이드 밸브 사이에 장치되어 있다.

만약에 이들의 이물이 솔레노이드 밸브나 증발기(Vapourizer)에 들어가서 작은 구멍이나 밸브와 밸브 시트 사이에 끼면 연료의 유통을 저해하거나 밸브 또는 밸브 시트가 상하게 되어 기능이 저하된다.

이와 같은 철의 녹이나 이물은 제조 과정이나 저장, 운반 과정 또는 봄베에서 생기거나 혹은 혼입된 것으로서 철의 녹은 수압 시험 후에 처리를 잘못하면 발생한다.

LPG 필터는 LPG 압력에 충분히 견딜 수 있는 것이어야 하며 가솔린 필터는 사용할 수 없으며, 엘리먼트에는 여과 능력이 정밀한 종이가 사용된다.

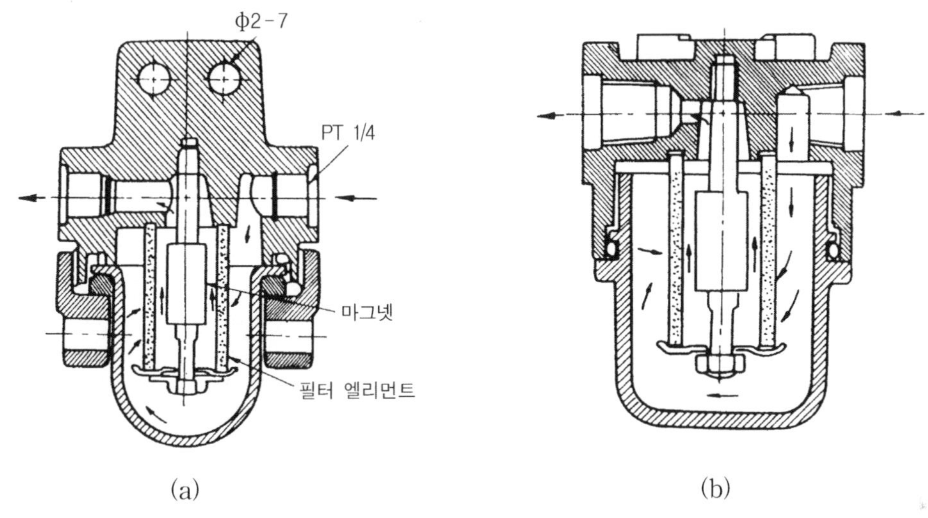

그림 5.46 필터

5) 솔레노이드 밸브

운전석에서 조작할 수 있는 원격 조작식 차단 밸브이며, 전자 코일과 플런저(可動鐵心)로 구성되어 있다.

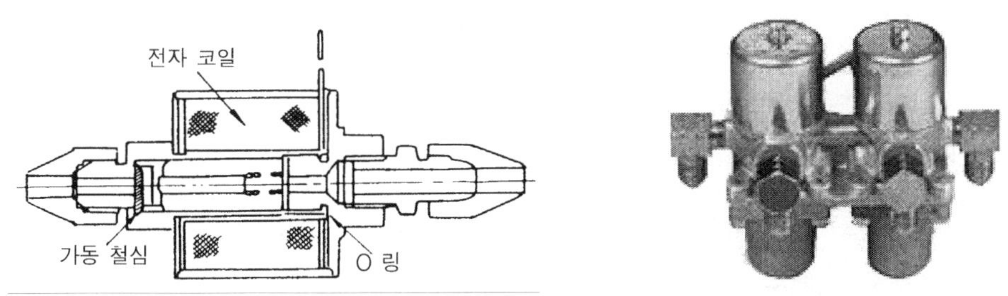

그림 5.47 솔레노이드 밸브

전자 코일에 통전되어 코일이 여자(勵磁)되면 플런저가 출구의 반대 방향으로 끌려서 출구가 열리고 통로가 개통된다.

전자 코일의 통전은 점화 스위치와 연동되어 있으며, 점화 스위치의 IG단자로부터 록 오프 스위치 단자에 접속되어 솔레노이드 밸브를 거쳐서 접지되어 있다.

솔레노이드 밸브는 녹이나 다른 이물이 들어오면 정상적으로 작동이 안되므로 반드시 필터의 뒤에 장치한다.

베이퍼라이저에 설치된 온도 스위치의 신호를 받아 액상 또는 기상용 솔레노이드가 작동하면(15℃ 이상일 때에는 액체, 14℃ 이하에서는 기상용 솔레노이드가 작동함) 솔레노이드 코일이 여자되어 플런저는 위쪽으로 이동하여 밸브가 열린다.

이때 필터내에 공급되어 있던 LPG는 이 밸브를 통해 프리히터를 거쳐 베이퍼라이저로 공급된다.

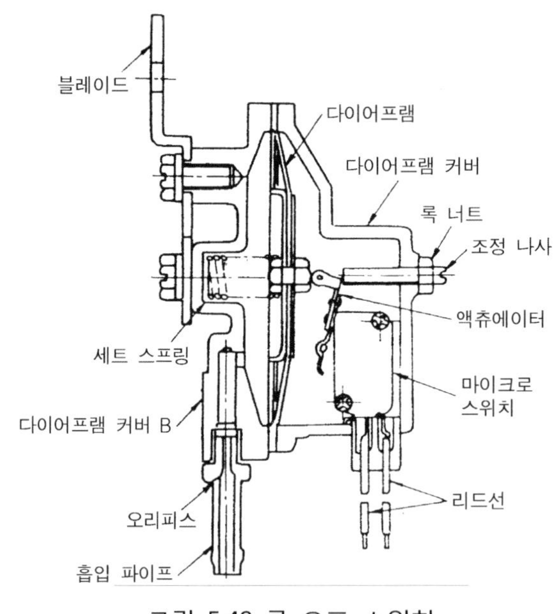

그림 5.48 록 오프 스위치

6) 록 오프 스위치

엔진이 정지하였을 때 봄베에서 나오는 연료를 자동적으로 멈추게 하는 장치이다. 이 스위치는 엔진 매니폴드의 부압에 의해서 다이어프램을 움직이며 이와 연동하는 마이크로 스위치를 작동하여 솔레노이드 밸브의 전기 회로를 개폐한다.

엔진이 회전하기 시작하면 매니폴드에 부압이 발생하여 진공 록 오프실(Vacuum Lock Off Chamber)로 유도되므로 다이어프램은 흡인되어 세컨더리 밸브는 자유로이 작동할 수 있으며, 연료의 유출을 방지하므로 안전할 뿐 아니라 연료의 유출도 방지한다.

7) 프리히터

프리히터는 베이퍼라이저 앞쪽에 설치되며, 겨울철에 필터를 거쳐 솔레노이드 밸브에서 나온 액체 LPG를 엔진 냉각수로 가열하여 LPG의 전부 또는 일부를 기화시켜 베이퍼라이저로 공급하는 기구이다.

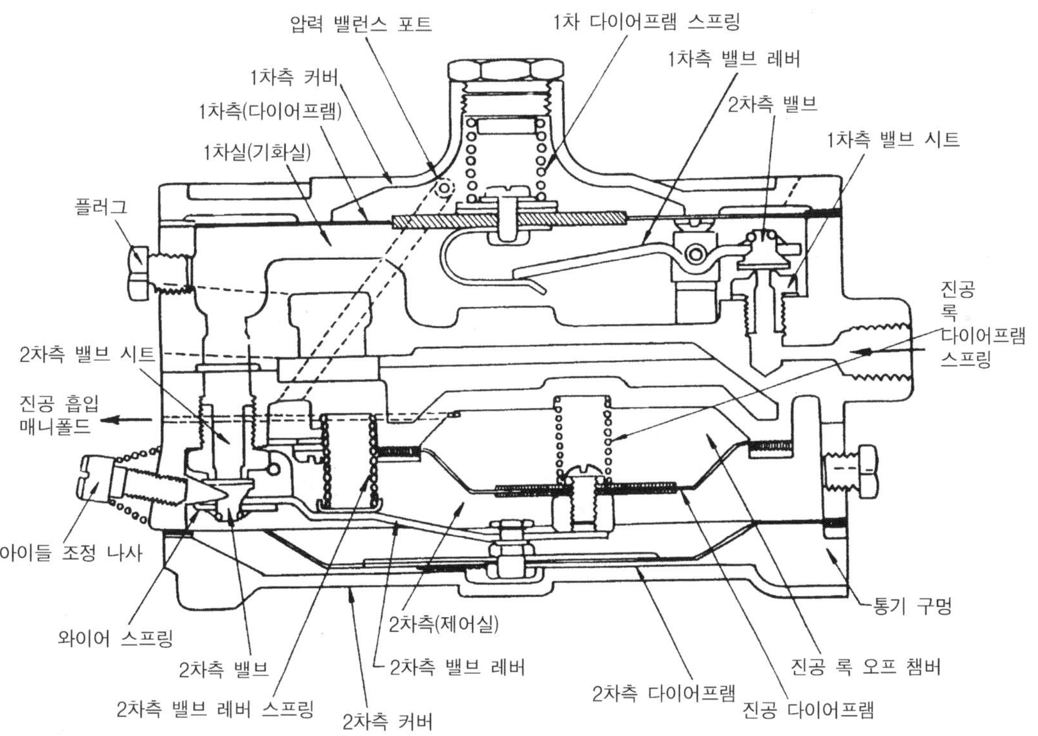

그림 5.49 베이퍼라이저 구조

8) 증발기(베이퍼라이저, Vaporizer)

증발기는 레귤레이터 또는 컨버터라고도 불리며, 가솔린 차의 기화기의 기능을 담당한다.

봄베에서 보내오는 액체 상태의 가스를 감압하여 기화시켜서 일정한 압력으로 유지하여 엔진 부하의 증감에 따라서 엔진으로 공급되는 기화량을 조정하는 역할을 한다.

그의 구조는 1차 감압실과 2차 감압실, 진공 록 오프 스위치, 증발기를 워밍업하는 냉각수 통로 등으로 구성되어 있다.

(1) 1차 감압실

봄베에서 나온 액체의 LPG는 필터와 솔레노이드 밸브를 통해서 증발기의 연료 입구로 유도된다.

증발기로 들어간 LPG는 고압이기 때문에 유량제어가 곤란하여 배출량이 크기 때문에 공연비가 너무 농후해질 수 있기 때문에 1차 밸브와 밸브 시트의 틈으로부터 1차실(Primary Chamber)로 들어가 LPG의 압력을 봄베 내압에서 지정 1차압(0.3±0.05kg/cm^2)이 되도록 감압되어 기화된다.

그러다 계속된 유입으로 인해 지정 1차 압력보다 높아지면 1차 다이어프램이 다이어프램 스프링의 힘을 억제하고 밖으로 이동한다.

1차 다이어프램이 밖으로 밀리면 1차 밸브 레버 스프링이 1차 밸브 레버를 들어 올리고 1차 밸브를 닫아서 LPG의 유입을 차단한다.

1차실의 가스가 소비되어 가스 압력이 지정 압력보다 낮아지면 1차 다이어프램 스프링의 힘이 다이어프램에 작용하는 힘과 1차 밸브 레버 스프링의 힘보다 커져서 1차 다이어프램은 안쪽으로 움직인다.

따라서 1차 밸브 레버의 선단도 안쪽으로 밀려서 밸브를 열게 된다.

봄베 내의 가스는 열린 밸브로부터 1차실로 유입된다.

감압 팽창된 LPG는 일단 액체 가스가 되지만 기화됨으로써 더욱 체적이 증가하므로 1차실의 압력은 높아져서 1cc의 LPG는 약 250~260cc가 된다.

1차실의 지정 압력(0~0.4 kg/cm^2)은 연료 소비량과 출력이 만족할 수 있게 설정한 것이다.

이 압력이 낮을 때는 저속 주행시의 연료 소비량은 좋다고 볼 수 있으나, 가속시나 출력을 요하는 경우에는 지장이 생긴다.
압력이 높을 때는 운전 상태는 좋으나 연료 소비가 증대하므로 이 압력이 너무 높아도 아이들링이 불량하게 되므로 재조정한다.

(2) 2차 감압실

1차실에서 기화된 LPG는 2차 감압실로 들어가서 2차 밸브에 의해서 다시 한번 감압된다.
2차 밸브는 보디에 힌지(Hinge)와 같은 2차 밸브 레버의 일단에 연결되어 있으며, 이 레버의 상대편에는 2차 다이어프램이 결합되어 있다.
엔진이 정지하고 있을 때는 2차 다이어프램의 한쪽에 있는 2차실과 반대쪽의 대기압으로 통한 대기실의 균형이 이루어지게 된다.
엔진을 시동하여 기화기의 벤츄리에 부압이 생기면 저압 가스 호스를 통해서 2차실에 부압이 작용하여 다이어프램의 움직임은 2차 레버 스프링의 장력을 제어하고, 2차 밸브 레버를 움직여서 2차 밸브를 시트로부터 열어서 1차실의 고압을 2차실로 유입한다.
2차실의 압력이 높아지면 2차 다이어프램은 밖으로 움직이고 더욱 2차 레버 스프링에 의해 2차 밸브와 시트와의 간극을 좁히고 공급 가스량을 감소하여 2차실의 압력을 언제나 일정하게 유지하게 하며, 2차실의 압력은 1차실의 압력보다도 더욱 저하하여 거의 대기압 상태가 된다.
2차실의 기능을 확실히 하기 위해서 2차 밸브 레버에는 약한 2차 밸브 레버 스프링이 사용되고 있으며, 이것이 2차 밸브의 2차실 부압 변화의 적응성을 돕는다.

(3) 진공 록 오프 스위치

진공 록 오프 스위치는 엔진 키를 넣어 둔 채로 잊어버려도 LPG가 흘러 나오지 않도록 2차 밸브의 작동을 억제하는 것으로서 진공 록 다이어프램 스프링으로 구성되어 있다.
엔진이 회전을 시작하는 순간에 진공 록 다이어프램은 보디쪽으로 끌려서 2차 밸브 레버에 힘을 작용할 수 없게 된다.
이 상태가 되면 2차 밸브 레버 스프링의 약한 힘으로는 아이들 조정 나사의 힘에 밀려 2차 밸브를 시트에 접착시킬 수가 없게 되며, 어느 정도 시트로부터 밸브가 뜨게 된다.
이와 같이 하여 LPG는 1차실에서 2차실로 흘러 즉시 시동이 가능한 상태가 된다.
엔진이 정지했을 때는 진공이 진공 록 오프실의 대기압보다도 강해져서 진공 록 다이어프램축 선단의 너트가 2차 밸브 레버를 밀고 2차 밸브를 더욱 시트에 밀착시킴으로써 가스 누설을 완전히 방지하며, 엔진 정지시의 가스 차단이 기화기의 가스 분출구에 가까울수록 누설의 위험이 없으며 완전하다.

(4) 온수 통로

LPG는 액체로부터 기화할 때에 주위에서 증발 잠열을 흡수하여 온도를 낮추며, 심할 때는 밸브가 동결되므로 가스 공급을 할 수 없게 된다.
이를 방지하기 위해서 1차실의 밑에는 온수 통로가 설치되어 엔진의 냉각수를 순환되게 하여 기화하는 데 필요한 열을 공급하도록 되어 있다.
따라서 증발기의 장치 위치가 라디에이터의 어퍼 탱크보다 낮은 위치에 있는 것은 증발기에 냉각수를 확실하게 보내기 위한 것이다.

9) 기화기

과거에는 가솔린과 LPG 겸용이었으나 현재는 LPG 전용이 개발되었다.

(1) 주연료 계통

증발기의 2차실에서 완전히 기화된 LPG는 저압가스 호스(LPG 호스)로 기화기의 가스 니플로 유도된다.
메인 조정 나사로 통과량을 조정한 연료는 벤츄리(베르누이의 정리를 응용한 애로(隘路)라는 뜻)에서 뚫려 있는 분출구를 통해서 흡입 공기와 혼합하여 적정 혼합비가 되어 엔진의 실린더에 흡입된다.

(2) 저속 계통

아이들 회전시나 저속 주행시에는 연료가 주연료 통로에서 분기된 저속 통로를 통해서 아이들 구멍으로부터 분출하여 안정된 저속 운전 성능을 발휘한다.

(3) 파워 밸브 계통

파워 밸브 계통은 스로틀 밸브 하부의 흡입압에 의해서 작동하는 부스트 응동식(應動式) 파워 밸브 장치이다.

경부하 운전시에는 스로틀 밸브의 열림이 작기 때문에 하부에 큰 부압이 생긴다. 이 부압에 의해서 다이어프램은 다이어프램 스프링을 억제하고 흡입되며 파워 밸브는 밸브 스프링에 의해서 닫힌 상태가 된다.

그러나 부압이 커졌을 경우나 가속시에는 스로틀 밸브 밑의 압력이 작아지므로 다이어프램과 파우어 밸브를 열고 연료를 공급한다.

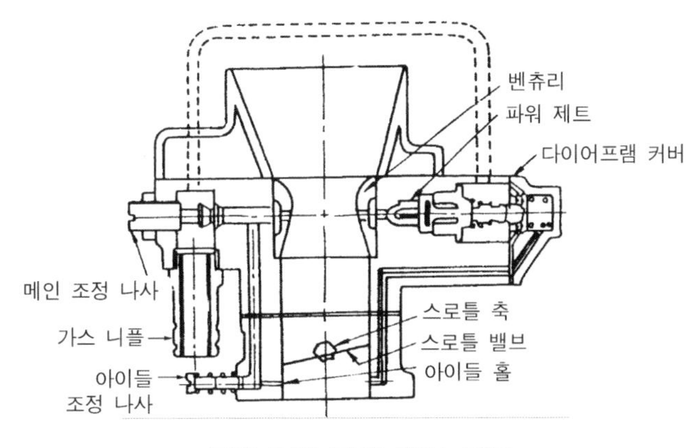

그림 5.50 파워 밸브 계통

(4) 패스트 아이들 기구

LPG 자동차용 기화기에는 초크 밸브가 없으므로 시동성을 좋게 하기 위해서 초크 손잡이를 당기면 스로틀 밸브의 열림을 가감할 수 있는 패스트 아이들 기구가 있다.

제6장 흡기, 배기 장치

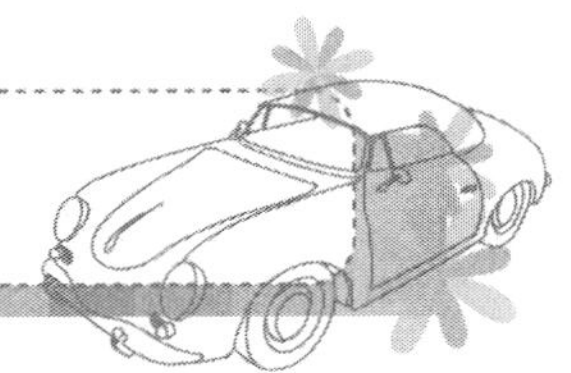

6.1 개 요

엔진이 작동하기 위해서는 실린더 내에 혼합기를 흡입하거나, 연소후의 가스를 배출하여야 한다. 이것이 그림 6.1에 나타내는 흡배기 장치이다.

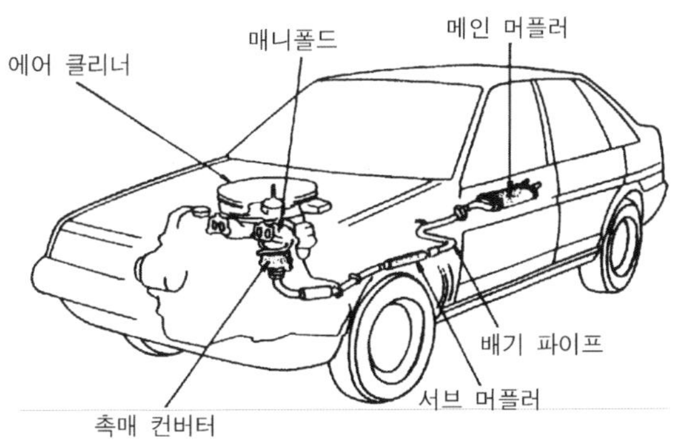

그림 6.1 흡배기 장치

흡기 장치(Intake System)는 실린더에 흡입하는 공기중의 먼지 등을 제거하는 에어 클리너 및 각 실린더에 혼합기를 분배하는 흡기 매니폴드 등으로 구성되어 있다.

배기 장치(Exhaust System)는 각 실린더의 배기 가스를 모으는 배기 매니폴드, 배기 가스를 대기중으로 배출하는 배기 파이프, 배기 소음을 저하시키는 소음기 등으로 구성되어 있다.

또한 엔진의 압축 및 연소 행정에서 실린더와 피스톤 사이로부터 크랭크 케이스로 흐르는 블로 바이 가스(Blow-By Gas)를 그대로 대기중으로 방출하면 대기 오염의 원인이 되므로 이것을 방지하기 위하여 보안 기준에 따른 블로 바이 가스 환원 장치가 장치되어 있다.

6.2 구조 및 기능

1. 에어 클리너(Air Cleaner)의 역할과 구조

엔진을 운전하는 데는 1cc의 가솔린에 대하여 약 8,500cc에 가까운 공기를 필요로 하는데, 이 공기중에는 많은 모래 먼지와 이물질을 포함하고 있다.

그 때문에 이물질이 기화기를 거쳐서 혼합기와 함께 실린더로 흡입되면 고속으로 왕복 운동하는 피스톤과 실린더 벽 사이에 끼어서 거친 연마제로 작용하여 실린더 벽에 상처를 입힌다.

또 엔진 오일에 혼합되므로 베어링 메탈 등의 각 접동 부분에 마모를 촉진하고 엔진의 수명을 단축시킨다.

이것을 방지할 목적으로 에어 클리너를 기화기의 에어 혼부에 장치하여, 기화기를 통해 엔진 내부로 유입되는 공기에 포함되어 있는 대부분의 이물질을 제거하도록 하고 있다.

그러나 이런 일련의 작용을 하기 위하여 커다란 흡기 저항을 부여하면, 배기가스의 상태가 악화하여 엔진 출력도 저하하게 되므로 이 저항은 가능한 한 작게 할 필요가 있다.

현재 사용되고 있는 에어 클리너에는 필터 엘리먼트에 여과지나 합성 섬유를 사용한 건식(Dry Type)과 오일을 사용하는 습식(Wet Type)의 2종류가 있다.

건식 에어 클리너는 그림 6.2와 같은 구조의 것이 일반적이며 용기 내에 여과재를 방사선상으로 집어넣어 공기가 외부로부터 이 엘리먼트를 통과하여 이물질이 제거되면서 중앙에 모여 기화기로 유입되도록 한다.

여과지 사용 엘리먼트는 다음과 같은 장점이 있어 많이 사용된다.

① 작은 입자의 먼지 등을 여과할 수 있다.
② 기관의 회전속도 변화에도 안정된 공기 청정효과를 발휘한다.
③ 가볍고 구조가 간단하여 가격이 싸다.
④ 설치, 분해, 조립작업이 용이하다.
⑤ 장시간 사용할 수 있고, 청소가 용이하다.

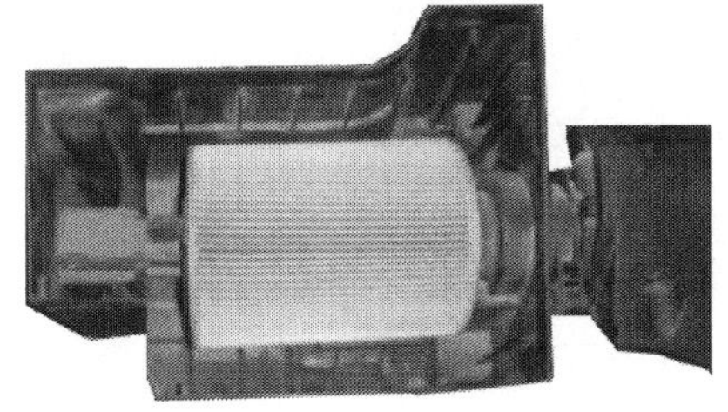

그림 6.2 건식 엘리먼트

최근에는 여과지 대신에 다공질의 합성 섬유를 사용하여 여과 정밀도의 향상과 여과재 막힘의 완화를 도모한 것이 개발되어 사용되고 있다.

습식의 에어 클리너는 예전부터 유명한 욕조식이라고 불리는 것이 있다.

이것은 그림 6.3과 같이 이중의 강판제 케이스로 만든 것이며, 아우터 케이스의 밑바닥에는 규정량의 엔진 오일이 들어가 있다.

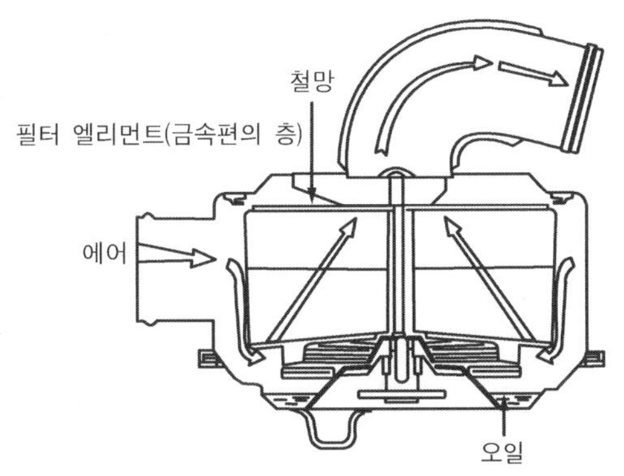

그림 6.3 욕조식 에어 클리너

또한 윗부분에는 금속판의 필터 엘리먼트가 케이스에 들어 있다. 공기는 케이스와 캡의 틈새에서 흡입되고, 무게가 있는 이물질은 오일 속으로 가라앉고 가벼운 이물질은 오일이 묻어 있는 필터 엘리먼트에서 제거된다.

일반적으로 건식은 가솔린 엔진에 사용하고, 습식은 디젤 엔진에 사용되어진다.

기타 건식에 사용되고 있는 엘리먼트에 오일을 함유시켜 그 사이를 혼합기가 통과할 때 이물질이 흡착되도록 반습식도 있다.

2. 흡기 매니폴드

1) 흡기 매니폴드 구조

흡기 매니폴드는 기화기에서 만들어진 혼합기를 될 수 있는 한 저항을 적게 받으면서 실린더로 유도하는 관이다.

2실린더 이상의 다실린더 엔진에서는 각 실린더에 균일한 질과 량의 혼합기를 분배하는 역할을 하고 있다.

흡기 매니폴드는 지름이 클수록 흡입율은 좋으나 혼합기의 흐름속도는 느려지므로 연료의 입자가 흡기관 벽에 부착되어 혼합기가 희박해지기 쉽다.

따라서 통상 실린더의 지름은 25~35%가 적당하다.

흡입 공기의 저항을 최대한 적게 할 수 있는 구조로 하기 위해 직선이나(구부러지지 않게) 표면의 조도를 좋게 해주는 것이 좋은 흡기다기관의 조건이다.

따라서 주어진 엔진룸에서 최대한 절곡시키지 않고 공기의 유동관성을 살려 주는 것이 설계의 초점이다.

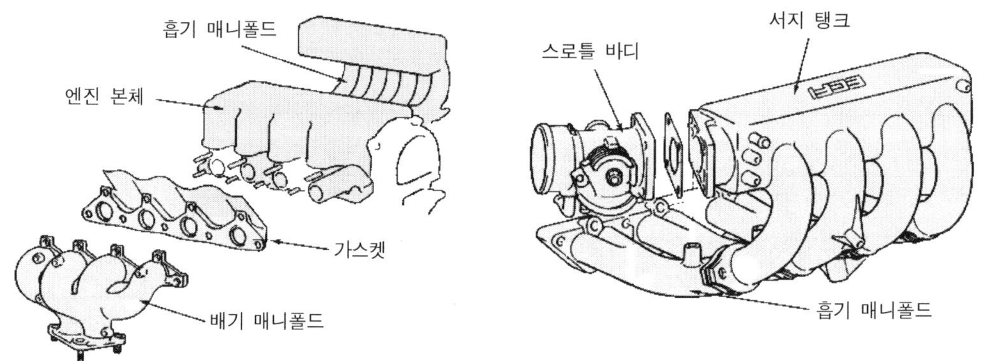

그림 6.4 실린더의 매니폴드

관벽을 따라 흐르는 가솔린의 기화를 적극적으로 좋게 하기 위해서는 흡기 매니폴드를 배기 매니폴드와 조합시켜 배기열의 일부로 흡기 매니폴드를 따뜻하게 하거나, 흡기 매니폴드의 주위에 워터 재킷을 설치하여 온수를 순환시키거나 하여 기화열을 부여하는 방법이 채용되고 있다.

기온이 낮은 엔진 시동 직후에는 혼합기가 기화하기 어려우므로 배기가스를 직접 흡기 매니폴드의 일부로 유도하는 방법도 채용된다.

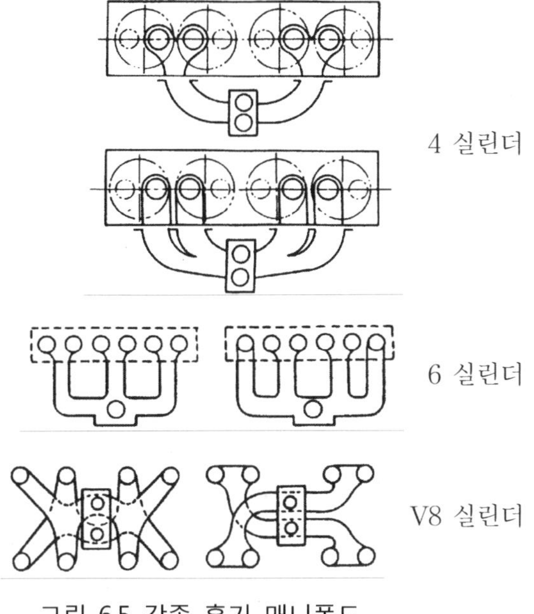

그림 6.5 각종 흡기 매니폴드

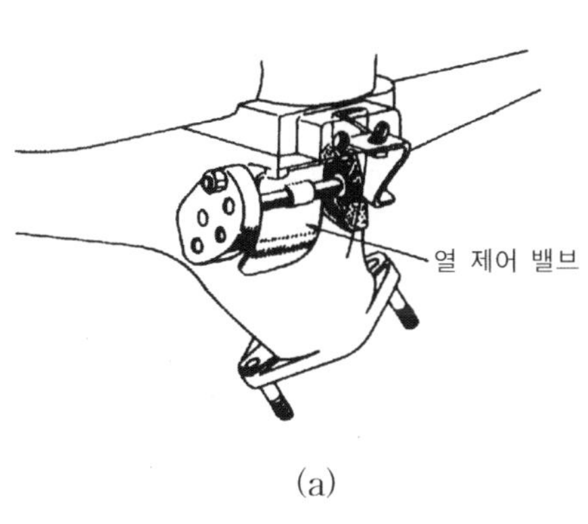

(a)

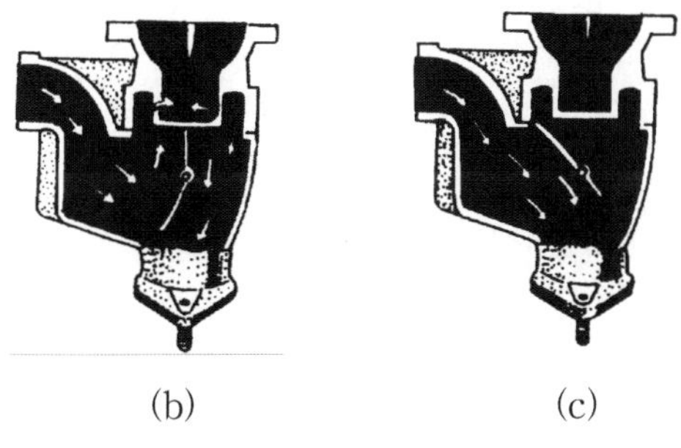

(b) (c)

그림 6.6 열 제어 밸브

그러나 흡기를 가열함으로써 기화가 촉진되어, 혼합기의 균일한 분배를 도모할 수 있지만, 반대로 체적 효율이 저하되는 불리한 점이 있다.

따라서 이 방식에서는 엔진의 온도가 올라가거나 자동적으로 그 작용을 멈추도록 열 제어 밸브(Heat Control Valve)가 설치되어 있다.

열 제어 밸브는 그림 6.6(a)와 같이 배기 매니폴드 중심부에 장치되어 있으며, 코일식의 바이메탈에 의해 작동된다.

엔진이 냉각되었을 때는 그림 6.6(b)와 같이 흡기 매니폴드 중심부로 배기를 유도하여 따뜻하게 한다.

엔진이 따뜻해지면 밸브를 열어 배기가스는 (c)와 같이 흡기 매니폴드를 따뜻하게 하지 않고 직접 배출된다.

흡기를 가열하는 방식에는 그림 6.7과 같이 온수를 이용하는 방법이 있으며 흡기 매니폴드와 배기 매니폴드를 별도로 구분하여 장치하는 엔진도 있다.

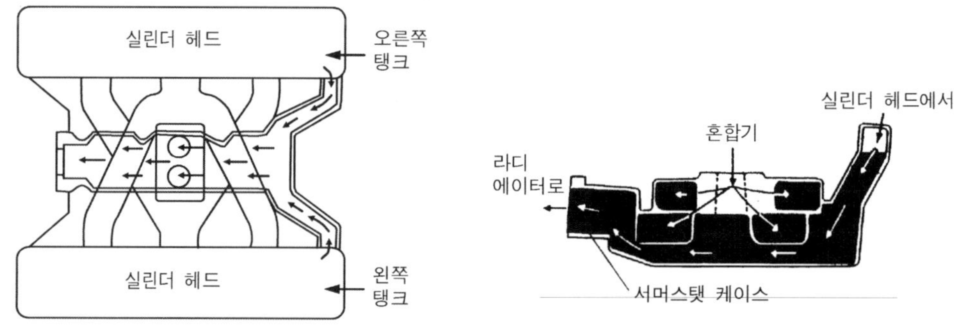

그림 6.7 온수 가열식 흡기 매니폴드

이들 두 가지 가열방식을 비교하면 배기가스 사용방식은 구조가 간단하기 때문에 제작이 용이하다.

또 작업성도 좋지만, 흡입과 배기 매니폴드를 같은 쪽에 설치하기 때문에 연소실 내에서 흡기의 흐름과 배기 방향이 서로 반전하는 이른바 카운터 플로(Counter Flow)가 되며 서로 간섭을 피할 수 없다.

또한 밸브의 배치에도 제약을 받기 때문에 연소실의 설계가 어려워진다. 그리고 흡기를 가열할 염려가 있으므로 제어 밸브 등의 조절 기구가 필요하다.

이것에 비하여 온수 가열식은 흡기 매니폴드에 워터 재킷을 설치하기 때문에 구조가 복잡하고 제작이 번거로운 점도 있지만, 흡기 매니폴드와 배기 매니폴드를 연소실의 양쪽에 배치할 수 있다.

또한 가스의 흐름과 밸브의 배치에 무리없이 이상적인 연소실 형상을 설계할 수 있으므로 엔진 성능의 향상을 구할 수 있다.

또한 가열 온도도 냉각액 온도이므로 가열되는 일이 없기 때문에 온도 조절 기구가 필요치 않다.

2) 흡기 관성 효과와 맥동 효과

공기는 같은 속도로 계속 흐르려고 하기 (관성) 때문에, 밸브가 개폐할 때마다 그곳에 공기 밀도가 높은 부분과 낮은 부분이 형성된다.

밸브가 닫힐 때 그 밀도가 높게 되면, 보다 많은 공기를 실린더에 넣는 것이 가능하다.

흡기 내의 맥동류의 파장은, 매니 폴드의 길이와 굵기에 따라 결정되고, 매니 폴드가 짧으면 파장은 짧고, 길면 그 파장은 길게 된다.

그래서 일반적으로 승용차 설계시 흡기관을 길게 하여 저 회전에서 흡기 관성 효과를 얻는다.

또한 스포츠카용 등 고출력 엔진에서는 흡기관을 짧게 하여 고 회전시에 그 효과가 얻어지도록 하고 있다.

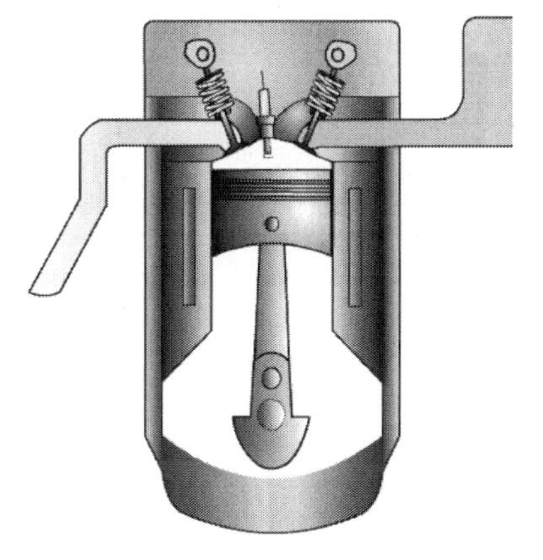

닫혔을 때

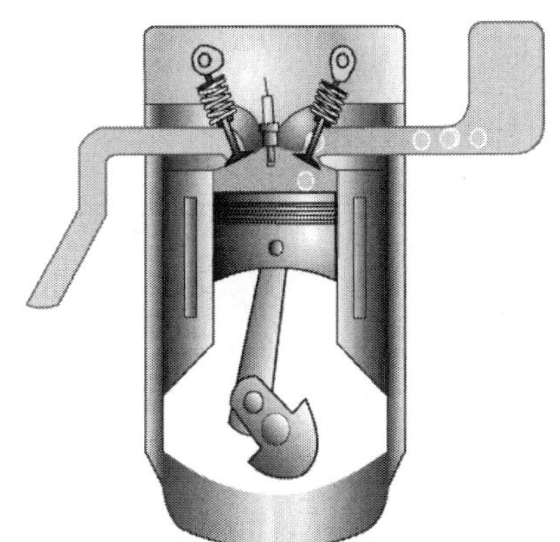

열렸을 때

그림 6.8 흡기 밸브 관성효과

공기의 관성과 음이 공기 중을 통과할 때에 밀도가 높은 부분과 낮은 부분이 연속하여 조밀파가 형성되는 것을 이용하여, 밀도가 높은 공기를 엔진에 넣는 것을 각각 흡기 관성 효과와 맥동 효과라고 부르고 있다.

관성 효과는 압축기를 사용하여 밀도를 높인 공기를 엔진에 공급할 때에 과급이라고 하는 단어를 사용하고, 관성 과급이라고 불리는 것도 있다.

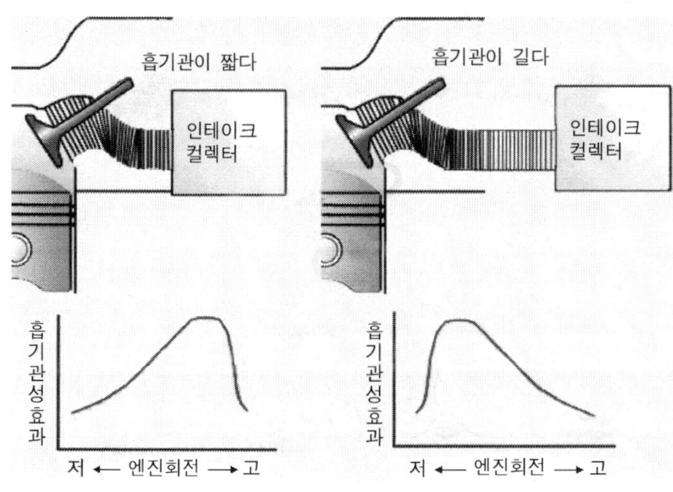

그림 6.9 흡기관 내의 관성효과

관성 흡기를 생각하는 방법을 그림으로 생각해보자.

우선 흡기관 내의 공기밀도가 한결같은 상태 그림 6.10(a)로부터 시작하여 지금 흡기 밸브가 열려 흡기행정이 시작된다.

그림 6.10(b) 밸브에 가까운 공기는 곧바로 흡입되기 때문에 여기에서 공기밀도가 열어지는 부분이 발생한다.

그렇게 되면 여기에 인접한 부분의 공기밀도는 상대적으로 짙게 되어 조밀파가 생성된다.

이 조밀파는 음속으로 매니 폴드의 집합부측에 전달되었다가(그림 6.10(c)) 반사하여 되돌아온다.

이렇게 하여 흡기관 중에 공기밀도가 높은 곳과 열은 곳이 생겨 밸브가 닫히기 직전에 밸브 부근의 밀도가 높으면 보다 많은 공기를 실린더에 채우는 것이 가능하다.

그림 6.10(d)가 생각하는 방법을, 연속하여 밸브가 개폐하고 있을 때, 밸브가 열

릴 때에도 같은 식으로 생각하는 것이 가능하다.

엔진에 들어가는 공기는 기체로서의 관성을 갖고 있고, 동시에 음파를 전달하는 매체이기도 하다.

흡기 매니 폴드 중의 공기 흐름은 밸브에 의해 주기적으로 차단되기 때문에 매니 폴드 중에 공기밀도가 높거나 낮은영역이 공존하면서 압력진동이 발생한다. 이에 의해 흡기 관성효과와 맥동 효과가 얻어진다.

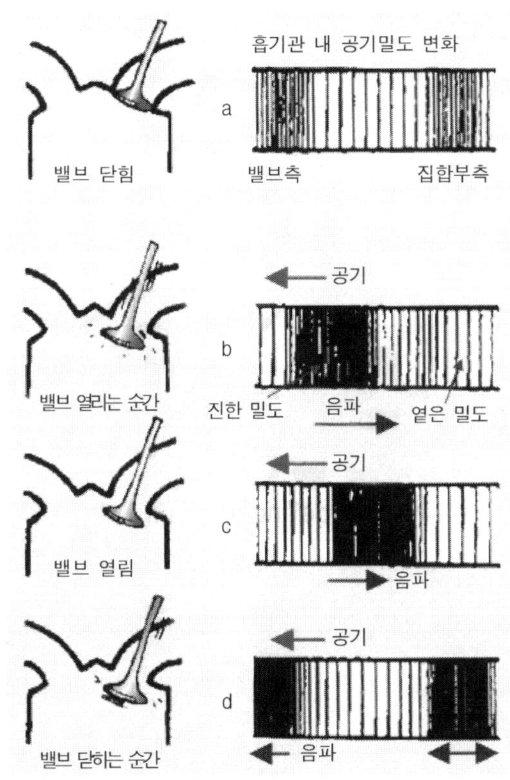

그림 6.10 관성효과

압력진동이 발생 사이클의 흡기 행정에 직접 영향을 미치는 경우를 관성효과라 한다.

또한 감쇠하지 않고 다음 사이클에 영향을 미치는 경우를 맥동 효과로서 구별한다.

그러나 이 두 효과를 분리하기 어렵기 때문에 여기에서는 공기 관성을 주로 고려하는 경우를 관성효과, 음파로서 고려하는 경우를 맥동 효과로 한다.
우선 흡기 관성효과는, 혼합기가 실린더에 유입되고 있는 상태에서 흡기 밸브가 닫혔다고 가정하자.
혼합기에는 관성이 있기 때문에, 밸브가 닫히는 순간에 흡기 매니폴드 중의 혼합기가 일제히 멈춰 버리는 것은 아니어서 그대로 계속 흐르려고 한다.
그러면, 뒤에 연속되는 공기에 의해 앞에 있는 공기가 밸브 앞에서 눌려 버리게 된다. 즉 포트 부분의 공기 밀도가 높아지게 된다.
이때 타이밍 좋게 밸브가 열리면 밀도가 높은 공기를 실린더에 잘 넣는 것이 가능하다. 이것이 관성효과이다.
포트 부분의 공기 밀도가 높아지게 된다고 하는 것은, 그 뒤에 연속되는 공기 밀도가 상대적으로 낮게 된다.
따라서 이 부분에 압력진동, 요컨대 음이 발생하게 되어 이 진동은 음속으로 매니폴드를 통과하여 매니폴드 끝에서 반사하여 다시 포트 쪽으로 되돌아온다.
이 음파 밀도가 높은 부분이 포트 쪽으로 갈 때에 밸브가 충분히 열려 있으면, 같은 식으로 밀도가 높은 공기를 실린더에 넣는 것이 가능하다. 이것이 맥동 효과이다.
두 가지 효과는 뒤엉켜있어 분리하는 것은 불가능하다.
그 효과를 최대로 하려면 밸브가 열렸을 때에 포트 부분의 공기 밀도가 크게 되도록 압력진동을 매니폴드 중에 만들면 좋다.
그것을 결정하는 것은 흡기 매니폴드의 굵기와 길이 및 흡기 포트의 형상이다.

3) 가변 흡기 시스템(VICS : Variable Induction Control System)

흡기관 내의 맥동류 주기는 엔진 회전이 늦을수록 길고, 빠를수록 짧게 된다.
예를 들면, 엔진 회전이 낮을 때에 흡기관 길이를 길게 하고, 고 회전시에 짧게 하면, 밸브가 닫힐 때에 넓은 회전 범위에서 이 부분의 공기 밀도를 올리는 것이 가능하게 된다.
이 흡기관 길이의 컨트롤을 엔진 회전에 맞추어 자동적으로 행하는 것이 가변 흡기 시스템이다.
흡기관에 제어밸브를 설치하여, 저속시에는 제어 밸브를 닫아 흡기 관장을 길게, 고속시에는 열어 짧게 한다.

흡기 매니폴드 중의 공기 흐름은 똑같지 않아서, 흡기 밸브가 열리고 닫힘에 따라 공기의 흐름이 다르게 된다.
공기흐름 중에 밀도가 높은 부분과 낮은 부분이 공존한다.
밀도가 높은 부분이 포트에 왔을 때 즉 이상적으로는 밸브가 닫히기 직전의 흡기 속도가 최대로 되어 있을 때 이 부분의 밀도가 높으면 흡기 관성 효과는 최대로 된다.
이 맥동류의 주기는 매니폴드의 굵기와 길이에 따라 결정되고, 굵기가 같다면 긴만큼 길게 된다.
이것은 피리를 불 때에 부는 입과 손가락으로 누르는 구멍 사이의 거리가 길면 음이 낮은 것을 생각하면 이해할 수 있다.
인테이크 매니폴드 길이의 컨트롤에는 주로 채용되는 2가지 방식이 있다.
하나는 매니폴드를 두 개의 그룹으로 나누어 연결 가능하도록 하여, 고속시에는 나누고, 저속시에는 전체 매니폴드를 연결하여 실질적인 매니폴드 길이를 길게 하는 방식이다.
또 하나는 매니폴드에 바이패스를 설치하고, 저속시에는 공기를 이 바이패스로 흐르게 하고, 고속시에는 바이패스를 닫아 그 길이를 조정하는 방식이다.
그런데, 가끔 매니폴드를 연결할 경우 각 매니폴드 사이에서 공명이 일어나는 것이 있다.
이는 연결된 별개의 매니폴드 사이에 같은 주파수의 압력 진동이 발생하는 현상으로, 현상이 일어나면 고속시의 관성 과급 효과가 얻어지지 않는다.
이것은 매니폴드가 연결되어 있는 부분에 설치된 공기 인테이크 컬렉터의 용적을 크게 하여 방지할 수 있다.
만일 공명이 일어나면 중·저속에서는 역으로 관성 과급 효과가 높아져서 충진 효율이 올라가는 경우가 있다.
이것을 공명 과급 효과로 부르고 있다.
보통의 엔진은 매니폴드의 길이는 결정되어 있다.
따라서 엔진이 어떤 회전수에서는 흡기 관성 효과가 있지만, 회전수에 따라서 포트 부분의 밀도가 낮게 되면 공기의 충진 효과가 나쁘게 될 수도 있다.
그림 6.11에서 보여주는 가변 관성 과급 시스템은 중·저속시에는 흡기 제어 밸브를 닫아 바이패스로 공기를 흐르게 하여 흡기관 길이를 길게 한다.

반면 고속시에는 흡기 제어 밸브를 열어, 흡기관 길이를 짧게 하여 관성 효과를 올리고 있다.

그래서 엔진 회전수에 따라 매니폴드의 길이를 변화시키는 것이 고안되었다.

요컨대 같은 시간 사이에 밸브 개폐 횟수가 많은 고 회전일 때에는 매니폴드 길이를 짧게 한다.

역으로 저회전시에는 매니폴드 길이를 길게 하면 회전수가 넓은 범위에 걸쳐 흡기 관성 효과를 얻는 것이 가능하다.

이것이 가변 흡기 시스템으로, 가변 관성 과급 시스템이라든지 가변 흡기 제어 등으로 불린다.

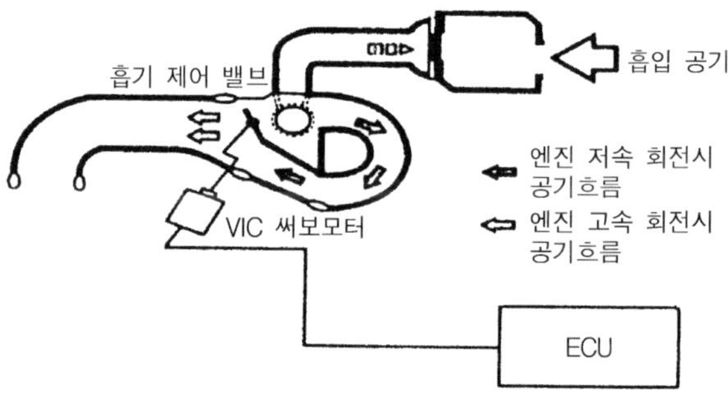

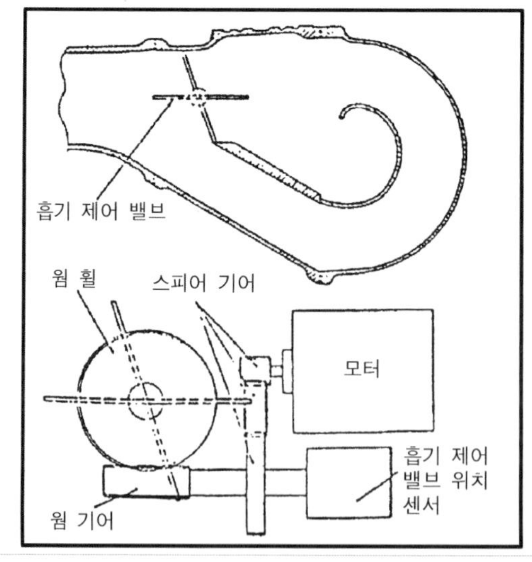

그림 6.11 고속시와 저속시

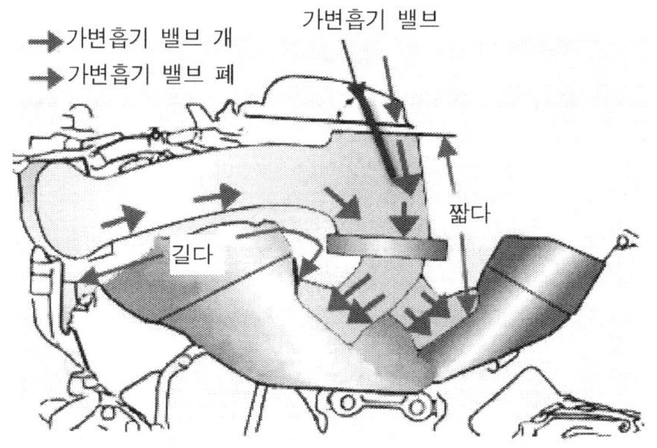

그림 6.12 가변 흡기밸브의 작동

3. 배기계통

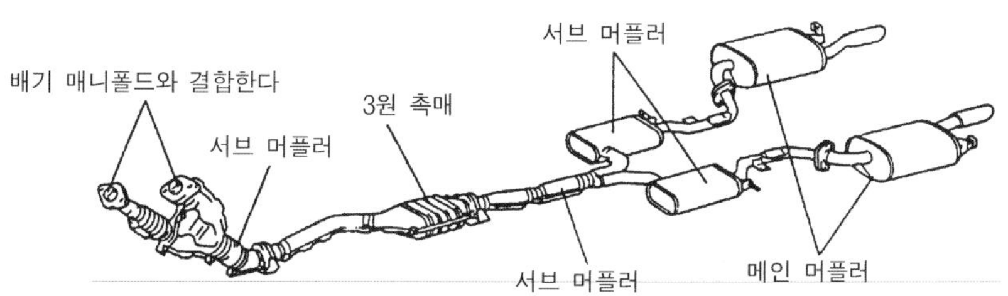

그림 6.13 배기 시스템

1987년 이전에는 배기가스를 엔진에서 배기 파이프를 거쳐 중간 소음기를 지나 머플러를 통해 배출하였다.

그 이후부터 생산되기 시작한 자동차는 일산화탄소(CO)나 탄화수소(HC) 그리고 질소산화물(NOx) 등을 인체에 무해한 성분으로 산화 또는 환원시키는 삼원 촉매장치(Catalytic Converter)를 의무 적용토록 하고 있다.

1) 배기 매니폴드

배기 매니폴드는 각 연소실에서 배출되는 배기가스를 한 곳으로 모아서 배출시키도록 설계된 장치로서 배기 저항을 최대한 줄이는 구조로 되어 있다.

결합부가 1개인 싱글 포인트보다 배기 효율을 높이기 위해 듀얼 포트형을 많이 사용하며 주철제나 스테인리스 강제를 사용하기도 한다.

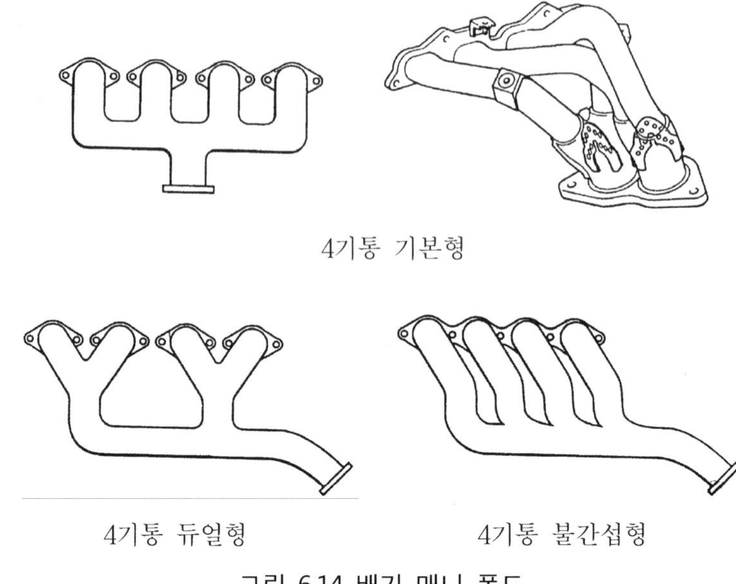

그림 6.14 배기 매니 폴드

2) 배기 간섭과 배압

다기통의 배기를 집합시키면 실린더 배기 타이밍이 각각 다르기 때문에 다른 기통과 서로 간섭하여 역류하거나 흐름이 나빠지는 현상이 일어난다.

이렇게 되면 배기 밸브의 외측으로부터 압력이 걸려서 밸브가 열리더라도 원활하게 배출되지 않아서 혼합기의 흡입 효율이 나빠져 출력이 손실된다.

이와 같은 배압을 방지하기 위해서 기통마다 길게 늘리거나 완만하게 구부려서 하나로 합치는 불간섭형이 있다.

또한 4기통이면 2기통씩을 하나로, 6기통이면 3기통씩을 하나로 합치는 듀얼 타입이 있다.

일반적으로 열에 의한 열화를 방지하는 것이 중요하며 주철제나 강관을 사용하며 고급차나 스포츠카 타입에는 스테인레스강이 사용되기도 한다.

3) 머플러

배기 밸브를 거쳐 배출되는 가스는 600~900℃ 정도의 고온이고, 3~5kg/cm^{2}의 압력을 가지며, 속도 또한 음속에 가까워 고온에 의한 화재와 배기압과 배기음이 그대로 대기 중에 방출될 경우 급격한 팽창에 의한 격렬한 폭음이 발생된다.

따라서 머플러는 음압과 음파를 감쇠시키는 구조로 되어있어 소음기라고도 부른다.

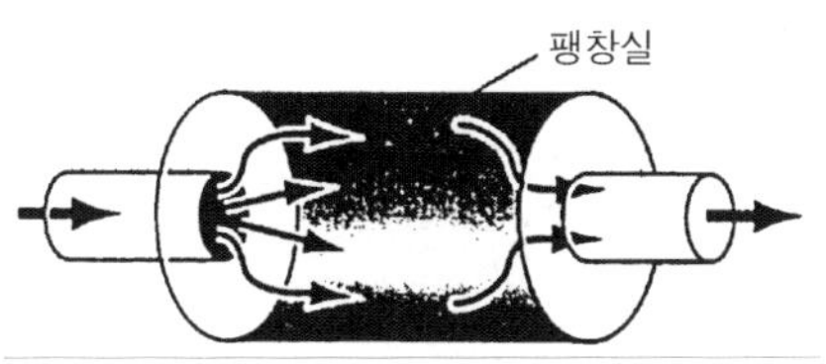

배기 압력을 낮춘다

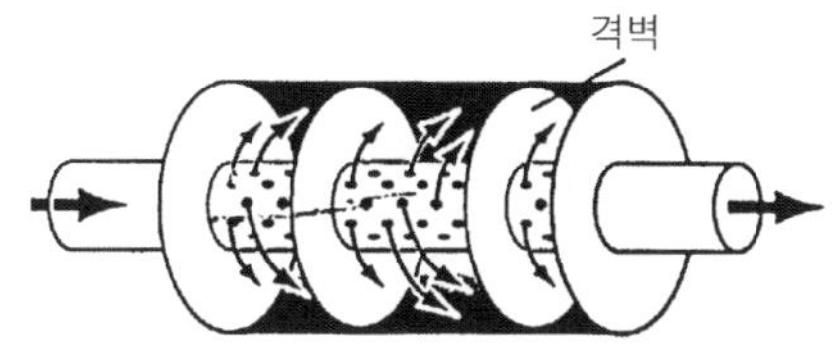

팽창실의 길이를 연결하면 광범위한 음이 없어진다

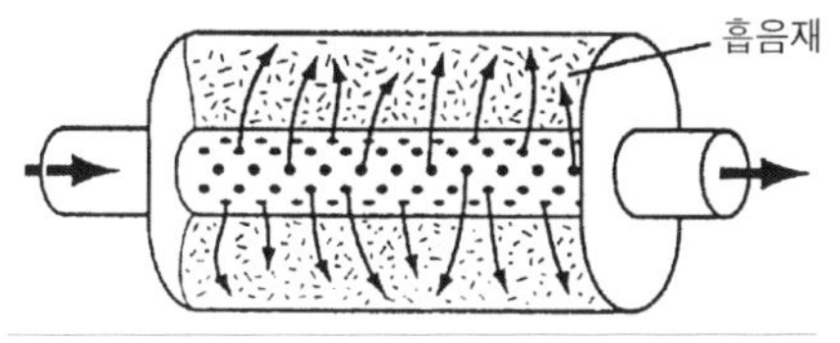

흡음재에 의한 음의 흡수

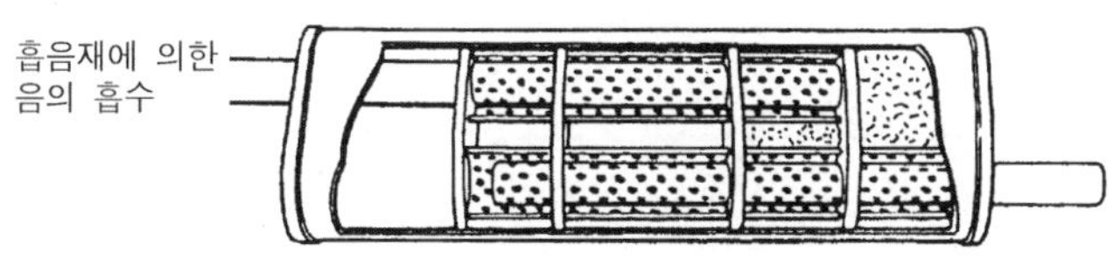

그림 6.15 머플러의 소음 원리

소음방법에는 흡음재를 사용하는 방법, 음파를 간섭시키는 방법, 튜브단면적을 크게 하는 방법, 공명에 의한 방법, 배기가스를 냉각시키는 방법 등이 있다.

머플러의 구조는 여러 종류가 있지만 보통 1mm 정도의 강판으로 된 원통형 또는 직렬형으로 설계되어 있다.

배가가스가 몇 개의 방으로 된 내부를 지나면서 음파의 간섭과 압력의 변동 감쇠, 배가가스 저하 등을 일으켜 점차 소리가 작게 된다.

그런데 소음 효과를 높이기 위해 소음 저항을 크게 하다보면 폭음은 작아지지만 배기행정에 걸리는 저항이 커져 엔진 출력이 저하된다.
그리고 배기 압력에 의해 소비되는 출력은 엔진 출력의 10~20% 정도를 소비시키고 있다 해도 과언이 아니다.
물론 이는 배기 매니폴드에서부터 머플러까지 거리나 머플러 구조에 따라 달라지기도 한다.

(1) 원통형 소음기

3개의 원통을 동심이 되도록 조합한 것이며 중앙에 들어간 배기가스는 작은 구멍을 통하여 바깥쪽의 원통으로 나와 다시 외곽에 있는 원통으로 나가면 배기가스의 압력과 온도가 저하되게 된다.

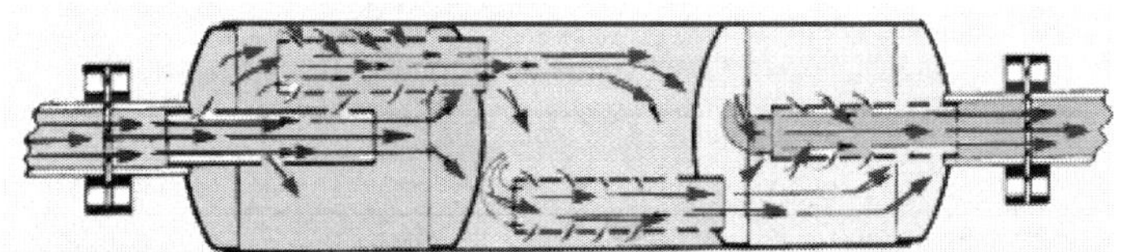

그림 6.16 원통형 소음기

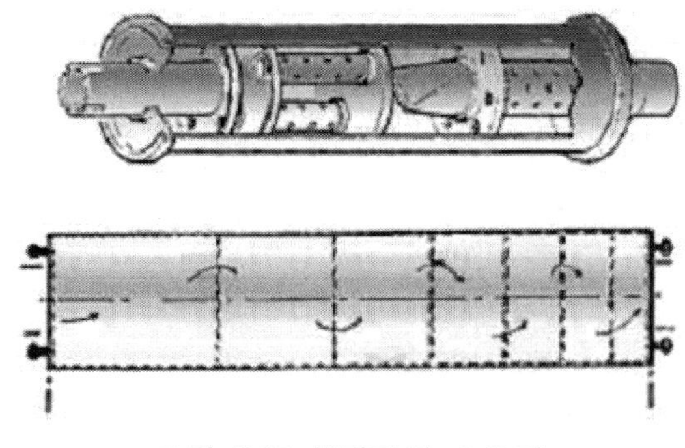

그림 6.17 차단판식 소음기

(2) 차단판식 소음기

원통 안쪽에 원통 중심의 수직 방향으로 다수의 차단 판으로 막아 놓았다.
배기가스는 차단 판의 작은 구멍을 통해 다음 칸으로 유출되며 칸막이에 있는 작은 구멍의 위치가 서로 엇갈리게 되어 있어 배기가스는 내부를 돌면서 서서히 냉각되며 압력도 저하되어 배출된다.

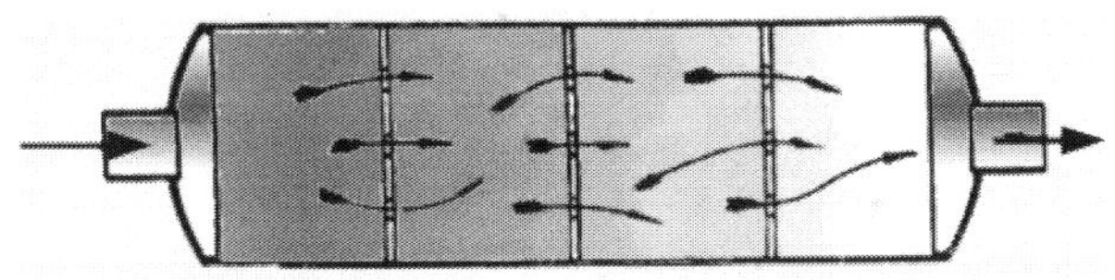

그림 6.18 이젝터식 소음기

(3) 이젝터식 소음기

중심부에 관이 있고 배기가스의 일부는 출구 지름이 작은 중심 관을 통과할 때 속도가 빠르게 되어 중심 관 부근에 부압이 발생하여 팽창실 내의 배기가스를 빨아내게 된다.
팽창실은 칸막이가 되어 있어 배기가스는 순차적으로 팽창하여 압력이 낮아진다.

(4) 가변 머플러

일반으로 머플러의 용적은 배기량의 15~20배는 필요하며 출력 손실은 5~10% 정도가 된다.
배기량이 큰 엔진이나 터보를 사용하면 머플러 용적도 큰 것이 필요하게 되는데 배기 저항은 기체 흡입량의 2곱에 비례하므로 고부하, 고회전이 되며 배압이 높아진다.
따라서 머플러에 가변 밸브를 설치하여 배기가스의 통로를 넓히거나 길게 하여 출력 손실을 작게 한다. 밸브의 개폐는 ECU를 이용해서 액츄에이터를 작동 제어하는 것이 80년대에 등장하였으나 최근에는 단순히 배기압을 이용하고 있다.

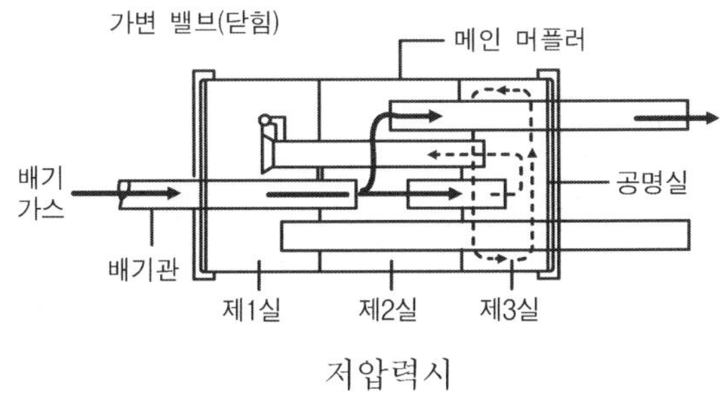

저압력시

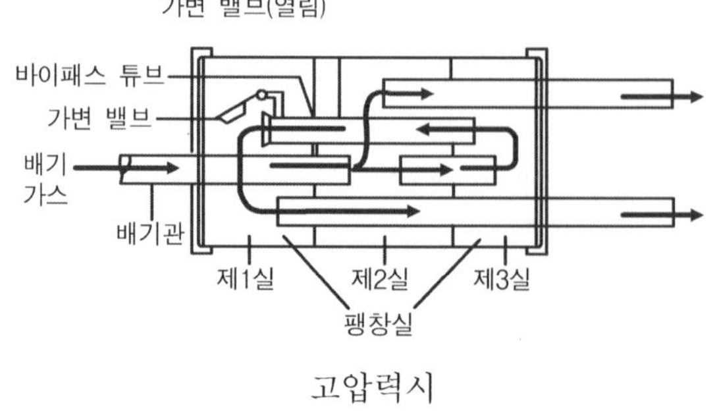

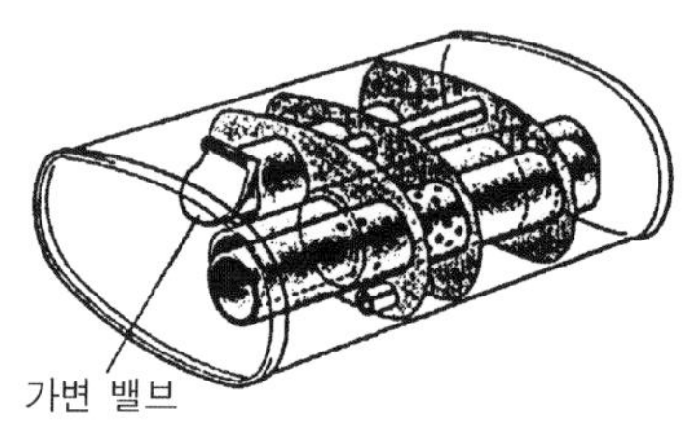

그림 6.19 가변 머플러

4) 배기 관성효과와 맥동 효과

각 실린더로부터의 배기는 점화 순서에 따라 같은 간격으로 배출되기 위해, 매니폴드 사이 및 모이는 배기관 사이에 맥동이 발생하거나, 배기를 함께 연결하거나 한다. 배기 관성효과는 흡기 관성효과와 같은 원리에 의해 얻어지는 효과로, 배기 포트와 매니폴드 집합 부분 사이에 가능한 맥동을 이용하는 것이다.

배기 밸브의 개폐에 의해 매니폴드 중에 연소 가스의 밀도가 짙은 부분과 옅은 부분이 나타난다.

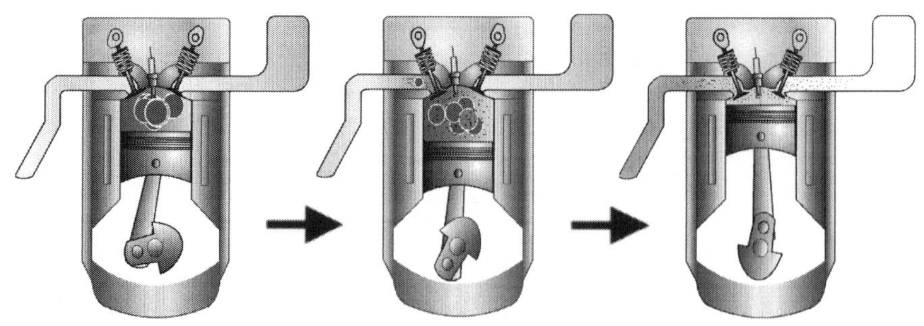

그림 6.20 배기 관성효과

밸브가 닫히기 직전에 밸브 부근의 밀도가 열어지고 있으면 연소실에 남은 가스를 빨아내는 효과가 생긴다.

배기 매니폴드의 성능으로서 큰 것은 부드러운 배기가 되지만, 이것을 방해하는 현상에 배기 간섭이 있다.

각 실린더로부터는, 점화 순서에 따라 연소가스가 배출되지만, 매니폴드에서 하나로 합쳐지기 때문에, 잘 조성되어 있지 않으면, 한 실린더의 배기가 통과하고 있을 때 다른 실린더로부터의 배기가 와서 연결된다든지, 매니폴드내의 압력이 높아지게 되어, 연소 가스가 잘 배출되지 않는다.

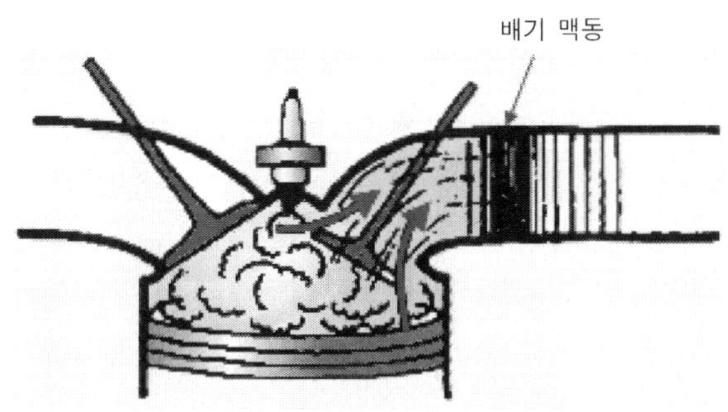

그림 6.21 배기 관성 효과의 원리

배기 간섭은 배기 밸브로부터 각 배기관의 집합 부분까지의 거리를 길게 한다든지, 각 배기관의 집합 부분 각도를 예각으로 하여 배기 흐름을 좋게 한다든지 하는 등에 의해 방지하는 것이 가능하다.

그러나 다기통 엔진일수록 모여지는 매니폴드 수가 많아지므로, 그 대책은 어렵다. 하나로 매니폴드가 모이게 되면 배기가 연결되어 배기 간섭이 일어난다.

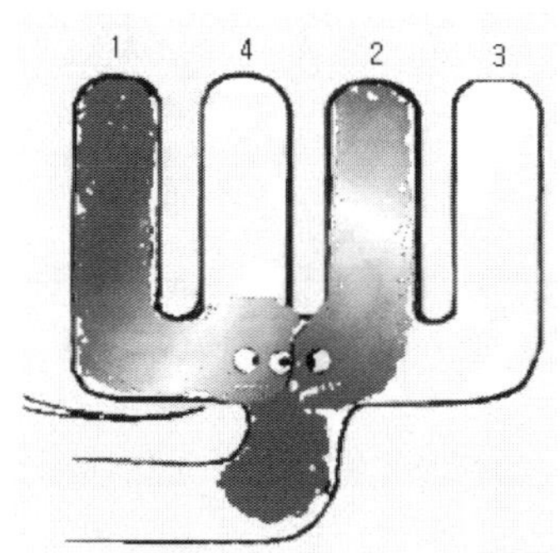

그림 6.22 배기 간섭

배기 간섭을 피하기 위해서는 각 실린더의 매니폴드를 충분히 길게 하는 것도 유효하지만, 배기 순서를 고려하여 매니폴드를 그룹으로 나누어 배기가 무겁게 되지 않도록 하는 것도 한 방법이다.

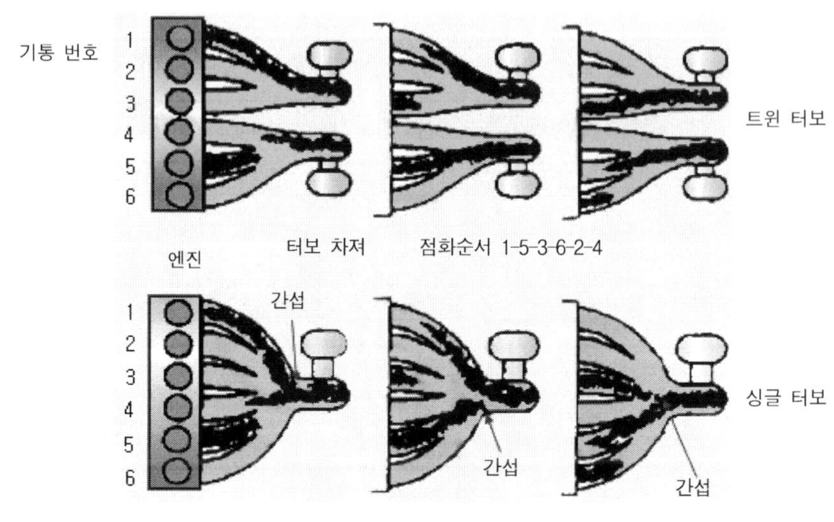

그림 6.23 배기 간섭

또 연소실 내에 남은 연소 가스를 배출하는 방법에 배기 관성효과와 맥동효과를 이용하는 방법이 있다.

이것은 흡기 관성효과 및 맥동 효과와 같은 고려 방안으로, 배기 밸브가 닫히도록 할 때에 그 부분의 가스 밀도가 낮게 되는 식으로 하여, 연소실에 남은 연소 가스를 빨아 당겨 내는 것이다.

배기 밸브가 열리게 되면, 압력이 높은 연소 가스는 빠르게 배기 포트로 부터 분출하며 남은 가스는 피스톤에 의해 압출된다.

그 후에 배기 밸브는 닫히게 되므로, 매니폴드 가운데를 진행하는 배기에는 밀도가 높은 부분과 낮은 부분이 존재한다.

이 부분에서 음파가 발생하고 이 현상은 음속으로 전달되어 매니폴드의 집합 부분과 배기 밸브 사이에서 밀도가 높은 부분으로부터 낮은 부분으로 전이된다.

이것을 배기 맥동이라고 한다.

배기맥동을 이용하여 밸브가 닫히기 직전에 밸브 부분의 밀도가 낮아지도록 하면 연소실에 남은 연소 가스를 손쉽게 배출할 수 있으며, 동시에 밸브 오버랩에 의해 열리고 있는 흡기 포트로부터 혼합기를 들이는데 도움을 주게 된다.

4. 배출 가스

자동차에서 배출되는 가스는 배기 가스 외에 기화기나 연료탱크에서의 증발가스, 피스톤과 실린더 틈새에서 나오는 블로 바이 가스가 있다.

배기 가스는 질소와 수증기의 외에 유해물질인 CO(일산화탄소), HC(탄화수소), NOx(질소산화물)이 포함된다.

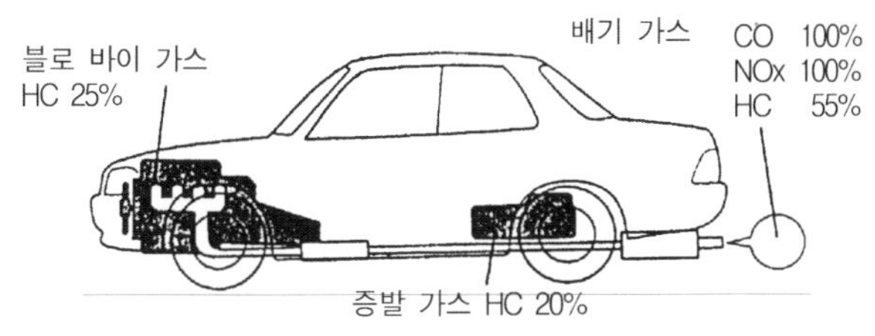

그림 6.24 배출 가스

- CO : 진한 혼합기를 사용하는 가속시나 아이들링시에 주로 발생한다.
- HC : 연료가 미연소로 배출될 때에 발생한다.
- NOx : 고온에서 연소하면 발생하며 일산화질소(NO)와 이산화질소(NO_2)이다. NO_2와 HC가 태양광선과 화학반응을 통해 옥시던트(OX)가 되어 광학 스모그가 된다.

5. 촉매 컨버터

촉매를 사용하여 CO나 HC를 산화하여 무해한 CO_2나 H_2O로 하거나 NOx를 N_2(질소)와 O_2(산소)로 환원 하는데, 현재는 이 2가지를 동시에 행하여 정화하는 3원촉매가 사용된다.

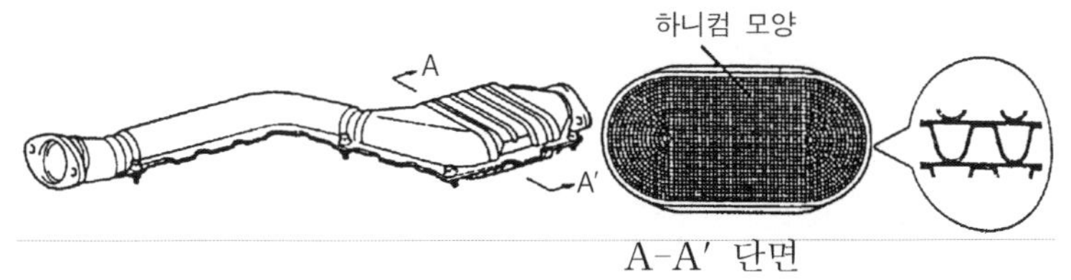

그림 6.25 촉매 컨버터

촉매에는 백금, 파라듐, 로듐, 구리, 망간 등이 사용되며 팰릿(알갱이) 모양으로 하여 용기에 집어넣는다.
지금은 배기 저항이 적은 하니컴 모양이 일반적이다. 하니컴 모양은 판상의 금속막을 합쳐서 나사 모양으로 일체 형성하여 촉매 성분을 유지시킨다.
그리고 벌집 모양의 구멍을 통과하는 동안에 산화 및 환원이 이루어진다.
촉매 반응은 연소정도(혼합가스도 연소농도)와 배기가스 온도, 배기가스 배출속도에 따라 좌우되며 촉매반응은 보통 400~800℃ 정도에서 운전되는 것이 이상적이다.

1) 배기관 직하의 촉매

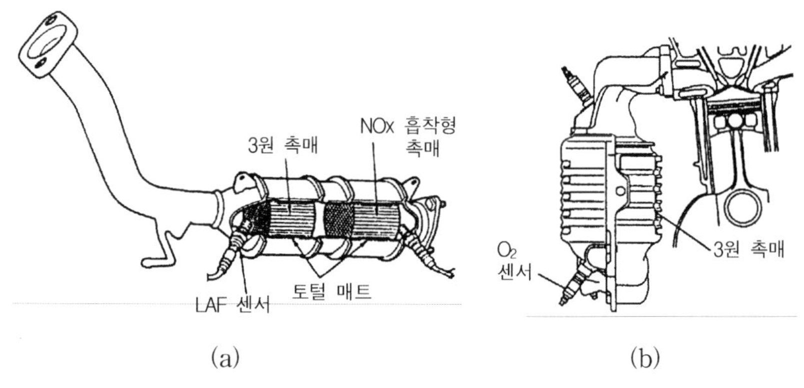

(a) (b)

그림 6.26 3원 촉매

촉매는 어느 정도 온도가 올라가지 않으면 효과를 발휘하지 않으므로 1개는 엔진의 옆에 설치하며 엔진 시동 직후 곧 온도가 올라가 활성화 시킨다.
촉매에는 공연비 센서(A/F 센서)나 O_2 센서를 설치하여 A/F센서는 전역의 공연비를, O_2 센서는 이론 공연비를 탐지하여 연소실에의 혼합기를 섬세하게 제어하여 완전 연소에 접근시킨다.

2) NOx 흡착 촉매

연비의 향상을 도모하기 위해서 희박한 혼합기로 연소시키게 되면 배기가스에 NOx가 증가하게 된다.
NOx 흡착 촉매는 촉매 내에 NOx를 모아놓고 어느 정도의 양이 되었을 때에 일시적으로 농후한 혼합기로 연소시켜 그 동안에 환원시키는 방식이다.

이 촉매는 희박연소나 직접 분사 엔진에 이용되고 있다.

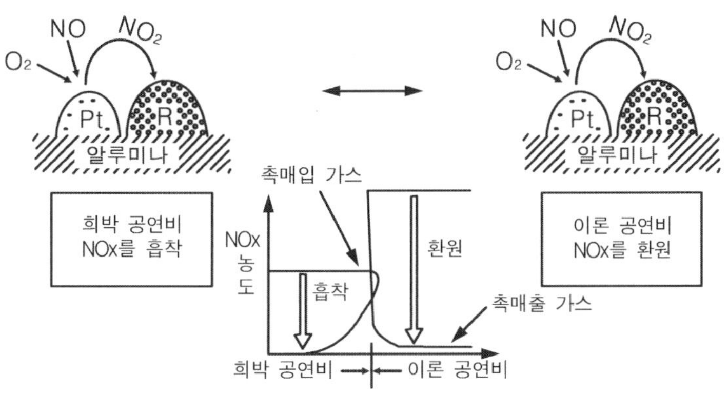

그림 6.27 NOx 흡착 촉매

6. 배기가스 재순환(EGR, Exhaust Gas Recirculation)

가솔린 엔진은 어느 회전수에 도달하면 혼합기, 압축 압력, 점화시기 등의 상대 관계로 연소 상태가 매우 좋아져 연소 온도가 현저하게 높아진다.
그렇게 되면 질소와 산소가 결합하여 NO_2의 발생량이 많아질 때가 있다.
따라서 배기가스의 일부를 흡입계로 리턴시켜 혼합기에 혼입시킴으로써 연소 온도를 낮추어 NO_2의 발생량을 감소시킨다.
또 저회전에서의 펌핑 손실을 방지하는 데도 사용되며 최근에는 전자 제어에 의해 대량의 EGR이라도 운전성을 저하시키지 않는다.

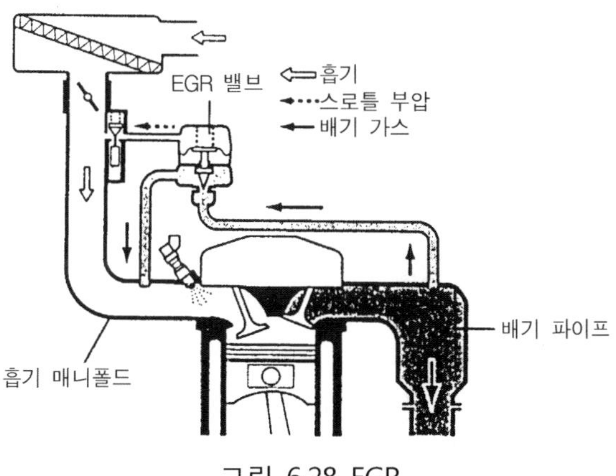

그림 6.28 EGR

7. 과급기

과급기(Super Charger)는 엔진의 충전 효율을 높게 하고 동일 회전 속도, 동일 실린더 용적으로 출력, 토크, 연료 소비율을 향상시킬 목적으로 흡기에 압력을 가하기 위한 공기 펌프이다. 과급기의 분류는 다음과 같다.

※과급기
- (1) 배출가스 이용 : 터보 차저(터보 슈퍼 차저 = 배기 터빈 과급기
- (2) 기계 구동 : 슈퍼 차저(메커니컬 드라이브 슈퍼 차저 = 기계 구동식 과급기
  - ⓐ 루츠 펌프식(누에고치형 로터)
  - ⓑ 리쇼룸식(나사식)
  - ⓒ 베인식
  - ⓓ 로터리식
  - ⓔ 브리츠식

① 터보 차저의 특징 - 배기가스를 이용하기 때문에 엔진 회전이 올라가지 않으면 배출압력도 상승하지 않으므로 효과가 올라가지 않는다.
② 슈퍼 차저의 특징 - 엔진 출력을 소비하면서 그 이상의 효과를 얻는 방식으로 매우 저회전에서도 출력이 얻어진다.

그림 6.29 과급기의 종류(구동방식에 의한 분류)

과급기는 그의 구조상 용적형과 유동형으로 대별되며 용적형에는 루츠식 과급기(Roots Type Super Charger), 회전 날개식 과급기(Rotary Vane Type Super Charger), 리쇼름식 과급기(Lysholm Type Super Charger) 등이 있다.
유동형에는 원심식 과급기(Centrifugal Type Super Charger), 축류식 과급기(Axial Flow Type Super Charger) 등이 있다.
이들 중 자동차용 4사이클 엔진에는 배기 터빈 부착 원심식 과급기(Exhaust Gas Turbine With Centrifugal Super Charger)가 많이 사용되고 있다.
종래는 엔진 출력의 일부로 구동하는 루츠식 과급기가 사용되었으나 루츠식은 주로 2사이클 엔진의 소기 펌프로서 사용되고 있다.

1) 터보 차저

터보 차저 시스템은 엔진의 배기가스 에너지로 터빈을 구동한다.
터빈의 회전력으로 동축의 원심 압축기를 구동시켜 엔진의 실린더 내에 공급되는 공기를 대기압 이상의 압력으로 과급함으로써 출력 및 토오크 증대의 효과

를 얻는 시스템이다.

이것은 일정 용량의 실린더 속에 다량의 공기를 넣어 다량의 연료를 연소시켜서 1사이클당의 출력을 높이기 위한 것이다.

엔진의 토오크 및 출력을 30~50% 정도 높일 수 있기 때문에, 그만큼 엔진에 여유 동력 성능을 유지시킬 수 있다.

터보 차저는 구동 마력이 작아 엔진 부하에 대한 매칭이 좋고, 소형 경량이다.

특히 무과급의 동마력 엔진에 비교하여 기계 효율이나 연소를 개선시킬 수 있어 연비가 향상되는 이점이 있다.

반면 배기량이 적은 저속 영역에 있어서는 터빈을 고 회전시킬 수 있는 힘의 부족 및 가속 응답성이 나쁘다는 문제점이 있다.

따라서 보다 작은 소형의 터빈을 사용하게 되면 이러한 문제점은 개선된다.

그러나 소형 터빈은 배기가스의 흐름을 방해하여, 특히 배압이 증가되어 출력증가율이 낮아진다는 문제점이 발생하게 된다.

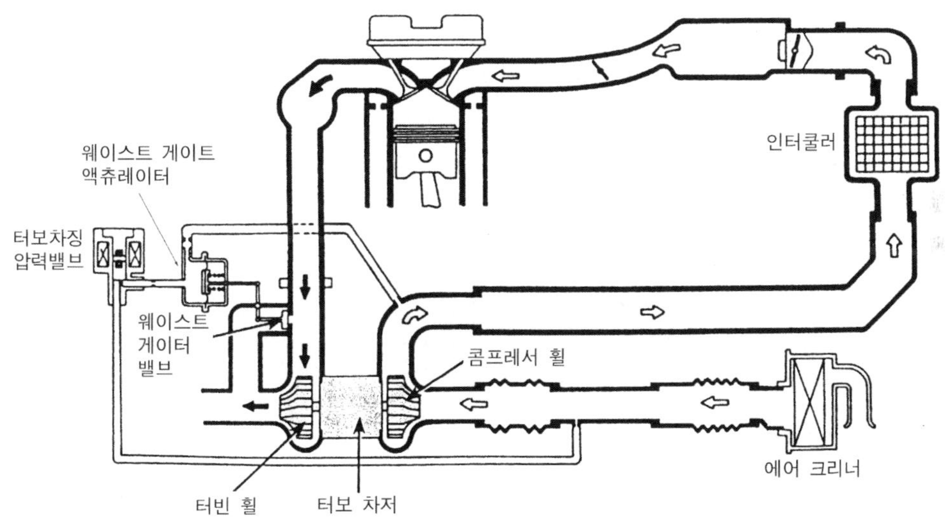

그림 6.30 터보 시스템 구성도

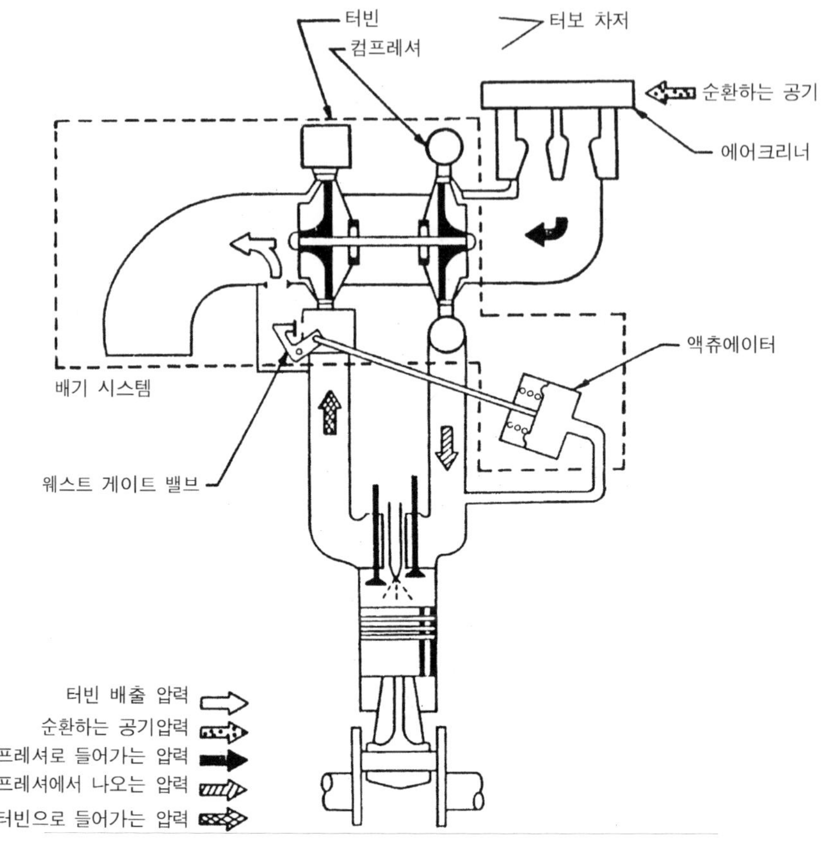

그림 6.31 터보 차저 시스템

터보차저의 구조는

· 배기가스의 압력에 의해서 고속으로 회전되어 공기를 가압하는 임펠러
· 배기가스의 열에너지를 회전력으로 변환시키는 터빈
· 터빈 축을 지지하는 플로팅 베어링
· 과급압력이 규정 이상으로 상승되는 것을 방지하는 과급 압력 조절기
· 과급된 공기를 냉각시키는 인터쿨러
· 분사시기를 조절하여 노킹이 발생되지 않도록 하는 노킹 방지 장치

등으로 구성되어 있다.

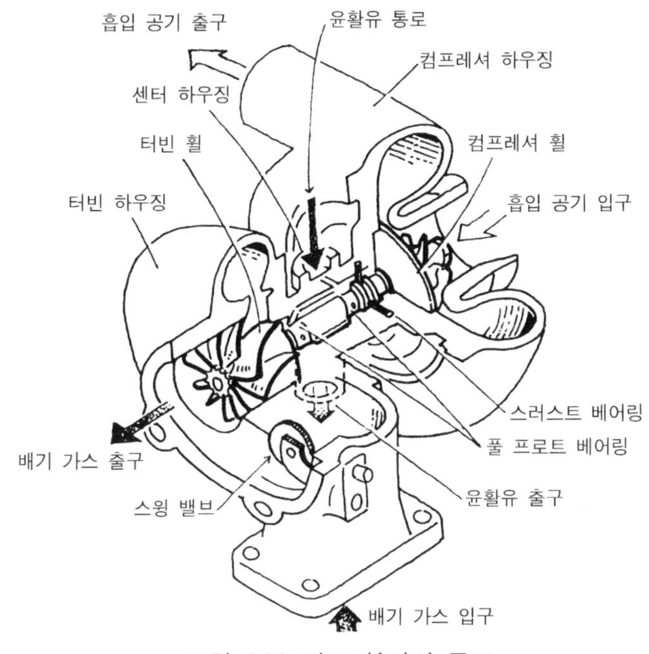

그림 6.32 터보 차저의 구조

(1) 임펠러(Impeller)

임펠러는 흡입 쪽에 설치된 날개로서 공기를 실린더에 가압시키는 역할을 한다.
디젤 기관의 임펠러는 직선으로 배열된 레이디얼형(Radial Type, 고속회전에 유리)이 사용된다.
가솔린 기관의 임펠러는 나선형으로 배열된 백워드형(Backward Type Impeller, 저속회전에도 효율이 좋음)이 사용된다.

(2) 터빈(Turbine)

터빈은 배기 쪽에 설치된 날개로서 배기가스의 압력에 의하여 압축기를 회전시켜 배기가스의 열 에너지를 회전력으로 변환시키는 역할을 한다.
터빈의 날개는 레이디얼형(Radial Type Turbine)이 사용된다.
따라서 터빈은 기관의 작동 중에는 배기가스의 온도를 받는다.
또한 고속으로 회전하기 때문에 원심력에 대한 충분한 강성과 내열성이 있어야 한다.
엔진이 작동할 때 각 실린더의 배기 밸브를 통하여 배출되는 배기가스는 터빈의 하우징 안에서 바깥 둘레로부터 터빈의 날개와 접촉되어 회전시키고 배기관을 통하여 배출된다.
이 때 흡입 쪽에 설치된 임펠러가 동일 축에 설치되어 있기 때문에 회전하게 된다.

(3) 플로팅 베어링(Floating Bearing)

플로팅 베어링은 10,000~15,000rpm 정도로 회전하는 터빈 축을 지지하는 베어링이다.
엔진으로부터 공급되는 오일로 충분히 윤활 되므로 하우징과 축 사이에서 자유롭게 회전할 수 있다.
주의할 점은 고속주행 직후 엔진을 정지시키면 플로팅 베어링에 오일이 공급되지 않기 때문에 소결(stick)이 되는 경우가 있다.
따라서 충분히 공회전하여 터보장치를 냉각시킨 후 엔진을 정지시켜야 한다.

(4) 과급 압력 조절기(Super Pressure Relief)-Wastegate

과급 압력 조절기는 과급 압력이 규정 값 이상으로 상승되는 것을 방지하는 역할을 한다.
과급 압력을 조절하지 않게 되면 허용 압력 이상으로 상승되어 기관이 파손되므로 과급 압력을 조절하여야 한다.
압력을 조절하는 방법으로는 배기가스를 바이패스(By-Pass)시키는 방법과 흡입되는 공기를 조절하는 방식이 있다.

(5) 노킹 방지 장치(Knocking Prevention System)

노킹 방지장치는 실린더 블록에 노크 센서를 설치하여 노킹 진동이 발생되면 분사시기를 느리게 조절하여 노킹이 발생되는 것을 방지하는 장치이다.
노킹은 과급 압력이 낮거나 흡기 온도가 낮을 경우에 발생되기 쉽다.
노킹 방지장치는 6~8KHz의 진동(Vibration)을 감지하는 노크센서, 노크 조절장치, 진각 제어 부분으로 구성되어 있다.

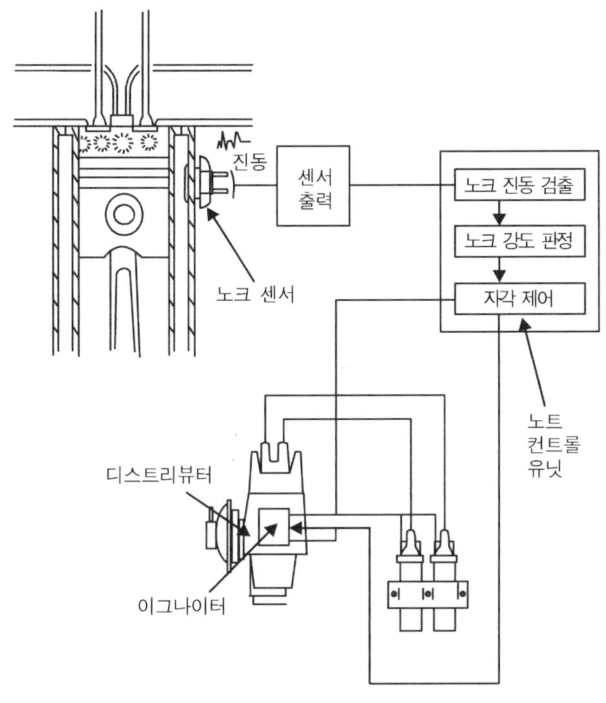

그림 6.33 노킹 방지 구성도

(6) 터보차저 래그(Trbocharger Lag)

부분부하 상태와 정상 운전 중의 터보차저는 공회전 상태이다.

이 경우 흡기 매니폴드 내는 진공 상태가 되며, 배기가스는 거의 터빈을 통과하지 않으므로, 압축기가 너무 느리게 회전해서 흡입 공기를 압축할 수가 없다.

운전자가 더 많은 동력을 발생시키기 위하여 가속 페달을 밟을 때 스로틀 밸브가 열리게 된다.

더 많은 공기와 연료가 엔진으로 흡입되어 흡기 매니폴드의 진공 상태는 감소된다.

추가된 혼합기의 연소는 배기가스의 흐름을 증가시키게 되어 이것이 압축기가 부스트 공기를 공급할 때까지 터빈과 압축기의 속도를 증가시킨다.

터보차저가 부착된 차들의 많은 운전자들은 스로틀 밸브가 열리고 터보차저가 추가 동력을 공급할 때까지 느껴지는 지연 시간, 즉 터보래그에 대한 불평을 한다.

터보래그는 공회전 상태의 터빈이 과급압에 도달하는 데 요구되는 시간이다.

또한 인터쿨러에 소요되는 시간과 흡기관 내가 진공 상태로부터 압력이 존재하는 상태로 되기 위하여 공기를 채우는 데 걸리는 시간이 추가된다.
전체의 래그 시간은 0.5초이거나 그 이상일 수 있으며, 이러한 터보래그는 많은 운전자들의 관심을 끄는 부분이다.
하나의 부분적 해결책은 압축기와 터보 휠과 같은 회전체를 가능한 한 경량화 시키는 방법이다.
또 다른 해결책은 하나의 큰 부품 대신에 두 개의 작은 터보차저를 사용하는 것이다.
터빈을 작게 하거나 가볍게 함으로서 래그 시간을 감소시킬 수 있다.
두 개의 터보차저가 설치된 엔진을 바이터보(Bi-Turbo) 또는 트윈터보(Twin-Turbo) 엔진이라 한다.

그림 6.34 트윈터보를 장착한 엔진

(7) 인터쿨러

자동차 엔진은 원래 자연 흡기방식의 엔진이었다. 하지만 엔진의 출력증강과 연비의 개선, 매연의 감소 등 여러 가지 개선사항을 충족시키기 위해서 터보엔진(터보 차져)이 개발이 되게 되었다.
자연 흡기식 엔진은 배기량만큼 혼합기를 흡입하여야 하는데 실제 배기량의 80% 정도만큼 밖에 흡입할 수 없다.
따라서 2000cc 엔진도 1600cc 분의 혼합기 밖에 흡입하지 못한다.

이 흡입량을 늘리기 위해 밸브수를 늘리거나 밸브 직경을 크게 하는 방법이 있다. 또 하나의 방법으로 터보차저나 슈퍼차저를 사용하여 터빈이나 펌프를 강제적으로 돌려 공기의 압력을 1.5배로 하면 많은 공기가 실린더 내로 들어가게 된다. 따라서 연료의 양도 많이 공급되며 파워도 상승한다.

인터쿨러는 고온으로 가열된 터빈에 의해 압축된 공기의 온도가 상승하여 충전효율이 악화되어 과급이 나빠지고 엔진에 치명적인 노킹도 일어나게 되는 등의 출력저하나 엔진의 치명적 손상을 막기 위한 장치이다.

같은 용적의 실린더라면 흡기 온도가 낮을수록 산소의 밀도가 높아 출력과 연비가 향상되며 내구성 또한 좋아진다.

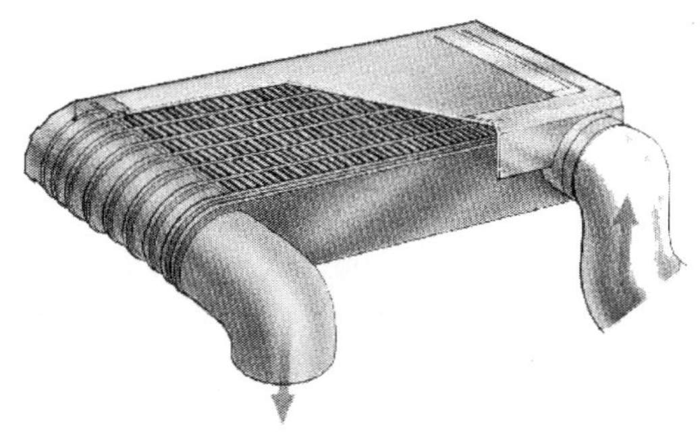

그림 6.35 인터쿨러

터보 인터쿨러 엔진은 원래 항공기에 사용된 것으로, 공기가 희박해지는 높은 고도에서도 엔진 내에 일정한 공기압을 유지해 주기 위해 개발된 것을 자동차 엔진에 응용한 것이다.

터보 인터쿨러는 가압 후 고온이 된 공기를 인터쿨러에서 냉각시켜 공기 밀도를 크게 함으로써 실린더로 보급되는 흡입공기의 절대량을 늘려 엔진출력을 향상시키는 장치이다..

따라서 자연흡기 엔진에 비해 출력이 30% 가까이 향상되어 탁월한 동력성능을 발휘한다.

또한 저속에서도 동일 출력을 내므로 엔진 수명이 오래가는 장점이 있다. 뿐만 아니라 진동과 소음, 배기가스 등이 감소되고, 연비 또한 좋아진다.

2) 슈퍼 차저

(1) 슈퍼 차저의 구조

슈퍼 차저는 컴퓨터의 제어 신호에 의해서 기관의 동력을 전달 또는 차단하는 전자 클러치, 기관의 동력에 의해서 회전하며 공기를 압축하는 누에고치 모양의 루트, 크랭크 축 풀리와 벨트로 연결되어 기관의 동력을 받는 풀리, 전자 클러치가 "OFF"되었을 때 공기를 공급하는 공기 바이패스 밸브로 구성되어 있다.
기관의 동력을 이용하여 누에고치 모양의 루트 2개를 회전시켜 공기를 과급하는 방식이다.

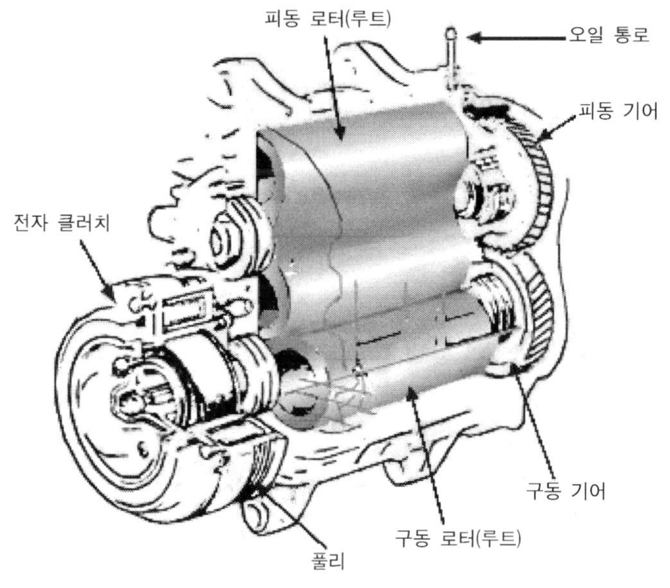

그림 6.36 슈퍼 차저의 구조

전자 클러치에 의해서 기관의 부하가 적을 때는 클러치를 "OFF" 시켜 연비를 향상시키고, 부하가 커지면 클러치를 "ON"시켜 기관의 출력을 향상시킨다.
이때 클러치의 제어는 컴퓨터에 의해서 이루어지며, 터보 차저에 비해서 저속 회전에서도 큰 출력을 얻을 수 있는 특징이 있다.

(2) 슈퍼 차저의 작동

기관의 부하가 적을 때는 전자 클러치가 작동되지 않기 때문에 흡기 다기관의 진공이 공기 바이패스 밸브의 진공 챔버에 작용하여 공기 바이패스 밸브가 열리므로, 흡입 공기는 공기 바이패스 통로를 통하여 실린더에 공급된다.

기관의 부하가 클 때는 컴퓨터의 제어신호에 의해서 전자 클러치와 진공 솔레노이드 밸브가 작동한다.

이때 진공 솔레노이드 밸브가 열려 공기 바이패스 밸브의 진공 챔버에 대기압을 유입시켜 바이패스 밸브를 닫는다.

전자 클러치가 작동되어서 기관의 동력이 벨트를 통하여 전달되면, 누에고치 모양의 루트가 회전되어 공기를 압축하여 흡기 다기관을 통하여 흡기 밸브가 열린 실린더에 공급된다.

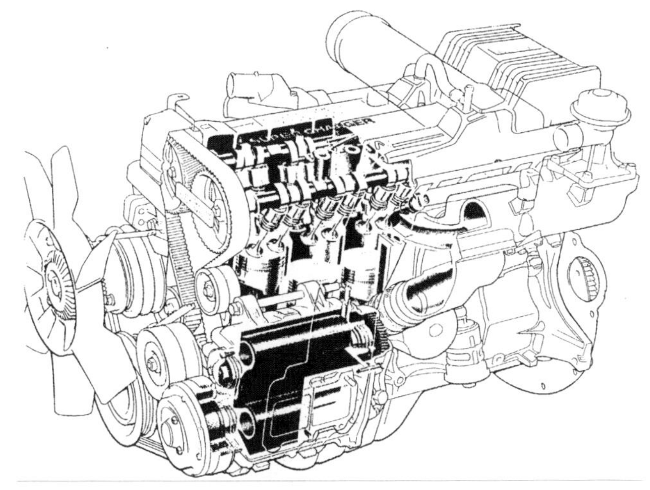

그림 6.37 슈퍼 차저가 엔진에 장착된 모습

슈퍼 차저가 작동하여 과급 압력이 규정 값 이상으로 상승하면, 과급 압력에 의해서 공기 바이패스 밸브가 열려 과급된 공기의 일부가 흡기 덕트로 바이패스되므로 일정하게 유지된다.

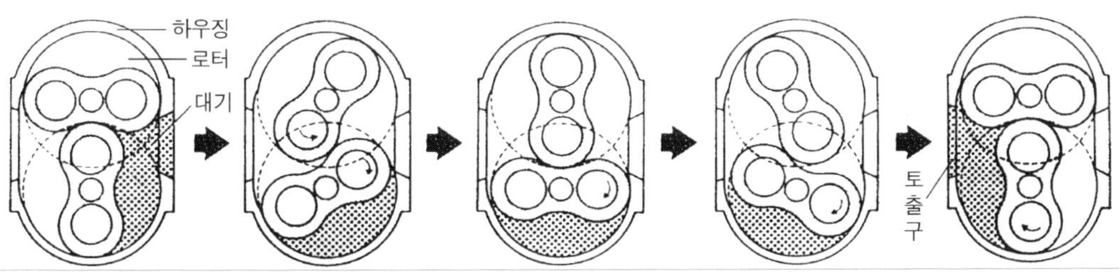

그림 6.38 슈퍼 차저의 작동 프로세스

8. 가변 밸브 타이밍 시스템

현재의 대부분의 엔진은 흡·배기 밸브 타이밍이 고 회전, 고출력 위주로 설정되어 있기 때문에 최고출력은 높일 수 있다.

실제로 운전자가 가장 많이 사용하는 회전수인 저중속 영역에서는 충진 효율이 떨어지고, 엔진의 성능을 최대로 발휘하기 어려운 단점이 있다.

밸브 타이밍, 특히 흡기 밸브 개폐 시기는 충진 효율에 지대한 영향을 주는 인자이다.

흡기 밸브를 일찍 열어주면 밸브 오버랩 기간이 길어지므로 고속에서는 흡, 배기 관성유동을 충분히 이용할 수 있으므로 체적효율이 증가한다.

반면 저속에서는 잔류 가스량의 증가로 오히려 체적효율이 떨어지고 HC의 배출량이 증가하게 된다.

따라서 엔진의 효율을 높이려면, 고속시와 저속시에 각각 밸브 개폐시기를 달리할 필요가 있다.

가변 밸브 타이밍의 구현 방법에는

· 흡기 밸브 여는 시기만 2가지로 제어하는 흡기 캠 축 위상 변화 방식
· 흡기 캠을 각각 프로파일이 상이한 2개로 설정하여 개폐 타이밍과 리프트까지 변환하는 방식
· 배기 밸브까지 흡기 밸브처럼 모두 변환하는 방식

의 3가지로 대별된다.

이중 현재까지는 구조가 간단하면서도 어느 정도의 성능 향상을 기대할 수 있는 흡기 캠 위상 변화 방식이 가장 많이 사용되고 있다.

1) 흡기 캠 위상 변환방식

엔진 회전수 및 차량의 부하 상태에 따라 흡기 캠 샤프트의 위상을 변화하여 흡기밸브의 개폐 시기를 연속적으로 변경하는 시스템 즉 밸브 오버랩을 변화시키는 방식이다.

ECU에서 가변 밸브 타이밍의 ON 신호가 나오면, 유압 솔레노이드의 작동으로 헬리컬 기어가 회전하면서 캠 축을 회전시키는 구조로 되어있다.

그림 6.39 가변 밸브 타이밍 유니트가 장착된 모습

(1) 가변 밸브 타이밍 유니트

가변 밸브 타이밍 장치 중 가장 간단하고, 밸브 리프트는 바뀌지 않는다.
가변 밸브 타이밍 유니트는 흡기 캠샤프트에 장착되며, 내부에는 하우징(Housing), 로터(Rotor)로 구성되어 있다.
하우징과 로터 베인(Vene) 사이에는 진각실과 지각실로 구성되며 오일 컨트롤 밸브를 통한 오일이 유입되어 로터 베인이 움직인다.

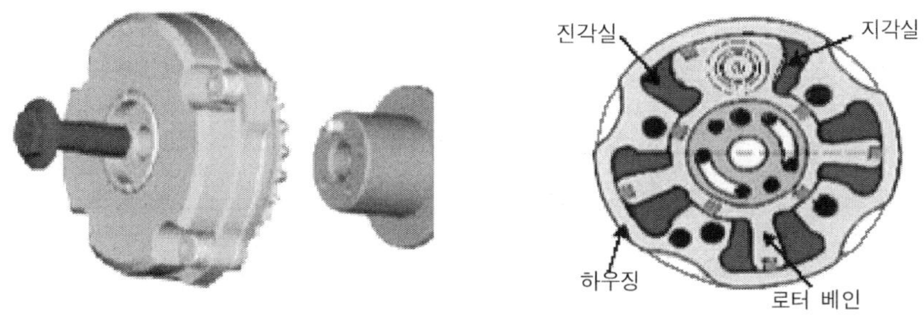

그림 6.40 가변 밸브 타이밍 유니트의 구조

(2) 오일 컨트롤 밸브

그림 6.41 오일 컨트롤 밸브

오일 컨트롤 밸브는 가변 밸브 타이밍 시스템의 핵심 부품으로 오일 펌프로 부터 공급된 엔진오일을 엔진 컴퓨터(ECU)의 제어를 받아 가변 밸브 타이밍 유니트로 가는 유체 통로의 방향을 변경시켜 밸브 개폐 시기를 조정하는 역할을 한다.

(3) 오일 온도 센서

가변 밸브 타이밍 유니트의 작동유체는 엔진오일이 같이 쓰인다.
엔진오일의 온도에 따라 밀도의 변화가 생기는데 이러한 온도에 따른 변화량을 보상하기 위하여 오일온도 센서를 장착한다.
오일온도 센서는 오일 컨트롤 밸브로 엔진오일이 들어가기 전에 온도를 측정하여 ECU에 보내고 ECU는 오일 컨트롤 밸브를 구동하여 보정한다.

(4) 오일 컨트롤 밸브 필터

오일 컨트롤 밸브 필터는 오일 컨트롤 밸브로 가는 엔진오일 속의 불순물을 여과 시키는 역할을 한다.

(5) 오토텐셔너

타이밍 체인의 장력과 각종 편차는 가변 밸브 타이밍 유니트 응답성 지연(편차) 및 기능상의 문제를 유발한다.
오토텐셔너는 체인에 일정한 장력을 유지하므로 성능 안전성을 확보한다.

(6) 오일 플로우 컨트롤 밸브 제어

엔진이 회전을 하면 오일 팬에 고여 있는 엔진오일이 오일 펌프에 의해 가변 밸브 타이밍 유니트용 오일 필터를 거쳐 오일온도 센서를 경유한 다음 오일 컨트롤 밸브로 공급된다.
이때 엔진 부하에 따라 ECU는 오일 플로우 컨트롤 밸브를 제어하여 목표 밸브 타이밍을 조절한다.

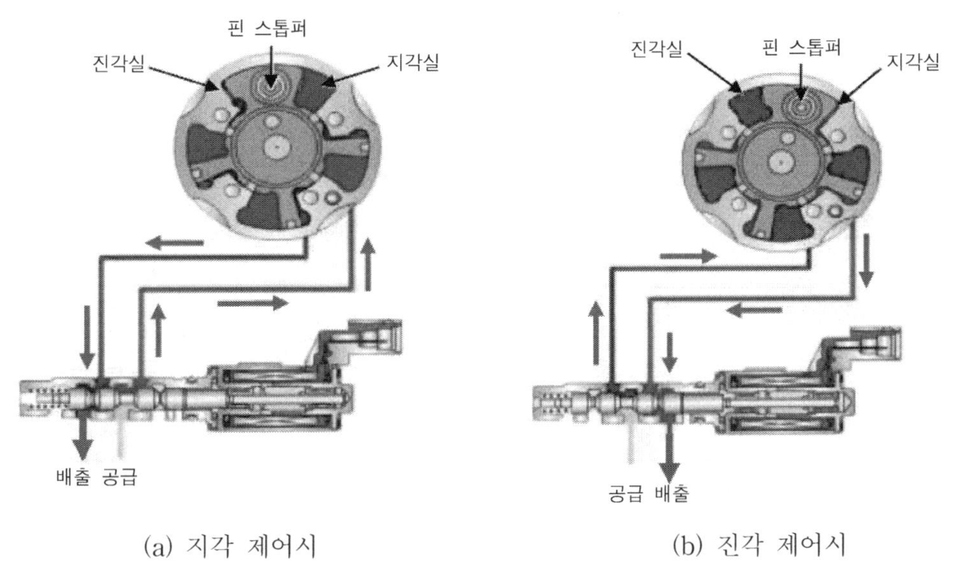

(a) 지각 제어시 (b) 진각 제어시

그림 6.42 가변 밸브 타이밍 시스템 오일 흐름도

시동 전 오일이 모두 빠져나간 상태로 베인은 최 진각 상태로 있다.
그러다 시동시 가변 밸브 타이밍 유니트 진각실과 지각실로 오일이 유입된다.
진각실에 유입된 오일의 압력이 스톱퍼 핀을 이기면 베인이 움직이기 시작한다.
운전조건에 따라 진각이 필요하면 ECU의 신호에 따라 오일 컨트롤 밸브 스풀이 움직여 진각실로 오일이 유입되고, 지각실로 부터 오일이 빠져나가 베인이 진각쪽으로 이동한다.
지각이 필요하게 되면 지각실로 오일이 유입이 되고 진각실에서는 오일이 빠져나가므로 베인은 지각쪽으로 이동한다.

① 최대 지각 모드

최대 지각 상태로 제어하는 경우는 시동이 안 걸렸을 때/시동 때/저온 시동 때/아이들 상태에서 작동하는 모드이다. 이때가 밸브 오버랩 구간이 가장 적은 경우이다.

② 홀드 모드

홀드 모드라는 것은 어떤 밸브 타이밍을 요구할 때 타이밍을 계속 유지할 수 있게 하는 모드이다.

③ 최대 진각 모드

ECU에서 운전조건에 맞게 최대진각 상태까지 흡기측 밸브 타이밍을 변경하는 제어모드이다.

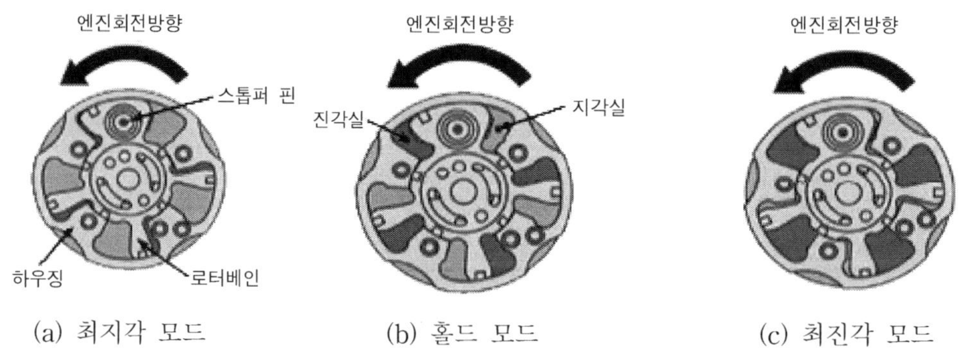

(a) 최지각 모드　(b) 홀드 모드　(c) 최진각 모드

그림 6.43 가변 밸브 타이밍 유니트 작동 모드

2) 고속 캠 저속 캠 이원화 방식

프로파일이 상이한 고속용과 저속용 캠을 각각 설치하여 밸브 타이밍뿐만 아니라 리프트까지 변환된다.

유압기구와 레버를 이용하여 엔진회전수에 따라서 절환하는 구조로 되어있다.

고속용 캠은 많은 공기가 흡입될 수 있도록 밸브리프트가 크고, 밸브 작동각이 크며, 저속용 캠은 반대로 리프트가 낮고, 밸브 오버랩을 줄이기 위해 흡기 밸브 작동각도 작게 설정된다.

제7장 가솔린 전자제어 엔진

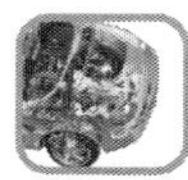

7.1 개 요

가솔린 엔진에 공급되는 혼합기에는 배기가스의 정화, 연료 소비량의 저감, 출력 향상 등을 동시에 만족시키기 위하여 정밀도가 높은 제어를 필요로 한다.

종래에는 보다 적절한 혼합기 형성을 위하여 2밸브식 또는 가변 벤츄리식 기화기가 사용되어져 모든 운전 조건에 완벽하게 적응하는 혼합기를 만들기는 불가능하였다.

그러나 최근에는 거의 이론적으로 엔진이 필요로 하는 혼합기를 완벽에 가까운 상태로 공급할 수 있는 연료 분사 장치가 개발되었다.

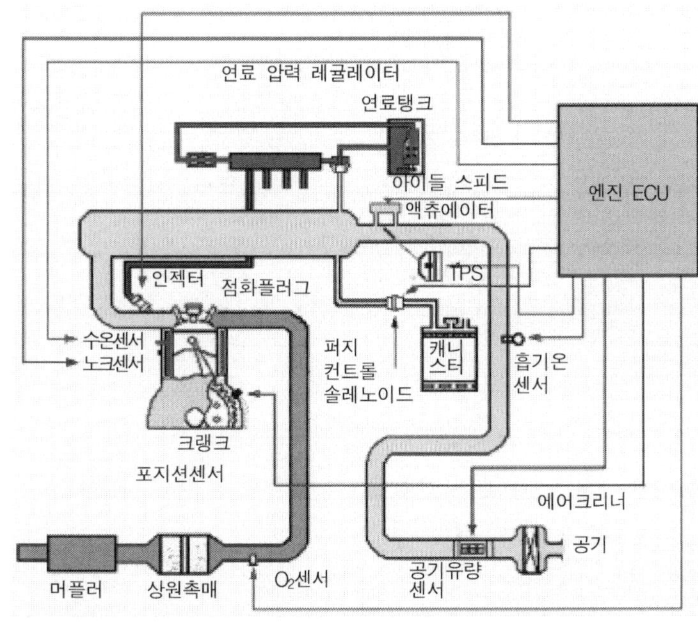

그림 7.1 전자 제어식 연료 분사 장치의 계통도

연료 분사 장치는 흡입 공기량을 전기적으로 검출하고, 이것에 따르는 연료를 엔진의 운전 조건에 적응시켜 분사하는 것으로 이러한 제어를 위해 컴퓨터가 사용되기 때문에 이를 통상 전자 제어식 연료 분사 장치라고 한다.
연료분사 방식의 기본 원리는 모두 거의 유사하다.
즉, 고압 연료 펌프를 사용하여 연료를 고압으로 압송하면 적절한 기간 동안 인젝터를 열어서 연료 자신의 압력으로 분사 되는 것이다.
현재 시판되고 있는 전자제어 차량에서 사용되는 연료 분사장치에는 대표적으로 K-제트로닉, D-제트로닉, L-제트로닉 방식이 있다.

1. D-제트로닉

속도-밀도(Speed Density)방식이라고도 하며, 엔진이 1사이클 하는 동안 흡입되는 공기량이 흡기 매니홀드 내 절대압력과 대체로 비례한다는 점을 이용한다.
즉, 압력 센서에서 계측된 흡기 매니홀드 내 압력과 엔진 회전수로부터 흡입 공기량을 계산한다.
흡기 매니홀드 압력은 압력센서에서 전기신호로 변환되어 ECU로 입력된다.
이 방식의 장점은 엔진 배기량에 관계없이 동일한 압력센서를 사용할 수 있으며, 센서 부착위치의 자유도가 높다는 점이다.
그러나 엔진에 따른 편차, 시간 경과에 따른 편차가 있고, 더욱이 배기가스 저감을 위한 장치를 부착하거나 EGR 적용, 배기계 관련 부품의 작동 유무에 따라서 동일한 압력에서도 공기량 계측 보정을 해주어야 하는 단점이 있다.

2. L-제트로닉

배기가스 규제 강화에 따라 D-제트로닉의 단점은 배기가스 저감에 치명적인 문제가 되기 때문에 L-제트로닉이 개발되었다.
최근에는 전자기술과 생산기술의 진보로 D-제트로닉의 단점이 많이 해소되었을 뿐만 아니라 L-제트로닉 보다 공기저항이 작고 원가도 유리하기 때문에 다시 D-제트로닉 적용차량이 늘고 있는 추세이다.
L-제트로닉 또는 K-제트로닉 방식은 직접 흡입통로에 공기유량 측정기를 장착하여 계측하는 방법으로 엔진 운전시간 경과나 EGR 밸브 작동 유무에 따른 보정이 필요 없다.

3. K-제트로닉

연료 분사가 간헐적이 아닌 연속적으로 분사되는 방식으로서 시스템 전체는 기계장치로 구성되고 라인의 연료 압력은 4.9kg/cm^{2}로 고압이다.

연료 분사량 제어는 연료 디스트리뷰터 내의 플런저 상하 운동과 인젝터 통로 면적 변화로 한다.

이러한 방식과 명칭은 독일 보쉬사에서 개발된 것으로 대부분의 전자제어엔진은 이중 한가지 방식을 채택하고 있다.

기계 제어와 전자제어의 차이점 외에 가장 큰 차이는 연료 분사량을 결정하는 가장 큰 기준이 되는 공기량 검출방식이다.

표 7.1 보쉬사의 3가지 연료분사 방식 비교

종 류	제어 방식	분사 시기	분사량 제어방법
K-제트로닉	기계식	연속분사	흡입 공기량 측정
D-제트로닉	전자식	간헐분사	속도-밀도 방식
L-제트로닉			흡입 공기량 측정

7.2 전자제어 연료분사장치의 분류

1. 제어 방식에 의한 분류

제어 방식에 의한 분류에는 기계 제어 방식(K-제트로닉)과 전자제어 방식(D-제트로닉, L-제트로닉)이 있다.

1) 기계 제어 방식(Mechanical Control Injection)

이 방식은 연료 분사량을 흡입 계통에 설치된 센서 플레이트(Sensor Plate)에 의해 연료 분배기(Fuel Distributor) 내의 제어 플런저(Control Plunger)를 움직여 인젝터로 통하는 통로의 면적을 변화시켜 제어하는 것이다.

이 방식은 기계적으로 연속 분사하는 방식으로 초창기 전자제어분사장치에 사용되었으나 현재는 거의 사용되지 않고 있다.

2) 전자 제어 방식(Electronic Control Injection)

이 방식은 각 사이클마다 흡입되는 공기량을 컴퓨터(ECU)가 센서를 이용하여 분사량을 제어하는 방식이며, D-Jetronic, L-Jetronic 등이 여기에 속한다.

2. 분사 방식에 의한 분류

연료 분사의 종류에는 흡기 다기관 내 연료를 분사하는 연속분사 방식(K-Jetronic)과 SPI(Single Point Injection) 방식이 있으며, 흡입 포트에 연료를 분사하는 MPI(Multi Point Injection) 방식이 있다.
또한 실린더 내에 직접 연료를 분사하는 직접 분사 방식(GDI, Gasoline Direct Injection)이 있다.

1) 연속분사 방식

이 방식은 기계-유압식으로 작동되는 연료 분사장치로서 엔진이 가동되는 동안 계속하여 연속적으로 연료를 분사하는 방식이다. Bosch사의 K-Jetronic이 여기에 속한다.

2) SPI(Single Point Injection) 방식

SPI는 캬브레타와 MPI의 중간적인 특성을 갖는 시스템이다.
캬브레타 방식은 흡입공기와 연료가 혼합되는 과정이 캬브레타 내에서 이루어진다.
반면에 SPI는 흡입매니폴드의 집합부에 1개의 인젝터가 설치되어 흡입공기량과 작동조건에 따라 ECU(Electronic Control Unit) 분사신호로 연료가 분사되어 혼합기를 형성 각 실린더에 분배되는 방식이다.
SPI 방식은 캬브레타 방식에 비해 연료계량이 일정하고 출력 성능이 우수하지만 가격이 높다는 결점이 있고 MPI 시스템에 비해서는 가격면에서 유리한 점을 제외하면 제반성능이 뒤떨어진다.
결국 캬브레타 방식은 오늘날의 연비와 배출가스규제에 대응키 어려워 사라졌고 SPI 방식 또한 연비성능과 배출가스규제 대응에 미흡한 시스템으로 전락되어 MPI 방식이 일반화되기에 이르렀다.

(1) 연료 계통

SPI의 연료 계통은 전동식 연료 펌프, 연료 압력 조절기, 인젝터 등으로 구성되어 있다. 컴퓨터는 동기 또는 비동기 방식에 의하여 인젝터를 구동한다.
동기 분사 방식은 배전기나 크랭크 축에 의해 발생되는 기준 신호마다 1회의 분사 펄스를 주어 연료를 분사한다.
비동기 분사는 기준 신호와는 별도로 주어진 기간 동안 인젝터에 분사 펄스를 1회 주는 방식이다.

(2) 스로틀 보디

스로틀 보디는 스로틀 밸브를 비롯하여 연료 압력 조절기, 인젝터, 스로틀 위치 센서, 공기 조절 밸브(IACV ; Idle Air Control Valve)로 구성되어 있다.

(3) SPI의 센서

수온 센서(CTS), 흡기 온도 센서(MATS), 산소 센서, 스로틀 위치 센서, MAP 센서, 차속 센서, 에어컨 스위치, 인히비터 스위치(자동 변속기 설치 차량), 점화 신호기 등으로 구성되어 있다.

(4) SPI의 특징

SPI 방식은 전자 제어 방식으로 기화기(FBC) 방식에 비하여 연료 계량의 향상, 정비의 용이성, 제작비용이 작은 이점이 있다.
그러나 각 실린더로 공급되는 혼합기 공급의 불균형, 흡기다기관에서의 연료 응축 등의 결점이 있다.

3) MPI(Multi Point Injection) 방식

이 방식은 실린더의 흡입 포트에 인젝터를 각각 1개씩 설치하여 연료를 분사하는 것이다.
연료는 흡입 밸브 바로 앞에서 분사되므로 흡기다기관에서의 연료 응축에 전혀 문제가 없으며, 엔진의 가동 온도에 관계없이 최적의 성능이 보장된다.
MPI 방식은 흡입포트에 인젝터를 각각 1개씩 두고 ECU가 엔진의 각종 부하조건에 따른 각종 센서의 정보를 토대로 엔진 작동상태를 판단하여 연료 분사량을 결정하고 인젝터를 통해 각 실린더에 동시 또는 순차적으로 분사하는 방식이다.

연료 분사는 배기 행정 끝 무렵에 이루어지고 이미 분사된 연료는 흡입 포트 부근에서 흡입 밸브가 열릴 때까지 기다리는 동안 기화되며, 흡입 밸브가 열리면 실린더로 공기와 함께 유입된다.

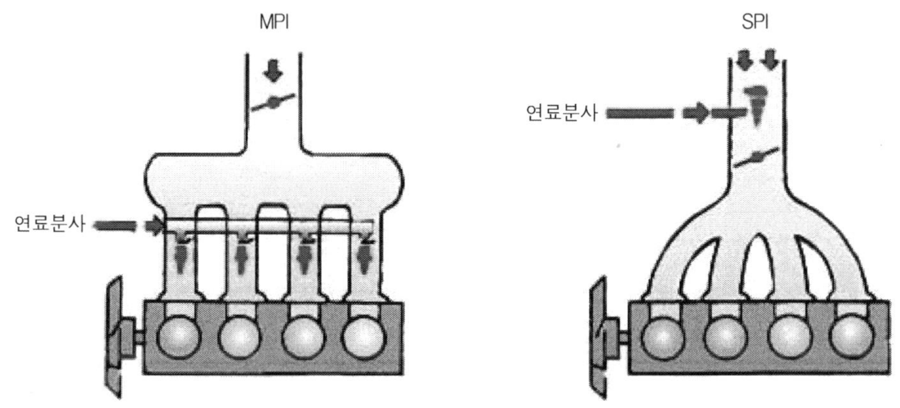

그림 7.2 MPI와 SPI의 분사방식의 차이

4) 직접 분사 방식(GDI)

이 방식은 디젤 엔진과 같이 실린더 내에 가솔린을 직접 분사하는 것으로 약 35~40 : 1의 초희박 공연비로도 연소가 가능하다.

연료 공급 압력은 일반 전자제어 연료 분사 방식의 경우 약 3~6 kg/cm^{2}인데 비해, 약 50~100kgf/cm^{2}로 매우 높다.

실린더 내의 유동을 제어하는 직립형 흡입 포트, 연소를 제어하는 바울형 피스톤(Bowl Type Piston), 고압 연료 펌프, 스월 인젝터(Swirl Injector) 등이 사용된다.

3. 분사량 제어 방식에 의한 분류

1) AFC 방식(Air Flow Controlled Injection Type)

이 방식은 스로틀 밸브의 열림량에 따라 공기 청정기로 유입되는 흡입 공기량의 변화를 공기 유량 센서로 검출하여 이 신호를 기준으로 컴퓨터가 기준 분사량을 결정하여 분사시키는 것이며, L-Jetronic이 여기에 속한다.

2) MPC 방식(Manifold Pressure Controlled Injection Type)

이 방식은 흡입되는 공기가 양팔저울과 같은 공기계량기에 압력형태로 가해지면서 센서 플레이트가 이동한다.
이 이동에 의하여 연료 분배기의 제어 플런저의 행정을 변화시켜 분사량을 제어하는 것이며, K-Jetronic이 여기에 속한다.

3) MAP센서 방식(Manifold absolute Pressure Sensor Type)

이 방식은 스로틀 밸브 열림량의 변화가 흡기다기관 내의 진공도(부압)를 변화시키므로 흡입 공기량을 흡기다기관 내의 진공 압력(절대 압력) 변화를 이용하여 검출한다.
이 압력 변화에 상당하는 출력 전압을 ECU로 보내면 ECU는 이 신호를 기초로 기본 분사량을 결정하여 분사시키는 것이며, D-Jetronic이 여기에 속한다.

7.3 전자제어 연료분사장치의 구조와 기능

그림 7.3은 전자 제어식 연료 분사 장치의 기본구성을 제시한 것으로 연료 계통, 흡기 계통 및 두 계통을 높은 정밀도로 조합시키는 제어 계통으로 이루어져 있으며 각각의 계통 역할을 정리하면 다음과 같다.

흡기 계통 : 스로틀 밸브 또는 에어 밸브의 개도에 따른 공기를 실린더에 공급하는 계통으로 흡입 공기량 검출 장치, 스로틀 보디, 서지 탱크 등으로 구성되어 있다.

연료 계통 : 연료 펌프에 의해 압축된 연료를 흡기공기량에 대해 일정 비율로 인젝터를 통해 흡기다기관 내에 분사함과 동시에 연료 압력을 항상 일정하게 유지하도록 하는 역할을 하는 부분이다.

제어 계통 : 흡입 공기량, 엔진 회전 속도, 스로틀 밸브 개도 등을 검출하여 운전 상태에 따라 분사량과 엔진의 회전속도를 조절한다.

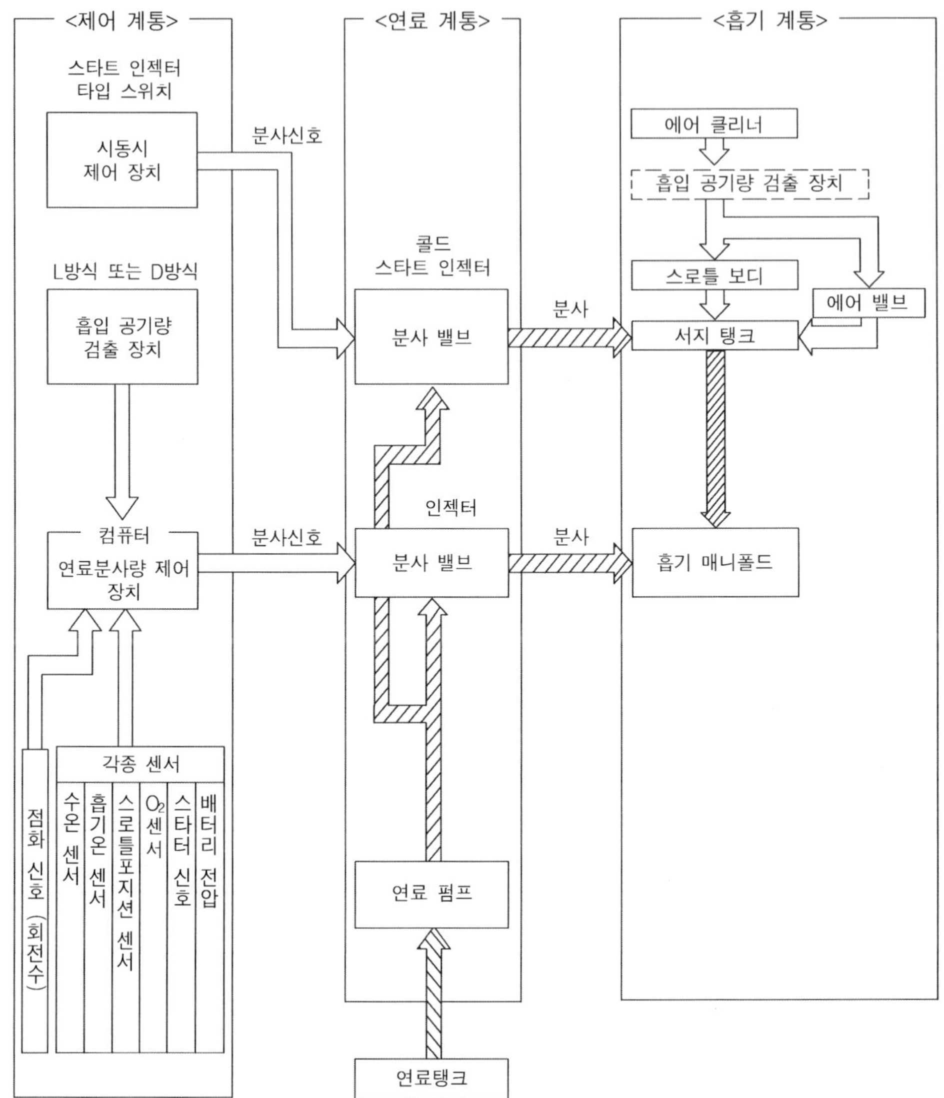

그림 7.3 전자 제어식 연료 분사 장치의 기본 구성도

1. 흡기 계통(吸氣系統)

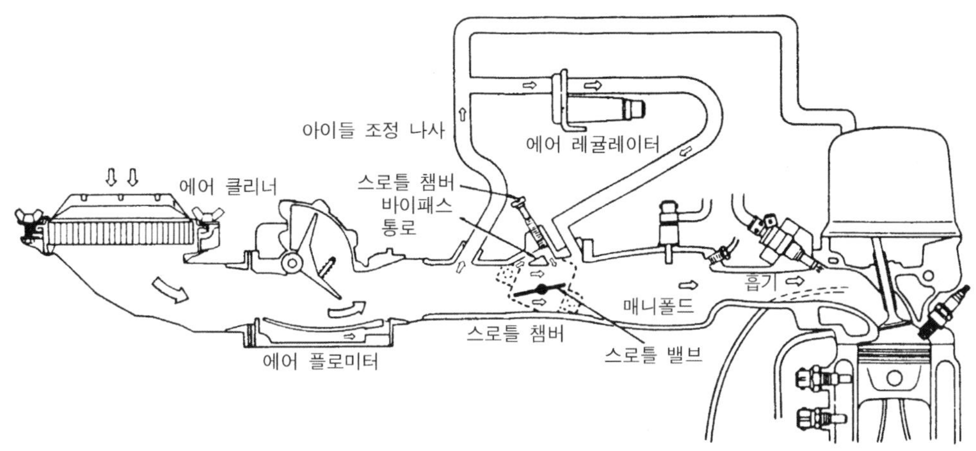

그림 7.4 흡기 계통의 계통도

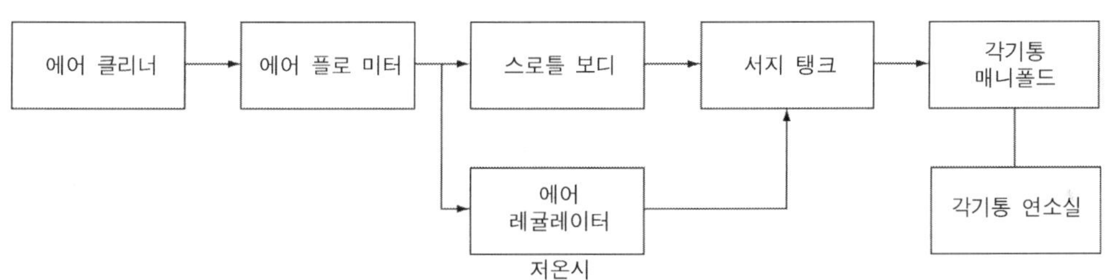

그림 7.5 흡기의 흐름 블록도

1) 공기 유량 센서(Air Flow Sensor)

공기 유량 센서는 엔진으로 유입되는 공기량을 검출하여 그 정보를 ECU로 보내는 역할을 한다.

계측된 흡입 공기량의 정보가 ECU로 보내져서 이에 따라 인젝터에서 분사되어질 연료량이 결정되므로 그 정밀도가 매우 중요하다.

흡입 공기량의 계측 방식에 따라 매스 플로 방식(Mass Flow Type), 스피드 덴시티 방식(Speed Density Type)으로 분류된다.

(1) 매스 플로 방식(Mass Flow Type)

공기 유량 센서가 직접 흡입공기량을 계측하고, 이것을 전기적 신호로 변화시켜 엔진 ECU로 보내 분사량을 결정하는 방식이며, L-Jetronic 등이 여기에 속한다. 공기 유량 센서의 종류에는 베인식(Vane or Measuring Plate Type), 칼만 와류 방식(Karman Vortex Type), 열선 방식(Hot Wire Type), 열막 방식(Hot Film Type) 등이 있다.
이 방식은 검출 정밀도가 높고 응답성이 좋지만 에어플로메터를 이용하여 직접 계측하기 때문에 엔진이 고회전이 되면 저항으로 작용하는 단점도 있다.

① 베인식(Vane or Measuring Plate Type)

이 방식은 L-제트로닉에서 흡입 공기량을 계측하여 컴퓨터로 보내는 방식이다. 작동은 베인(메저링 플레이트)의 열림량을 포텐쇼미터(Potentio Meter)에 의하여 전압비로 검출한다.
엔진이 정지되면 베인이 리턴 스프링의 장력에 의해 닫히고, 엔진이 가동되면 흡입 공기에 의해 베인이 열린다.
이에 따라 베인축에 설치된 슬라이더(Slider)는 저항과 접촉하며, 흡입 공기량이 많으면 베인의 열림량이 커지기 때문에 슬라이더 접촉부의 저항 값이 감소하여 전압비가 증가한다.
반대로 베인의 열림량이 작으면 저항값이 증가하여 전압비가 낮아진다.
베인의 열림 정도를 흡입 공기량에 비례하는 포텐쇼미터의 전압비로 바꾸어 전기적인 신호로 컴퓨터에 보낸다. 베인 방식에는 댐핑 체임버, 연료 펌프 스위치, 흡기 온도 센서 등이 부착되어 있다.

- 댐핑 체임버(Damping Chamber ; 완충실) : 댐핑 체임버는 베인과 공기 유량 센서 보디로 구성된 공간이며, 흡기다기관 내의 맥동(진공도 변화)에 대한 베인의 움직임을 공기 저항에 의한 완충 작용으로 나타내어 어떠한 조건하에서도 베인의 작동을 안정되게 한다.
  즉 베인이 공기의 압축에 의하여 평형을 이루면서 작용하므로 정확하고 안정된 흡입 공기량을 측정할 수 있도록 한다.
- 연료 펌프 스위치 : 이 스위치는 엔진의 가동이 정지되어 있을 때는 베인이 닫혀 있으므로 슬라이더가 연료 펌프 스위치를 밀어 OFF시킴에 따라 연료

펌프에 공급되는 배터리 전원을 차단한다.

엔진이 가동되면 베인이 흡입 공기에 의해 열리므로 슬라이더가 밀고 있던 연료 펌프 스위치가 ON되므로 연료 펌프에 배터리 전원을 공급한다.

· 흡기 온도 센서(Air Temperature Sensor) : 흡기 온도 센서는 공기 유량 센서 유닛에 설치되어 있으며, 흡기 온도가 20℃ 이하일 경우에는 저항이 증가하여 연료 분사량이 증가하지만 20℃ 이상일 경우에는 저항이 감소하여 연료 분사량을 감소시키도록 ECU에 신호를 입력시키는 부특성 서미스터이다.

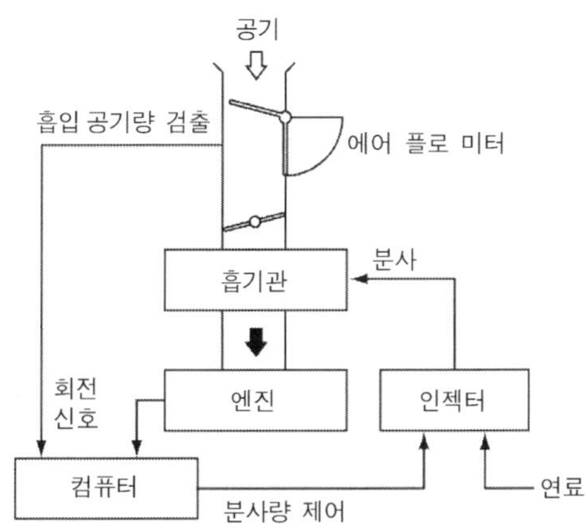

그림 7.6 베인식의 흡입 공기량 계측

② 칼만 와류식(Karman Vortex Type)

이 방식은 공기 청정기 내부에 설치되어 흡입 공기량을 칼만 와류 현상을 이용하여 측정한 후 흡입 공기량을 디지털 신호로 바꾸어 컴퓨터로 보낸다.

컴퓨터는 흡입 공기량의 신호와 엔진 회전속도 신호를 이용하여 기본 연료 분사량을 계측한다.

작동은 컨트롤 릴레이에서 전류를 공급받아 증폭된 일정 간격의 초음파를 발신기에서 수신기로 전달할 때 흡입 공기에 발생한 칼만 와류 속을 통과하므로 불규칙한 칼만 와류수 만큼 초음파가 밀집되거나 분산된 후 수신기로 전달된다.

수신기는 이 신호를 하이브리드 IC로 보내다.

하이브리드 IC에 의하여 디지털 신호로 검출하여 컴퓨터로 보낸다.

칼만 와류식에는 대기 압력 센서와 흡기 온도 센서가 설치되어 있다.

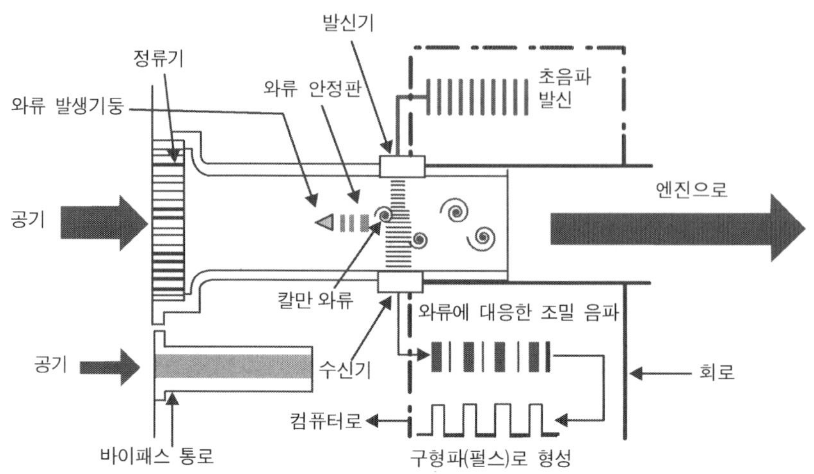

그림 7.7 칼만 와류식(초음파 검지식) 에어 플로우 미터

③ 열선식(Hot Wire Type) 또는 열막식(Hot Film Type)

이 방식은 그림과 같이 공기 중에 발열체를 놓으면 공기에 의해 열을 빼앗기므로 발열체의 온도가 변화한다.

이 온도의 변화는 공기의 흐름 속도에 비례한다.

이러한 발열체와 공기와의 열전달 현상을 이용한 것이 열선 또는 열막식이다.

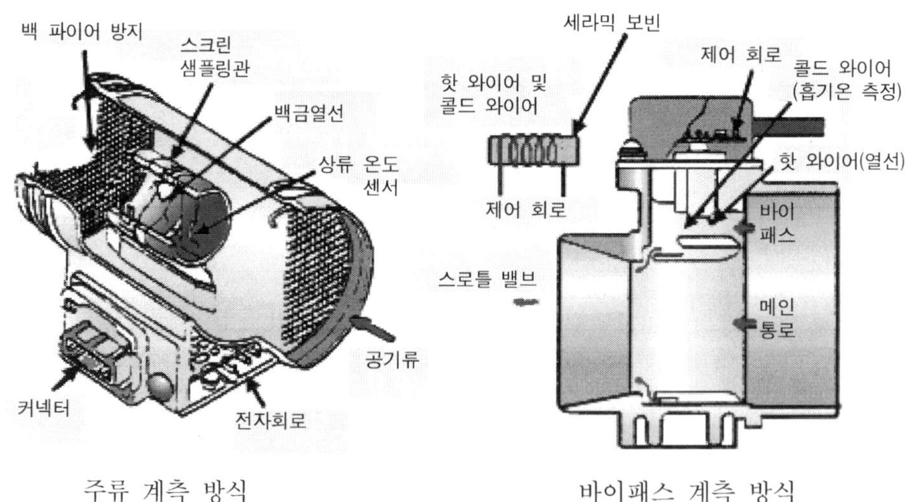

그림 7.8 열선식 에어 플로우 미터의 구조

열선 또는 열막식은 흡입 공기 온도와 열선(약 0.07mm의 백금선) 또는 열막(약 0.2mm 두께의 얇은 세라믹 기판에 백금선, 온도 센서, 정밀 저항기를 층으로 집적시킨 막)과의 온도 차이를 일정하게 유지하도록 하이브리드 IC가 제어한다.

따라서 흡입 공기량 센서의 출력은 공기의 밀도 변화에도 상응될 수 있으므로 온도나 압력에 의한 컴퓨터 보정이 필요 없다.

작동은 다음과 같다. 통과 공기 유량이 증가하면 열선 또는 열막이 냉각되어 저항 값이 감소하므로 제어 회로에서는 즉시 전류량을 증가시킨다.

이 전류의 증가는 열선 또는 열막의 온도가 원래의 설정 온도(약 100℃)가 될 때까지 계속된다. 따라서 컴퓨터는 이 전류의 증감을 감지하여 흡입 공기량을 계측한다. 그리고 질량 유량에 대응하는 출력을 직접 얻을 수 있기 때문에 보정 등의 뒤처리가 필요 없다.

열선식은 엔진이 흡입하는 공기 질량을 직접 계측하므로 공기 밀도의 변화와는 관계없이 정확한 계측을 할 수 있으며, 다음과 같은 장점이 있다.

- 공기 질량을 정확하게 계측할 수 있다.
- 공기 질량 감지 부분의 응답성이 빠르다.
- 대기 압력 변화에 따른 오차가 없다.
- 맥동 오차가 없다.
- 흡입 공기의 온도가 변화하여도 측정 상의 오차가 없다.

(2) 스피드 덴시티 방식(Speed Density Type)

흡기다기관 내의 절대 압력, 스로틀 밸브의 열림량, 엔진의 회전속도로부터 흡입 공기량을 간접 계측하는 방식으로 D-Jetronic이 여기에 속한다.

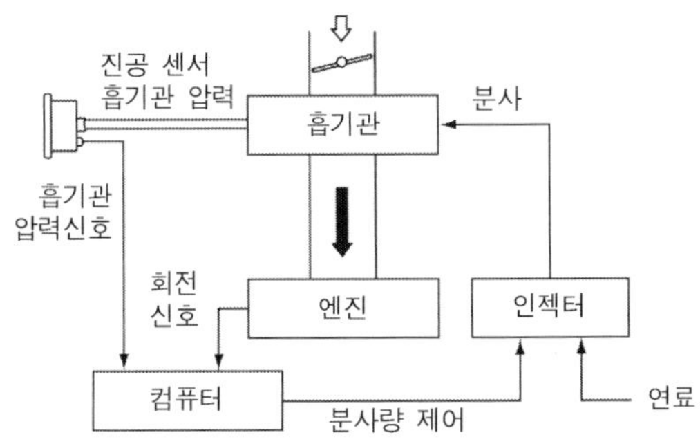

그림 7.9 D방식의 흡입 공기의 흐름

흡기다기관 내의 압력 측정은 정밀도가 좋은 피에조(Piezo) 반도체 소자로 구성된 MAP 센서가 주로 사용한다.
이 방식은 흡입저항은 없으나 매니폴드에 발생하는 부압으로 작동되므로 정밀한 계측이 어려우나 가격면에서 유리하고 정밀도도 최근에는 많이 개선되었기 때문에 소형 엔진을 중심으로 채용이 점차 증가하고 있다.

MAP 센서(Manifold Absolute Pressure Sensor ; 흡기다기관 절대 압력 센서)는 엔진의 부하 및 회전속도의 변화에 따라 형성되는 흡기다기관의 압력 변화를 측정하여 전압의 출력으로 변화하는 기능을 지니고 있다.
엔진이 공전할 때 즉, 스로틀 밸브가 닫혀 있을 때는 MAP센서 값이 비교적 낮게 지시되고 스로틀 밸브가 열렸을 때는 비교적 높게 지시된다.
스로틀 밸브가 열렸을 때 흡기다기관의 압력은 대기 압력과 거의 같아져 높은 MAP센서의 출력이 지시된다.
또한 MAP센서는 어떤 조건하에서도 대기 압력을 측정하는데 사용되며, 컴퓨터로 하여금 자동적으로 고도 조정에 따른 조절을 하게 된다.

MAP 센서의 구조는 컴퓨터와 연결되는 3개의 배선과 흡기다기관과 연결되는 진공 포트로 구성되며 센서 하우징 내에는 실리콘 칩과 피에조 저항이 들어있다.
엔진이 공회전할 때는 흡기다기관 내의 진공도가 높아 낮은 전압(0.9~1.7V)으로 출력하고, 스로틀 밸브가 완전히 열린 상태에서는 높은 전압(4~5V)으로 출력한다.

2) 스로틀 보디(Throttle Body)

흡기 통로의 단면적을 변화시킴으로써 흡입 공기량을 제어하는 스로틀 밸브, 공회전 회전수 조절을 위한 바이패스 계통, 밸브 개도의 변화량을 ECU에 전달해 주는 스로틀 포지션 센서로 구성된다.
또한 동결방지를 위해 대부분 스로틀 하부에 냉각수 입, 출입 통로가 있어 흡입되는 공기의 온도를 일정 이상으로 유지시킨다.

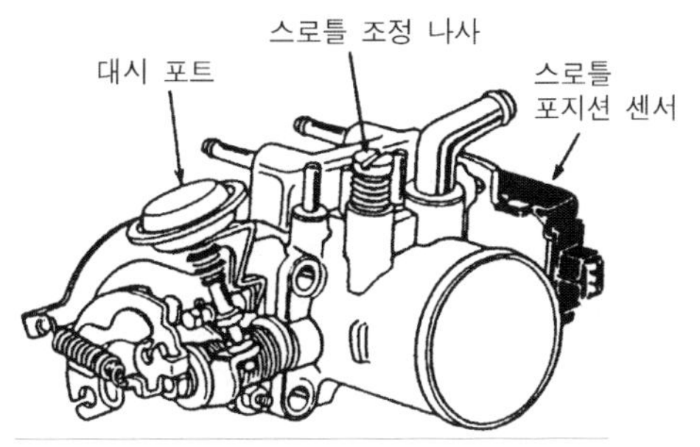

그림 7.10 스로틀 보디

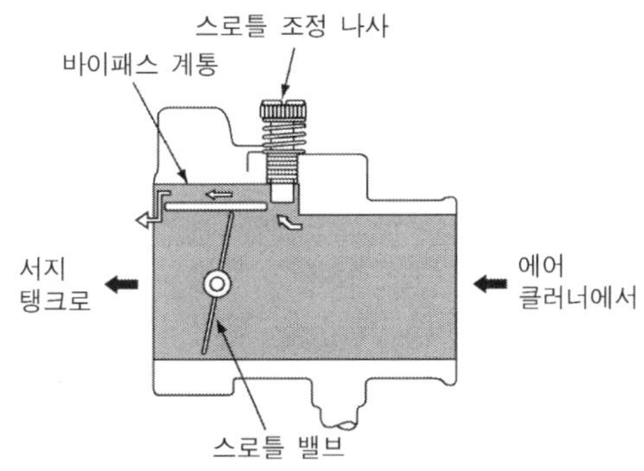

그림 7.11 바이패스 계통

(1) 스로틀 포지션 센서(Throttle Position Sensor)

스로틀 포지션 센서는 스로틀 밸브와 같은 축에 고정되어 운전자가 가속페달을 밟는 정도에 따라 전개, 고부하, 아이들 상태를 접점 변화에 따라서 감지하여 ECU에 알린다. 스로틀 축과 연결된 가이드 캠의 접점 변화를 감지하여 작동하는 접점방식과, 스로틀 밸브 축과 같이 회전하는 가변 저항기를 이용하는 것으로 스로틀 밸브의 회전에 따라 출력 전압이 변화하는 가변저항 방식이 있다.

(2) 공전속도 조절기(Idle Speed Controller)

엔진이 공회전시 부하의 변화에도 불구하고 엔진을 일정한 회전속도를 유지하게 하는 장치로서 크게 4단계로 제어 기능을 한다.

· 크랭킹 아이들(Cranking Idle) 제어-초기 시동시 엔진온도에 맞추어 적정회전수로 제어한다.

· 패스트 아이들(Fast Idle) 제어-난기 운전시 공전상태의 회전수를 제어한다.
· 아이들 업(Idle Up) 제어-부하장치 작동시 회전력 저하를 보상하여 엔진회전수를 상승시키는 제어를 한다.
· 대쉬포트(Dashport) 제어-주행중 급감속시 스로틀 밸브가 급격히 닫히는 충격으로 회전력 변동이 크게 되는 것을 방지하기 위해 스로틀 밸브가 서서히 닫히게 하는 완충 제어를 한다.

제어 종류에 따라 ISC-서보 방식, 스텝 모터 방식, 아이들 스피드 액츄에이터 방식, 에어 밸브 방식 등이 있다.

① ISC(Idle Speed Control)-서보 방식

공전속도 조절 모터, 웜 기어, 웜 휠, 모터 포지션 센서(MPS), 공전 스위치 등으로 구성되어 있다. ECU의 지령에 의해 공전속도 조절 모터가 회전하면 모터의 회전 방향에 따라 웜휠이 회전하며 동시에 플런저를 상하 직선 운동으로 바꾸어 스로틀 밸브 개도량을 가변시킴으로서 공전 속도를 조절한다.

· 모터 포지션 센서(MPS ; Motor Position Sensor)
  ISC-서보 내에 설치되어 모터 포지션 센서의 슬라이딩 핀(Sliding Pin)은 플런저 끝 부분에 접촉되어 플런저가 작동함에 따라 센서 내부의 가변저항에 따라 출력 전압이 변화한다.
  모터 포지션 센서에서 ISC-서보 플런저의 위치를 검출한 신호를 ECU로 보내면 ECU에서는 공전 신호, 냉각수 온도, 부하 여부, 모터포지션 센서의 신호 및 주행속도 신호를 연산하여 엔진 가동 조건에 알맞은 공전속도로 조절한다.
· 공전 스위치
  공전 스위치는 접점 방식으로 ISC-서보의 끝 부분에 설치되어 공전시에 스로틀 밸브와 연동하는 공전 속도 조절 레버에 의해 공전 스위치의 푸시핀(Push Pin)을 눌러 접점이 ON상태가 됨을 ECU로 보내게 되고 엔진이 공전 상태로 인식되어 ECU는 공전제어를 시작한다. 이후 스로틀 밸브가 열려 엔진 회전속도가 증가하면 푸시핀이 해제되어 OFF가 됨으로서 ECU는 공전제어를 해제한다. 한편 근래에 들어 공전 스위치를 대체하여 스로틀포지션센서 값을 활용하여 그 역할을 담당케 함으로서 공전 스위치의 존재가 사라지고 있다.

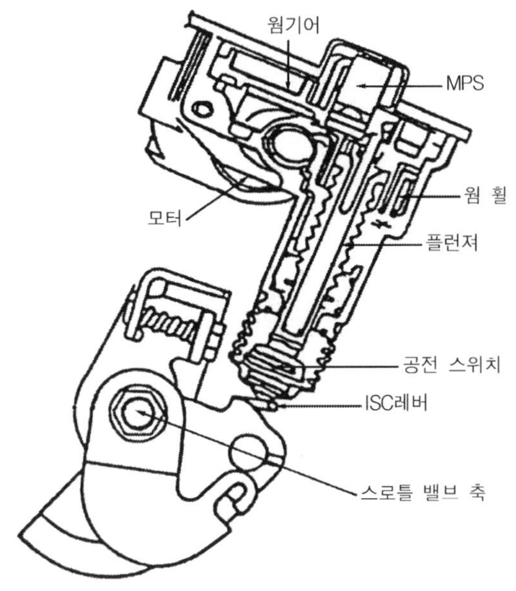

그림 7.12 ISC서보의 구조

② 스텝 모터 방식(Step Motor Type)

ECU로부터 펄스 신호에 의해 좌 또는 우 방향으로 15°씩 마그네틱 로터가 회전하도록 되었다.

로터의 회전에 연동하여 마그네트 축과 나사로 연결된 핀틀의 길이가 변화되어 바이패스 통로의 단면적을 가변시킴으로서 흡입 공기량이 증감되는 원리로 작동한다.

결국 스로틀 밸브를 바이패스하는 흡입 공기량을 제어하여 공전속도를 일정하게 유지하도록 하는 방식이다.

한편 엔진의 냉각수 온도에 따라 서모 왁스(Thermo Wax)의 신축 작용에 따라 밸브의 단면적을 가변함으로서 추가로 공기를 공급할 수 있도록 한 패스트 아이들 에어 밸브(FIAV ; Fast Idle Air Valve)를 설치하였다.

엔진의 냉각수 온도가 낮을 때에는 서모 왁스가 수축하여 에어 밸브를 통과하는 공기량이 증가한다.

냉각수 온도가 상승하여 약 50℃에 도달하면 에어 밸브는 완전히 닫히게 되어 패스트 아이들 에어 밸브에 의한 추가 공기의 공급이 중단된다.

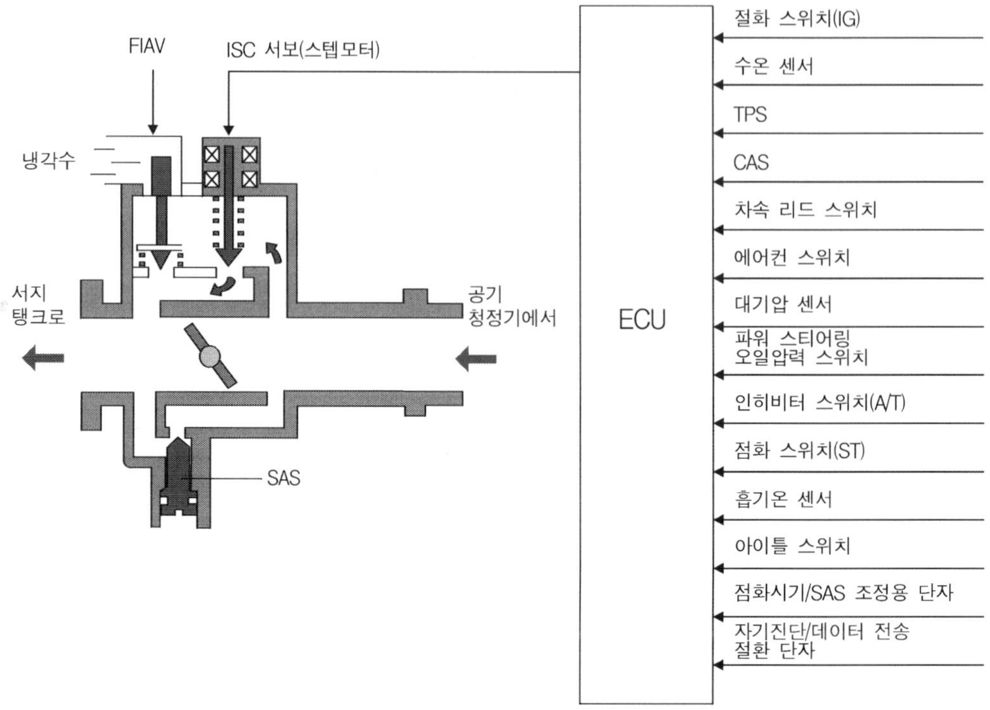

그림 7.13 스텝 모터 작동계통도

③ 아이들스피드 액츄레이터 방식(ISA ; Idle Speed Actuator)

엔진에 부하가 가해지면 ECU는 안정성을 확보하기 위해 아이들 스피드 액츄에이터의 내부 전기자와 서로 반대 방향으로 2개의 코일을 감은 구조로 되어있다. 작동은 코일에 흐르는 전류를 듀티 제어함으로서 솔레노이드 밸브에 발생하는 전자력과 스프링 장력이 서로 평형을 이루는 위치까지 밸브를 열어 공기 통로의 단면적을 제어한다.

제어하지 않을 때에는 스프링 장력에 의해 항상 일정량의 열림 정도를 유지한다. ECU에서 열림 및 닫힘 신호가 아이들 스피드 액츄에이터에 전달되면 밸브 축을 중심으로 하여 로터리 밸브가 회전하며 그 회전량에 따라 바이패스되는 공기량이 결정된다.

④ 에어 밸브 방식(Air Valve Type)

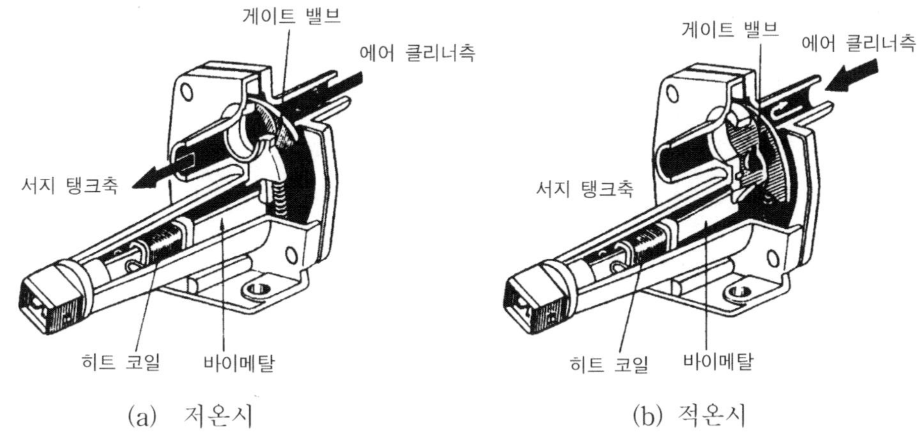

그림 7.14 바이메탈식 에어 밸브의 구조와 작동도

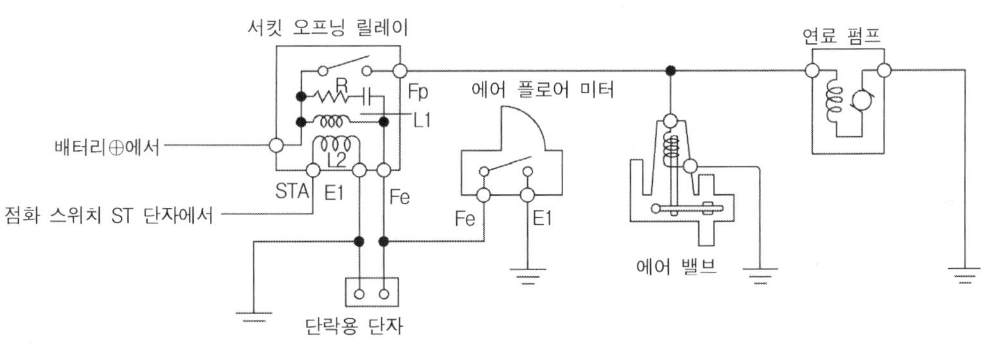

그림 7.15 에어 밸브 작동 전기회로

에어 밸브 내에 설치된 게이트 밸브(Gate Valve)가 바이메탈의 수축 및 팽창 작용에 의해 바이패스 통로의 흡입 공기량을 가감하게 되는 바이메탈형 에어 밸브(Bimetal Type Air Valve) 방식이 있다.

또 하나는 냉각수 온도에 의해 서모 왁스가 수축 및 팽창함으로서 게이트 밸브를 여닫아 바이패스 통로의 흡입공기량을 가감하도록 하는 서모 왁스형 에어 밸브(Thermo Wax Type Air Valve) 방식이 있다.

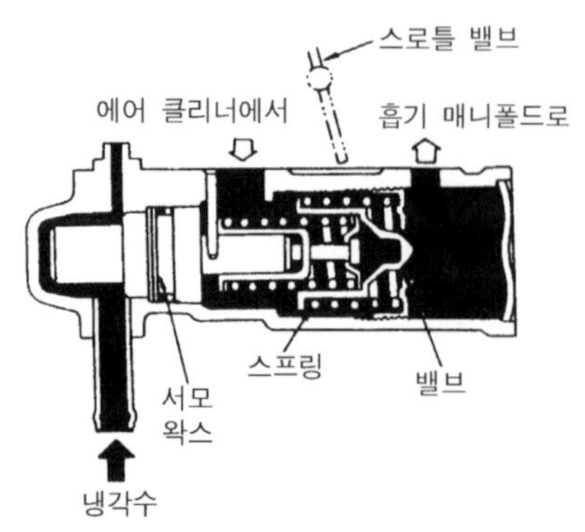

그림 7.16 왁스 타입 에어 밸브

⑤ 전자식 스로틀제어 방식(ETC ; Electronic Throttle Control)

지금까지는 ISC-서보방식이나 스탭모터 방식으로 공회전을 컨트롤하고 운전자가 가속페달을 밟으면 액셀레이터와 스로틀 밸브 사이에 액셀 케이블을 연결하여 스로틀 밸브를 열어 공기 흡입량을 조절하였다.

그러나 최근 개발된 전자식 스로틀제어방식(ETC)에서는 모터를 이용해 스로틀 밸브를 제어하여 공회전 속도를 조절하고 액셀 포지션센서(APS)의 ECU 입력량에 따라 전 운전영역에서 최적의 밸브 열림량을 제어하는 장치이다.

그림 7.17 스로틀 바디와 ETC 모토

ETC 모터는 단상 전류제어 방식으로 스로틀 밸브를 열거나 닫을 때 극성이 바뀌면서 전류가 흐르는 H-브리지(Bridge) 방식이 사용된다.

양방향으로 모터를 회전하기 위해서는 H-Bridge 회로가 필요하다. 모터에 가하는 전압의 플러스, 마이너스를 반대로 하면 모터는 역회전하며 이를 적절하게 제어하여 원하는 회전수를 얻어낼 수 있는 것이 H-Bridge 회로이다.

기본동작은 Q1과 Q4의 트랜지스터만 동시에 On으로 하면 모터는 정회전하고,

반대로 Q2와 Q3만 On으로 하면 모터는 역회전하게 된다. 그리고, Q3과 Q4만 동시에 On으로 하면 모터에 브레이크를 거는 동작으로 바뀐다.

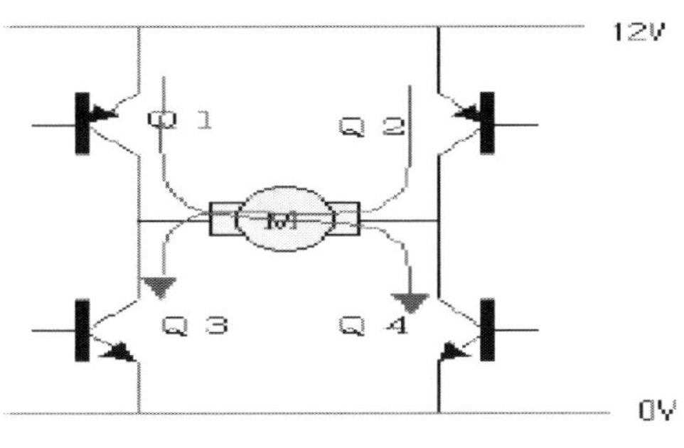

그림 7.18 브릿지 회로

2. 연료 계통(燃料系統)

연료 장치는 두가지의 시스템이 적용이 되고 있는데 우선 딜리버리 파이프에 연료 압력 조절 밸브가 장착되어 있는 방식과 연료 압력 조절 밸브가 연료탱크 내에 장착되는 R.L.F.S(Returnless Fuel System) 방식 두 가지가 있다.

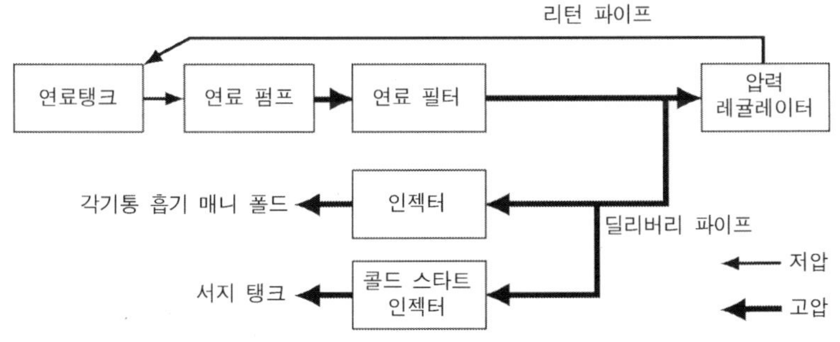

그림 7.19 연료 계통의 구성

첫 번째 방식은 그림 7.19와 같은 계통으로 구성되어 있으며, 실제 장치 예는 그림 7.20과 같이 되어 있다.
연료는 연료 펌프에 의해 흡인되어 연료 필터를 경유하여 딜리버리 파이프에서 인젝터로 분배된다.

압력 레귤레이터는 인젝터로 보내는 연료의 압력을 흡기 매니폴드 내의 압력보다 항상 높은 압력(약 2.5~3kgf/cm^2)으로 유지하며, 남은 연료는 리턴 파이프를 통해 연료탱크로 되돌려 보낸다.

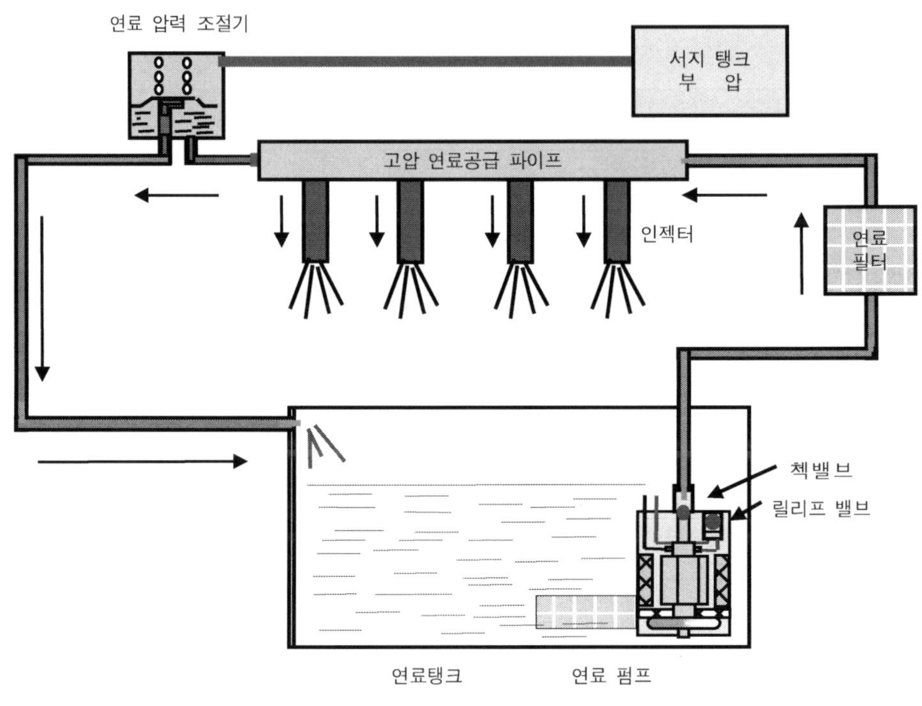

그림 7.20 연료 계통의 계통도

인젝터는 컴퓨터에서 송신하는 신호에 의해 작동하며 연료를 흡기 매니폴드 내로 분사한다.

연료 분배 파이프 끝단에 연료 조절장치가 장착되지 않은 R.L.F.S(Returnless Fuel System) 방식은 최근에 사용되고 있는 방식이다.

기존에 주로 사용 되어온 첫번째 방식과 R.L.F.S 방식에 대한 비교를 그림 7.21에서 보여주고 있다.

기존의 연료 장치는 연료탱크의 연료가 연료 펌프로부터 압송되어 연료 필터를 거친 후 연료 분배 파이프로 압송된 후 일부는 인젝터를 통해 분사되고 나머지 연료는 연료 압력조절기를 거쳐 연료탱크로 리턴된다.

이런 방식의 연료 장치는 연료 펌프로부터 압송된 연료의 약 90% 이상은 연료 탱크로 리턴 된다.

이때 연료는 엔진룸의 온도와 마찰 등에 의해 온도가 상승되며 대기압의 약 2~3배의 높은 압력을 유지한다.

이러한 연료는 연료 압력 조절기를 거쳐 리턴되는 순간 연료 압력이 대기압으로 낮아져 연료의 일부가 증발하게 되어 많은 양의 증발가스(HC)가 발생하게 된다. 또한 엔진이 시동되면 딜리버리 파이프는 엔진에 의해 열을 받게 되고 그 파이프의 열과 딜리버리 파이프에 들어오는 연료의 온도차이가 크게 되어 연료에 기포가 발생되게 된다.

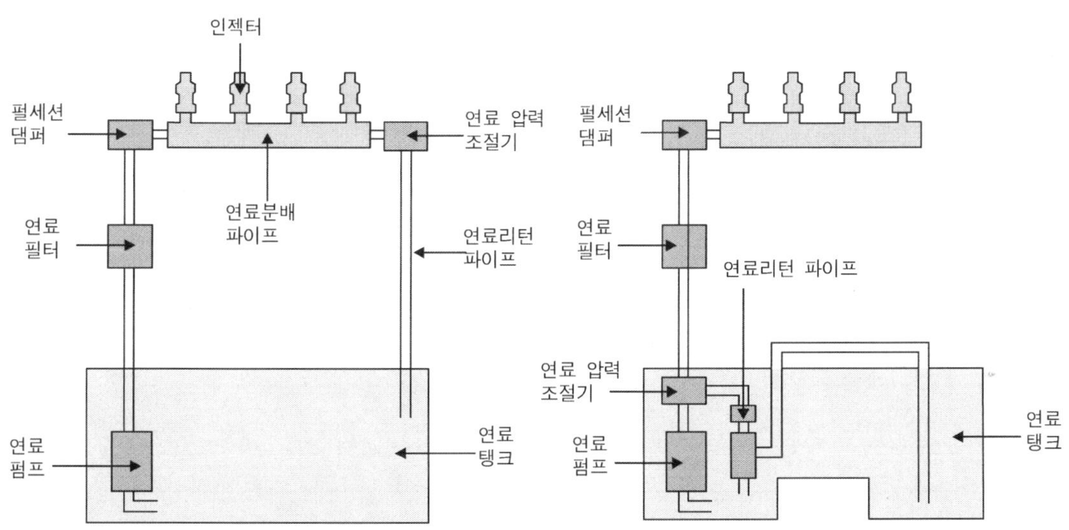

그림 7.21 기존 연료 장치와 R.L.F.S 연료 장치의 비교

하지만 리턴레스 방식인 경우에는 연료가 순환을 하지 않고 딜리버리 파이프에 계속 유지되며 분사량 만큼 보충만을 하기 때문에 연료의 온도는 딜리버리 파이프와 별차이가 없다.

따라서 온도 차이가 적어 연료 베이퍼록 현상도 그 만큼 발생률이 적게 된다.

R.L.F.S 연료 장치는 연료 펌프로부터 압송된 연료는 연료 필터를 거쳐 토출된다.

다른 한 개의 통로는 연료탱크로 리턴되는 라인으로 말단에는 연료 압력 조절기가 설치되어 연료를 리턴시킨다.

나머지 연료라인은 엔진에 필요한 연료, 즉 리턴 되고 남은 연료를 연료분배 파이프로 압송시켜 인젝터를 통하여 연소실로 연료를 공급한다.

1) 연료 펌프

연료 펌프는 전자력으로 구동되는 전동식을 사용하며 연료 펌프 내부에는 페라이트식 모터가 로터를 회전시켜서 연료를 흡입한다.
연료 펌프 내에는 연료 압력의 과도한 상승에 따른 연료의 누출 및 파손을 방지해주는 릴리프 밸브(Relief Valve)가 설치되었으며, 모터 내부를 통과한 연료는 체크밸브를 거쳐 압출된다.
체크밸브는 펌프가 작동을 정지한 경우 스프링 힘으로 닫아서 연료 파이프 내에 잔압이 생기도록 하는 기능을 하며 재시동시 연료 압력이 용이하게 상승하고 베이퍼 록이 발생하지 않도록 해준다.
연료의 공급량은 엔진이 최대로 요구하는 연료량보다 더 많은 양을 계속 공급해 주어 연료 계통 내의 압력을 일정한 수준으로 유지시켜 줌으로써 어떤 운전조건하에서도 연료의 공급 부족 현상이 일어나지 않도록 한다.
연료 펌프는 연료탱크 밖에 장치하는 형식과 탱크 안에 장치하는 형식이 있다.
현재는 탱크 안에 장치하는 것이 많이 사용된다.
양자 모두 페라이트식 모터로 펌프 작용을 하는데 펌프 부분의 구조가 약간 다르다.

(1) 연료탱크 밖에 장치하는 형식

연료 펌프는 그림 7.22와 같이 되어 있으며, 페라이트식 모터가 로터를 회전시킴으로써 연료를 흡입하여 모터 내부를 연료가 통과하여 첵 밸브를 경유하여 토출된다.
연료의 압송 작용을 하는 펌프 부분은 그림 7.23과 같이 되어 있으며 로터가 회전하면 롤러는 원심력에 의해 펌프 스페이서 내벽을 따라 이동하여 이들 부품에 둘러싸인 부분의 용적이 변화함으로써 연료를 흡입, 토출한다.
펌프에서 토출된 연료는 모터의 아마츄어의 주변을 지나, 첵 밸브를 밀어 열고 사이렌서 부분을 거쳐서 연료 회로로 보낸다.

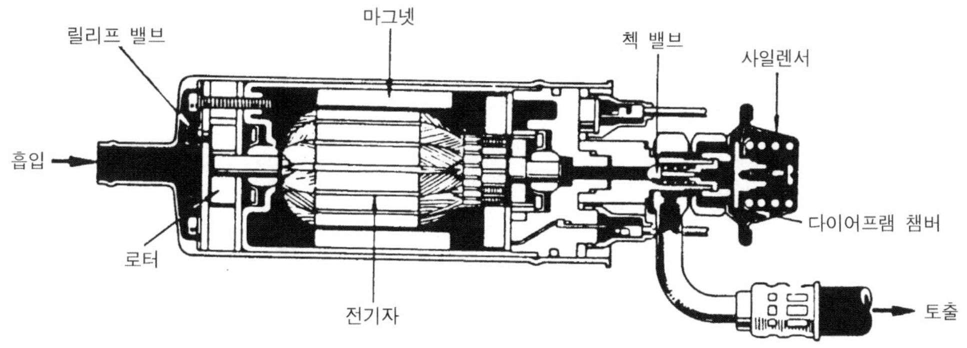

그림 7.22 연료 펌프 구조 예

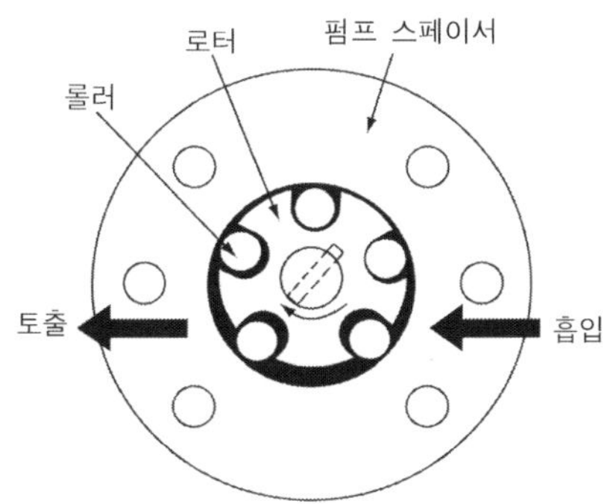

그림 7.23 펌프 작동도

(2) 연료탱크 내에 장치하는 형식

이 형식의 연료 펌프는 그림 7.24와 같이 되어 있으며, 연료의 압송 작용을 하는 부분에는 그림 7.25와 같은 임펠러가 사용된다.

모터의 회전과 더불어 임펠러가 회전하면 임펠러 외주에 설치된 오목부가 연료를 압송하는 작용을 한다.

흡입된 연료는 첵 밸브를 경유하여 연료 임펠러로 보낸다.

이 형식은 앞에서 설명한 로터식 펌프에 비해 토출 맥동이 적고 소음도 적기 때문에 사이렌서가 불필요하게 되므로 그 만큼 소형, 경량화할 수 있다.

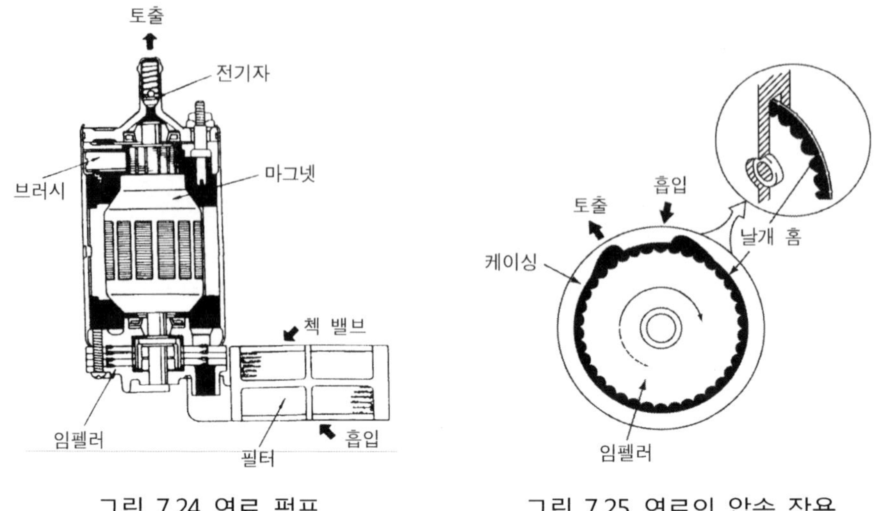

그림 7.24 연료 펌프　　　　그림 7.25 연료의 압송 작용

(3) 연료 펌프의 전기 회로

연료 펌프의 전기 회로는 엔진 회전중에만 작동하게 되어 있다.

이것은 점화 스위치가 ON으로 되어 있어도 엔진이 정지하면 연료 펌프도 정지시키기 때문에 안전 제어 기구라고 한다.

그림 7.26은 이 전기 회로의 일 예이다.

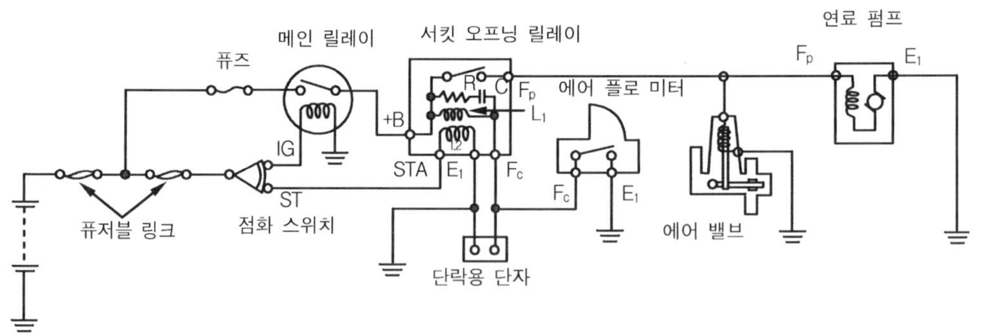

그림 7.26 연료 펌프의 전기 회로

2) 압력 레귤레이터

엔진에서 필요한 연료는 각종 센서로부터 입력되는 신호에 의해 엔진 상태에

맞는 최적의 연료량을 결정한 후 ECU는 인젝터로 흐르는 통전 시간을 제어하여 연료량을 결정한다.

그러나 인젝터가 설치되어 있는 연료 라인이나 흡기 다기관내의 압력은 엔진 상태에 따라 다양하게 변화하게 됨으로 일정한 통전 시간이라 하더라도 엔진의 상태에 따라 인젝터의 분사 노즐 끝단에 걸리는 압력의 변화가 발생하여 연료 분사량에 차이가 발생할 수 있다.

흡기 매니폴드의 부압이 큰 경우에는 분사량이 증가하고, 부압이 작은 경우에는 분사량이 적어진다.

이러한 현상을 방지하기 위한 장치가 바로 연료 분배 파이프 끝단에 설치되어 있는 연료 압력 조절기(Pressure Regulator)이다.

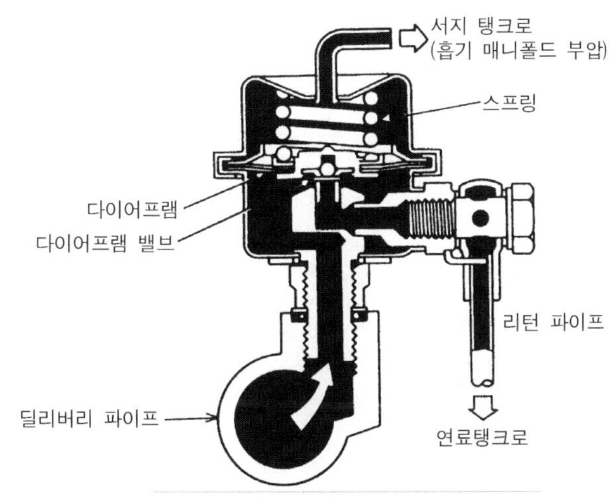

그림 7.27 압력 레귤레이터

압력 레귤레이터는 흡기 매니폴드의 부압에 대하여 인젝터에 가해지는 연료 압력이 항상 일정치(2.5~3kgf/cm^2)가 되도록 조정한다.

압력 레귤레이터는 다이어프램의 상하 작동으로 흡기 매니폴드의 부압과 딜리버리 파이프의 연료압이 가해지게 되어 있다.

상하 압력차가 일정치 이상이 되면 다이어프램이 밀려 올라가 여분의 연료는 리턴 파이프를 통해 연료탱크로 보내진다.

리턴레스 연료 장치의 경우의 연료 압력 조절기는 연료탱크 내에 장착되어 있으며 연료압을 흡기매니폴드의 압력변화에 관계없이 압력을 항상 일정하게

$3.5kg/cm^2$로 유지한다.

3) 인젝터

인젝터는 솔레노이드 코일과 커넥터(입력 튜브)를 갖는 하우징(Shell), 그리고 보디(밸브 시트)와 마그네틱 보호관이 장착된 니들 어셈블리로 이루어져 있다.

MPI 시스템의 경우를 보면, 인젝터는 연료의 유입계통에 따라 2가지 타입으로 분류할 수 있다.

아래쪽 또는 측면으로 연료가 들어오는 하부 연료분사 타입과 인젝터의 상부로 연료가 들어오는 상부 연료분사 타입으로 분류된다.

두 가지 타입 모두, 계량된 연료를 분사구를 통하여 분사한다.

연료는 흡입구에 설치된 필터를 거쳐 인젝터의 연료 계량 부분으로 흐르며, 연료의 계량은 분사구와 인접한 밸브 시트부에 의하여 이루어진다.

코일 어셈블리에 구동 펄스가 인가되지 않는 동안 스프링과 시스템 압력은 니들 어셈블리를 밸브 시트부로 눌러 인젝터 내부에서의 연료 누설을 방지한다.

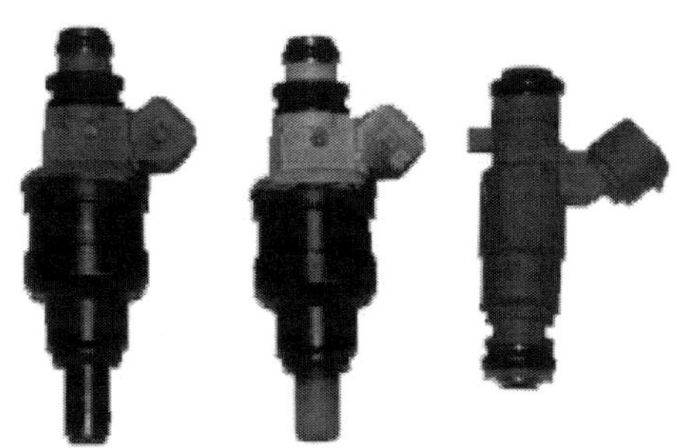

그림 7.28 여러 형태의 인젝터

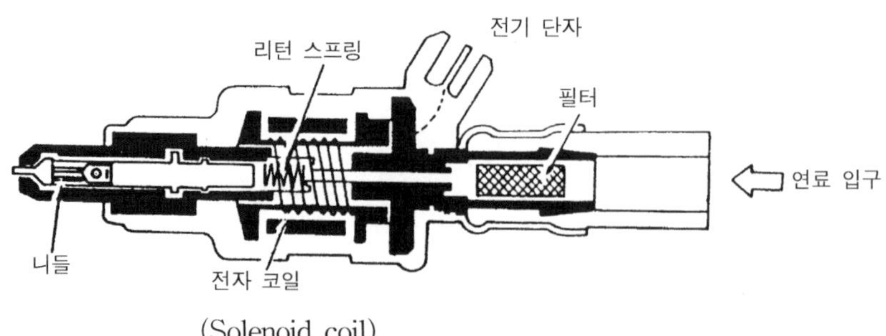

그림 7.29 인젝터 내부구조

코일에 펄스가 가해지면, 형성된 마그네틱 힘은 밸브 시트부로 부터 니들을 잡아당겨 밸브 시트부를 지나 분사구를 통하여 외부로 연료를 분사하며, 코일로부터 펄스가 사라지면 니들 어셈블리는 스프링에 의하여 작동전의 상태로 되돌아오게 된다.

인젝터는 미소량의 가솔린(공 회전 상태의 경우) 뿐만 아니라 상당한 양의 가솔린(전부하 경우)이 공급되도록 설계되어야 한다.

따라서 인젝터의 성능을 나타내는데 2개의 주요 인자는 정적 유량(Q-Static)과 동적 유량(Q-Dynamic)이다.

정적 유량은 밸브가 지속적으로 열린 상태에서 분사된 연료의 양을 의미하며, 동적 유량은 밸브가 반복적으로 열리고 닫히는 상태에서 분사된 연료의 양을 의미한다.

정적 유량이 주로 인젝터의 분사구의 크기와 연료 압력에 영향을 받는다.

반면 동적 유량은 부가적으로 인젝터의 니들이 열리고 닫히는 시간에 영향을 받는다.

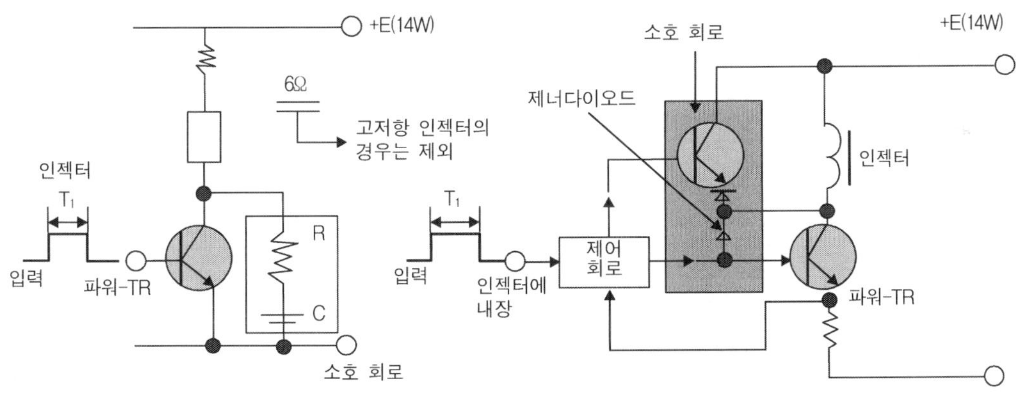

그림 7.30 인젝터 구동회로

인젝터의 구동방식은 전압 구동형과 전류 구동형이 있다.

전압 구동형에는 인젝터의 저항값에 따라 저 저항 인젝터와 고 저항 인젝터가 있다.

전압 구동형의 저 저항 인젝터는 코일의 저항 값이 약 0.6~3Ω 정도의 것으로 외부 저항을 같이 사용한다.

이것은 인젝터 자신의 응답성 및 내구성을 향상시키기 위한 것으로, 솔레노이드 코일의 권수를 적게 하여 인덕턴스를 작게 한 것이다.
인젝터 솔레노이드 코일의 권수를 적게 함으로써 전류가 증가하여 솔레노이드에 과도한 전류가 흐르게 되면 코일의 단선 가능성 및 내구성에 문제가 있으므로 외부저항을 사용하여 과도한 전류의 흐름을 방지하는 것이다.
고 저항 인젝터는 코일의 저항치가 12~17Ω 정도의 것으로, 솔레노이드 코일의 저항을 크게 하여 전류를 제한하는 것이다.
이와 같은 전압 구동형은 회로구성은 간단하나 회로 임피던스가 크므로, 인젝터에 흐르는 전류가 감소하여 인젝터에 발생하는 흡인력이 저하되는 만큼 다이나믹 레인지면에서 약간 불리하다.
전류 구동형은 마이크로 컴퓨터 내에 인젝터 전류 구동회로가 있어 분사신호 "ON" 시에 인젝터에 공급되는 전류가 변화한다.
인젝터 작동 초기에는 큰 전류가 흘러 솔레노이드의 자력강화 및 관성을 감소시켜 초기 작동을 원활하게 하고, 니들 밸브가 열린 후에는 작은 전류로 제어하는 방식이다.
전류 구동형은 회로구성은 복잡하게 되나, 회로 임피던스가 작다. 따라서 다이나믹 레인지 면에서 유리하다.
또한, 인젝터 구동회로에는 펄스가 끊어졌을 때 솔레노이드 코일에 발생하는 역기전력에 의한 파워트랜지스터를 보호하고, 인젝터의 밸브 닫힘 시간을 단축하기 위하여 아크를 소멸시키는 기능을 하는 소호회로가 있다.

3. 제어 장치

1) 연료분사 제어

연료 분사 제어란 엔진의 동력 성능 개선, 배출 가스 정화, 연비 개선, 운전성 향상 등을 목적으로 하여 엔진의 상태를 검출하는 각 센서의 신호에서 엔진에 필요한 연료량을 연산하여, 최적의 공기 연료비로 되도록 연료의 분사량을 제어하는 것이다.
분사량은 인젝터의 전기가 통하는 시간에 의해서 결정된다.
연료분사에는 다음과 같은 방법들이 채용되고 있다.

- 동기분사(독립분사 또는 순차분사) : 1사이클마다 크랭크 각 센서의 신호에 동

기하여 배기행정 말기에 해당 실린더에만 1회 분사하는 방식이다.

- 비동기분사(동시분사) : 수온 센서, 흡기 온도센서, 스로틀 위치 센서 등 각종 센서에서 검출한 신호를 기초로 ECU가 인젝터 제어하여 전 실린더에 동시에 1사이클당 2회 연료를 분사시키는 방식이다. 시동시나 가속시에 적용된다.
- 그룹(Group)분사 : 각 실린더에 그룹을 지어 1회 분사할 때 2 실린더씩 그룹으로 분사하는 방식이다. 즉 점화순서가 1-3-4-2인 4기통 엔진의 경우 제1번과 제3번 실린더 또는 제2번과 제4번 실린더가 그룹분사를 하게 된다.

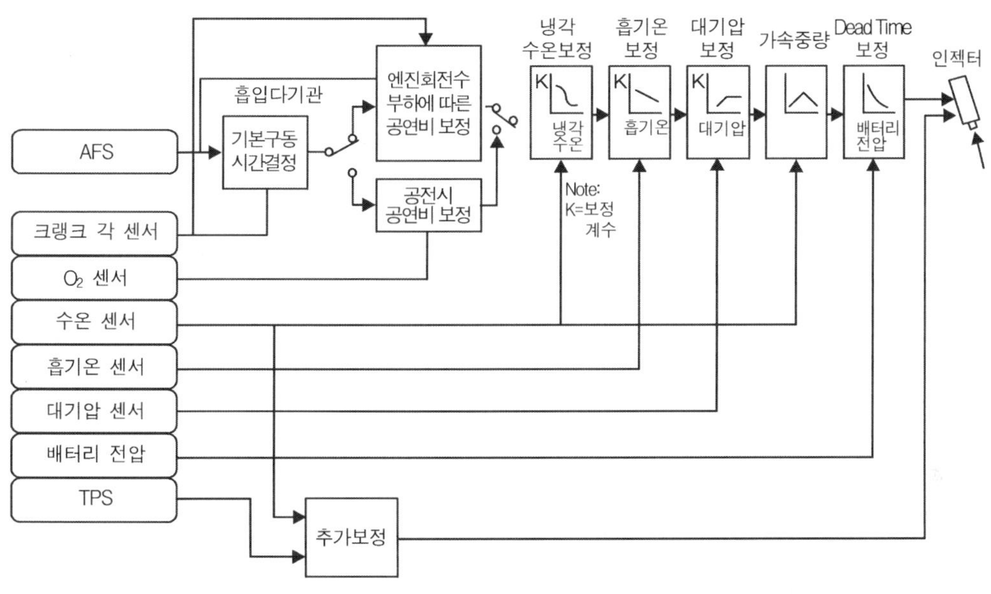

그림 7.31 연료 분사량의 제어

동기 분사 시간은 아래의 식으로 정해진다.

동기 분사 시간 = 기본 분사 시간 × 보정 계수 + 전압 보정 분사 시간

(1) 기본 분사 시간

기본 분사 시간은 다음과 같이 하여 구해진다. 공기량 센서에 따라서 검출되는 엔진의 흡입 공기량을 엔진 회전수로 나눔으로써 1 분사당의 공기량으로 환산한다.

이 공기량에 대해서 이론 공기 연료비로 되도록 하는 연료 분사량에 상당하는 분사 시간으로서 구해진다.

기본 분사 시간=K(정수) × 흡입 공기량/엔진 회전수

(2) 전압 보정 분사 시간

배터리 전압의 변화에 따라 인젝터의 응답시간이 변화하기 때문에, 이것을 보정하는 것이다.

(3) 보정 계수

각 센서에서의 신호에 의해 난기 특성 개선, 가속성 향상, 배출 가스 정화 등을 위해서 기본 분사량의 보정을 한다.

① 시동 후 증량 보정

엔진 시동시의 수온으로 결정되는 보정 계수에 의해 일정 시간 연료를 증량하여 엔진 회전의 안정을 꾀한다.

② 난기시 증량 보정

한냉시의 운전성 향상을 위해 수온으로 결정되는 보정 계수에 의해 난기가 완료하기까지 연료의 증량을 계속한다.

③ 난기시 가속 증량 보정

난기 도중의 가속성 향상을 위해 가속이 검출될 때에 수온으로 결정되는 보정 계수에 의해 연료를 증량한다.

④ 과열 방지 증량 보정

엔진을 전 부하 운전하는 경우, 엔진 자신이나 촉매 등이 과열하는 것을 막기 위해 짙은 혼합기 상태로 할 필요가 있다.

따라서 흡입 공기량, 엔진 회전수, 스로틀 밸브 개도 등에서 검출되는 부하 상태에 의해 연료를 증량하게 한다.

⑤ 공연비 피드 백 보정

3원 촉매를 사용하여 CO, HC, NOX의 3성분을 동시에 높은 정화율로 정화하기 위해서는 모든 조건 아래에 있어서 공연비를 이론 공연비 부근의 좁은 영역에서 정확하게 제어할 필요가 있다.

이 때문에, 배출 가스 중의 산소 농도를 검출하여 엔진의 배기 쪽에서는 산소가 과잉이나 부족이 되지 않도록 한다.
즉, 엔진의 흡기 쪽에서는 이론 공연비로 되도록 분사 시간을 피드 백 보정 제어한다.

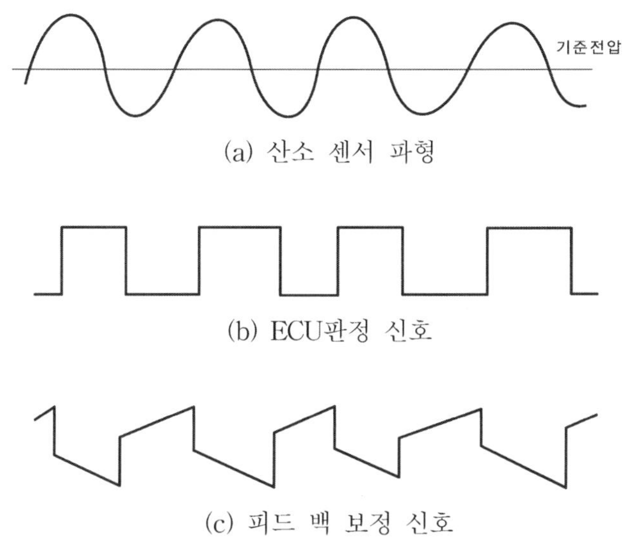

(a) 산소 센서 파형

(b) ECU판정 신호

(c) 피드 백 보정 신호

그림 7.32 ECU의 공연비 피드 백 보정 제어

이 때 필요로 되는 O_2 센서는 이론 공연비에서 출력 전압이 급격하게 변화하는 특성을 가지고 있다.
이 특성을 살려 O_2 센서 공연비 피드 백 제어를 한다.
ECU는 O_2 센서 출력 전압 신호에서 이론 공연비보다 짙은가, 연한가를 판정하여, 농후한 경우는 분사량을 줄인다.
반대로 희박할 경우는 분사량을 늘리는 피드 백 보정 제어를 한다.
O_2 센서 출력 신호가 기준 전압을 가로질렀을 때, 피드 백 보정의 응답성을 높이기 위해 보정 계수를 크게 변화(스킵)시키고 있다.
단, O_2 센서 자신의 온도가 낮을 때에는(어느 온도 이하일 때) 센서의 특성상 작동하지 않으므로, 센서가 난기 되기까지는 공연비 피드 백 제어를 실시할 수 없다.
시동 후, 빨리 O_2 센서를 작동시키기 위해서 센서 내부에 히터를 설치하여 가열하는 것도 있다.

(4) 연료 차단

① 감속할 때 연료차단

엔진 회전 속도가 비교적 높고 스로틀 밸브가 전부 닫혀 있는, 이른바 엔진 브레이크 상태에서는 연료 분사가 정지하여, 불필요한 연료를 소비하지 않도록 하고 있다.
연료 컷 후, 엔진 회전수가 설정 값 이하로 되면 연료 분사를 재개한다.

② 고회전 연료 컷

엔진의 고회전에 의한 손상을 방지하기 위해, 엔진 회전수가 설정 값 이상으로 되면 연료 분사를 정지한다.

(5) 시동할 때 분사 특성

엔진 시동할 때는 흡입 공기량이 적고, 공기량 센서에서 정확하게 검출할 수 없기 때문에 수온으로 결정되는 양을 기본 분사량으로 한다.
엔진 회전수가 설정 값을 넘으면 본래의 동기 분사로 된다.
시동시나, 가속시에는 보통의 분사(동기 분사)와는 별도로 엔진 회전에 동기하지 않고 분사를 하는 비동기 분사가 실시된다.

(6) 관련 센서

① 크랭크 각 센서와 1번 실린더 TDC 센서

크랭크 각 센서는 엔진의 피스톤의 위치를 감지하는 센서로 감지방식은 광전식, 마그네틱 코일식이 있다.
NO1 TDC 센서는 1번 피스톤의 상사점을 감지하여 연료분사 기통을 찾아 분사하기 위하여 감지하게 된다.
광전식은 크랭크 각 센서와 NO1 TDC센서는 디스크와 유닛트 조합으로 구성되어 있다.
디스크는 금속제 원판으로 주위에는 90° 간격으로 4개의 빛 통과용 틈새가 있는데 이것이 크랭크 각 센서용이다.
또 내측에는 1개의 틈새가 있는데 이것이 NO1 TDC 센서용이다.

디스크는 배전기축에 고정되어 축이 회전하면 디스크의 틈새가 움직여 유닛트 조합에 의해 빛으로 감지 되도록 되어 있다.
유닛트 조합은 2종류의 틈새를 검출하기 때문에 발광 다이오드와 포토 다이오드 2개씩 내장되어 있다.

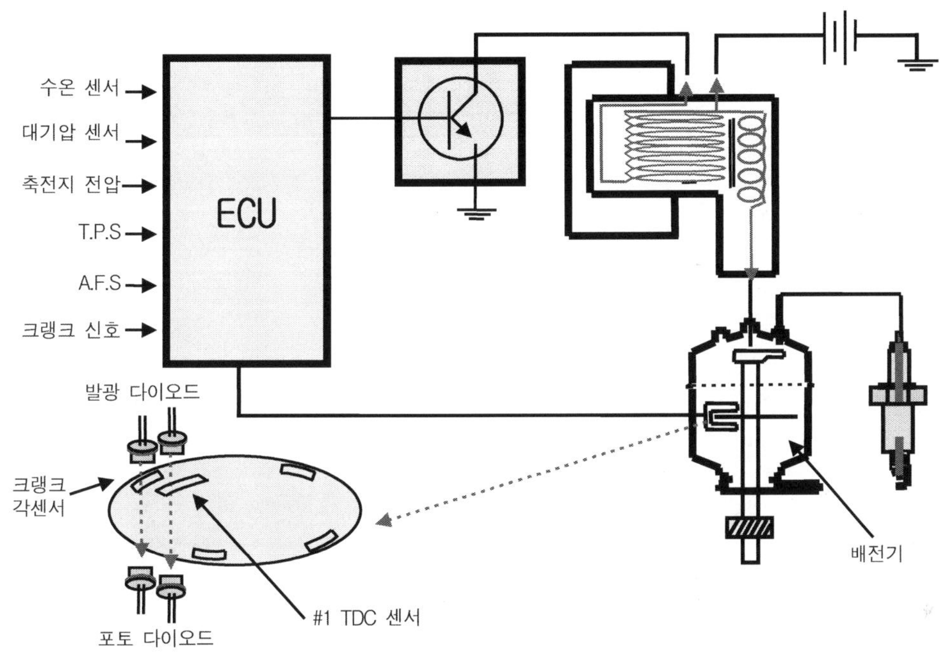

그림 7.33 크랭크 각 센서와 NO.1 TDC(배전기 타입)

발광 다이오드에서 방출된 빛은 디스크가 회전함에 따라 포토 다이오드에 비추거나 차단됨으로서 4개의 틈새에 의해 얻어지는 신호는 엔진회전수를 연산하는 기준신호로써 사용된다.
이와 같은 원리를 적용하여 크랭크 축의 압축 상사점이 정위치에 있는지를 검출한다.
내측의 1개의 틈새에서 얻어지는 신호에 의해 NO1 TDC 센서에 의한 기초신호를 식별한다. 이 신호는 최초의 분사순서를 결정하는데 쓰인다.

② 냉각 수온 센서

엔진 냉각 수온을 검출하는 것이며 보통, 냉각수 서모 스타트의 부근에 장치되어 온도에 의해 저항값이 크게 변화하는 서미스터가 사용된다.

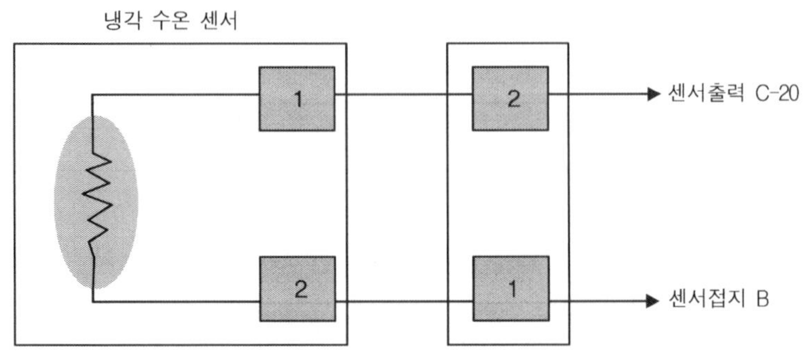

그림 7.34 냉각 수온센서

③ 스로틀 포지션 센서(Throttle Position Sensor(TPS))

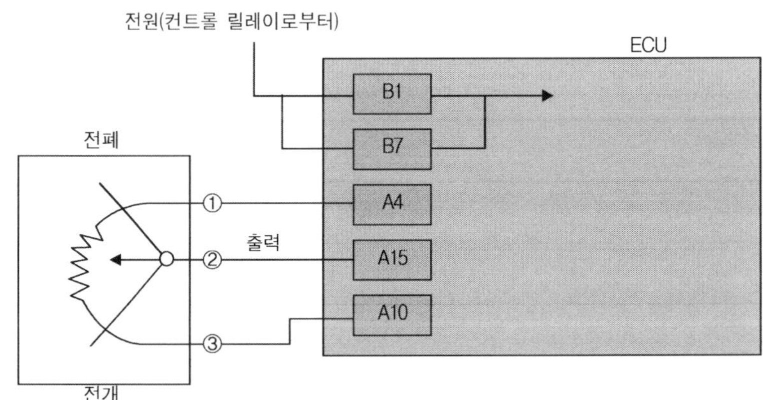

그림 7.35 스로틀 포지션 센서의 작동회로

스로틀 바디 내부의 스로틀 샤프트에 연결되어 있는 스로틀 위치 센서는 한 쪽 터미널에는 ECU에서 전원이 공급되고, 다른 한쪽 터미널에는 ECU 내부 접지에 연결되어 있다.

나머지 한 개 터미널에는 스로틀 밸브와 연동하여 포텐셔 미터가 움직임에 따라 스로틀 개도에 비례한 전압을 출력한다.

TPS는 발생 전압이 감지될 수 있도록 ECU에 연결되어 스로틀 밸브의 열림 각도를 측정하는 가변 저항기로서 스로틀 밸브의 열림 정도를 검출하여 전압으로 변환해서 ECU로 보내다.

이 정보에 의해 적절한 혼합비 조절과 공기 공급을 제어한다.

④ O_2 센서

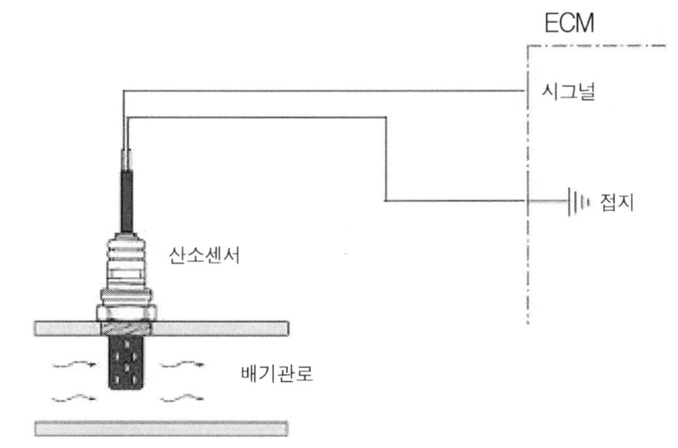

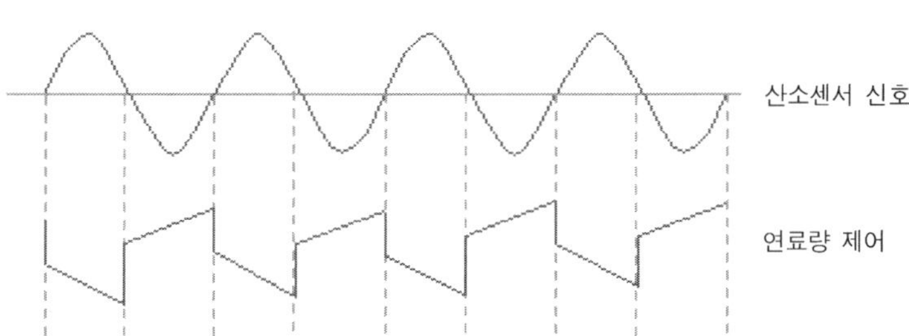

그림 7.36 산소센서 신호에 의한 연료 제어

배기 매니폴드에 장착되어 있는 산소센서는 배기가스중의 산소상태를 감지하여 출력전압으로 발생시킨다.

이 출력전압은 약 0.1V(혼합기 희박 상태)에서 0.9V(혼합기 농후상태) 범위로 지시된다.

ECU는 산소센서 출력 전압을 감지하여 적정 혼합비가 유지되도록 인젝터에 적정 연료분사 지령을 내린다.

즉 배기가스의 희박한 상태를 감지한 산소센서는 낮은 전압을 발생하여 ECU로 하여금 농후한 혼합기 공급 지령을 내리게 된다.

배기가스의 농후한 상태를 감지한 산소센서는 높은 전압을 발생하여 ECU로 하여금 희박한 혼합기 공급 지령을 내리게 한다.

O_2 센서는 지르코니아를 시험관 모양으로 소결한 소자의 내외 양면에 다공질의 백금 전극을 코팅한 구조로 되어 있다.
소자 바깥 면을 배기관 내에 노출시켜 산소 농도에 따라서, 지르코니아의 개체 전지 작용에 의해 민감하게 전압이 발생하는 특성을 이용하고 있다.
지르코니아 소자 대신에 티타니아 자기를 이용한 O_2 센서도 실용화되고 있다.
티타니아(TiO_2)는 n형 반도체이며 저항 값이 분위기 중의 산소 분압에 의존하는 성질을 이용하고 있다.
이상의 O_2 센서는 이론 공연비를 경계로 하여 출력이 크게 변화하는 특성을 가진 것이지만, 린(Lean) 영역의 공연비를 직선적으로 검출하는 린 O_2 센서도 실용화되고 있다.
이것에 의해 이론 공연비보다도 연한 영역에서 연소(린번)시켜, 배출 가스 정화와 저연비를 양립할 수 있다.

⑤ 대기 압력 센서(BPS ; Barometric Pressure Sensor)

이 센서는 대기 압력을 검출하여 전압으로 변환한 신호를 ECU로 보낸다.
ECU는 이 신호를 이용하여 자동차의 고도를 계측하여 현재 상태의 적정한 혼합비가 되도록 연료 분사량을 조정함과 동시에 점화시기를 조정한다.

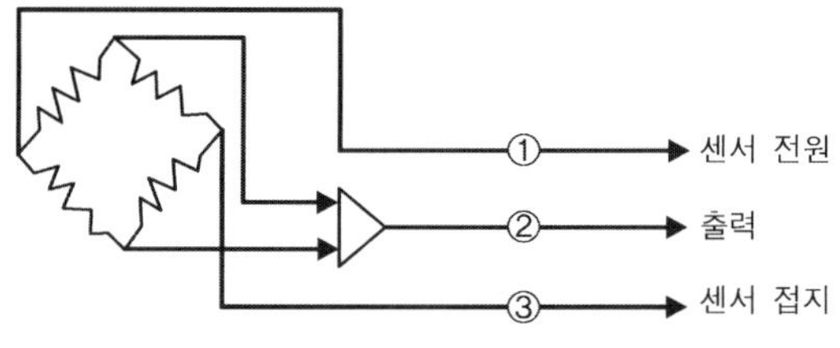

그림 7.37 대기압 센서 작동회로

대기 압력 센서는 스트레인 게이지의 저항 값이 압력에 비례하여 변화하는 것을 이용하여 전압으로 변환시키는 반도체 피에조(Piezo)저항형 센서이다.
스트레인 게이지에 흡기 압력이 작용하면 저항 값이 감소하여 대기 압력 센서의 출력 전압이 높아지게 되는데 이 출력 전압을 ECU로 보낸다.

⑥ 흡기 온도 센서

흡입 공기 온도의 정보를 ECU에 전달하는 역할을 하며 ECU는 이 정보에 의해서 필요한 연료 분사량을 조절한다.

⑦ 차속 센서

리드 스위치를 이용하여 변속기 출력축(Driven Gear) 회전을 펄스 신호로 변환하여 ECU로 보냄으로서 차속을 계산할 수 있게 한다.
ECU는 이 신호를 기초로 하여 공전속도 등을 조절한다.

⑧ 점화 스위치(St)

점화 스위치(St)는 엔진이 크랭킹되고 있음을 ECU로 알려주며, ECU는 이 신호에 의하여 엔진 시동시의 연료 분사량을 조절한다.

⑨ 인히비터 스위치

자동변속기 차량인 경우 변속 레버가 P 또는 N 이외의 레인지에 있는 경우 축전지 전압은 ECU로 입력되지 않는다.
인히비터 스위치는 변속 레버의 위치를 전압차로 변환하여 ECU로 입력시키면 ECU는 이 신호를 이용해 엔진을 제어한다.

2) 점화시기 제어

전자 제어 이전의 점화시기 제어는 원심 거버너와 엔진 부(-)압으로 작동하는 진공(Vacuum) 컨트롤러에 의해서 실시되었다.
이것은 기계적인 제어이므로 복잡한 제어나 정밀한 제어에는 한계가 있었다.
전자화하여 최적 제어함으로써 엔진의 동력 성능 향상, 기계 부품을 사용하지 않는 것에 의한 신뢰성 향상 등을 가져왔다.
전자 제어의 방법은 ECU에 미리 엔진 상태에 따른 최적인 점화시기를 기억하여 두고, 각 센서에서의 신호에 따라 최적의 점화시기를 제어하는 것이다.

(1) 작동

엔진 회전수 및 각 센서에서의 신호에 따라 엔진의 상태를 종합적으로 판정하고 최적의 점화시기를 결정하여 Igniter에 점화시기 신호를 보내는 것이다.
점화시기는 다음 식에 의해 결정된다.

· 점화시기 = 기본 점화 진각 + 보정 점화 진각

① 기본 점화 진각

기본 점화 진각은 각 엔진마다 각기 다른 특성을 가지고 있으며, 엔진 회전 속도와 흡입 공기량에 의해 엔진의 최적 점화시기를 정하고 있다.
한편, 스로틀 밸브를 전부 닫았을 때는 엔진 회전수만으로 결정되는 진각 특성으로 회전안정을 꾀하고 있다.

② 보정 점화 진각

- 난기 진각 보정 : 시동 후, 엔진 온도가 낮은 동안은 점화시기를 진각시켜 운전성 향상을 꾀하고 있다.
- 고온 진각 보정 : 엔진 온도가 과도하게 높아진 경우에 점화시기를 지연시켜 엔진의 과열을 방지한다.

  ECU에서 연산한 점화시기에 점화하도록 이그니션 코일에의 통전 개시 시기와 통전 차단 시기(점화시기)의 신호를 이그나이터에 보낸다.

③ 센서

점화시기 제어에 사용하는 센서는 일반적인 연료 분사 제어와 공통이며 크랭크각 센서, 공기유량센서, 수온 센서, 스로틀 포지션 센서 등이다.

④ 액츄에이터(이그나이터 또는 이그니션 모듈)

ECU에서의 점화시기 신호에 의해, 이그나이터의 파워 트랜지스터가 이그니션 코일의 1차 전류를 ON-OFF하여 코일의 2차 쪽에 고전압을 발생시킨다.
이그나이터는 통전 제어 신호가 입력되면 이 신호를 근거로 파워 트랜지스터의 ON하는 시간(닫힌 각도)을 결정하게 된다.
점화 모니터 회로는 이그니션 코일의 1차 전류의 ON-OFF에 의해서 생기는 역기전력을 검출하여 정상 점화가 실시되고 있는 것을 ECU에 알려주는 역할을 하고 있다.
이그나이터 이상시는 엔진 제어 ECU가 연료 분사를 정지하여 촉매의 과열을 막고 있다.
가솔린 엔진은 피스톤에 의해서 압축된 혼합기를 점화플러그에서 발생하는 불꽃으로 착화시켜서 혼합기를 연소시켜 출력을 얻게 된다.
이때 연소에 의해 발생한 압력이 피스톤에 보다 효율적으로 가해져서 토크 발생을 극대화하기 위해서는 최적의 크랭크 위치에서 충분한 에너지의 불꽃을 일으켜주는 것이 중요하다.

(2) 통전 시간(通電時間) 제어

1차 코일의 전류는 통전이 시작되면서부터 지수 함수적으로 증가한다.
1차 전류 차단시 발생하는 고압은 이 1차 전류 값의 크기로 결정되기 때문에 전류가 포화 상태로 될 때까지 전류를 통하지는 않지만, 장시간 코일에 전류를 흘리면 발열에 의해 에너지 손실과 열적 손상의 문제가 발생한다.
따라서 이러한 것들을 고려하여 통전 시간을 제어하게 된다.
배터리 전압에 의해서도 1차 코일의 전류 증가 비율이 변하기 때문에 배터리 전압에 따라서도 통전 시간을 조정해 주는 것이 필요하다.
고성능 점화시스템에서는 고압발생과 발열방지의 대립되는 목표를 만족시키기 위하여, 정전류 제어를 추가하여 단시간에 큰 전류가 흐르도록 해주기도 한다.

(3) 점화시기 제어

점화시기는 크랭크 각 1도의 정밀도로 제어되어야 한다. 크랭크 각 1도란 6000rpm으로 회전하는 엔진에서 시간으로 환산하여 30μs(3/1000초)의 매우 짧은 순간이다.
이렇게 정밀하게 점화시기를 제어하기 위해서는 크랭크 위치를 정확하게 검출하는 크랭크 위치 센서와 마이크로 컴퓨터 내에서 고속으로 작동하는 고속 카운터(Counter) 그리고 이러한 것들을 정교하게 이용할 수 있는 제어방법이 필요하다.
각 메이커들은 각기 다소 상이한 크랭크 각 센서를 사용하고 있으며 이에 따라 제어 방법도 다르다.
마이크로 컴퓨터에서 점화시기를 제어하는 방법은 사용하는 크랭크 각 센서의 종류에 따라서 크게 세 가지로 나뉜다.
아래에 각각의 제어방법과 사용하는 크랭크 각 센서를 표시한다.

① 방식 I

엔진의 실린더간 간격(4기통의 경우 180°)마다 신호를 발생하는 크랭크 각 센서를 사용한다.
크랭크 각 신호 발생 시점을 기준으로 하여 미리 입력되어 있는 통전 시간, 점화시기 등으로 계산에 의해 통전 개시 시간, 차단시간을 구한 후 마이크로 컴퓨터에 내장된 타이머 카운터(Timer Counter)로 제어한다.
세 가지 제어 방식 중 가장 간단한 구조이지만 실린더 간격이 시간에 따라서 변화하는 엔진 과도상태에서는 제어정도가 약간 떨어진다.

② 방식Ⅱ

실린더간 간격 180° CA(Crank Angle)신호와 30° CA신호를 발생하는 크랭크 각 센서를 사용한다.
180° CA신호에서 통전 개시시간과 점화시기 직전 30° CA신호를 산출해 낸다.
이 30° CA신호로부터 통전 개시시간 및 차단시간까지의 시간을 고속 타이머로 제어한다.

③ 방식Ⅲ

실린더 신호와 1°CA신호를 발생하는 크랭크 각 센서를 사용한다.
실린더 판별 신호를 기준으로 1°CA신호마다 계산하여 필요한 각도가 되면 통전을 개시하고 차단신호를 발생한다.
방식Ⅱ, Ⅲ은 과도운전 조건에서의 제어정도는 우수하지만 크랭크 각 센서의 구조가 복잡해진다.

(4) 드웰각 제어(Dwell Angle Control)

드웰각은 배전기 접점이 닫혔다가 다시 열릴 때까지 배전기 캠의 회전각을 말한다.
요즈음의 무접점식 점화시스템에서는 점화코일에 1차 전류가 흐르는 시간을 드웰 기간(Dwell Period)이라 부르며 드웰각과 드웰 기간은 비례한다고 볼 수 있다.
점화 에너지를 항상 일정하게 높은 수준으로 유지하면서 동시에 출력 트랜지스터와 점화 코일에서의 출력손실을 최소화하기 위해서는 점화 순간의 1차 전류가 반드시 일정한 수준에 도달해 있어야 한다.
드웰각이 일정할 때 점화코일에 저장되는 에너지는 엔진의 회전속도에 반비례하고 배터리의 전압에는 비례한다.
따라서 엔진의 회전속도에 관계없이 점화코일에 저장되는 1차 전류를 일정수준 이상 유지하기 위해서는 드웰각을 제어해야 한다.

즉, 엔진 회전속도가 증가함에 따라서 드웰각을 크게 해야 한다.
드웰 기간이 길면 점화코일의 1차 전류는 증가하게 되고 배터리 전압이 높을수록 1차 전류가 일정 수준에 도달하는 시간이 단축되게 된다.
인덕턴스 센서를 1차 전류 펄스 신호로 사용할 경우, 트리거 수준(Trigger Level)을 변화시킴으로써 간단히 드웰각을 제어할 수 있다.
드웰각이 너무 작으면 트리거 수준은 (-)방향으로 이동하고, 반대로 너무 크면 (+)방향으로 이동된다.
또한 홀 센서(Hall Sensor)를 1차 전류 펄스 신호로 사용할 경우에는 펄스 변환단계(Pulse Shaping Stage)에서 홀 센서의 직각형 펄스를 톱니모양의 파형으로 변환시킨 다음에 트리거 수준을 이동시켜 드웰각을 제어하게 된다.
드웰각 제어는 드웰각 특성도(Map)를 컴퓨터에 미리 기억시키고 엔진의 회전속도와 배터리 전압의 변화에 따라 최적 드웰각을 계산한 다음, 이를 드웰각 특성도와 비교하여 트리거 수준을 이동시켜서 수행한다.

(5) 1차 전류 제한(Primary Current Limiting)

종래의 점화시스템에 사용되던 밸러스트 저항(Ballast Resistor)을 사용하지 않음에 따라서 출력단계에서 1차 전류를 제한하지 않으면 안 된다.
즉, 최근의 점화코일에서는 저항 1차 코일이 사용되기 때문에, 1차 전류의 최대값은 1차 회로의 총 저항에 의해서가 아니고 출력단계에서 1차 전류를 제한하도록 되어 있다.
이 기능은 1차 전류가 일정 수준에 도달하면 전류제한 회로가 작동하여 1차 전류를 더 이상 증가하지 못하도록 하여 점화시스템을 보호하는 기능을 한다.

(6) 엔진 정지시 1차 전류 차단 기능

점화 회로는 ON 상태이나 엔진이 정지한 경우 점화시스템에 과부하가 걸리지 않도록 하기 위해서 엔진 시동장치가 ON 위치에 있더라도 엔진이 정지한 다음에는 곧바로 점화 회로가 전자적으로 OFF되도록 하는 기능이다.
엔진이 재 시동되면 점화 시스템은 곧바로 점화 스파크를 발생시킨다.

3) 공회전 제어

아이들 회전수 제어란 엔진의 아이들 회전수를 항상 최적으로 제어하여, 연료 경제성 향상, 부하 변화에 의한 아이들 회전수의 벗어남 보정, 에어컨 사용시의 아이들 업 등을 하는 것이다.

제어 방법은 각 센서에서의 신호를 엔진의 상태에 따른 최적 아이들 회전수가 되도록 스로틀 밸브를 바이패스하는 공기량을 아이들 스피드 컨트롤 밸브(ISCV)에 의해 제어 하는 것이다.

(1) 시동할 때의 제어

엔진 시동할 때는 바이패스 공기 유량이 최대로 되도록 하여 시동성을 좋게 하고 있다. 시동 후는 냉각수 온도에 따라 결정되는 공기 유량이 되도록 제어하여, 시동 직후의 아이들 회전수를 안정시키고 있다.

(2) 난기(Warming Up) 중의 제어

시동시의 제어가 종료하고부터 난기시의 수온에 따른 공기 유량이 되도록 서서히 변화시키고, 최적인 아이들 회전수로 되도록 제어한다.

(3) 난기 후의 제어

난기 후는 오토매틱 트랜스미션의 시프트 위치를 검출하는 뉴트럴 신호, 에어컨 ON 신호 등에 의해 엔진 부하 상태를 검출하여 아이들시의 목표 회전수를 연산하여, 엔진 정상 회전수와 목표 회전수의 차를 작게 하도록 공기 유량을 제어한다.

(4) 기타제어

에어컨 ON 신호나 시프트 조작 등에 의한 엔진 부하의 급변에 대해서는, 엔진 회전수가 낮아지는 것을 막기 위해서, 신호 입력 후 곧 ISCV를 작동시켜서, 실 부하가 엔진에 걸리기 전에 아이들 회전을 안정시키는 조작을 한다.

4) 노크 제어(Knock Control)

엔진의 노킹 발생을 방지하기 위해 점화시기를 제어하는 장치로서 가솔린 엔진에서는 노킹 한계에 가까운 곳에서 연소효율이 좋아 이 영역에서 운전되는 경우가 많은데, 노킹이 심하면 엔진이 파괴되므로 이를 피하기 위한 제어이다.

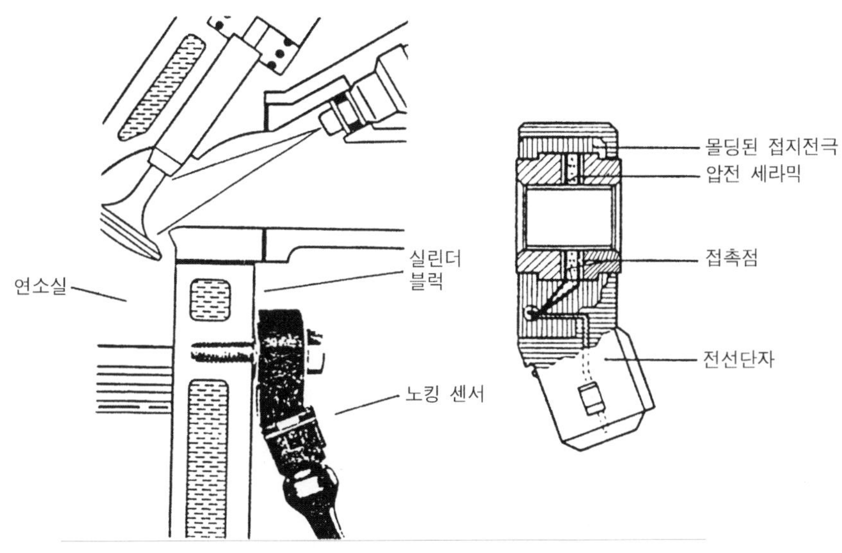

그림 7.38 노크 센서의 구조

특히, 터보 엔진에서 이러한 제어가 많이 적용되고 있지만 최근에는 자연 급기 엔진에도 일반적으로 채용된다.

실린더 블록에 장착된 노크 센서로부터 실린더 블록의 진동을 전기적 신호로 바꾸어 미리 정해진 신호레벨과 입력 순간치를 비교하여 노킹여부를 판단한다. 노킹이라고 판단되면 그 강도에 따라서 점화시기를 늦추고 다시 발생하지 않으면 진각시키는 피드 백 작용을 계속하여 최대의 출력이 얻어지도록 한다.

제8장 기타 신기술 엔진 시스템

8.1 희박연소 엔진

1. 희박연소 엔진 개요

현재의 가솔린 엔진 연소기술은 삼원 촉매 적용을 위하여 연료분사용 인젝터를 전자 제어하여 공급연료의 공연비를 이론 공연비(공기 과잉률 λ=1.0)로 조절하고 EGR 밸브를 채용하여 CO, HC, NOx를 동시에 저감하는 시스템이다.

이 기술이 도입된 80년대에는 획기적인 저 배기 기술로 평가를 받았으나 이제는 이 기술이 두 가지 측면에서 새로운 도전을 받고 있다.

첫째는 배기 규제가 계속하여 강화되어 왔고 이제는 이 시스템으로 더 이상 배기 규제를 통과할 수 없는 단계에 도달하였다.

둘째는 자동차 유해 배출 가스 규제 성분에 CO_2가 포함되고 있으며 이를 위해서는 고연비 기술로 CO_2의 생성량을 줄이는 것이 가장 효율적인 대책으로 알려져 있다.

이런 측면에서 보면 디젤 엔진이 가솔린에 비해 20~30% 유리하며 따라서 디젤 엔진에 의한 시장잠식에 대한 대책이 필요하다.

따라서 가솔린 엔진에서 배기가스를 감소시키면서 연료소비를 줄이는 기술이 필연적인 개발 방향이며 이를 구현할 수 있는 방법은 희박연소가 가장 가능성 있는 기술로 제시되어 있다.

혼합기에 공기를 과잉 공급하여 연소시키는 희박연소는 상대적으로 펌핑 손실이 적고, 정상연소보다 비열비가 증가함으로써 엔진열효율이 향상된다.

그리고 연소최고온도가 낮아짐으로써 질소산화물(NOx)이 현저히 감소되며 완전연소로 인한 일산화탄소(CO)가 감소하여 유해 배출가스가 줄어든다.

그러나 초희박 연소는 공연비가 희박해짐에 따라 연소가 불안정하게 되어 토오크 변동을 초래하는 단점을 가진다. 따라서 초희박 연소를 실현하기 위해서는 희박 연소시 연소 안정성에 관한 기반기술의 확립이 선행되어져야 한다.
자동차용 엔진의 작동영역은 매우 다양하며 특히 고 부하시에는 최대의 토크를 발휘할 수 있도록 하여야 하기 때문에 희박연소 엔진도 고부하에서는 공연비가 농후하며 중 저부하 영역에서 희박한 공연비를 공급한다.
한편 희박연소 운전영역을 확대하면 중저속 영역의 토크향상이 불가피하기 때문에 별도의 토크 향상 수단을 채용하기도 한다.
즉, 흡기 매니폴드 형상 개선, 밸브 타이밍 변경 및 노크 콘트롤을 이용하여 자동차 응답성을 향상시키고, 중저속 토크도 향상시킨다.

희박연소 엔진의 장점은 다음과 같다.

- 동일한 출력이라면 흡입 공기량이 증가하므로 펌핑 손실이 작다.
- 연소최고온도가 낮아지므로 열손실과 열해리에 의한 냉각손실이 감소한다.
- 연소가스 성분이 공기에 보다 가깝고, 연소가스 온도도 저하하므로 비열비가 증가한다.

2. 희박연소 작동원리

희박연소를 실현하기 위한 초기의 방법은 균질급기와 성층급기의 크게 두 가지로 나누어 70년대 초반부터 발전되어 왔다.
성층급기 방식에서는 전체적으로는 혼합기가 희박하나 점화플러그 근처에서는 공연비가 농후한 혼합기를 유도하는 혼합기의 성층화를 통해 점화가 용이하게 이루어지도록 하고 있다.
또한 별도의 부연소실을 설치하여 여기에 공연비가 농후한 혼합기를 공급하고 설치된 점화플러그로서 점화하여 연소시킴으로서 희박 혼합기가 공급된 주연소실에 연소화염이 분출되게 하여 화염전파를 촉진시키는 방법이 주로 사용되었다.
균질 급기 방식에서는 연소실 전체에 균일한 공연비를 공급하는 방식으로서 공연비가 희박함에 따라 연소를 위한 초기점화에너지가 증가하게 되므로 점화 장치를 대폭적으로 개선하여야 한다.
고전류, 고에너지, 방전시간 단축 혹은 지속을 통한 방법이나 플라즈마제트, 다중점화방식 등으로 연료의 발화와 화염 진행을 향상시키고 있다.
또한 연소실 설계변경을 통하여 열손실을 줄이고 연소율을 높이기 위한 연소실 내부 유동개선을 주요 설계인자로 연구하고 있다.

이를 위해 흡기 포트의 형상설계, 스월 컨트롤 밸브, 스퀴시 면적 확대 등이 희박 엔진에 적용되어 왔다.

그러나 흡기 포트 연료 분사 기술의 발전과 O_2 센서를 대체하는 린 센서(Lean Sensor) 개발, 4밸브 엔진 기술 발전 등에 힘입어 부연소실 없이 주 연소실에서 성층 연소를 생성하는 희박연소를 구현하기에 이르렀다.

성층화는 크게 스월(Swirl)과 텀블(Tumble)을 사용하는 방법을 이용하게 되었다. 스월을 이용하는 시스템은 그림 8.1과 같으며, 공 회전이나 중 저속의 일반 운전 상태에서는 두 개의 흡기 포트 중 하나는 닫고 다른 하나의 포트에 연료 공기 혼합기를 공급함으로서 스월을 발생하게 하면서 희박연소를 시킨다.

그러나 중·고속시와 같이 충분한 출력이 요구될 때는 두 개의 흡기 포트를 모두 열어 혼합기를 공급하며 이 경우는 희박연소가 아니다.

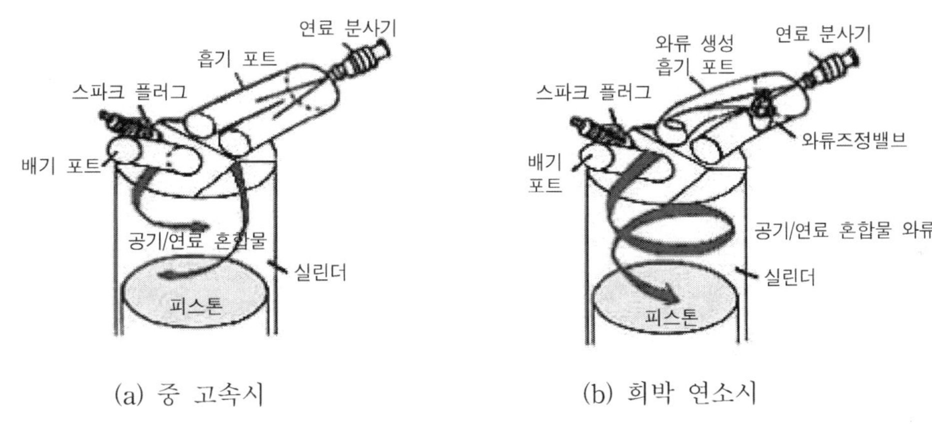

(a) 중 고속시 (b) 희박 연소시

그림 8.1 스월을 이용한 희박연소시스템

그림 8.2는 텀블을 사용하는 방식이며, 일반적으로 흡기 포트의 단면은 원형이나 이 경우는 흡기 포트 형상을 역 삼각형으로 만들어 그림과 같이 강한 텀블이 생성되게 한다.

또한 흡기 포트가 두 개인 경우 좌우에 균일하게 연료를 공급하는 것이 일반적이나 그림과 같이 한쪽만 연료를 공급함으로서 다른 포트에 공기만 공급하여 생성시킨 공기 텀블과 연료공기 혼합기 텀블이 성층화를 이룬다.

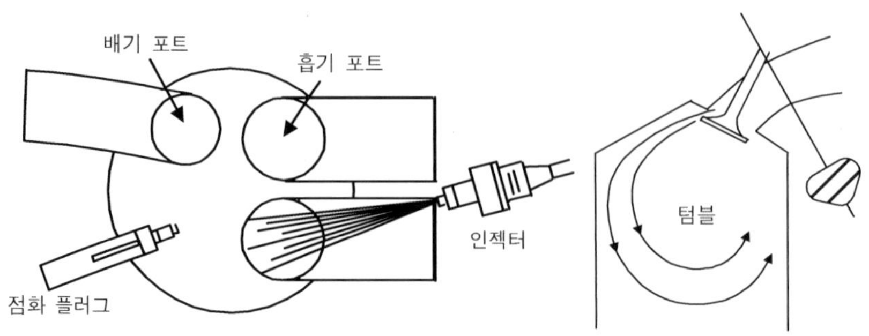

그림 8.2 텀블을 이용한 희박 연소 시스템

3. 희박 연소 엔진의 구성 및 특성

희박한 공연비에서도 운전이 가능하도록 한쪽 흡기 포트는 스트레이트 포트, 다른 쪽은 흡입공기에 스월 운동이 일어나도록 한 스월 포트로 만든다.
스트레이트 포트에는 매니폴드 스로틀링 밸브가 설치되어 있어서, 저부하 희박 운전시에는 닫혀 스월 포트로만 공기가 유입되도록 한다.
흡기 상사점 후 60~90도까지 분사된 연료는 스월 운동에 의해 연소실내에서 성층화된다.
점화시에는 점화플러그 주위에 상대적으로 농후한(13-14:1) 공연비가 존재하게 되어 점화가 용이하게 되며, 강력한 초기화염이 스월 운동에 힘입어 희박한 공연비 영역까지 급속히 연소시킨다.

1) 공기 혼입형 인젝터

희박연소에서는 연료 미립자가 작기 때문에 혼합기를 균일하게 할 필요가 있다. 종 방향 또는 횡 방향으로 유동을 강제로 발생시키는 이유도 결국은 혼합기 균일화의 목적이 크다.
그래서 이 엔진은 스월 뿐만 아니라 분사 노즐부에서도 분사 후에 혼합기가 균일하게 되도록 분사된 연료 미립자를 공기 입자와 혼합하여 미립화를 촉진하는 공기 혼입형 인젝터를 채용하고 있다.

2) 고 에너지 점화

희박 혼합기는 연료 입자간 거리가 크기 때문에 불꽃을 일으켜도 착화가 잘 되지 않는다.
따라서 점화코일의 점화능력을 향상하기 위해 점화 코일의 특성을 변경하고, 점화 에너지를 높였다.
또한, 저 저항형 고압케이블을 사용하여 점화 에너지의 손실을 저감시키기도 한다. 방전시간도 1.5배로 늘려 착화능력을 더욱 높인다.

3) 공기량 제어 시스템

아이들 콘트롤 제어밸브 등을 사용하여 보충용 공기를 공급한다. 메인 포트의 직경을 교축하여 충진 효율을 높이고 여기에 희박 운전시 공기량을 추가로 공급한다.

4) EGR 제어

공기를 많이 희석하여 희박화하는 것 외에 배기가스를 재순환(EGR)하여 희석함으로서 연소온도를 더욱 떨어뜨려 열 손실과 펌핑 손실을 줄여 연비를 향상하고, NOx 배출량을 억제한다.

5) 고정밀도 연료제어

공연비 제어를 위해 흡입저항이 작고 공기 질량을 정확히 검출할 수 있는 열선식 공기유량계와 배출가스중 산소량을 넓은 공연비 영역에서 검출할 수 있는 전 영역 공연비 센서의 정밀도를 한층 높였다.
특히, 흡입 공기량 계측은 연소실 안으로 들어 올 때까지의 시간 지연까지 고려하는 이론 모델을 만들어 제어오차를 엔진 ECU가 보정 하도록 함으로써 공연비를 매우 정밀하게 콘트롤 할 수 있도록 했다.

6) 공연비의 제어

희박연소 엔진이라도 전 운전 영역에서 항상 희박한 공연비로 운전되는 것은 아니며, 다음과 같이 이론 공연비와 희박 공연비로 나뉘어 운전된다.

· 워밍업(Warming Up)시
  빠른 워엄업과 운전불안정 및 HC저감을 위해 이론 공연비로 운전

· 워밍업(Warming Up) 후

광역 산소 센서를 이용하여 전 구간에 걸쳐 공연비 피드 백 제어를 한다. 제어는 가급적 희박 공연비와 이론 공연비로만 제어되도록 하여 천이구간에서 NOx가 발생하지 않도록 한다.

보통 토크 8kg.m 이하의 중부하까지는 희박 공연비로 운전되며, 그 이상의 고부하 및 전개시에는 가속성능 향상과 3원 촉매에 의한 NOx 정화를 위하여 12-13:1의 진한 혼합기로 운전한다.

7) 희박 연소 엔진의 과제

희박 엔진에서는 CO와 NOx는 상당히 줄어드나 HC는 도리어 증가한다.

즉 질소 산화물은 공연비가 커짐에 따라 증가하다가 급격히 감소하는 경향을 보이며 30% 이상의 저감 효과가 있다.

반면, 미 연소 탄화수소는 이론 공연비보다 희박해질수록 감소하다가 어느 한계 이상에서는 다시 증가한다.

한편 과희박 혼합기가 점화되지 못하거나 또는 연소기간이 과도하게 길어지는 경우가 발생되기도 해서 HC 증가를 가져오기도 한다.

희박연소에 의해 NOx 배출 농도가 상당히 저감되기는 하지만 규제수준에는 못 미친다.

이를 해결할 수 있는 방안으로 lean NOx 촉매의 개발이 필연적이다.

또한 디젤 엔진과 경쟁할 수 있는 연료 소비율 수준이 요구되고 있다.

그러나 현재의 흡기포트 연료 공급방식의 희박연소 엔진으로는 공기과잉률 λ =1.5까지가 기술의 한계로 인식되고 있어 30~100:1의 공연비 영역에서 연소하는 디젤 엔진과의 연비경쟁에는 한계가 있다.

이와 같은 이유로 연소실내에 직접 연료를 분사하여 성층 연소를 추구함으로서 초저 연비를 구현하는 가솔린 직접 분사 엔진이 등장하게 되었다.

8.2 가솔린 직접 분사 엔진(GDI)

1. 개요

가솔린 직접 분사 엔진은 디젤 엔진처럼 연소실 내에 연료를 직접 분사하는 엔진이다.

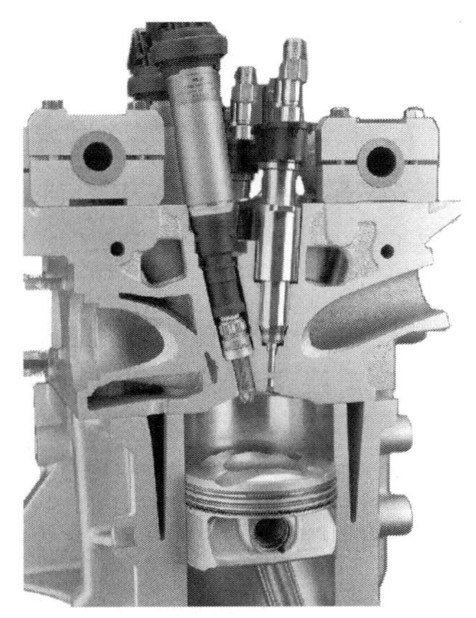

그림 8.3 가솔린 직접 분사 엔진의 내부구조

부분 부하시에는 압축행정 말기에 연료를 분사하여 점화플러그 주위의 공연비를 농후하게 하는 성층 연소로 초 희박 공연비(25~40:1)에서도 쉽게 점화가 가능하도록 되어 있다.

고부하시에는 흡입행정 초기에 연료를 분사하여(이론 공연비) 연료에 의한 흡입 공기 냉각으로 충진 효율을 향상시키다.

또는 실린더 안으로 연료를 직접 분사하므로 흡기 포트 벽에 연료가 흡착되는 월 웨팅(Wall Wetting) 현상도 줄일 수 있다.

가솔린 직접 분사 방식은 열효율 향상의 가장 효과적인 수단으로 인식되어 이미 반세기 전부터 본격적인 연구가 시작되었다.

최근 디젤에서 사용하는 펌프나 인젝터보다 훨씬 응답성이 좋고 소형 경량인 부품들이 개발되고 컴퓨터 제어기술이 발달함에 따라서 가솔린 직접 분사 엔진이 등장하게 되었다.

구체적으로는 실린더 내의 압축된 공기에 연료를 직접 분사하기 위해서 캠 축에 의해 구동되는 고압 연료 펌프를 엔진에 추가로 장착하였으며, 연료를 텀블과 스월 운동을 하며 분사할 수 있어 최적의 확산과 미립화 및 침투성을 갖춘 고압 스월 인젝터(High Pressure Swirl Injector)가 사용된다.

또한 기존의 수평 흡입 통로에 의하여 형성되는 상하 방향의 텀블(Tumble) 유동과는 방향이 반대인 역 텀블이 발생하도록 흡입통로를 수직으로 세운 흡기 포트가 사용되어 연료와 공기가 보다 용이하게 혼합되도록 한다.

이밖에도 피스톤 헤드의 한쪽을 깊게 움푹 파서 압축 상사점에 이르기까지 상하방향의 공기유동을 유지하면서 희박 연소시에도 점화플러그 주위에는 비교적 연료가 충분히 있도록 도와주는 접시형 피스톤(Bowl Piston)을 사용한다.

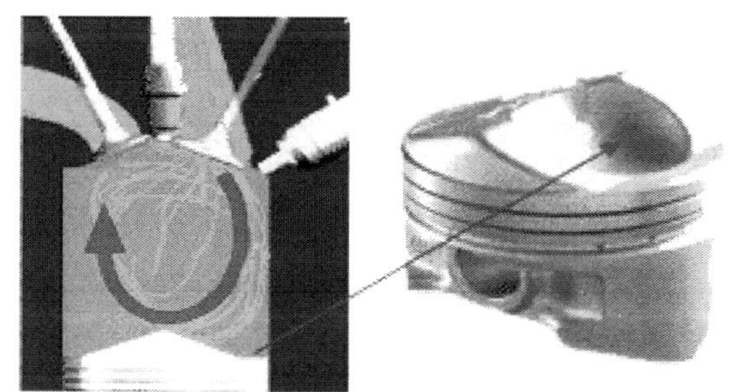

(a) 텀블 분사

(b) GDI 피스톤

(c) 스월 분사

그림 8.4 텀블과 스월

희박 연소시 배기가스에서 다량 발생하여 문제가 되는 NOx 배출을 줄이기 위하여 대용량 EGR 밸브를 사용하며, 미연소 가스와 NOx를 화학반응 시켜 NOx의 배출량을 줄이는 촉매를 사용한다.

이러한 고도의 기술이 집적되어 저 부하시에는 연비가 우수하고 고 부하시에는 출력이 우수하여 최대 30% 정도의 연비상승과 10% 정도의 출력을 향상시키는 것이 가능하다고 알려져 있다.

표 8.1 가솔린, 린번, GDI 엔진 비교

항 목	기존 가솔린 엔진	린번엔진	GDI 엔진
혼합비 (공기: 휘발유)	이론공연비 14.7 : 1에 근접	정속주행 때 20 : 1 가속/아이들링 때 14.7 : 1	정속주행/아이들링 때 40 : 1 가속 때 14.7 :1
배기가스 정화	삼원촉매 사용 HC, CO → H_2O, CO_2 NOx → N_2, O_2 이론적인 배기가스 중 O_2 제로	린번촉매 사용 배기가스 중 O_2 잔존으로 원촉매 - 환원촉매 능력저하 NOx 배출량 증가	삼원촉매 + 린번촉매 사용, EGR 이용 NOx 억제
연비개선율	-	5~10%	25%

GDI엔진의 특징 및 장점을 정리하면 다음과 같다.

① 초희박 공연비 운전

종래의 엔진의 공연비는 보통 14.7:1로 운전되고, 희박연소한계는 24 정도이나 GDI는 층상혼합 상태로 만들어 40:1의 공연비에서도 안정적 연소가 가능하다.

② 연비개선

희박공연비화에 따른 펌프손실 감소로 종래 엔진대비 약 30% 연비개선이 가능하다.

③ 출력성능 개선

저·중부하에서는 디젤엔진과 동일하게 압축행정 후반에 연료가 분사되지만, 고부하에서는 흡입행정에서 연료가 분사되고 분사된 연료는 실린더 내 공기를 냉각시킴으로 충진효율이 높아지고 노킹발생이 억제되어 12:1 정도의 높은 압축비가 가능해진다.

④ 전구간 최적 혼합기 패턴 달성

저부하시에는 압축행정분사에 의한 층상혼합으로, 고부하시에는 흡입행정 분사에 의한 균일혼합으로 부하에 따라 혼합기 형상패턴을 달리하여 최적화를 실현한다.

⑤ CO_2 저감

지구온난화의 주요 원인인 CO_2의 배출을 대폭 저감할 수 있다.

2. 직접 분사 엔진의 연료 시스템

연료 시스템은 스월 인젝터(Swirl Injector), 인젝터 드라이버, 연료 압력센서, 저압 연료 펌프, 저압 레귤레이터, 고압 연료 펌프(기계식), 고압 연료 압력 조절기 등으로 구성된다.

1) 스월 인젝터(Swirl Injector)

기존의 인젝터와는 달리 연료가 분사되면서 주변의 공기와 쉽게 혼합될 수 있도록 소용돌이를 이루면서 분사된다.

인젝터(Injector)의 분사 시기는 엔진의 부하에 따라 흡입행정과 압축행정으로 나뉜다.

부분 부하시에는 압축행정 말기에 분사(초희박 연소)된다.

전 부하시에는 흡입행정 중에 분사(일반연소)하여 흡입공기의 열을 흡수함으로서 기화와 동시에 흡입공기를 냉각하여 충진 효율이 향상된다.

인젝터(Injector)의 구동은 엔진 ECU가 직접 제어하는 것이 아니라 인젝터(Injector) 드라이버가 분사시간을 ECU로부터 입력받아 구동한다.

2) 인젝터 드라이버(Injector Driver)

인젝터 드라이버는 드라이버 릴레이로부터 전원을 공급받아 각 인젝터(Injector)에 전원을 공급하는 동시에 인젝터 회로의 단선, 단락을 검출하여 엔진 ECU로 보내준다.

또한 엔진 ECU로부터 분사시간을 입력받아 인젝터를 구동한다.

인젝터 드라이버를 별도로 사용하는 이유는 GDI 엔진에서는 연료 압력이 기존 엔진보다 10-20배 이상 높기 때문에 인젝터에서의 전류 소모가 많다.

이에 따라 발열량도 많아지므로 인젝터 드라이버를 외부에 별도로 장착하여 사용한다.

3) 연료 압력 센서(Fuel Pressure Sensor)

연료 압력센서는 연료공급 파이프라인에 설치되며, 검출된 압력은 전압 신호로 엔진 ECU에 입력되어 인젝터의 연료 보정(補正)신호로 사용된다.
연료 압력센서의 출력 특성은 연료 압력 증가에 따라 일정하게 증가한다.
고압 레귤레이터에 의해서 50kg·f/cm^2 이상은 증가되지 않지만 비정상적으로 압력이 증가하거나 감소할 경우에는 엔진 ECU 에서 연료 압력에 따른 인젝터 구동시간을 보정한다.
따라서 엔진 ECU는 고압모드와 저압모드를 연료 압력 센서에 따라 판정한다.

고압모드의 조건은 다음과 같으며 세 가지 조건을 다 만족해야 한다.
① 엔진 회전수가 1000rpm 이상
② 연료 압력센서가 정상이고, 연료 압력이 40kg·f/cm^2 이상
③ 엔진 정지 및 시동 직후가 아닌 상태
(다만, 한번 고압이 된 이후에는 재시동 할 때까지 고압모드가 유지된다.)

4) 연료 펌프 릴레이 제어

연료 압력센서의 고장으로 엔진 경고등이 점등될 경우 또는 고압모드에서 연료 압력이 70kg·f/cm^2 이상이 될 때 연료 펌프 릴레이가 OFF된다.
또한 크랭크 각 센서로부터 검출된 엔진 회전수가 50rpm 이하일 때에도 연료 펌프 릴레이를 OFF 시킨다.
그 밖의 경우에는 정상적으로 ECU에서 연료 펌프를 구동한다.
IG스위치가 ON됨과 동시에 컨트롤 릴레이로 전원이 공급되고 동시에 엔진 ECU 단자는 접지되며 컨트롤 릴레이를 거처 연료 펌프 High/Low 릴레이로 전원이 공급된다.
이때 엔진 ECU에는 고압 모드시에는 접지를 시키지 않고 저압 모드시에만 접지 시켜 저항을 통해 연료탱크 안의 저압펌프로 전원을 공급한다.

5) 연료 펌프 레지스터

고압 펌프의 유량특성은 크랭킹시에는 엔진 회전수가 낮기 때문에 토출량이 적으며 이 상태에서 저압 연료 펌프가 구동되면 연료 펌프의 전류소모가 증가된다.

고압 펌프 이전까지의 저압라인에는 저압 레귤레이터 바이패스 압력까지 상승되어 토출 부하가 걸리게 되어 펌프의 조기손상이 우려된다.
따라서 연료 펌프로 가는 배선에 저항을 설치해서 연료 펌프가 천천히 구동되도록 엔진 ECU에서 High/Low 릴레이를 제어한다.

6) 고압 펌프 및 고압 레귤레이터

실린더 헤드에 설치된 고압 펌프는 흡기 캠 축 끝에 설치된 캠에 의해 구동된다. 펌프 구동으로 인해 연료탱크 저압펌프에서 나온 3kg/cm^2 정도의 압력은 50kg/cm^2 정도로 높아진다.
엔진 회전수가 증가되면 캠 축 또한 빨리 회전하므로 고압펌프의 작동이 빨라져서 압력이 상승되지만 레귤레이터에 의해 일정한 압력이 유지된다.
레귤레이터 내부에는 체크밸브가 설치되어 있지만 엔진 정지시에는 압력이 떨어지므로 시동을 다시 걸어 연료 압력이 정상적으로 상승되기까지는 약간의 시간이 소요된다.
고압펌프의 작동원리와 연료공급과정은 다음과 같다.

① 연료 흡입 과정

캠샤프트의 회전에 의해 피스톤이 하강하면 고압펌프 챔버와 저압연료의 공급압력의 차이로 연료가 공급된다.

② 연료 회귀 과정

피스톤은 상승되나 흡입구 측 유량제어 밸브의 개방(전류 미 공급)으로 연료가 흡입구 쪽으로 다시 돌아 나가게 된다.

③ 연료 가압/방출 과정

유량제어 밸브가 작동하면서 흡입구 밸브는 스프링에 의해 폐쇄되며, 챔버 내 잔류 유량이 피스톤에 의해 가압되어 레일 측 체크 밸브를 밀고 연료 레일 쪽으로 방출된다.

④ 연료 방출 과정

유량제어 밸브의 작동이 중단(전류 차단)되나, 챔버 내 가압된 압력에 의해 흡입구 밸브는 지속적으로 닫히고 가압된 연료는 레일로 방출된다.

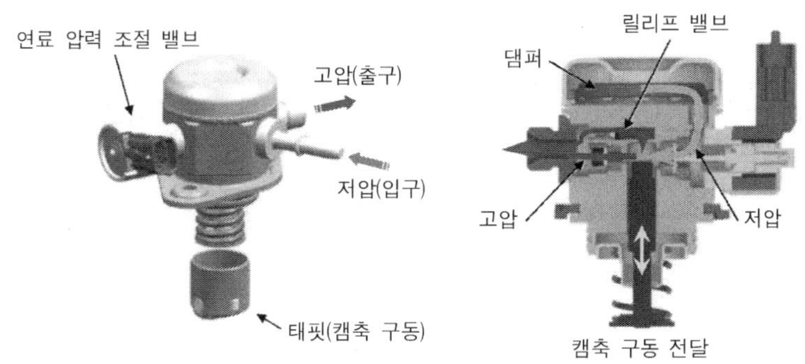

그림 8.5 고압 펌프

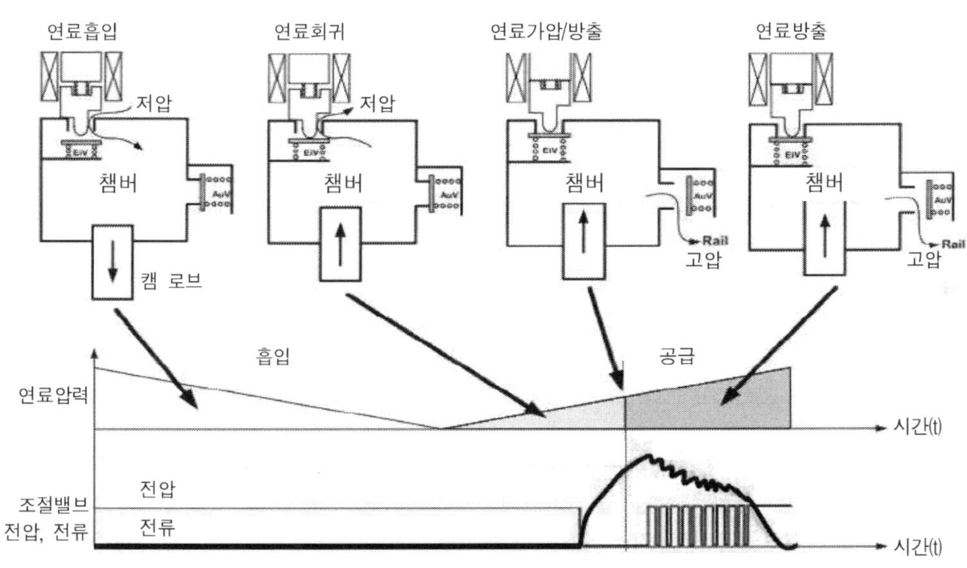

그림 8.6 고압 펌프의 작동 과정

7) 산소 센서(Oxygen Sensor)

산소 센서는 열선이 내장된 기존의 전자제어 엔진 산소 센서와 동일하고 공연비 제어 또한 비슷하다.

촉매의 효율을 가장 좋은 상태로 유지시켜 전체적인 배기가스를 저감시키기 위해서 촉매 뒤에 2차 산소센서를 추가적으로 설치하였다.

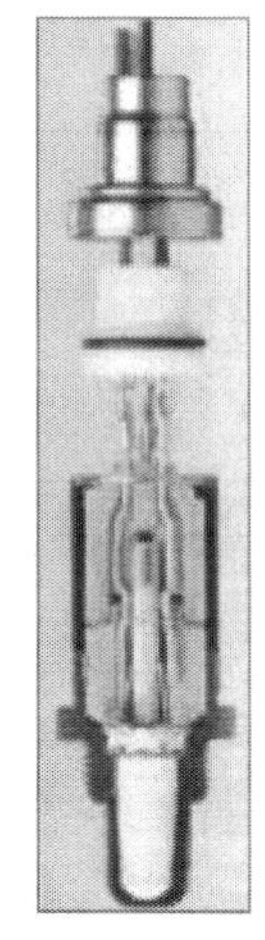

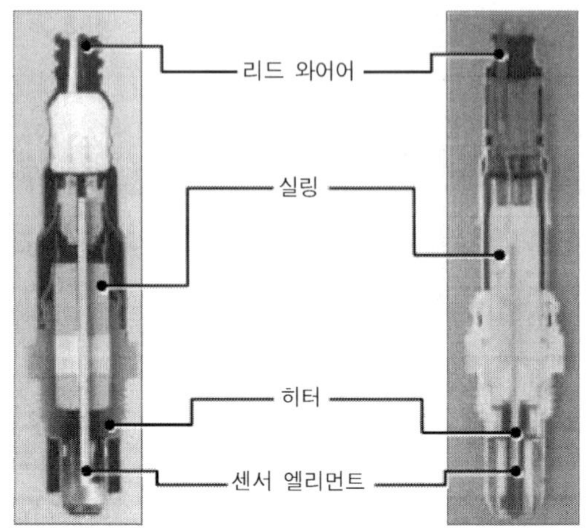

(a) 구형 산소센서(Binary) (b) 신형 산소센서(Binary) (c) 신형 산소센서(Linear)

그림 8.7 산소센서

3. 직접 분사 엔진의 점화시스템

1) 크랭크 각 센서와 N0.1 TDC 센서

크랭크 각 센서와 TDC 센서는 홀 센서(Hall Sensor)를 이용하며, 엔진 ECU는 크랭크 축과 캠 축의 위치를 파악하여 점화시기 및 연료 분사시기를 결정한다.
크랭크 각 센서 및 1번 실린더 TDC센서는 디스크와 유닛 어셈블리로 구성된다.
디스크는 금속제 원판으로 주위에는 90° 간격으로 크랭크 각 센서용 슬릿(Slit) 4개와 통과용 슬릿 1개가 설치되어 있으며 안쪽에는 1번 실린더 TDC 센서용 슬릿이 1개 설치되어 있다.
디스크는 배전기 축에 고정되어 있어서 축이 회전하면 디스크의 슬릿이 움직여 유닛 어셈블리에 의해 빛으로 감지하도록 되어 있다.
유닛 어셈블리는 2종류의 슬릿을 검출하기 때문에 발광 다이오드와 포토 다이오드 2개가 내장되어 있다.
발광 다이오드와 포토 다이오드 사이에서는 디스크가 회전하므로 발광 다이오드에서 방출된 빛은 회전하는 디스크 슬릿을 통과하여 포토 다이오드에 도달한다.

포토 다이오드는 빛을 받으면 포토 다이오드와 반대방향으로 통전되며 이 전류는 비교기(Comperator)로 들어가서 약 5V 전압이 감지된다.

2) 점화회로

점화코일 내부에 장착된 파워 TR의 베이스(B) 단자를 ECU가 제어하며 각 실린더마다 점화코일이 장착되어 있다.

IG Failure 센서는 IG 1 전원을 공급받아 점화코일 내부에 설치된 파워 TR의 커넥터로 전원을 공급하고 점화신호 검출, 실화(失火) 등을 감지한다.

엔진 ECU의 파워 TR베이스를 제어함에 따라 1차 전류를 단속한다.

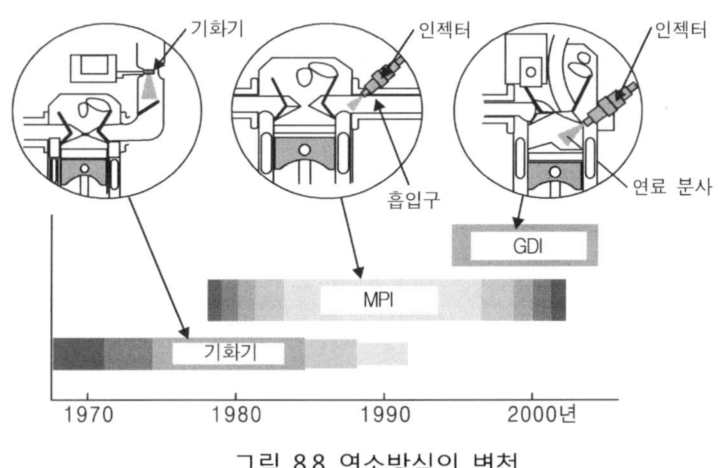

그림 8.8 연소방식의 변천

4. 직접 분사 엔진의 희박연소 과정

이론공연비를 훨씬 상회하는 공연비 30~40정도에서 초희박연소를 가능하게 하기 위해서는 연소실내의 혼합기가 확산되지 않고 스파크 플러그 주변에 집중시켜야 한다.

1) 연소실의 강한 상하유동 흡입공기 와류(Tumble) 형성

직립흡기관에 의해 흡입되는 공기를 수직방향으로 강력한 하강기류를 형성토록 해야 한다.

하강기류의 흡입공기는 다시 만곡형 피스톤에 의해 공기의 흐름을 위쪽 방향으로 바꾸게 되어 흡입 공기는 상하방향으로 강력한 와류가 형성되게 된다.

2) 압축행정시 연료분사로 연료 성층화 형성

압축행정 말기에 강력한 와류가 형성되어 있는 실린더내로 고압 스월 인젝터로부터 연료를 분사한다.
연소실내에서 강력한 공기와류가 형성될 때 와류의 중앙부위는 바깥부분보다 속도가 훨씬 빠르기 때문에 바깥부분에 비해 상대적으로 압력이 떨어지게 된다.
이때 분사된 공기보다 무거운 연료입자는 압력이 높은 바깥부분에서 낮은 중앙부위로 압력차에 의해 이동하게 되어 와류의 중심부위인 점화플러그 주위로 대부분의 연료가 집중되어 농후한 혼합기가 형성된다.

3) 초희박 연소

성층화된 농후한 혼합기에 점화플러그에서 스파크가 발생하면 혼합기가 연소하기 시작하여 강력한 화염이 형성된다.
이때 연소실 가장자리 부분의 혼합기는 연료가 없는 상태이거나 초희박 상태이지만 이미 형성된 화염에 의해 모두 완전연소 된다.
이때 유해 배출가스는 완전연소에 의해 30% 정도 감소하게 된다.

5. 직접 분사 엔진의 제어

GDI엔진은 엔진 속도와 부하에 따라 공연비를 제어하여 차량운행 조건에 따라 최적의 연비와 엔진 출력향상 등을 실현하게 되었다.
가솔린 직접 분사 엔진의 초희박 공연비(40:1)로 제어하는 영역은 저속 저부하 영역에서만 제어한다.
초희박 공연비 제어 영역을 벗어나 엔진부하가 증가하면 이론공연비(14.7:1)와 희박공연비(23:1) 영역에서 제어한다.
엔진부하가 더욱 증가하여 엔진 출력이 많이 요구되는 고속 고부하 영역에서는 공연비 12:1~14.7:1로 제어한다(일정한 조건에서 엔진 출력은 공연비 12:1~13:1 부근에서 가장 높게 출력된다. 따라서 언덕길을 올라가거나 추월시 등 엔진 부하가 높은 영역에서는 공연비 12:1~13:1로 제어한다.).

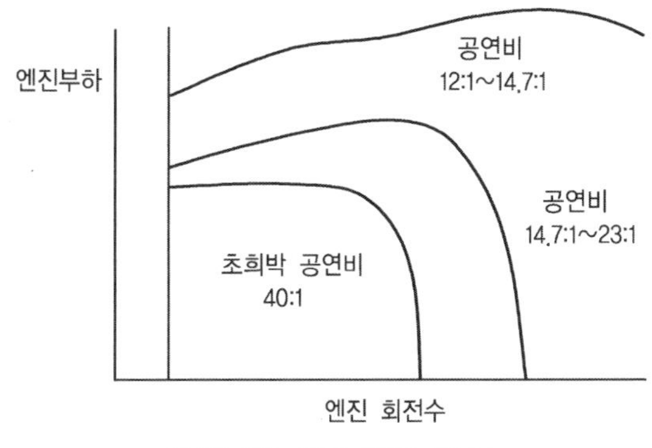

그림 8.9 GDI 엔진 제어

1) 저연비 영역

압축행정 후기에 연료를 분사함으로서 만곡형 피스톤과 직립 흡기 포트에 의해 발생하는 텀블(Tumble) 유동에 의해 분무의 확산을 억제하며, 스파크 플러그 주변에 농후한 혼합기를 형성시키는 층상 혼합을 수행한다.

따라서 공연비 30~40 정도의 초희박 혼합기가 형성되더라도 쉽게 착화되고 안정한 연소가 진행하게 된다.

연소실로 흡입되는 공기는 에어클리너, 스로틀 밸브 및 흡기다기관 등 흡기계통의 구성품을 거쳐서 유입되기 때문에 많은 저항을 받는다.

특히 스로틀 밸브의 열림량이 적으면 적을수록 진공도가 커져 공기가 흡입될 때의 저항은 증가하게 된다.

공기흡입 저항이 증가하면 저항력을 이기고 피스톤이 움직이기 위해서는 큰힘을 필요로 한다.

즉 엔진 동력의 일부를 저항력을 이기는 데 사용되는 만큼 엔진 출력이 손실되게 된다. 이러한 엔진출력 손실을 일으키는 현상을 펌핑로스(Pumping Loss)라고 한다.

이론 공연비(14.7:1)로 제어하는 일반 엔진과 GDI 엔진을 비교하면 GDI 엔진에서 희박공연비에 따른 일정마력의 엔진출력을 얻기 위한 연료량을 일반 엔진에서의 연료량으로 환산하면 스로틀 밸브를 20% 정도 열었을 경우의 연료소비량에 해당된다.

즉 가솔린 직접 분사 엔진은 공연비를 초희박(40:1)으로 제어하기 때문에 일반 엔진에 비하여 훨씬 많은 공기가 필요하다.

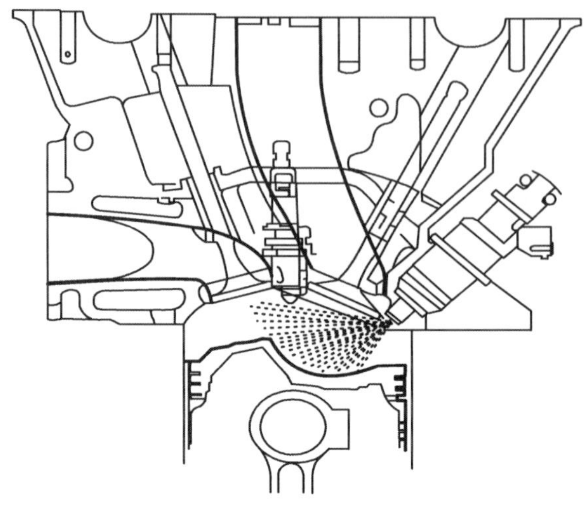

그림 8.10 압축 행정시 분사형태

따라서 일반 엔진과 동일한 출력을 얻기 위해서는 가솔린 직접 분사 엔진에서는 스로틀 밸브를 일반 엔진에 비해 더 열어야 한다.

스로틀 밸브를 많이 열게 되면 스로틀 밸브를 통하여 흡입되는 공기의 저항은 감소하게 되고, 피스톤이 하강하는데 드는 힘은 일반 엔진에 비해 대폭 감소된다.

따라서 저속 부분부하 영역에서 가솔린 직접 분사 엔진은 초희박 연소로 일반 엔진의 펌핑로스를 줄여 연비저감을 실현하였다.

2) 고출력 영역

흡기 과정 중에 연료를 분사함으로서 연소실 내에 균질한 혼합기를 형성시킨다.

또한 연료의 기화열로 연소실내 가스온도가 저하되고 흡기 밀도의 증가로 흡기 냉각을 이용하여 충진 효율이 증가한다.

또한 엔진은 내 노킹(Knocking)성이 우수하여 압축비 증대를 통해 고 효율화를 추구할 수 있다.

공연비는 13~24 정도로 기존의 MPI 엔진과 비교하면 희박연소라고 할 수 있다.

흡입되는 공기에 차가운 연료를 분사하게 되면 연료가 증발하면서 발생하는 증발잠열에 의하여 흡입되는 공기를 급속히 냉각을 시킨다.

따라서 공기의 체적효율이 증가되어 엔진성능이 향상된다.

또한 차가운 공기의 흡입으로 앤티-노킹성이 좋아지므로 압축비 증대와 점화시기를 진각시킬 수 있으므로 엔진 성능을 향상 시킬 수 있다.

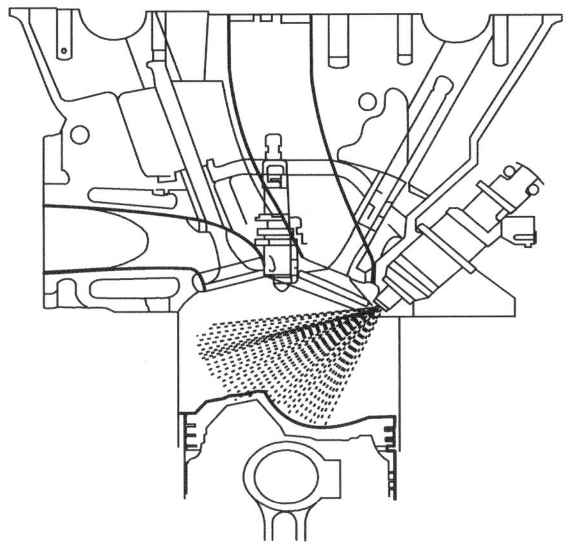

그림 8.11 흡기 행정시 분사형태

따라서 흡입 행정시 흡입되는 공기에 연료를 직접 분사함으로써 체적효율증가, 압축비 증대 및 점화시기 진각 등으로 엔진출력을 향상시킬 수 있다.

3) 유해배기가스 저감

일반 엔진에서 연소시 발생되는 주요 유해가스는 탄화수소(HC), 일산화탄소(CO) 및 질소산화물(NOX) 등이 배기가스로 배출된다.

이러한 유해 배기가스의 양은 공연비에 따라 차이가 발생한다.

탄화수소나 일산화탄소 등의 배출가스는 공연비가 농후하면 발생되는 양이 증가하고, 공연비가 희박하면 발생되는 양은 줄어든다.

그러나 질소산화물의 배출가스는 공연비가 희박해지면 발생량이 증가하게 된다.

가솔린 직접 분사 엔진에서 탄화수소나 일산화탄소의 배출가스는 초희박 공연비에서 이상적인 연소가 가능하기 때문에 배기가스 저감을 실현하였다.

그러나 질소산화물의 배출가스는 공연비가 희박하면 발생량이 증가되기 때문에 대용량의 촉매를 사용하여 30% 정도의 유해배기가스 저감을 실현하였다.

이와 같이 GDI 엔진은 실용 주행 영역과 고부하 영역에서 서로 다른 혼합기의 형성 및 양호한 연료 기화 그리고 연료와 공기의 혼합시간 단축을 실현하였다.

이것이 바로 저연비와 고출력 그리고 환경친화적 엔진개발의 성공요인이다.

8.3 LPI 엔진

1. LPI 엔진 개요

LPI 엔진은 액상연료 분사 시스템을 말한다. 액상연료 분사 시스템은 기존 LPG 연료를 고압액상(5~15bar)으로 유지한 후 ECU 제어로 인젝터를 통해 실린더별로 분사하는 장치를 말한다.

고 정밀도의 공연비 제어가 가능하게 되었고 연료를 고압액상으로 분사함으로써 기존의 베이퍼라이저와 믹서의 부품이 필요 없게 되었다.

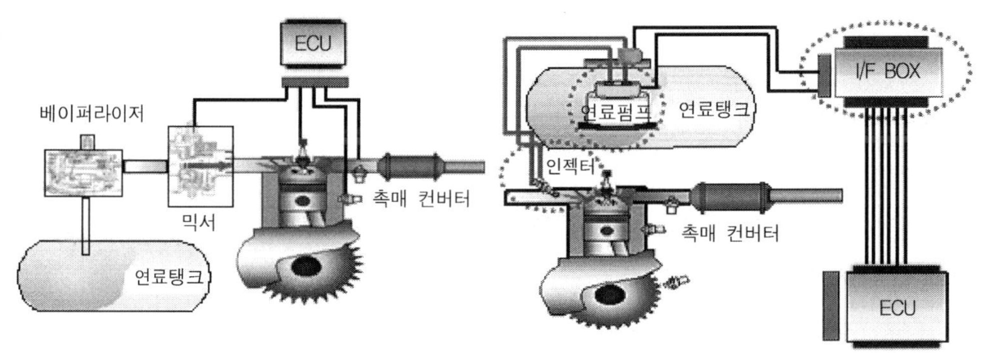

LPG 엔진 시스템 LPI 엔진 시스템

그림 8.12 LPG 엔진 시스템과 LPI 엔진 시스템의 구성 비교

그리고 고압액상을 사용하기 때문에 기존 LPG 엔진에서 냉시동성이 불량한 부분은 나타나지 않게 되었다.

LPI(Liquid Petroleum Injection) 엔진은 점점 더 강화되고 있는 배기가스(Emission) 규제와 기존 LPG 엔진(믹서 타입) 구조상 공연비 정밀제어가 어려운 점을 개선하기 위해 개발되었다.

앞으로 LPI 엔진은 MPI 엔진을 기본으로 LPI 시스템이 적용되어 개발될 것으로 보이며, 현재는 기존 가솔린 MPI 엔진에 LPI 시스템을 적용해 사용하고 있다.

이에 따라 LPI 엔진은 기존 가솔린 엔진 시스템인 ECU를 그대로 사용하지만 LPI 시스템에 추가되어지는 부품, 즉 LPI 인젝터와 LPI와 관련된 각종 센서신호 그리고 각종 구동장치는 기존 가솔린 엔진에 추가로 LPI ECU를 설치해 제어해야 한다.

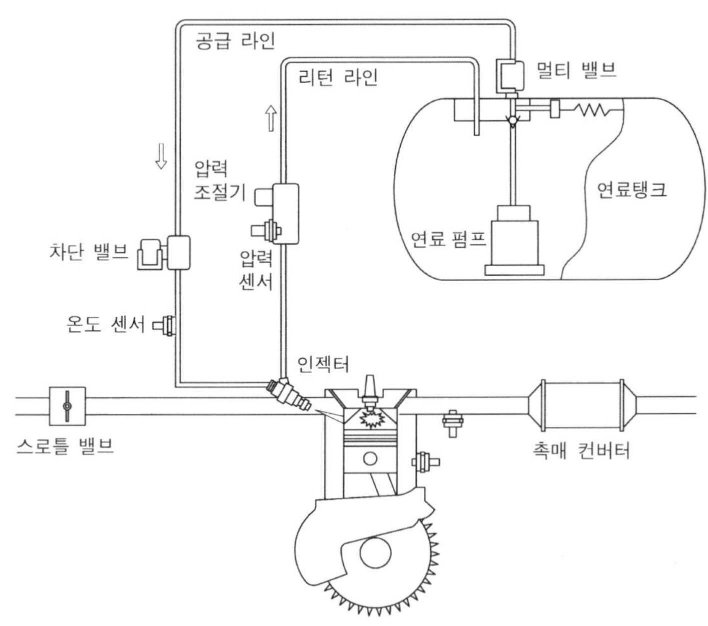

그림 8.13 LPI 엔진 구성

이로써 현재 믹서 타입의 단점을 보완 개발하고 엔진의 성능, 연비, 저온 시동성, 역화, 타르 발생 등을 개선하게 되었다.

LPI 시스템은 기존 가솔린 MPI 시스템과 유사하지만 연료의 고압화 대응과 전자제어 기술이 주요 과제로 남게 되었다.

2. LPI 기본원리

LPI 시스템의 기본원리는 연료탱크 내에 연료 펌프를 설치하여 LPG 연료를 고압액상(5~15bar)으로 인젝터로 공급한다.

공급되는 연료를 레귤레이터 유니트를 이용해 엔진에 필요한 압력으로 유지한 후 ECU의 제어로 인젝터를 통해 실린더별로 분사하는 방식이다.

고 정밀도의 공연비 제어를 한다.

1) LPI 연료

LPG(Liquefied Petroleum Gas : 액화 석유가스)는 원유를 정제하는 도중 생성되는 부산물의 하나로 프로판, 부탄을 주성분으로 프로필렌, 부틸렌 등을 다소 포함한 탄화수소 계열의 연료이다.

부탄의 비점은 -0.5℃이므로 겨울철 기화능력을 상실하기 때문에 고압가스 제조에 관련된 항목에 저촉되지 않는 범위에서 프로판(비점 -42.5℃)을 혼합해 사용하고 있다.

이는 우리나라의 계절에 따라 분포온도 차이가 나는데 계절별 혼합비율을 보면 10~2월에 부탄 70%, 프로판 30%를 사용하고 3~9월에 부탄 100%를 사용한다. 하지만 LPI 엔진에서는 연료를 가압하는 형태이므로 굳이 가스를 혼합해서 사용할 필요가 없게 된다.

2) LPI 연료 순환계

연료 장치의 흐름은 연료탱크 안의 연료 펌프에서 연료를 압송하면 공급밸브(과류 방지 밸브)를 거쳐 연료 컷 밸브를 통해 탱크에서 빠져 나온 연료가 특수 재질의 연료라인을 거쳐 레귤레이터 유니트로 오게 된다.

레귤레이터 유니트로 온 연료는 연료 컷 밸브와 온도센서를 지나 인젝터로 연료를 공급하게 된다.

레귤레이터에서 연료 압력을 조정하고 잉여 연료는 다시 연료탱크로 리턴되도록 되어 있다.

연료 펌프 모듈은 연료탱크 내에 설치되어 필터, BLDC(Brushless DC) 모터 및 양정형 펌프로 구성된 연료 펌프 유니트와 연료 차단 솔레노이드 밸브, 수동 밸브, 릴리프 밸브, 리턴 밸브 및 과류 방지 밸브로 구성된 멀티밸브 유닛으로 구성되어 있다.

연료 펌프 모듈은 크게 멀티 밸브부와 펌프부(필터, 모터, 펌프)로 구분된다.

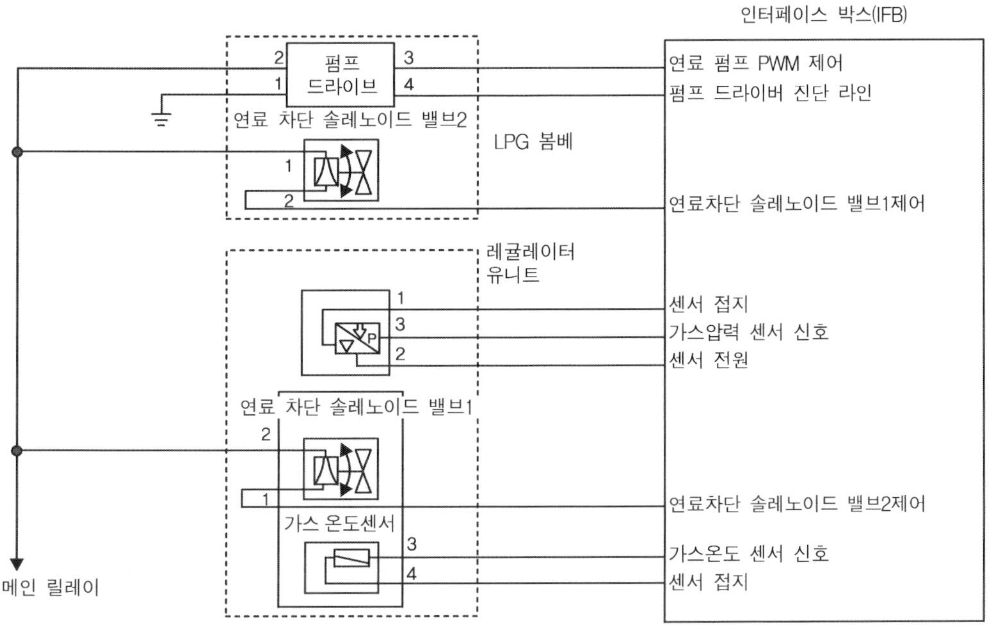

그림 8.14 연료계통 제어흐름도

(1) 연료 펌프

연료 펌프는 연료탱크 내에 장착되어 있으며, 연료탱크 내의 액상 LPG 연료를 인젝터로 압송하는 역할을 한다.

연료 펌프는 BLDC 모터부분과 양정형 펌프부분으로 구성되어 있고, 체크밸브, 릴리프 밸브가 결합되어 있다.

그리고 연료탱크 내의 연료에 잠겨져 있기 때문에 작동 소음 및 베이퍼 록 억제에 탁월한 기능을 가지고 있다.

펌프에는 원주 둘레 방향으로 5개의 연료실이 있으며, 각 연료실은 흡입 및 토출 체크밸브, 다이어프램의 행정 운동(편심축의 회전운동의 의해 발생됨)으로 구동되는 양정형 펌프로 구성되어 있다.

펌프의 구동 속도는 5단(425, 1000, 1500, 2000, 2800 RPM)으로 제어되며, 이는 엔진에서 요구하는 펌프유량에 따라 펌프 드라이버에 의해 제어된다.

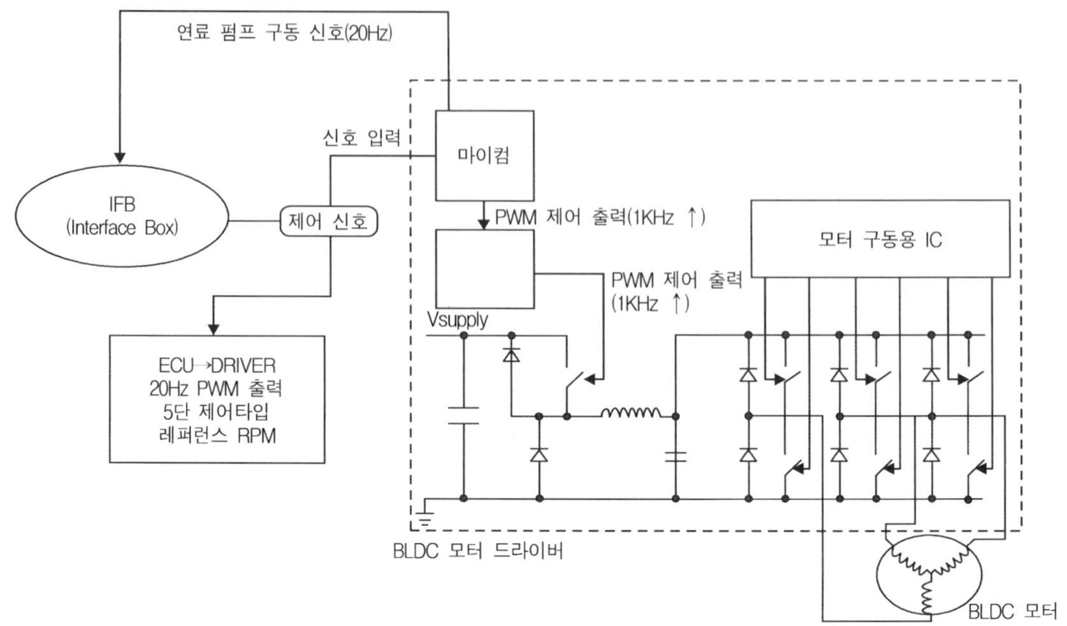

그림 8.15 연료 펌프 구동을 위한 제어 회로

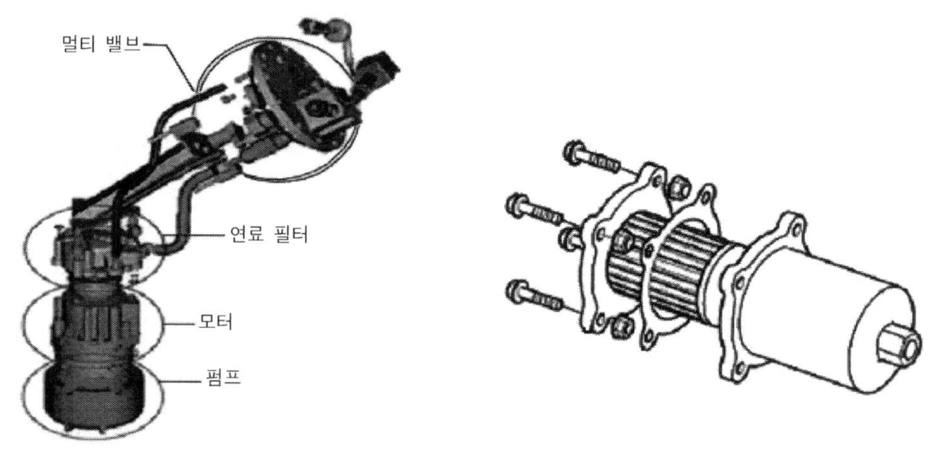

그림 8.16 연료 펌프 모듈의 구조

그림 8.17 연료 필터

① 펌프 드라이버

펌프 드라이버는 연료 펌프 내에 장착된 BLDC(Brushless DC)모터 구동을 제어하는 컨트롤러로서, 엔진 운전 조건에 따라 펌프 드라이버(PD) 제어를 통하여 펌프를 5단으로 제어하는 역할을 한다.

마이컴에서는 FG(Frequency Generator = Function Generator ; 주파수 발생기) 신호를 측정하여 현재의 회전수를 확인하고, 내부의 설정된 프로그램으로 레퍼런스 회전수를 추정한다.
레퍼런스 RPM 입력에 따라서 BLDC 모터 드라이버에서 제어로직에 의해 모터를 제어한다.
모터 구동용 IC에서 발생하는 FG신호를 이용하여 RPM신호를 측정한다.

② 연료 펌프 구동모터

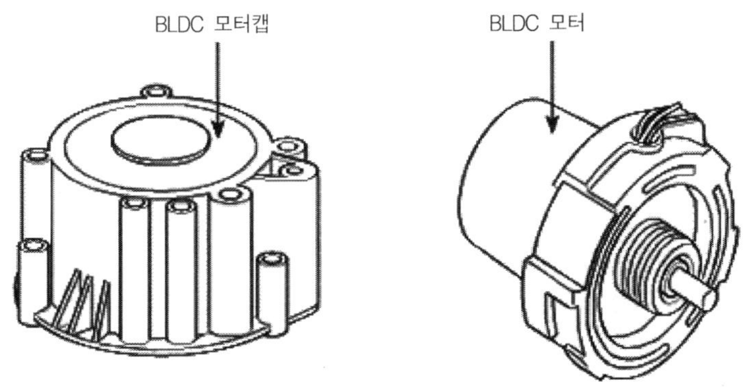

그림 8.18 연료 펌프 구동모터

펌프부를 구동하는 동력원으로서 BLDC(Brushless DC) 모터를 사용하며, 편심축으로 되어있는 축 끝단부가 펌프부 다이어프램에 회전 운동을 행정 운동으로 변환 시켜준다.
엔진에서 요구되는 펌프 유량에 따라 모터 컨트롤러에 의해 5단계로 회전한다.
(BLDC모터 - 브러쉬와 정류자가 없이 회전자를 영구자석으로 하고 계자극이 3상 모터 구조의 권선으로 배치되어 있다.
회전자의 위치를 홀 센서나 포토 센서로 검출하여 해당하는 계자코일에 흐르는 전류를 FET 반도체 소자로 단속하여 회전자석과 고정 코일간에 흡입 반발을 유도하여 회전하게 되어 있는 직류모터이다.
반영구적이며 소형이며, 속도조절이 쉽고, 효율이 좋으며 소음이 적은 특징이 있다.)

③ 펌프 서브 어셈블리

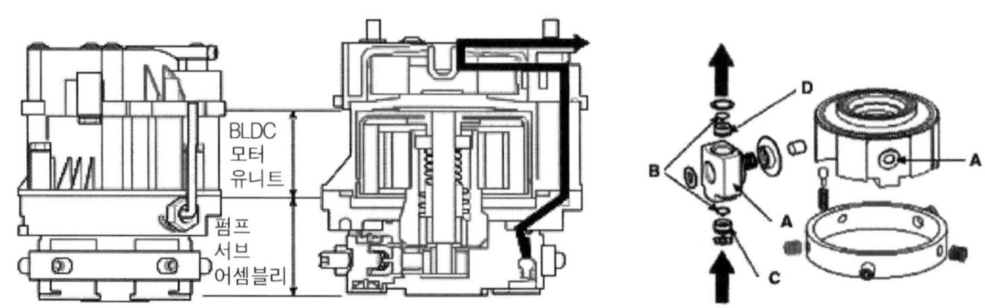

그림 8.19 펌프서브 어셈블리의 구조

다이어프램의 행정 운동에 의한 양정형 펌프 형태로 구성되어 있고 원주 둘레 방향으로 5개의 연료실(A)을 구성하고 있다.

각각의 연료실은 체크 밸브(B) 형태로 흡입(C) 및 토출 밸브(D)를 갖추고 있어 다이어프램의 운동에 의해 연료를 흡입 돌출시킨다.

④ 릴리프 밸브

릴리프 밸브(Relief Valve)는 연료 공급 라인의 압력을 액상으로 유지시켜, 열간 재시동성 지연을 개선시키는 역할을 한다.

개구부에 연결된 플레이트와 스프링의 힘에 의해 연료 압력이 20±2kgf/cm^{2}에 도달하면, 연료를 연료탱크로 재순환시킨다.

밸브 작동 압력은 20±2kgf/cm^2 정도이며, 공기압 18.6kgf/cm^2 이상의 압력을 1분간 인가시에도 누설되지 않는 기밀성을 유지해야 한다.

(2) 연료 압력 레귤레이터

연료탱크에서 송출된 고압의 연료를 다이어프램과 스프링의 균형을 이용하여, 연료 통로 내의 압력을 항상 ΔP 5 kg/cm^{2}로 유지시키는 역할을 한다.

또한 연료 압력 레귤레이터 외에 연료 분사량을 보상하기 위한 LPI 가스 압력 센서(GPS), LPI 가스 온도 센서(GTS) 및 연료 차단 솔레노이드 밸브를 내장하고 있다.

연료 라인의 연료 공급/차단을 제어하는 기능을 한다.

압력 레귤레이터는 연료탱크 내의 압력 변화에 대하여 연료 분사량을 일정하게 유지하는 역할을 한다.

이것은 인젝터 내 연료 압력을 연료탱크 압력보다 항상 5 kg/cm^2 정도 높도록 조절한다.

연료 압력 레귤레이터의 스프링 챔버실은 출구측 압력과 연결되어 있어 항상 연료탱크의 압력이 형성된다.

연료 압력이 규정을 초과할 때에는 다이어프램이 밀려 올라가게 되고, 이때 연료는 리턴 라인을 지나 연료탱크로 복귀하게 된다.

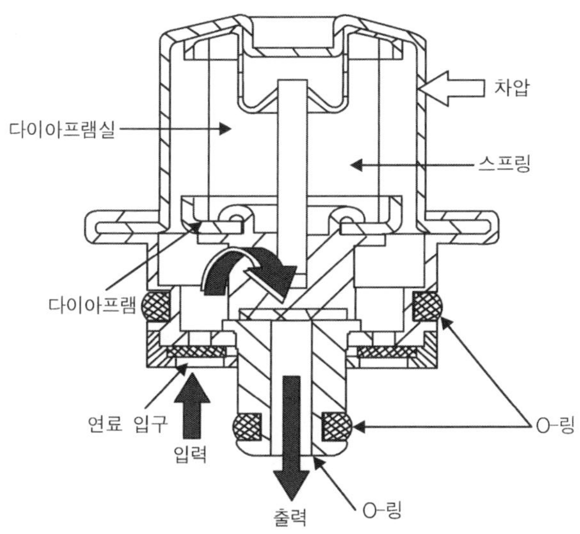

그림 8.20 연료 압력 레귤레이터의 구조

① 연료차단 솔레노이드

연료 차단 솔레노이드 밸브는 레귤레이터 유닛과 연료 펌프에 각 1개씩 장착되어 있으며, 연료 펌프와 인젝터 사이의 연료 라인을 개폐하는 역할을 한다.

이 밸브들은 ECU에 의해서 제어되며, ON/OFF 형식의 밸브이다.

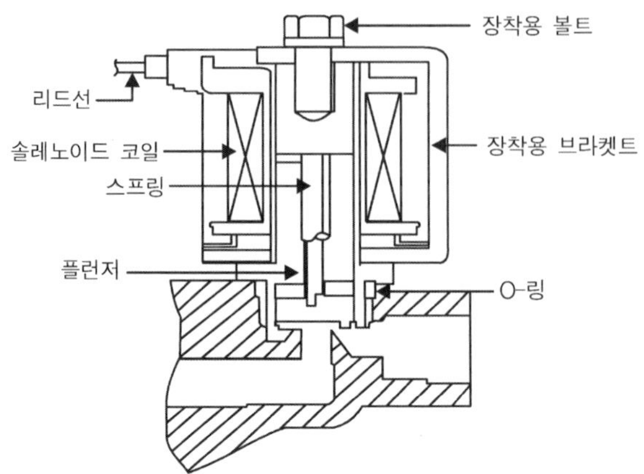

그림 8.21 연료차단 솔레노이드의 구조

② 가스 온도 센서(Gas Temperature Sensor, GTS)

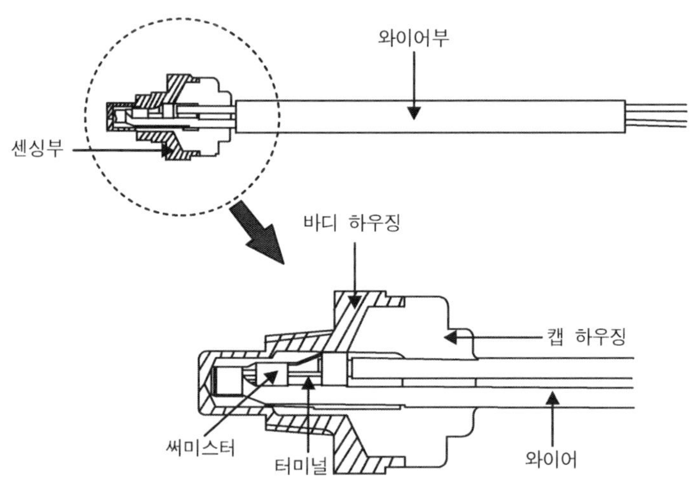

그림 8.22 가스 온도센서의 구조

가스 온도 센서(GTS)는 연료 압력 레귤레이터 유닛에 장착되어 있으며, 써미스터(Thermistor) 소자의 원리를 이용하여, 연료 온도를 측정하는 기능을 한다. 따라서 ECU는 이 온도값을 이용하여, 시스템 내의 LPG 연료의 특성을 파악하여 분사시기를 결정한다.

③ 가스 압력 센서(Gas Pressure Sensor, GPS)

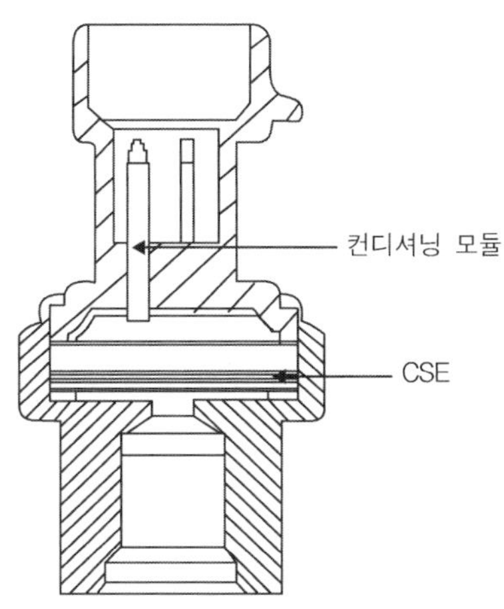

그림 8.23 가스압력센서의 구조

가스 압력 센서(GPS)는 LPG 액상 연료의 압력을 측정하여 해당 압력에 대한 출력 전압을 IFB(Interface Box)로 전달하는 역할을 한다.
이 때 IFB는 ECU가 연료 압력에 따른 인젝터 분사량을 계산하도록 이 신호를 ECU로 전달한다.
CSE(Capacitive Sensing Element)가 시스템 압력에 따라 정전용량값(Capacitance)을 변화시키면, 컨디셔닝 모듈은 이 정전용량값을 전압값으로 변환시켜 출력한다. 이 전압값은 압력에 비례하여 선형으로 출력되어, 출력전압 측정으로 시스템 압력을 측정할 수 있다.

(3) 과류방지 밸브

과류방지 밸브(EFV-Check Valve)는 차량 사고 등으로 인하여 연료 라인이 파손되었을 때, 연료탱크로부터의 연료 송출을 차단하여 연료 방출로 인한 위험을 방지하는 역할을 한다.
체크 플레이트의 작동 후에도 LPG의 흐름이 완전히 정지되는 것이 아니고, 체크 플레이트에 균압 노즐이 있어 그 곳을 통하여 연료가 서서히 흘러 나가게 된다.
체크 플레이트의 내측과 외측의 압력이 같아지면 스프링의 힘에 의해 원위치하여 평상 상태로 돌아온다.

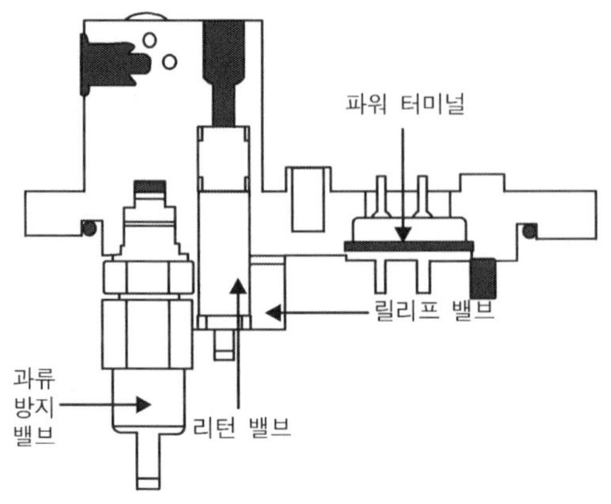

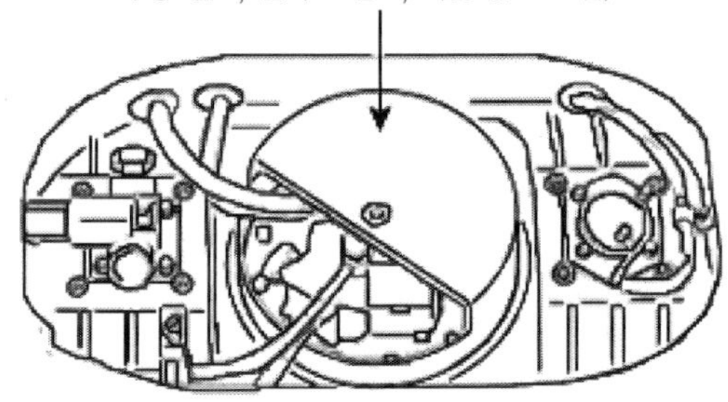

그림 8.24 멀티 밸브 어셈블리

(4) LPI 인젝터

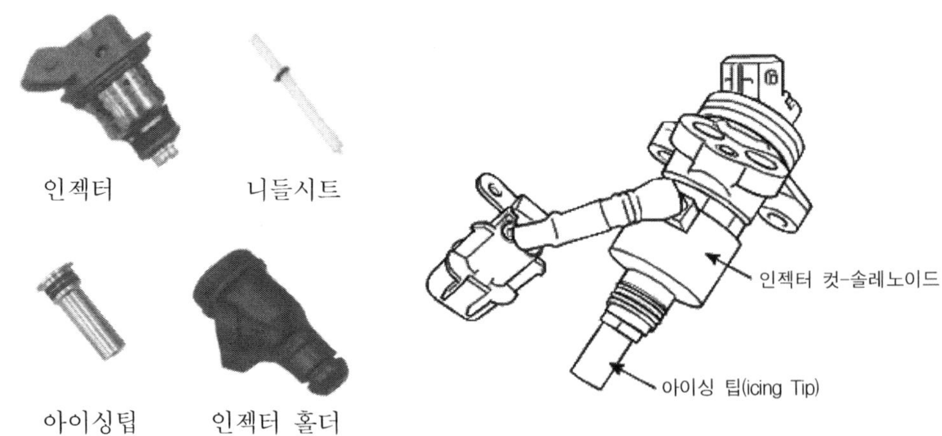

그림 8.25 LPI 인젝터

LPI 인젝터는 ECU 제어에 의해 연료 펌프로부터 공급된 액상 LPG를 실린더로 분사하는 역할을 한다.

분사 기구 이외에 아이싱 팁(Icing Tip)과 인젝터 컷-솔레노이드를 포함하고 있다. 아이싱 팁(Icing Tip)은 재질의 차이를 이용하여, 연료 분사 후의 기화잠열로 인한 수분 빙결 현상을 방지하는 역할을 한다.

인젝터 컷-솔레노이드는 인젝터에 내장된 솔레노이드 밸브로서, 엔진 정지시 인젝터로부터 누유되는 연료를 차단시키는 역할을 한다(시동 OFF : 닫힘, 시동 ON : 열림).

3) LPI 초기시동

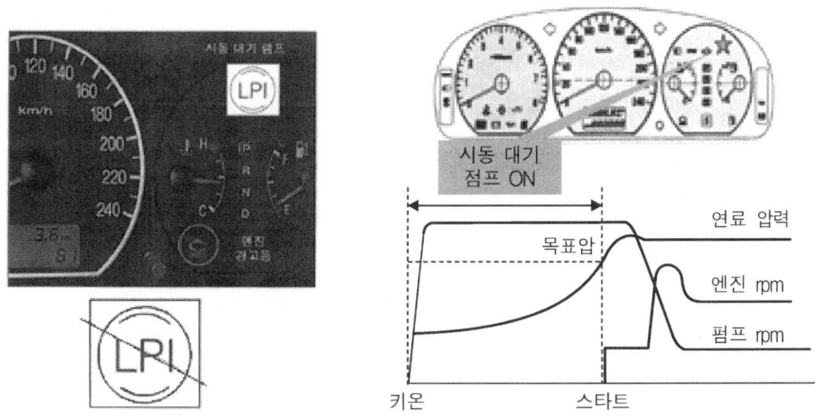

그림 8.26 시동대기 램프의 작동

LPI 엔진은 초기시동 때 연료라인의 압력형성을 위해 시동 대기램프가 계기판에 설치되어 있다.

IG ON때 점등되어 연료가 목표압력에 도달하면 램프가 OFF(램프 점등시간은 최장 2.5초로 제한)되며 이후 시동을 걸면 된다.

4) LPI 엔진의 정비

LPI 엔진 제어 시스템의 구성 부품(센서류, 액츄에이터류, ECU, 인젝터 등)이 정상적으로 작동하지 않을 경우, 다양한 엔진 작동 조건에 알맞은 연료량을 공급할 수 없게 되어 다음과 같은 고장이 발생한다.

① 엔진 시동이 어렵거나, 전혀 시동이 걸리지 않는다.
② 공회전이 불안정하다.
③ 엔진 주행능력이 불량하다.

만일 이와 같은 고장이 발견되면, 일단 자기 진단과 엔진 기본 점검(점화 장치, 부적당한 엔진 조정 등)을 시행한 후에 다용도 테스터 또는 디지털 멀티미터를 이용하여 엔진 제어 장치의 구성 부품을 점검해야 한다.

LPG 연료 공급 장치 관련 작업시, 아래 사항을 반드시 지켜야 한다.

① 봄베(연료탱크) 내에는 고압의 LPG 가스가 충전되어 있으므로, 임의로 분해할 경우 화재 및 폭발의 위험이 있으니 절대로 분해하지 않는다.
② 반드시 주위를 환기 시킨 다음(밀폐된 공간에서 작업 불가) 주위에 인화 물질(불꽃이나 화기)이 없도록 주의한다.
③ 연료 공급 장치 관련 부품 또는 연료 라인 분해/조립 시에는 연료 라인에 잔류된 연료를 완전히 제거한 후 실시한다.
④ 잔류 연료 제거 절차
  - 차량을 시동시킨다.
  - LPG 스위치를 OFF 시킨다.
  - 시동이 꺼지면, 봄베에 장착된 수동 밸브를 잠근다.

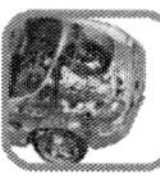

8.4 하이브리드 자동차(Hybrid Car)

하이브리드 자동차는 2개의 동력원(내연기관과 축전지)을 이용하여 구동되는 자동차를 말하며, 가솔린 엔진과 전기모터, 수소연소 엔진과 연료전지, 천연가스와 가솔린엔진, 디젤엔진과 전기모터 등 2개의 동력원을 함께 쓰는 차를 의미한다. 주로 가솔린 엔진과 전기모터를 함께 쓰는 방식을 많이 이용하고 있으며 많을 경우 유해가스를 기존의 차량보다 90% 이상 줄일 수 있고, 대도시의 공기와 주변 환경을 개선할 수 있으며, 교통통제·도로계획 등과도 잘 맞기 때문에 환경자동차(eco-car)라고도 부른다.

(인버터 내부)

(전용배터리)

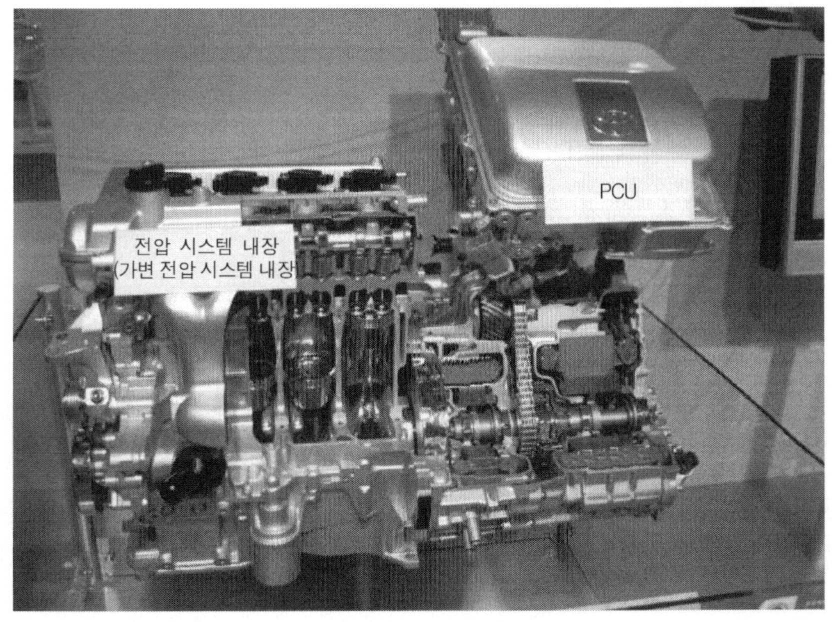

그림 8.27 하이브리드카의 주요 구성품

가솔린 엔진의 경우 저회전으로부터 회전을 올리면서 가속화할 경우 등에 연료를 많이 소비하는 것은 가솔린엔진의 특성상 어쩔 수 없다.

반면에 전기 모터는 회전수가 상승함에 따라 토크가 작아진다는 특성을 가지고 있다. 출력 = 토크 × 회전수이기 때문에 모터의 경우는 회전수를 올려도 가솔린 엔진과 같은 가속력을 얻을 수 없다. 그러나 모터는 제로회전 즉 멈추고 있는 상태로부터 갑작스럽게 움직이기 시작하는 순간에 큰 토크를 낼 수 있다. 따라서 자동차에서 엔진은 고속 영역을 담당하고 모터는 저속운전 영역을 감당하므로써 승용차에서 효율이 좋은 시스템을 형성할 수 있는 Hybrid 방식이 구현될 수 있게 되었다.

하이브리드 자동차의 무게나 실내공간은 일반 자동차와 비슷하며 일반 휘발유차에는 없는 전기모터나 배터리 등이 추가되는 반면, 시동모터나 제너레이터 등이 필요 없게 된다.

1. 하이브리드 자동차의 원리 및 작동방법

하이브리드 자동차에는 휘발유 엔진과 전기모터, 배터리가 함께 장착된다. 출발할 때는 전기모터로만 작동시킨다.

평지를 주행할 때는 엔진과 모터가 번갈아 돌아가며, 언덕길을 오를 때는 엔진과 모터가 함께 작동되며, 배터리에 저장된 전기에너지가 추가로 투입돼 출력이 강화된다.

그 후 내리막길이나 감속할 경우 엔진이 정지되고 전기모터만 작동하게 되며 차가 주행하는 동안에 발생하는 운동에너지는 배터리에 저장되게 된다.

1) 출발 : 모터로 엔진 시동   2) 통상주행 및 가속 : 모터가 동력 보조

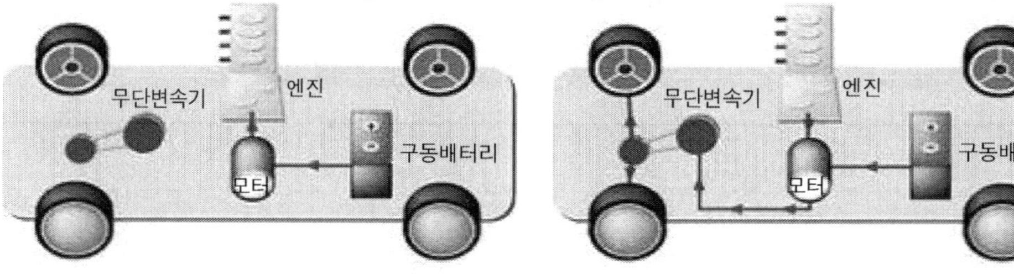

3) 감속 : 운동에너지 저장   4) 정차 : 엔진 및 모터 정지

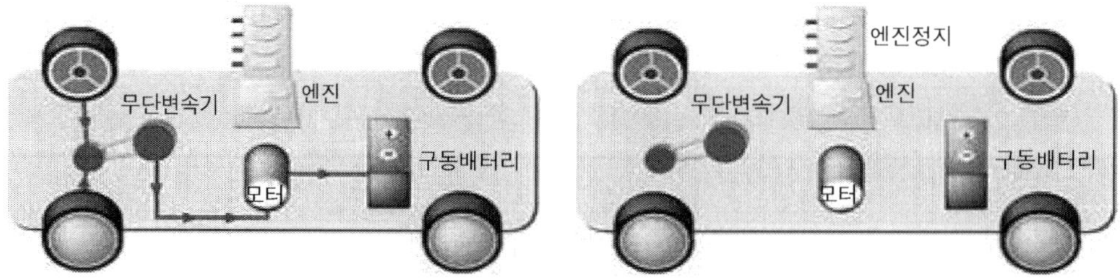

그림 8.28 하이브리드카의 작동원리

(a)

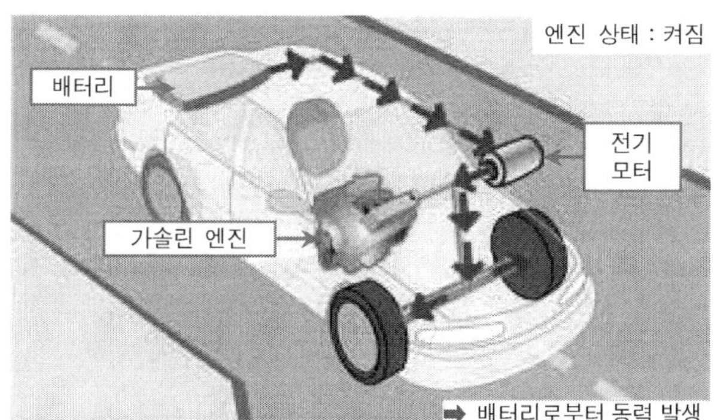

주행

완전히 정지한 상태에서 차량의 조절 컴퓨터는 배터리의 전기를 이용. 전기 모터를 작동시켜 차체를 움직인다. 이 과정에서는 엔진시동이 걸리지 않은 상태이므로 차는 조용히 움직이며 어떠한 배기가스도 발생되지 않는다.

(b)

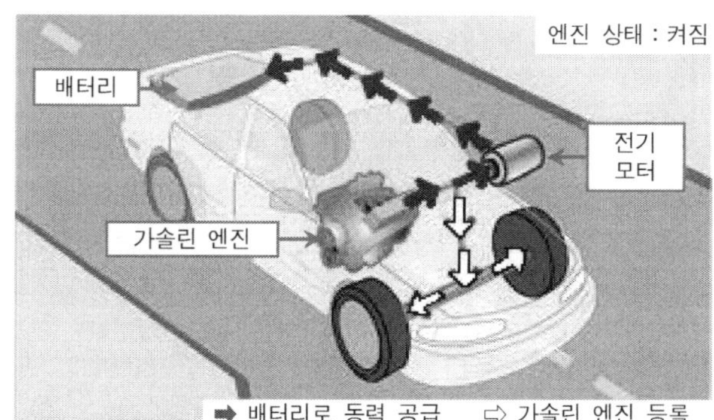

가속

차량의 속도가 24km/h~32km/h에 이르면 전기모터는 한계에 달하게 된다. 이때 조용히 시동이 걸리게 되면서 엔진이 주행을 이어 받게 되는데, 운전자는 약간의 진동을 느끼게 된다. 이러한 방식으로 하이브리드 차량은 가속을 하게 되어 고속 주행을 하게 된다. 동시에 배터리 충전도 이루어지게 된다.

(c)

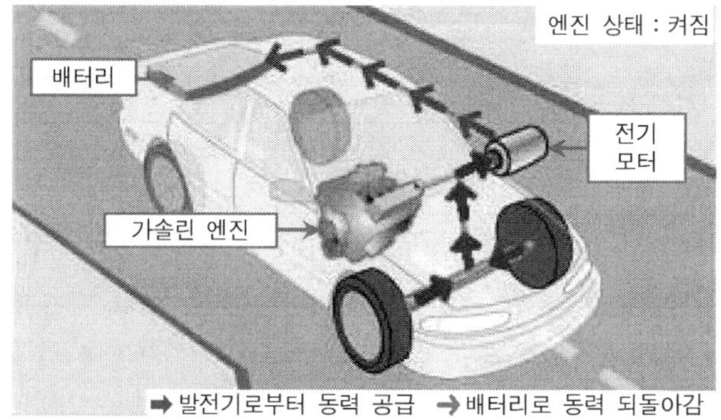

제동

브레이크를 밟으면 재생식 제동 과정이 시작된다. 즉 발전기가 차량의 속도 에너지를 전기로 변환시켜 배터리에 저장한다. 이런 방법으로 하이브리드 차가 배터리 동력을 이용해 시동을 거는 것이 가능해진다.

그림 8.29 하이브리드카의 동력전달 과정

전기배터리는 충전시킬 필요가 없으며 하이브리드 자동차의 배터리가 방전되면 휘발유 엔진이 작동해 차를 움직이고, 이 과정에서 배터리는 자동적으로 재충전되게 된다.

하이브리드 자동차의 배터리는 일반 휘발유 차의 배터리와는 전혀 다르다. 강한 전력을 발생시키고, 충전과 방전이 자유롭다.

현재 세계적으로 하이브리드 자동차(가솔린+전기모터)분야의 개발은 일본이 가장 앞서 있으며, 우리나라에서는 LPI와 전기모터가 결합된 하이브리드 자동차를 출시하고 있다.

일본 업체들은 하이브리드 자동차의 배터리가 특별한 이상이 없으면 폐차할 때까지 수명이 지속된다고 밝히고 있으며 배터리의 수명은 자동차 회사의 하이브리드 자동차의 양산 여부를 가름하는 기준이 된다.

2. 하이브리드 자동차의 장단점

1) 장점

① 가속 시에 엔진이 가동되고 전기모터가 보조동력으로 작동되어 가속성을 증가시키는 매력이 있다.

② 감속할 때 전기모터가 스스로 충전되어 주행에 사용된다는 것인데 정차할 때도 엔진과 전기모터가 모두 정지되어 공회전으로 낭비하는 연료가 없기 때문에 연료 효율이 매우 좋다.

③ 출발과 저속주행 시에 전기모터만 가동되어 엔진소음이 없는 것도 매우 큰 장점이다.

2) 단점 및 문제점

① 적은 양이라도 약간의 가솔린이나 디젤을 사용하게 되어 배기가스를 발생시키므로 완전 무공해 자동차는 아니다.

② 엔진, 모터, 전지 등을 탑재해야 되므로 차체가 무거워진다.

③ 차가 무거워 운동성능에 영향을 주며 환경에 부담을 준다.

④ Hybrid 부품을 싣기 위해 제조비용이 많이 든다.

⑤ 방대한 개발비가 소요된다.

⑥ 판매로 수익성을 얻자면 높은 가격을 설정할 수밖에 없다.

⑦ 자동차가 접근하고 있다는 것을 인식하기 어렵다.
(연료전지차, 전기자동차도 동일)

3. Hybrid 자동차의 시스템

Hybrid 시스템은 그 구조에 의해 다음과 같이 3가지로 대별할 수 있다.

① Series(직렬) Hybrid 방식 : 2개의 원동기를 직렬로 구성해 전단의 출력이 후단에 입력이 되는 System이다. 즉 엔진으로 움직이는 발전기로 발전된 전력, 혹은 그것을 축전지에 일단 모아둔 전력을 이용하여 모터로 주행하는 방식이다.
이 방식은 엔진으로 발전을 행하고, 그 전력으로 모터를 움직여서 주행하게 된다. 대단히 단순한 방식으로 실제로는 도중에 Inverter나 전지가 있다. 엔진으로 직접 구동하는 쪽이 효율이 높을 것 같지만 저회전시에 가장 토크가 큰 전기 모터의 특성을 살릴 수 있어 에너지 절약이 가능하게 된다.

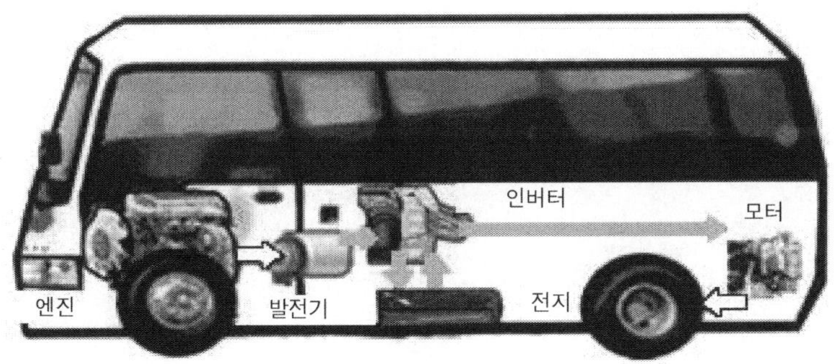

그림 8.30 Series Hybrid 방식

② Parallel(병렬) Hybrid 방식 : 2개의 원동기가 병렬로 협동(協動)하는 시스템이다.

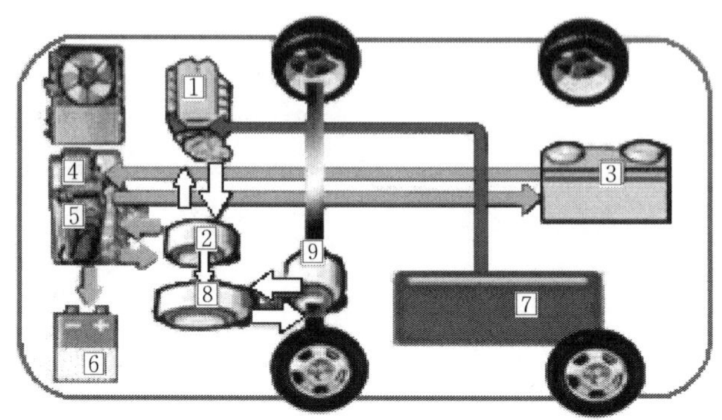

1 발동기, 모터(가솔린 엔진)	2 전동기(전기모터)
3 고압배터리(IMA 전지)	4 구동전지용 인터버 PCU
5 12V 충전용 컨버터	6 보조 배터리
7 가솔린 연료탱크	8 CVT
9 differential gear	

⇨ 동력 ➡ 전기 ➡ 연료

그림 8.31 Parallel Hybrid 방식

즉 엔진과 모터의 출력이 모두 구동원이 되기 위해서 엔진만으로 주행, 모터만으로 주행, 엔진과 모터로 주행하는 3가지 방식을 적당히 바꾸어 사용하는 방식이다.

이 방식은 내연기관(가솔린 엔진)과 전기모터의 양쪽으로 차륜을 구동하는 방식으로 모터를 구동하기 위한 고압전지를 가지고 있지만, 이전지에 충전하는 것은 가솔린 엔진이다. 엔진→발전기→모터라고 하는 Series Hybrid 방식을 행하지 않기 때문에 주행용의 모터가 발전기를 겸용하게 된다.

③ Series-Parallel Hybrid 방식 : Parallel 방식이면서 동시에 Series 방식을 실현하기 위해서 모터를 2개 장비하고 있는 방식이다.

제9장 디젤 엔진

9.1 디젤 엔진의 기초 사항

가솔린 기관은 점화장치를 통한 불꽃점화 방식으로 연소가 이루어지는 반면, 디젤기관은 공기를 압축시킨 후 연료를 분사하여 마찰열에 의해 연소가 이루어지는 압축착화 기관이다.

가솔린 기관은 회전수를 높이기 위해 액셀 페달로 스로틀 밸브를 열어 공기량을 증가시키는 구조로 되어 있는 반면, 디젤 기관은 항상 다량의 공기를 흡입해야 하므로 스로틀 밸브가 필요 없으며, 회전수를 올리기 위해 액셀 페달을 밟아 연료 펌프로부터 들어오는 연료의 양을 증가시키는 구조로 되어 있다.

디젤기관은 가솔린 기관에 비해 압축비가 크다(디젤기관 16~23:1, 가솔린기관 6~11:1).

높은 압축비를 얻기 위해 실린더 길이를 길게 함으로서 자연히 커넥팅 로드의 길이가 길어지게 된다.

이 때문에 피스톤이 실린더 내벽을 오르내리는 길이가 길어져 실린더 벽에 횡방향으로 마찰이 증가함을 피할 수 없게 되며, 가솔린 기관에 비해 소음이 심한 이유가 된다.

정숙성이나 속도면에서는 가솔린 기관에 뒤지지만 저회전 영역에서 큰 회전력을 얻을 수 있다는 이점 때문에 주로 버스나 트럭 등 고부하 차량에 많이 사용된다.

자동차용으로서 널리 보급되어 있는 고속 디젤 엔진의 정비를 위해 필요한 기초적 사항에는 다음의 7항목을 들 수 있다.

① 디젤 엔진의 개념
② 디젤 엔진의 효율과 성능
③ 디젤 엔진의 사이클

④ 고속 디젤 엔진의 연료와 윤활유
⑤ 연료의 분사
⑥ 압축착화와 연소
⑦ 각종 디젤 엔진의 기본 구조와 작동

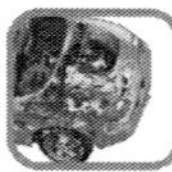

9.2 디젤 엔진의 개요

1. 디젤 엔진의 특징

디젤 엔진은 실린더 내에 공기만을 흡입 압축하여 공기의 온도가 높아졌을 때 연료를 안개 모양으로 분사시켜 이 안개 모양의 연료가 공기의 압축열에 의해 자기 착화하여 연소되며 연소되는 압력에 의해 피스톤을 움직여 운전을 하게 된다.

따라서 연료와 공기의 혼합 가스를 흡입 압축하여 점화 연소시키는 가솔린 기관과 비교하면 여러 가지 다른 특징을 가지고 있으며 다음과 같은 장, 단점을 들 수 있다.

1) 디젤 엔진의 장점

① 열효율이 높기 때문에 연료 소비율이 적다. 디젤 엔진은 공기만을 압축하기 때문에 압축비를 크게 할 수 있으므로 열효율이 좋다.
가솔린 엔진 25~28%에 비하여 디젤 엔진은 30~35% 정도이다. 따라서 연료 소비율이 적어진다.

디젤 엔진	170 - 220gr/PS-hr.
가솔린 엔진	200 - 300gr/PS-hr.

② 운전 경비가 싸다.
연료 소비율이 적고 동력의 생산 단가가 낮기 때문에 운전 경비가 적게 든다.
③ 실린더 지름의 제한을 받지 않는다.
가솔린 엔진에 있어서는 노킹 문제 때문에 실린더의 지름을 크게 만들기가

어렵지만 디젤 엔진은 노킹의 발생 과정이 가솔린 엔진과 다르기 때문에 실린더 지름에 제한을 받지 않는다.

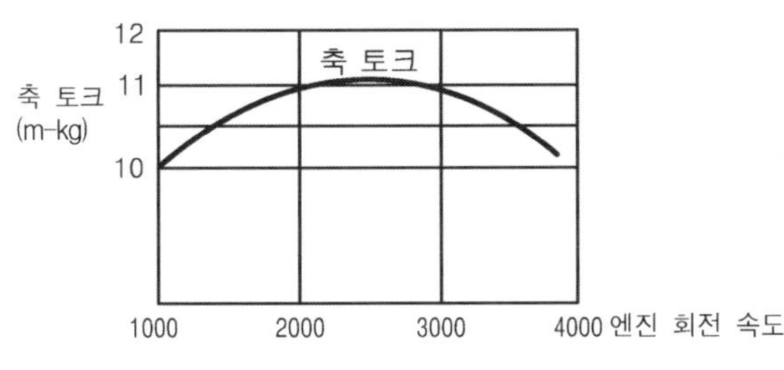

그림 9.1 디젤의 토크 곡선

④ 넓은 회전범위에 걸쳐 토크의 변화가 적고 운전이 편하다. 디젤 엔진의 토크 곡선은 가솔린 엔진에 비해 평탄하다.

⑤ 가솔린 엔진에서는 많은 문제를 일으키는 전기 점화 장치가 없기 때문에 고장률이 적다.

⑥ 엔진의 인화점이 높고(경유 50℃, 가솔린 -40℃) 화재의 위험이 적다.
또한 혹한시의 시동에 있어서도 엔진의 인화성으로 보아 윤활유의 예열(豫熱) 등, 충분히 시동 준비를 할 수 있으므로 오히려 가솔린 엔진보다 시동성이 좋다.

⑦ 압축 착화 방식이며 가연 범위가 넓기 때문에 한번 시동된 후에는 가솔린 엔진에서 나타나는 것과 같은 실화(Miss Fire)가 없으며 원활한 운전을 할 수 있다.
가솔린 엔진의 가연 범위는 공기 과잉율 n=0.7~1.3의 범위이며, 보통 사용되는 것은 n=0.8~0.9(혼합비 12~13.5)이다. 디젤 엔진에서는 공기과잉률 n=1.2~10의 범위가 사용된다.

⑧ 과급하므로 성능 향상이 용이하다.

⑨ 배기가스가 가솔린 엔진만큼 유독하지 않다.
배기가스 중에 포함되어 있는 인체에 유해한 성분이 적고, 특히 CO의 농도가 낮다.

2) 디젤 엔진의 단점

① 폭발 압력이 높기 때문에 각 부분을 튼튼하게 만들 필요가 있으며 이로 인

해 기관이 무거울 수밖에 없다. 따라서 어느 정도의 소음과 진동은 피할 수 없다.

② 압축 착화 방식이므로 연소상에 있어서 엔진의 최대 분사량의 제한을 받는 경우가 있다. 고속 회전에 제한을 받기 때문에 동일 배기량으로 비교해 볼 때 가솔린 엔진보다 출력이 낮아진다.

③ 정밀한 엔진 분사 장치(분사 펌프, 노즐 등)를 필요로 하므로 정비하는데 불리한 점이 있다.

④ 압축비가 높기 때문에 시동 전동기나 배터리 등의 용량을 큰 것으로 사용하여야 한다.

⑤ 이상과 같은 점으로 엔진의 제작비가 비싸다.

그러나 점차 기술이 발달함에 따라 이와 같은 불리한 점도 현저히 개선되고 있으며, 또한 자동차의 보급에 따라 고급 정비 기술이 향상되므로 장점이 한층 많아지고 있다.

2. 디젤엔진의 연료(경유)

1) 경유의 물리적 성질

① **색깔** : 흑갈색～담황색

② **비중** : 0.83～0.89

③ **인화점** : 40～90℃

④ **발열량** : 10700kcal/kgf

⑤ **자연 발화점** : 산소 속에서 245℃, 공기 속에서 358℃

⑥ 경유 1Kgf을 완전히 연소시키는데 필요한 건조 공기량은 14.4kg(11.2m^3)

2) 경유의 구비조건

① 자연 발화점이 낮을 것 (착화성이 좋을 것)

② 황(S)의 함유량이 적을 것

③ 세탄가가 높고, 발열량이 클 것

④ 적당한 점도를 지니며, 온도 변화에 따른 점도변화가 적을 것

⑤ 고형 미립물이나 유해 성분을 함유하지 않을 것

3) 경유의 착화성

착화성은 연소실 내에 분사된 연료가 착화할 때까지의 시간으로 표시되며, 이시간이 짧을수록 착화성이 좋다고 한다. 이 착화성을 정량적으로 표시하는 것으로 세탄가, 디젤지수, 임계압축비 등이 있다. 또한 연료가 분사되어 착화될 때까지의 시간을 착화 지연기간이라 한다.

착화지연은 연소실내에 분사된 미립상의 연료가 연료 주위의 고온 공기로부터의 열전달로 자연 발화온도에 도달되어 착화될 때까지의 경과 시간이며, 점도, 비중, 비등점 및 휘발성 등 연료 고유의 성질에 의해 지배된다. 디젤엔진의 노크는 이 착화지연에 원인하는 것이므로 연료의 착화성은 디젤엔진 노크 방지상 매우 중요하다.

(1) 세탄가(cetane number)

세탄가는 디젤 연료의 착화성을 표시하는 수치이다. 세탄가는 착화성이 우수한 세탄과 착화성이 불량한 α-메틸 나프탈린의 혼합액이며 세탄의 함량비율(%)로 표시한다. 예를 들어 세탄가 60의 경유란 세탄이 60%, α-메틸 나프탈린이 40%로 이루어진 혼합액과 같은 착화성을 가지는 것을 의미한다.

이 정의로부터 세탄의 세탄가는 100, α-메탈 나프탈린의 세탄가는 0이 된다.

고속 디젤기관에서 요구되는 세탄가는 45~70이며, 시중에서 판매되는 경우의 세탄가는 일반적으로 60정도이다.

$$\text{세탄가} = \frac{\text{세탄}(C_{16}H_{34})}{\text{세탄}(C_{16}H_{34}) + \alpha - \text{메탈나프탈린}(C_{11}H_{10})} \times 100$$

(2) 디젤 지수(diesel index)

디젤지수는 경유중에 포함된 파라핀계 탄화수소의 양을 알아보는 방법으로 착화성을 표시하는 것이며, 연료의 API 비중과 어닐린점(aniline point)을 측정하여 다음 식으로부터 구한다.

$$\text{디젤 지수} = \text{API비중} \times \text{어닐린점} \times 10^{-2}$$

(3) 임계 압축비

디젤엔진은 압축비를 낮추면 노크를 일으키게 되는 성질을 이용한 것으로,

CHR(미국연료 연구단체)기관에서 시험조건을 일정하게 하고 각종 경유에 대하여 노크를 일으키기 시작할 때의 최저 압축비를 구한 것이다. 이것을 임계 압축비라 한다.

이 임계 압축비는 연료의 착화 온도와 거의 일치되며 착화 온도가 높은 연료일수록 임계압축비도 높다. 아래에 각종연료의 임계 압축비를 나타냈다.

연료의 종류	임계 압축비
벤졸	20 이상
이소옥탄	17.3
조질(調質)가솔린(옥탄가 80)	14.2
부조질 가솔린(옥탄가 60)	11.0
조제(組製)디젤 오일	10.6
헤프탄	8.5
양질 디젤 오일	8.0
등유	7.5

9.3 디젤 엔진의 작동 개요

디젤 엔진도 가솔린 엔진과 같이 실린더 내에서 연료를 연소시켜 그 연소 압력으로 피스톤을 움직여 기계적으로 동력을 얻는다.

디젤 엔진의 주요 부분은 피스톤, 실린더, 크랭크 축, 윤활 장치, 냉각 장치 등 각 부의 구조는 그림 9.2와 같이 가솔린 엔진의 경우와 마찬가지이다.

크게 다른 점은 전기 점화 장치가 불필요하며, 그 대신 연료 분사 장치가 필요하다.

디젤 엔진의 작동은 흡입, 압축, 연소, 배기의 4행정 작용의 반복에 의해 작동되며, 4사이클 엔진과 2사이클 엔진의 2종류가 있다.

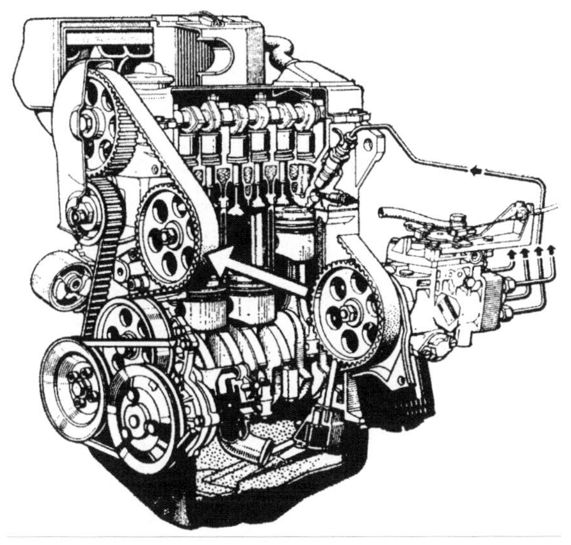

그림 9.2 디젤 엔진의 단면도

1. 4행정 엔진의 작동 원리

4행정 엔진은 피스톤의 4행정 즉, 크랭크 축 2회전으로 1사이클을 완료하는 4행정 1사이클 엔진이다.

피스톤이 상사점(TDC : Top Dead of Center)에서 하사점(BDC : Bottom Dead of Center) 또는 하사점에서 상사점으로 운동하는 것을 1행정(stroke)이라고 하며, 흡입·압축·연소·배기의 각 작용이 순환하여 반복되는 1순환을 1사이클이라고 한다.

2. 4행정 엔진의 작동

4행정 엔진의 작동은 그림 9.3과 같으며, 이하 행정의 순으로 설명한다.

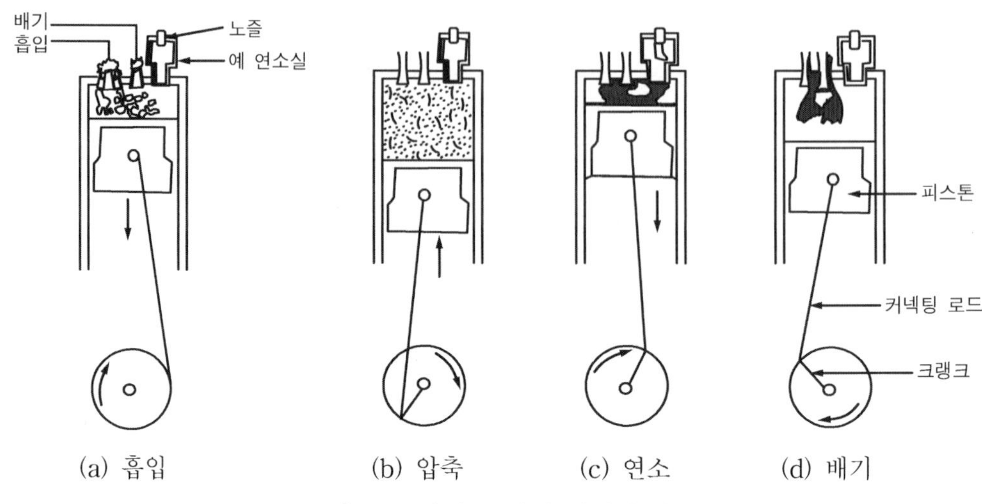

그림 9.3 4사이클 디젤 엔진의 작동

1) 흡입 행정

배기 밸브는 닫히고 흡기 밸브만 열려 있다. 피스톤이 상사점에서 하사점을 향해 하강하는데 따라 공기만이 흡기 통로를 거쳐 실린더 내로 흡입된다.

2) 압축 행정

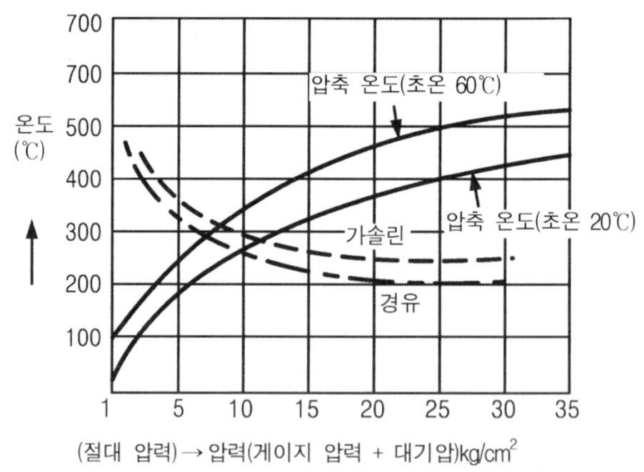

그림 9.4 압축 압력 - 온도 선도

피스톤이 하사점에 이르게 되면 이어 상승 운동을 시작한다.
흡기 밸브가 닫히고 공기의 출입이 없어지며, 피스톤이 상승하는데 따라 실린더 내의 공기는 압축된다.
공기가 압축되면 압력이 상승할 뿐 아니라 온도도 상승한다.
디젤 엔진에서는 공기의 압축열에 의해 연료를 연소시키게 된다.
통상 이 압축 온도는 400~500℃로 되어 있다. 그림 9.4는 이들의 상황을 나타낸 것이다.
또한 기관의 착화 온도는 공기의 압력이 높을수록 낮아지며 경유의 착화 온도는 가솔린보다도 낮다.
그림 9.5는 동일한 압축비라도 압축 압력은 회전 속도에 의해 변화하는 것을 나타낸 것으로 특히 저속 회전에 있어 변화가 더욱 심하다.

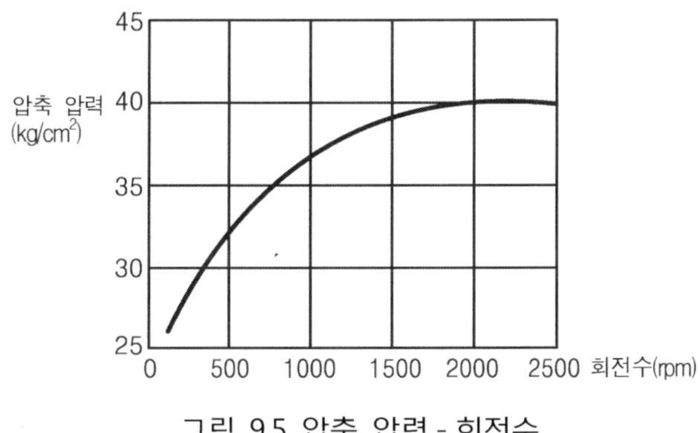

그림 9.5 압축 압력 - 회전수

3) 연소 행정

압축 행정이 끝날 무렵 노즐에서 연료가 안개 모양으로 분사되면 공기의 압축열에 의해 자기 착화하여 연소한다.
그 결과 실린더 내의 압력은 급상승하며 피스톤은 밀려 내려가는 힘을 받는다. 이 힘이 동력이 되어 크랭크 축은 회전력을 발생한다(그림 9.6).

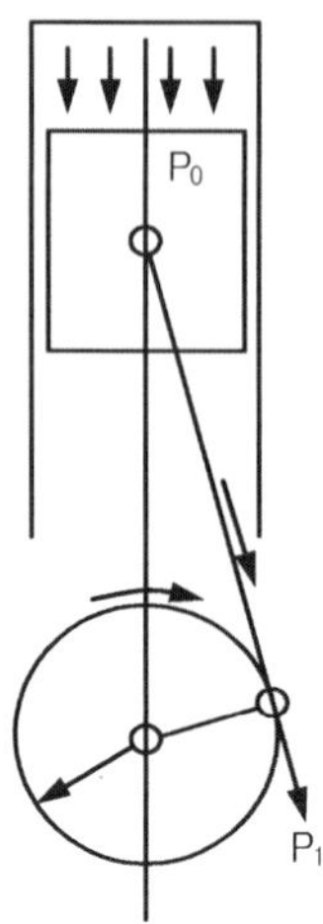

그림 9.6 크랭크 축의 회전력

4) 배기 행정

연소 행정이 끝나고 피스톤이 하사점에 이르면 지금까지 닫혀 있던 배기 밸브가 열리고 연소 행정에 따라 피스톤에 일을 시킨 팽창된 연소 가스는 피스톤의 상승으로 배기 포트를 통과하여 대기중으로 배출된다.

이렇게 하여 피스톤이 다시 상사점에 이르게 되면 배기 밸브는 닫히고 흡기 밸브가 열리게 되며 (1)의 흡입 행정으로 되돌아가 다음 사이클이 반복된다.

이상 4개의 행정중에서, 동력이 발생하여 크랭크 축에 회전력이 주어지는 것은 연소 행정 뿐이며, 다른 3행정에서는 관성에 의해 회전을 계속한다.

따라서 크랭크 축의 회전에 불균형이 생기므로 플라이 휠을 장치하여 이와 같은 불균형이 적어지도록 하고 있다.

또한 실린더의 수를 증가하여 다기통 엔진으로 만들면 각 실린더의 연소 행정이 겹쳐 일어나기 때문에 크랭크 축의 회전은 보다 원활해진다.

9.4 연소실

1. 연소실의 종류와 용도

분사 노즐에서 분사된 안개 모양의 혼합기는 연소실 내에서 연소하지만 특히, 자동차용 고속 디젤 엔진에 있어 연소에 주어지는 시간은 매우 짧다.
이와 같이 엄격한 조건하에서 분무된 혼합기를 완전 연소시키기 위해 여러 가지 모양의 연소실이 검토·제작되고 있다.

연소실 수	일반 명칭
단실식	직접 분사실(Direct Injection Chamber)
부실식	예 연소실식(Pre-Combustion Chamber)
	와류실식(Swirl Chamber)
	공기실식(Air Chamber)

이것을 분류해 나타내면 다음과 같으며, 그림 9.7에 각종 연소실의 구조를 나타낸다.
자동차용의 엔진 연소실에는 단실식과 부실식이 모두 사용되고 있으나 우리나라에서는 예 연소실식을 사용하고 있는 것이 많으며 다른 형식도 사용된다.
또한 2행정 엔진은 대부분 직접 분사식을 사용하고 있다. 다음에 각종 연소실의 특성에 대하여 설명한다.

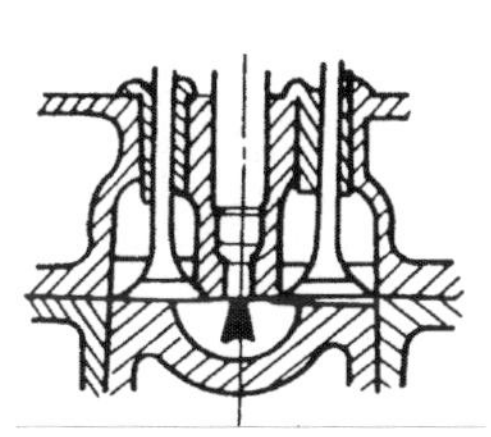
(a) 직접 분사식

(b) 예 연소실식

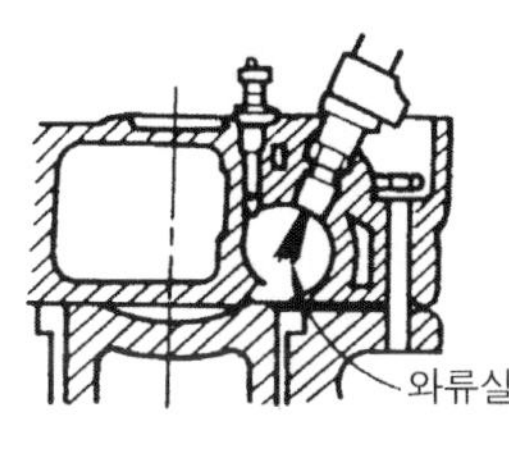

(c) 와류실식

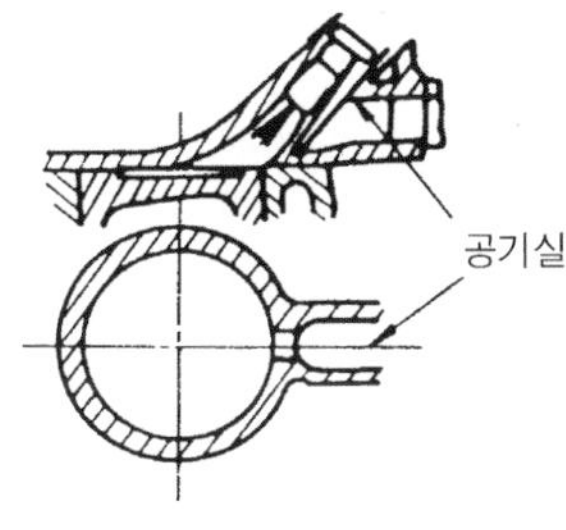

(d) 공기실식

그림 9.7 연소실의 구조와 종류

2. 각종 연소실의 특성

1) 직접 분사식

고속 디젤 엔진으로서는 역사가 오래되었고 연소실 형식중에도 가장 간단한 형식이다.

그림 9.7(a)와 같이 실린더 헤드와 피스톤 헤드부 사이에 형성되는 단일 연소실을 가지고 있으며 그 속에 연료를 분사하여 연소시키는 방식이다.

일반적으로 연료를 완전 연소시키기 위해서 다공 노즐과 조합하여 150~300 기압 정도의 분사 압력으로 무화시킨다.

그림 9.9는 직접 연소실의 기본형이며, (a)는 하트형, (b)는 반구형, (c)는 구형이다.

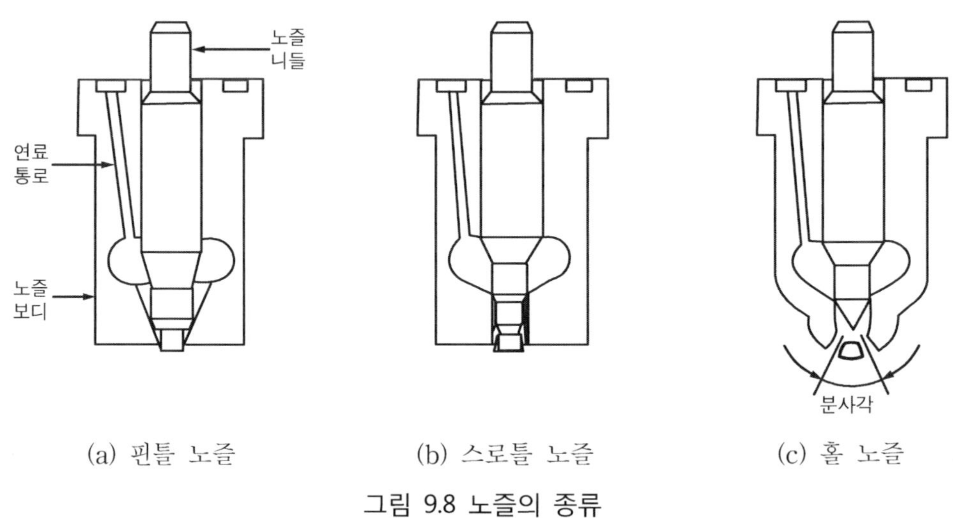

(a) 핀틀 노즐 (b) 스로틀 노즐 (c) 홀 노즐

그림 9.8 노즐의 종류

(1) 직접 분사식의 장점

① 연소실의 모양이 간단하고 연소실의 냉각면적이 작기 때문에 열효율이 높고 연료 소비율이 적다(150~200g/ps/h).

② 연소실은 냉각 면적이 작으므로 시동이 용이하며, 시동시에 예열을 할 필요가 없다.

③ 실린더 헤드의 구조가 간단하며 열변형의 문제도 적어 대출력의 엔진에 적

합하다.

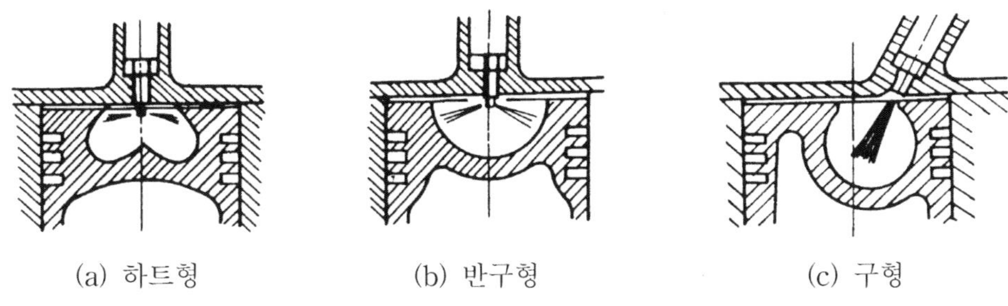

(a) 하트형 (b) 반구형 (c) 구형

그림 9.9 직접 연소실의 기본 형식

(2) 직접 분사식의 단점

① 연료의 성질에 민감하며 발화성이 좋은 양질의 연료를 필요로 한다.

② 연소 압력이 다른 형식에 비해 높기 때문에 분사 펌프에 충분한 압력이 필요하다.

③ 분사 압력이 높으며 다공 노즐을 사용하는 관계로 단공 노즐을 사용하는 것에 비해 고장이 많다.

④ 연료의 분무 상태가 조금만 달라져도 성능에 미치는 영향이 크다.

⑤ 부실식에 비해 공기의 와류가 약하므로 공기의 이용률이 나쁘다(공기 과잉율 n= 1.4). 2000rpm 이상의 고속 회전은 어렵다.

2) 예 연소실식

그림 9.7(b)와 같이 주연소실 상부에 예 연소실이라고 하는 부실이 있으며, 예 연소실에서 먼저 분사된 연료에 착화되고 여기서 생긴 압력에 의해 나머지 연료를 주 연소실로 분출하여 와류에 의해 공기와 잘 혼합하여 완전 연소시킨다. 지금까지는 중, 대형, 상용차량으로 널리 사용되었으나 국내에 적용한 차량은 쌍용 무쏘 엔진이다.

(1) 예 연소실 엔진의 압력 변화

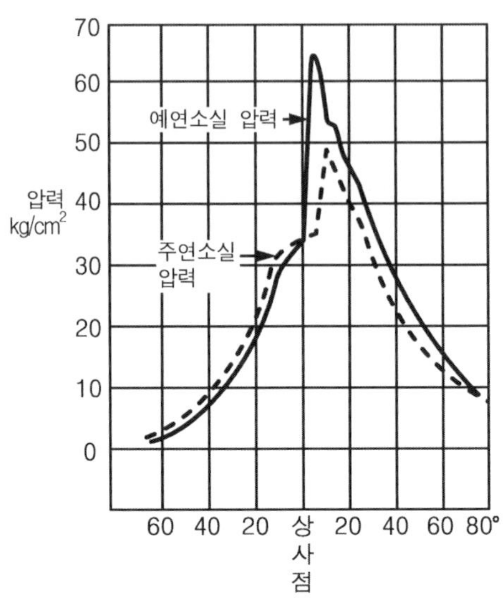

그림 9.10 예 연소실의 압력 변화

그림 9.10은 예 연소실과 주 연소실의 압력 변화를 나타내었다.
압축 행정중에는 주 연소실의 압력이 빨리 올라가므로 공기가 예 연소실로 유입된다.
연소가 일어나면 반대로 예 연소실의 압력이 높아지므로 가스는 예 연소실로부터 주 연소실로 고속으로 분출하게 된다.

(2) 예 연소실의 형상

예 연소실의 형상은 엔진의 성능과 밀접한 관계가 있으므로 여러 회사에서 이 설계에 대해 많은 연구를 하고 있다.
그림 9.11은 예 연소실의 일례를 나타낸 것이다.
일반적으로 예 연소실의 용적은 용적비(전압축 용적에 대한 예 연소실의 용적의 비율)로 30~50% 정도로 하고 있다.
분사 구멍의 면적비(피스톤 면적에 대한 예 연소실에 나와 있는 분사 구멍의 총 면적의 비율)는 0.30~0.60% 정도로 되어 있다.

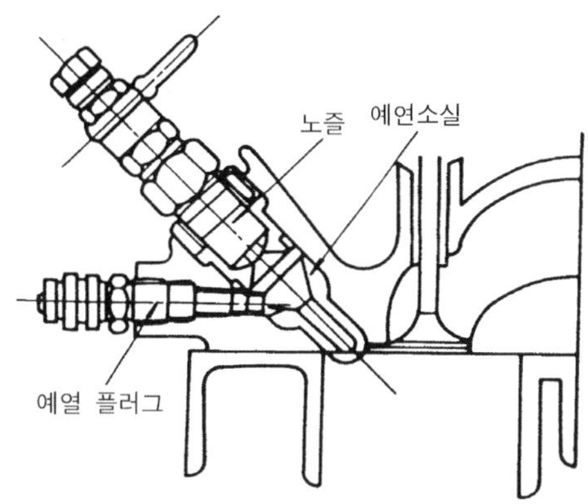

그림 9.11 예 연소실의 일 예

(3) 예 연소실식의 장점

① 예 연소실 내에서 반 연소가 된 혼합기가 주 연소실 내에서 연소하므로 연료의 성질에 대하여 둔감하며 노크도 적다.
따라서 저질 연료도 사용할 수 있다.

② 연료 분사 압력이 낮고(100～120기압) 분사 시기 등의 변화에 대해서도 그다지 민감하지 않기 때문에 취급이 용이하다.

③ 공기와 연료와의 혼합이 양호하므로 공기 과잉율 n=1.2 정도까지 작게 할 수 있다.

④ 예 연소실 내의 압력은 80기압 정도까지는 상승하지만, 예 연소실에 설치되어 있는 분사 구멍의 교축(단면수축) 때문에 주 연소실 내의 가스 압력은 비교적 낮다.

⑤ 핀틀 노즐의 사용이 가능하기 때문에 고장이 적다.

(4) 예 연소실의 단점

① 예 연소실을 실린더 헤드에 설치하므로 실린더 헤드의 구조가 복잡하고 열변형의 문제가 생긴다.

② 압축 행정에서 유입 공기가 분사 구멍에서 교축되기 때문에 예 연소실 내의 압력 상승이 늦어지고 연소실의 냉각 면적이 크기 때문에 압축 온도가 낮아진다.

이 때문에 시동시에 예열을 필요로 한다(그림 9.11).

③ 예 연소실의 교축 손실(絞縮 損失)과 열손실이 크기 때문에 직접 분사식에 비해 연료 소비율이 많다.

예 연소실 기관은 독일이 가장 발달되어 있으며 미국이나 일본에서도 4사이클 고속 디젤 엔진의 메이커들은 대부분이 이 연소실을 사용하고 있다.

3) 와류실식

그림 9.7(c)와 같이 실린더나 실린더 헤드에 와류실을 두어 압축 행정중 이 속에서 일어나는 공기의 와류속에 연료를 분사하여 완전 연소가 되도록 하는 방식이다.

예 연소실식의 목적은 연료를 부분 연소시키는데 있으며 와류실식에서는 와류실 내에서 완전 연소시키는데 목적을 두고 있다.

따라서 와류실의 용적은 전압축 용적의 70~80%를 차지하며 실린더로 통하는 통로가 1개이다.

그의 단면적은 피스톤 면적의 2~4% 정도에 이르며, 와류실에 대하여 접선 방향으로 설치되어 있다.

따라서 와류실식은 직접 분사식과 예 연소실식의 중간의 특성을 가지고 있다고 할 수 있다.

와류실식은 고속운전에 적합함으로 소형 고속엔진에 주로 사용되며, 국내 적용 차종으로 봉고, 프론티어, 베스타, 스포티지, 포터, 갤로퍼 등을 대표적으로 꼽을 수 있다.

그림 9.12에 대표적인 와류실식 연소실을 보여주고 있다.

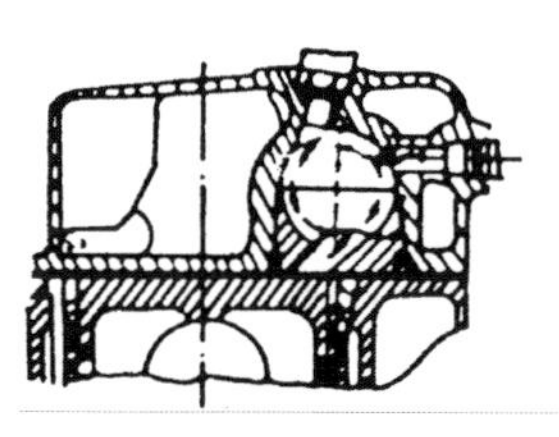

(a) 리카도

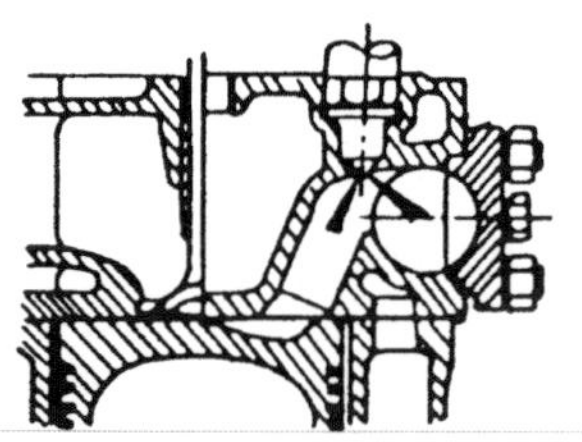

(b) 퍼킨스

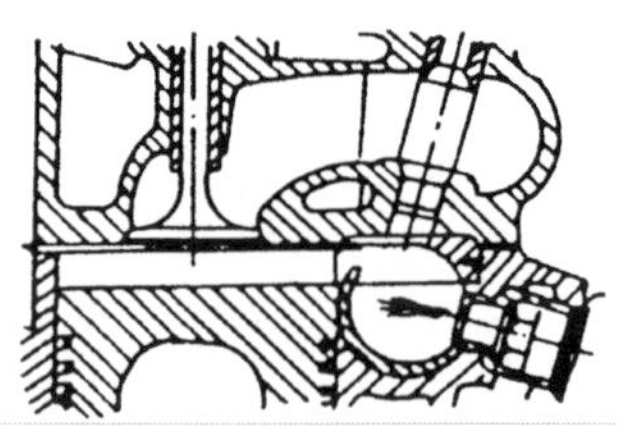

(c) 허큘리스

그림 9.12 와류실식 연소실

[장점]

① 엔진의 회전속도 범위가 넓고 운전이 원활하다.
② 커다란 압축 와류를 이용하기 위해 공기 과잉률을 n=1.3 정도까지 작게 할 수 있으므로 평균 유효 압력이 높고 연료 소비율은 적다.
③ 회전수를 높일 수 있다.
④ 핀틀 노즐을 사용할 수 있기 때문에 고장이 적다.
⑤ 연료소비율이 예연소실식보다 적다.

[단점]

① 실린더 또는 실린더 헤드에 와류실을 설치하기 때문에 구조가 복잡하고 열 변형의 문제가 일어난다.
② 연료의 성질에 대하여 민감하며 노크를 일으키기 쉽다.
③ 시동시에는 예열을 필요로 하며 기동성이 다소 좋지 않다.
④ 열효율이 낮다.

4) 공기실식

그림 9.7(d)와 같이 주연소실 외에 공기실이 있다. 연료는 주연소실 내로 분사되며 피스톤의 하강에 따라 공기실로부터 공기가 분출하여 산소를 보급하고 와류를 일으켜 연소시키는 것이다.
그러나 최근에는 연료의 일부가 공기실로 들어가 연소에 의해 공기의 분출 에너지를 증대시켜 연소의 향상을 기하는 것으로 변화하고 있다.

[장점]

① 연소가 완만하기 때문에 어느 형식보다도 작동이 정숙하다.
② 최고 폭발 압력이 디젤 엔진중에서 가장 낮아 50 kg/cm^2 정도이다.
③ 연료를 직접 분사식과 같이 주연소실 내에 분사하므로 시동성이 좋으며, 예열을 사용하지 않을 때가 많다.
④ 핀틀 노즐의 사용이 가능하다.
⑤ 시동보조 장치인 예열플러그가 필요없다.

[단점]

① 연료 분사 시기의 오차에 따라 작동 상태의 변화가 크고 취급이 어렵다.
② 후연소의 경향이 있으며 배기 온도가 높다.
③ 연료의 소비율이 비교적 많다.
④ 엔진의 회전속도 및 부하변화에 대한 적응성이 낮다.

각종 연소실의 특성 비교를 표 9.1에 나타낸다.

표 9.1 각종 연소실의 특성 비교

각 란의 숫자는 비교 사항 정도의 순위를 나타낸다.

	비교 사항	직접 분사식	예 연소실식	와류실식	공기실식
1	연소실 형상	1. 매우 간단	4. 복잡	2. 다소 복잡	3. 복잡
2	연소실 가공의 난이	1. 용이	2. 용이	3. 다소 곤란	4. 곤란
3	연소실 온둘레·용적	1. 작다	4. 크다	2, 다소 크다	3. 크다
4	열손실	1. 작다	4. 크다	2. 다소 크다	3. 크다
5	압축비	4. 낮다 ε = 13~16 열손실이 작기 때문에 낮게 해도 된다	1. 높다 ε = 16~20 열손실이 많기 때문에 높이를 요한다	2. 높다 ε = 15~17	3. 다소 높다 ε = 13~17
6	아열대지방에서는 예열이 필요없음	1. 쉽다	2. 다소 곤란	4. 곤란	3. 다소 곤란
	한대지방에서는 예열이 필요함	4. 곤란 (구조상 예 열전을 설치할 곳이 없다)	1. 쉽다 (가장 유효한 위치에 예열 플러그가 붙는다)	2. 쉽다	3. 다소 곤란 (유효한 위치에 예열 플러그가 장치되지 않는다)
7	와류	2. 압축 행정 끝에 다소 생긴다	4. 거의 없다	1. 크다 압축 행정의 종기에 심하게 생긴다	3. 없다
8	연료의 무화	2. 분사 밸브에 의한다	1. 양호 주로 예 연소실에 의한다	4. 분사 밸브에 의한다	3. 분사 밸브에 의한다

			분사 밸브에 의할 때가 적다		
9	연료와 공기의 혼합	4. 분사 밸브에 주로 의존하며 다소 공기 와류에 의한다	1. 양호 에 연소실에 의한다	2. 양호 공기 와류에 의한다	3. 공기실에 의한다
10	연료 분사 장치 성능에 영향을 받지 않는 정도	4. 가장 영향을 받으며 양호한 성능을 요구한다	1. 가장 영향을 받지 않는다	2. 다소 영향을 받는다	3. 다소 영향을 받는다

9.5 디젤 엔진의 연소과정과 노크

1. 연소과정

디젤기관의 연소과정은 착화 지연기간 → 화염 전파기간(=폭발 연소 기간) → 직접 연소기간(제어 연소기간) → 후 연소기간의 4단계로 연소한다.

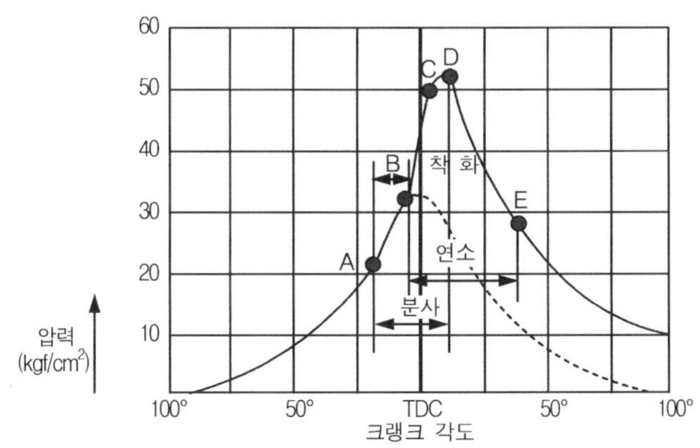

그림 9.13 디젤기관의 연소과정

1) 착화 지연기간(A~B기간)

이 기간은 경유가 연소실내에 분사된 후 착화될 때까지의 기간이며, 약 1/1,000~4/1,000초 정도 소요된다. 이 착화 지연기간이 길어지면 디젤기관에서 노크가 발생한다. 착화 지연의 원인은 고온도로 압축된 공기 속에 어떠한 연료를 분사시키더라도 순간적으로 착화되지 않고 반드시 어떤 시간을 필요로 하며, 착화 지연기간은 연료 자체의 착화성, 실린더의 온도와 압력, 연료의 미립도, 분산상태 및 공기의 와류 등에 의하여 좌우된다.

2) 화염 전파기간(B~C기간)

이 기간은 경유가 착화되어 폭발적으로 연소를 일으키는 기간이며, 정적 연소과정이다. 즉 착화 지연기간을 지나 B점에 도달하면 착화된다. 착화되면 착화 지연기간에 분사된 연료가 거의 모두 동시에 연소하여 실린더 내의 온도와 압력이 B에서 C점으로 급상승한다. 이 기간은 실린더 내에서의 공기의 와류, 연료의 성질, 혼합상태 등에 의하여 지배되며 이들의 조건이 양호하면 그 만큼 화염전파가 빨라지고 압력 상승도 빠르다.

3) 직접 연소기간(C~D기간)

이 기간은 분사된 경유가 화염 전파기간에서 발생한 화염으로 분사와 거의 동시에 연소하는 기간이며, 정압 연소과정이다. 직접 연소기간의 연소 압력이 가장 크며, 분사량으로 어느 정도의 압력 조정이 가능하므로 제어 연소 기간이라고도 부른다.

4) 후 연소기간(D~E기간)

직접 연소기간 동안 연소하지 못한 경유가 연소·팽창하는 기간이며, 이 기간이 길면 배기가스 온도가 상승해 기관이 과열하며 열효율이 떨어진다.

2. 디젤 노크 현상

디젤 노크는 연소 제1기의 착화 지연 기간중에 형성된 가연 혼합기가 제2기 폭발적 연소 기간에 있어 일시에 연소하여 급격하게 압력이 상승함으로써 발생한다.
따라서 착화 지연이 길수록 일시에 연소하는 연료의 양이 많아지므로 노크를 일으키기 쉽다.
가솔린 엔진에서는 정상 연소와 노크를 일으키고 있을 때의 연소 상태가 크게 다르지만, 디젤 엔진에서는 양자의 사이에 확실한 구별이 없다.

따라서 급격한 압력 상승이 음파를 발생하므로 기관 각부에 충격을 주어 타음을 발생하는가의 여부에 따라 정상 연소와 노크를 구분하고 있다.
또한 디젤 노크는 가솔린 노크와 같이 출력의 저하, 실린더의 과열, 배기 밸브의 소손 등의 원인이 되지 않으며 가솔린 노크만큼 유해하지 않다.

3. 디젤 노크의 방지법

디젤 노크를 방지하는 데는 그 발생 원인으로 볼 때 연소 제2기 폭발적 연소 기간 내에 가연 혼합기의 양을 적게 하기 위해 착화 지연 기간을 짧게 할 필요가 있다.
디젤 노크를 방지하는 방법에는 다음과 같은 사항을 들 수 있다.
① 세탄가가 높은 연료(착화성이 좋은 연료)를 사용할 것.
② 실린더 내의 온도, 압력을 높일 것
- 압축비를 높게 할 것
- 흡입 공기의 온도를 높일 것
- 분사시기를 상사점 부근까지 늦출 것(알맞게 조정할 것)

③ 연소실 벽의 온도를 올릴 것(냉각수 온도를 올릴 것)
④ 분사 초기에 있어 연료의 분사율을 적게 하고 연료 입자를 되도록 작게 할 것 또한 착화 지연 기간을 짧게 하는 것은 디젤 노크를 방지하는데 중요하지만 연료를 실린더 내에 분포시키기 위해서는 어느 정도의 착화 지연 시간이 필요하다.
⑤ 엔진의 회전수 높인다.
⑥ 흡입공기에 와류가 일어나도록 한다.

4. 디젤 노크와 가솔린 노크의 비교

1) 가솔린 엔진의 연소

가솔린 엔진에서는 가솔린과 공기와의 혼합기가 실린더 안으로 흡입되어 압축된 다음 전기 불꽃으로 점화되어 불꽃 전파에 의해 연소가 이루어진다.
즉 점화 플러그에 의해 불꽃 점화가 이루어지면 미연소 가스에 차례로 불꽃이 전파되어 연소된다.

이것이 가솔린 엔진의 정상 연소이지만 경우에 따라서는 이상 연소가 일어나는 경우도 있다.
그 중 하나는 불꽃에 의해 연소가 진행되어 가면서 미연소 가스는 이미 연소한 가스의 영향을 받아 압력은 높아지고 온도도 상승된다.
이와 같은 미연소 가스는 불꽃이 도달되기 전에 자기 착화를 일으켜 일순간에 연소하여 압력이 급격히 상승해서 타음을 발생할 때가 있으며, 이것이 가솔린 노크이다.
또 하나는 조기 착화(Pre-Ignition) 현상이다.
즉, 전기 불꽃에 의해 점화하기 전에 점화 플러그, 배기 밸브, 기타의 과열 부분에 의해 점화시기가 앞당겨서 점화되어 연소를 일으킬 때가 있다.

2) 디젤 노크와 가솔린 노크의 방지법

가솔린 엔진에 있어 노크는 앞에서 설명한 것과 같이 혼합기의 자기 착화에 의한 것이며 디젤 엔진의 보통 연소와 비슷하다.
가솔린 노크는 연소가 끝나는 상태에 따라 발생하지만 디젤 노크는 연소 초기에 일어난다.
가솔린엔진에서의 노킹과 다른 점은 디젤노킹은 늦게 발생한다는 것이다.
즉 가솔린은 의도하지 않은 점화가 올바른 점화전에 발생하는 것을 말하지만 디젤은 의도하지 않은 점화가 정상적인 점화시기 이후에 발생하기 때문에 충격이 적다.
이 때문에 디젤엔진의 노킹은 가솔린엔진의 노킹과 달리 엔진에 그다지 큰 손상을 입히지는 않는다.
다만 디젤엔진의 이러한 특성때문에 디젤엔진은 특유의 디젤노킹음을 항상 내게 되고 이 때문에 소음과 진동이 크게 되는 것이다.
디젤 노크는 자기 착화를 일으키기 어려울 때에 발생하며, 가솔린 노크는 자기 착화를 일으키기 쉽기 때문에 발생하는 것이므로 이런 원인이 상반되어서 일어난다.
이를 방지하는 방법도 표 9.2와 같이 상반된다.

표 9.2 노킹을 방지하는 방법의 비교

구분	디젤 엔진	가솔린 엔진
기관의 착화 온도	낮추어줌	높여줌
기관의 착화 지연	짧게 함	길게 함
압축비	높여줌	낮추어줌
흡입 공기의 온도	높여줌	낮추어줌
실린더 벽 온도	높여줌	낮추어줌
회전 속도	낮추어줌	높게 함
실린더 용적	크게 함	작게 함

제10장 디젤 엔진의 연료 장치

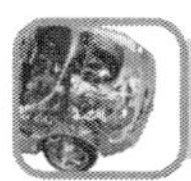

10.1 연료 장치의 개요

디젤 엔진은 실린더 내에 흡입한 공기를 강력하게 압축, 고온이 되게 한 다음 연료를 분사하여 착화 연소시킨다.

이와 같은 연소는 매우 짧은 시간에 끝내지 않으면 안되므로 공기와 잘 혼합하여 단시간에 잘 연소될 수 있도록 연료를 미세한 안개 모양으로 공급하게 된다. 따라서 디젤 엔진의 연료 분사 장치는 엔진의 심장부에 해당하는 중요한 기능을 갖는 것으로 고압의 연료를 매우 정확한 분량을 가장 적당한 시기에 송출하고 또 기관의 부하에 따라 분사량을 미세하게 조절할 수 있게 되어 있다.

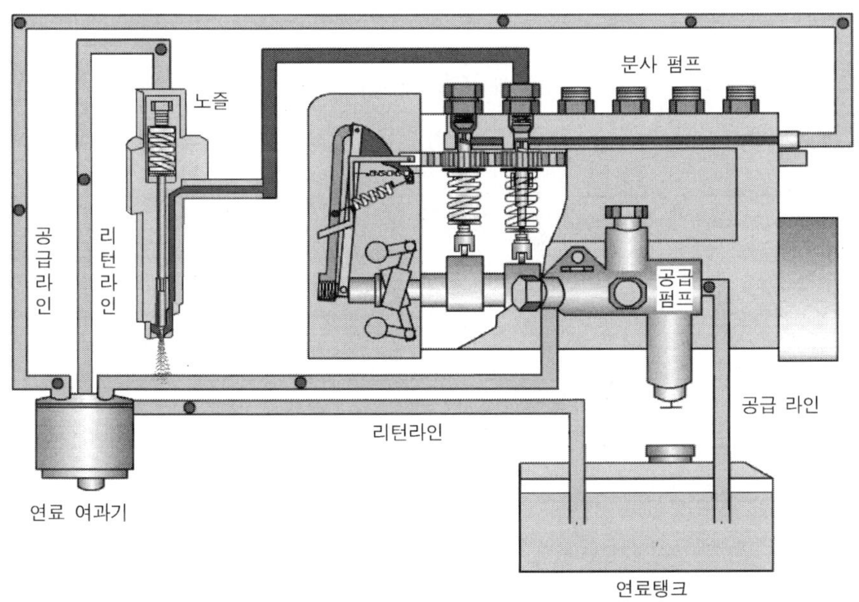

그림 10.1 디젤 엔진의 연료 계통

연료 장치의 방식에는 고압의 공기와 더불어 연료를 보내 미세화하는 공기 분사식(유기분사 방식)과 실린더 내에서 압축되어 고압이 된 공기 중에 분사 펌프로 또다시 고압으로 만든 연료를 미세한 구멍으로부터 분무하는 무기 분사식 등 2종류의 연료 공급 방식이 있다.

현재 자동차용 디젤 엔진은 무기 분사식이 사용되고 있다.

디젤 엔진의 연료 계통은 연료 분사 펌프(Fuel Injection Pump), 연료 여과기(Fuel Filter), 분사 노즐(Injection Nozzle), 연료 공급 펌프(Fuel Feed Pump), 고압 파이프(Injection Pipe) 등으로 되어 있으며, 가솔린 엔진의 경우와 크게 다르다.

디젤 엔진은 연료탱크 속의 연료가 연료 공급 펌프에 의해 빨려 올라 온 다음 연료 여과기로 압송되어 연료에 섞여 있는 물이나 미세한 먼지 등이 여과된다.

연료 여과기에서 깨끗하게 여과된 연료는 또다시 연료 분사 펌프로 보내진다.

여기서 높은 압력으로 가압되어 필요한 분량이 정해져 고압 파이프를 통해 분사 노즐에서 연소실로 분사된다.

공급 펌프는 기관의 회전 속도에 비례하여 연료 송유량이 증가한다.

실제로 연소에 필요한 연료의 양은 자동차의 주행 상태(기관의 부하)에 따라 변화하며, 단순히 기관의 회전 속도에만 비례하는 것이 아니므로 연료 공급 펌프에서 보내오는 연료는 여분이 생기게 된다.

따라서 남은 연료를 연료탱크로 되돌려 보내는 연료 리턴 파이프가 연료 여과기와 연료탱크를 연결하고 있으며 파이프나 스프링 등에서 압력으로 제어되어 리턴시킨다.

경유, 가솔린 등의 석유계의 연료는 이론상 약 15배(중량)의 공기를 필요로 하기 때문에 실린더 내에 공급하는 연료도 항상 흡입 공기량에 알맞은 양이 되어야 한다.

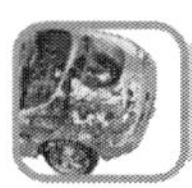

10.2 연료 공급 계통

1. 연료 공급 펌프

연료 공급 펌프는 연료를 연료탱크에서 빨아 올려 분사 펌프로 보내는 작용을 한다.

이 배관의 도중에는 연료를 여과하는 연료 필터가 있으며 이 필터 엘리먼트를 통과시키기 위하여 연료를 압송할 필요가 있다.

연료 공급 펌프는 분사 펌프의 측면에 장치되어 있으며 분사 펌프의 캠 축에 설치된 편심 캠으로 구동된다.

또 엔진 정지시에도 연료를 보낼 수 있도록 수동식 핸드 플라이밍 펌프(Priming Pump)가 설치되어 있으며, 이 수동식은 편심 캠에 의한 기계적인 펌프와는 완전히 다른 계통으로 되어 있다.

공급 펌프의 송출량은 분사 펌프의 배출량보다 크게 여유를 두고 있으므로 운전중에 연료가 과잉이 되면 공급 펌프와 연료 필터 사이의 연료 압력이 높아진다.

이 압력으로 공급 펌프의 피스톤이 유동하므로 자동적으로 송출 작용을 중지하게 되어 연료 압력이 과도하게 올라가지 않게 하여 필터 엘리먼트나 연료 파이프를 파손하지 않도록 조절한다.

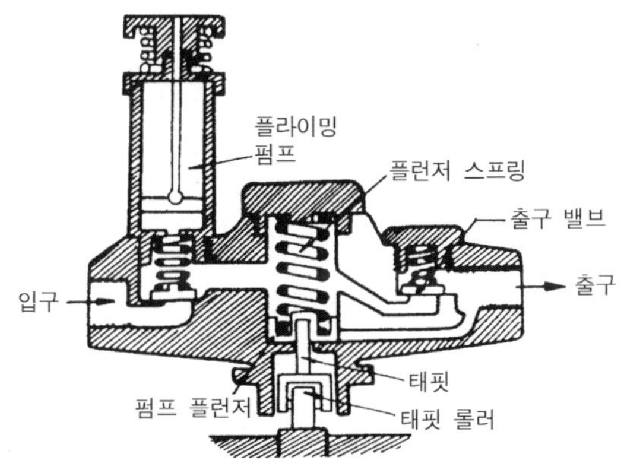

그림 10.2 연료 공급 펌프

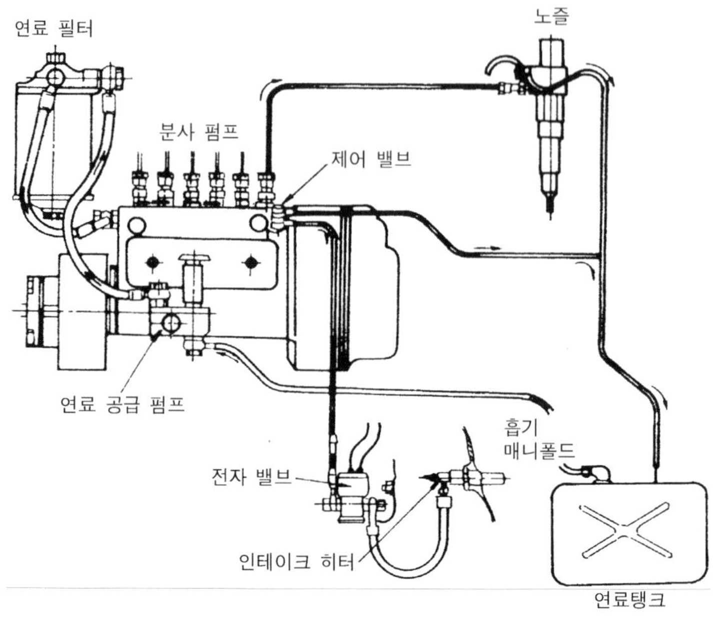

그림 10.3 연료 계통도

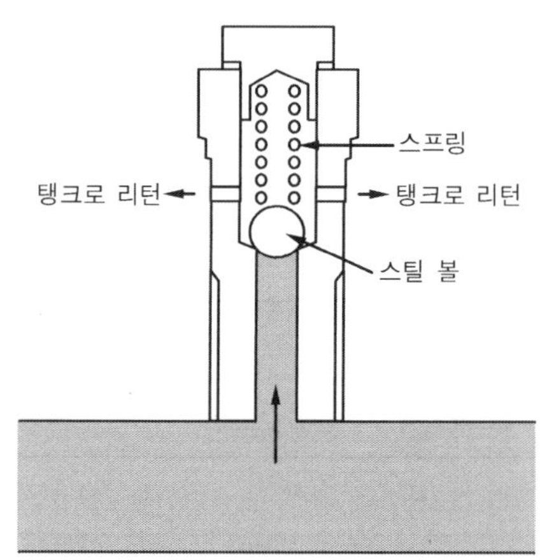

그림 10.4 제어 밸브 어셈블리의 단면도

2. 연료 필터

디젤 엔진의 연료 계통에서 경유는 연료로서의 역할 외에 분사 펌프의 플런저부, 딜리버리 밸브부 및 분사 노즐의 윤활 작용을 겸하지 않으면 안된다.
경유가 윤활 작용을 하는 부분은 모두 미크론(1/1,000mm) 단위의 정밀도로 초

정밀 가공되어 있기 때문에 경유 속에 물이나 먼지가 들어가 있으면 타붙음 고장을 일으킨다.

따라서 디젤 엔진은 연료의 여과에 대하여 충분한 주의를 하지 않으면 안된다.

디젤 엔진은 공급 펌프로부터 분사 펌프 사이에 반드시 연료 필터를 설치하여 분사 펌프로부터 노즐까지의 연료 계통에는 여과된 경유가 흐르게 되어 있다.

그림 10.5는 일반적인 연료 필터를 나타낸 것이다. 필터 엘리먼트에는 얇은 금속판을 포개서 만든 것, 여과지, 여과포를 사용한 것이 있으나 일반적으로 여과지를 사용한 것이 많다. 또 연료 필터의 상부에는 연료의 압력이 일정 압력을 유지할 수 있도록 오버 플로(Over Flow) 밸브가 설치되어 있다. 여기서 오버 플로한 연료는 연료탱크로 되돌아오도록 되어 있다.

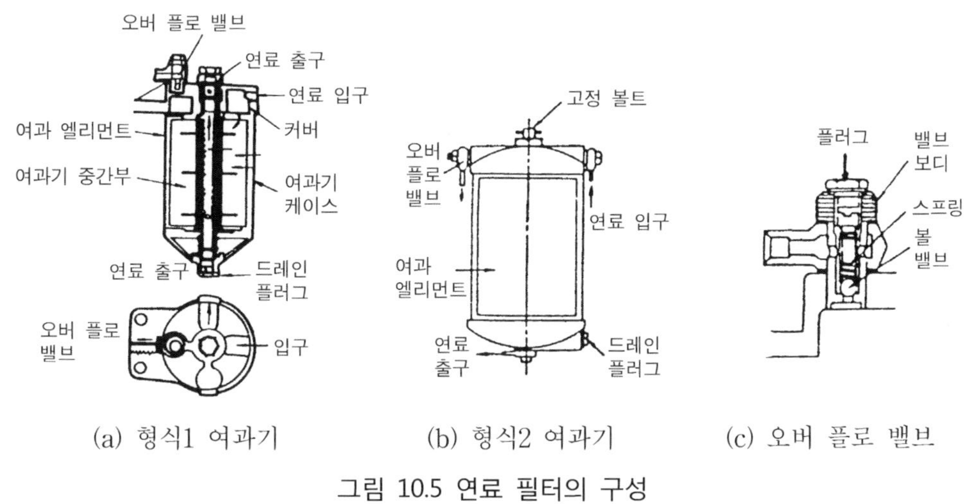

(a) 형식1 여과기 (b) 형식2 여과기 (c) 오버 플로 밸브

그림 10.5 연료 필터의 구성

3. 분사 파이프

분사 파이프는 분사 펌프에서 분사 노즐로 고압의 연료가 보내지는 파이프로서 인발 강관이 사용되며, 양끝을 상온 상태에서 니플 성형한 것이다.

연료 분사 파이프는 길이가 같지 않으면 기관의 각 실린더에서 연료 분사를 하는 분사 시기가 달라지므로 각 실린더의 파이프는 모두 길이가 같아야 한다.

분사 파이프는 고압과 진동에 견딜 수 있는 재질을 필요로 하며, 분사 파이프의 수정작업을 잘못하면 강도가 부족함과 동시에 분사 파이프의 내부에 생기는 산화철 때문에 분사 노즐을 손상시키게 되므로 절대로 가열해서 수정하면 안된다.

10.3 연료 분사 펌프

디젤 엔진은 용도에 따라 소형, 중형, 대형으로 크게 나눌 수 있으나 대형 트럭이나 대형 버스 등에 사용되는 대형 엔진은 터보차저(Turbo Charger) 부착이나 직접 분사식을 사용하는 것이 많다. 또한 중형 엔진도 터보차저를 부착하고 직접 분사식을 적용하여 출력 향상을 도모하는 것이 많아지고 있다.

또한 배기가스 규제가 강화되고 있기 때문에 공해 대책도 엄격하게 요구되고 있다.

그리고 소형 디젤 엔진도 농업용 기계나 정치식 원동기로서 사용되는 경우 외에 소형 트럭 또는 승용차용으로서 사용되게 됨으로써 연료 분사 장치도 소형 경량화의 방향으로 흐르고 있다.

최근에는 연료비 절감을 위해서 디젤 승용차가 많이 생산되고 있으며, 이에 따라 4기통 디젤 엔진을 탑재한 소형 승용차도 다량으로 출시되고 있다.

이상과 같이 최근의 디젤 엔진은 터보차저를 부착하거나 회전수를 높여서 출력 향상을 도모하고 있다.

연료 분사 펌프는 공급 펌프에서 보내준 연료를 분사 펌프 캠축으로 구동되는 플런저가 분사 순서에 맞추어 고압으로 펌핑하여 분사 노즐로 압송시켜 주는 장치로 플런저의 지름을 크게 하여 분사량이 많아지게 하고 있으나 그 형상은 될 수 있으면 작아지도록 연구가 진행되고 있다.

연료 분사 펌프는 기관의 각 실린더마다 플런저를 1개씩 갖는 독립형 분사 펌프와 실린더 수에 관계없이 1개의 플런저를 사용하여 각 실린더에 연료를 공급하는 분배형 분배 펌프가 있다.

1. 독립형 분사 펌프

1) 독립형 분사 펌프의 개요

① 이 방식은 엔진의 각 실린더마다 분사 펌프를 한 개씩 갖는 방식이며, 구조가 복잡하고 조정이 어려우나 고속용 엔진에 적합하다.

② 연료 분사량의 조절은 그림 10.7(a), (b)와 같이 제어 랙이 펌프 하우징 속에

들어가 있으며, 이 랙에 제어 피니언이 물려 있어 분사량을 조절하게 된다. 제어 피니언은 제어 슬리브와 일체로 되어 있으므로 거버너에 직결되어 있는 제어 랙이 움직이게 되면 플런저가 회전하면서 비스듬하게 절삭한 경사 홈의 위치에 의해 분사량이 조절된다.

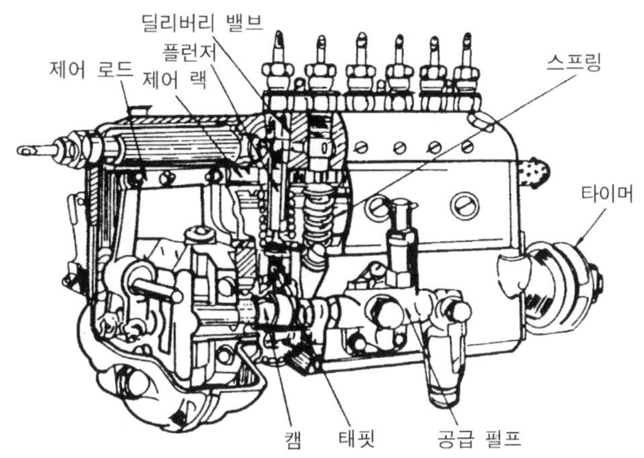

그림 10.6 독립형 분사 펌프 단면도

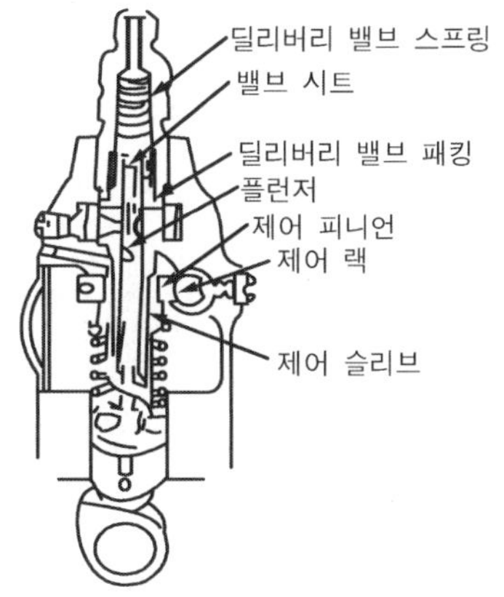

(a) 제어 랙에 의한 플런저의 작동

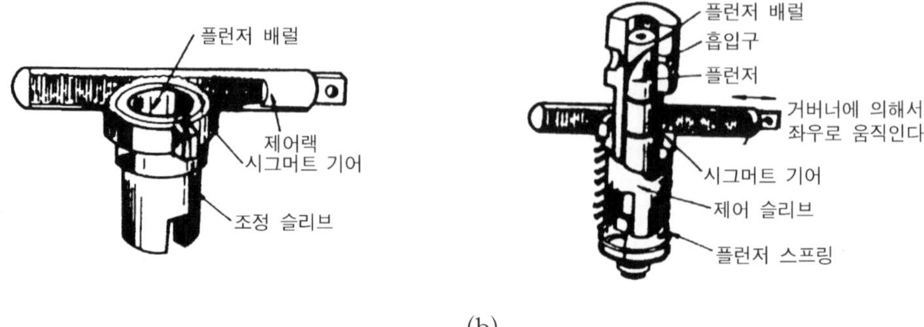

(b)

그림 10.7 제어 피니언과 제어 슬리브의 관계도

2) 플런저

(1) 플런저의 작동

① 플런저는 플런저 배럴과 세트로 되어 있으며, 플런저 배럴 속에서 왕복 운동을 하여 연료를 흡입 압축한다.
플런저와 플런저 배럴은 정밀하게 가공되어 매우 작은 간극을 유지하며 접동하고 있기 때문에 양자의 조립시 다른 기통의 것과 바뀌져서는 안된다.

② 플런저는 앞에서 설명한 바와 같이 그 자체가 회전하므로 그룹 홈의 위치에 따라 연료의 송출량(분사량)을 조정할 수 있다.

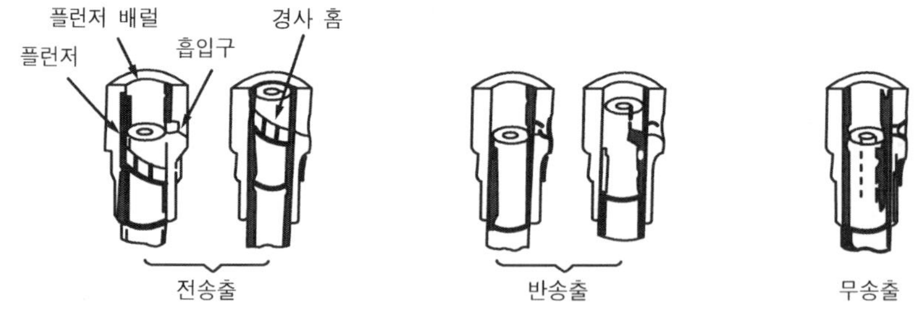

그림 10.8 플런저의 작동도

③ 즉, 그림 10.8과 같이 플런저의 상단에는 축방향으로 배출구멍이 뚫려 있으며, 이 구멍은 플런저 표면에 비스듬하게 절삭해 놓은 그룹과 연통되어 있다.

④ 또한 플런저 배럴에는 연료의 흡입구가 뚫려 있다.

⑤ 플런저가 상승하기 시작하여 플런저의 선단이 플런저 배럴의 흡·배출구를 모두 막게 되면 연료의 압송이 시작된다.

⑥ 또한 플런저가 상승을 계속하여 플런저의 그룹 홈이 플런저 배럴의 흡·배출구와 만나게 되면 연료는 펌프 하우징의 연료 챔버로 역류하여 연료의 압송을 끝낸다.

⑦ 따라서 플런저로부터 연료를 압송하고 있는 기간은 플런저 배럴의 흡·배출구를 플런저의 선단이 막은 다음에 플런저가 상승하여 그룹 홈이 흡·배출구와 만날 때까지가 된다. 이것을 정적 연료의 분사 기간 또는 유효 행정이라고 한다.

⑧ 이 유효 행정은 제어 랙을 밀어 플런저를 회전시킴으로써 플런저 배럴의 흡·배출구에 대한 플런저 그룹 홈의 관계 위치를 비껴 변화시킬 수가 있다.

⑨ 플런저를 계속 회전시켜 유효 행정이 흡·배출구보다 작아지게 되면 무송출(무분사)의 위치가 된다.

(2) 플런저의 종류

① 정리드 플런저 : 분사 시작은 일정하며 분사 끝은 분사량이 증가하면서 늦어진다.

② 역리드 플런저 : 분사 시작에는 분사량이 증가하면서 빨라지며, 분사 끝은 일정하다.

③ 양리드 플런저 : 분사 시작과 분사 끝이 모두 변화한다.

또한 플런저에는 연료 분사량을 증가시킬 때 회전시키는 방향에 따라 정리드, 역리드로 구분하고 있다.
이것은 플런저의 그룹 홈을 정면에서 보아 오른쪽으로 돌며 분사량이 증가하는 것을 정리드(right lead)라고 하며, 반대로 왼쪽으로 돌며 분사량이 증가하는 것을 역리드(left lead)라고 한다.

정리드	역리드	양리드	
분사 시작 일정 분사 끝 변화	분사 시작 변화 분사 끝 일정	분사 시작 변화 분사 끝 변화	
분사량 증가 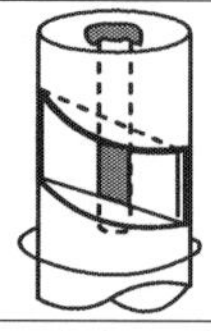	분사량 증가 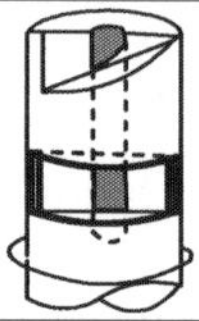	분사량 증가 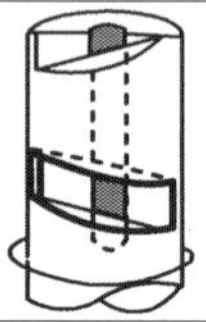	왼 리드
분사량 증가 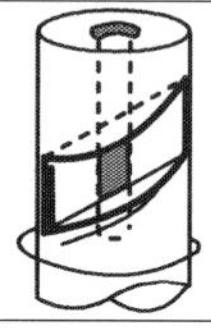	분사량 증가 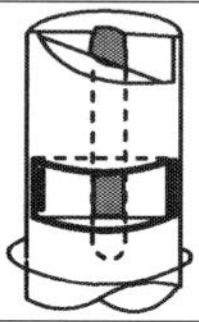	분사량 증가 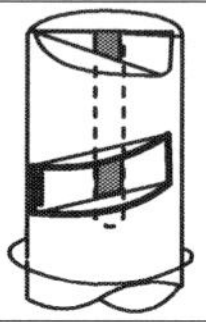	오른 리드

그림 10.9 플런저의 종류

(3) 딜리버리 밸브(Delivery Valve)

딜리버리 밸브는 분사 펌프 내의 연료에 언제나 일정한 잔압을 유지하여 분사 개시의 지연을 방지함과 동시에 분사 종료시에 연료의 압력을 급격하게 저하시켜 분사 끝 마감을 정확하게 하고 분사 노즐의 후적(After Drop)을 방지하는 두 가지 역할을 하는 것이다.

딜리버리 밸브의 작동원리는 다음과 같다.

① 플런저의 상부에는 딜리버리 밸브가 조립되어 있고, 딜리버리 밸브 홀더에 의해 죄어져 있다.

② 딜리버리 밸브는 밸브 스프링의 힘으로 시트면에 압착되어 있으나 플런저의 상승으로 연료가 가압되면 그 압력으로 밸브는 열려 그림 10.11(a)와 같이 연료를 고압 파이프로 보내게 된다.

③ 다음에 플런저의 연료 압송이 끝나게 되면 플런저 쪽의 압력이 저하하기 때문에 밸브는 스프링의 힘으로 그림 10.11(b)와 같이 강하한다.

④ 이때에 딜리버리 밸브의 피스톤부가 제자리로 하강하여 고압 파이프 속의 유압을 저하(되빨아 당기는 작용)시킨다.
이 작동이 노즐에 있어 분사의 끝마감을 정확하게 하여 후적을 방지한다.

⑤ 계속해서 밸브가 하강하여 그림 10.11(c)와 같이 밸브가 시트면에 밀착하게 되

면 연료는 플런저 쪽으로 역류하는 것이 방지되어 일정한 잔압이 유지된다.

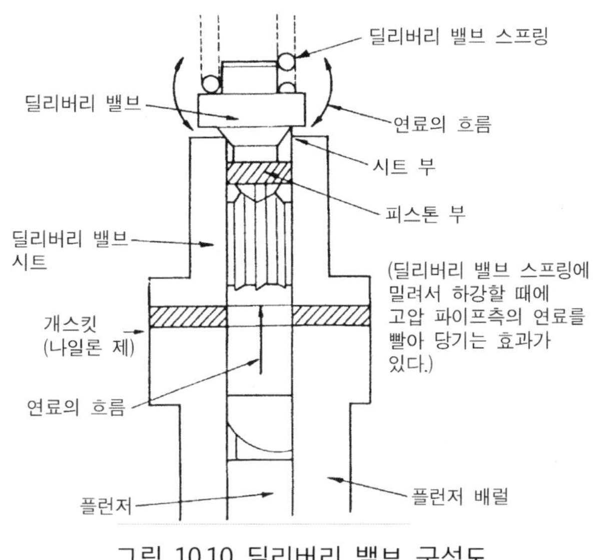

그림 10.10 딜리버리 밸브 구성도

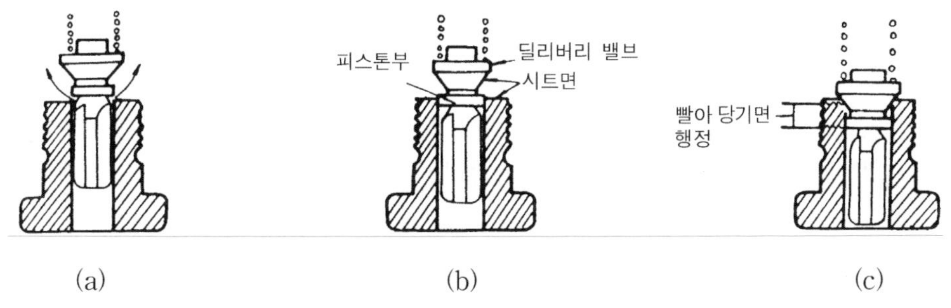

그림 10.11 딜리버리 밸브 작동도

(4) 캠 축

캠 축은 기관에 의해 구동되며 플런저를 상하 운동시켜 연료를 압송시킴과 동시에 펌프 하우징의 옆에 붙어 있는 캠 축에는 플런저와 같은 수의 구동캠이 연료를 분사하는 순서와 같은 각도로 설치되어 있고, 1개의 피드 펌프 구동캠이 있으며, 양단은 베어링으로 지지되어 있다.

캠의 외형에는 일반적으로 원호 캠 또는 접선 캠이 사용된다. 또한 플런저의 하강 행정에 편심 캠을 사용하여 충격을 완화하고 있는 것도 있다.

피드 펌프에는 편심 캠을 사용한다.

(a) 오르막 원호 캠 내리막 편심 캠 (b) 오르막 접선 캠 내리막 편심 캠

(c) 원호 캠 (d) 접선 캠 (e) 편심 캠

그림 10.12 캠의 종류

(5) 반발 나사

펌프 하우징은 알루미늄 주물로 만들어져 있으나 분사 말기에 역류하는 고압 연료에 의해 플런저 배럴의 흡입구와 대향하는 상대편 부분을 침식하기 때문에 이 부분에 강철제의 나사를 박아 침식을 방지하고 있다. 이것을 반발 나사(Buffle Screw)라고 한다.

3) 조속기(거버너, Governor)

자동차용 디젤 엔진은 사용되는 조건이 매우 변화가 많고 부하, 회전 속도와 더불어 광범위하게 변동하기 때문에 최고 회전 속도 이상으로 엔진이 회전하거나 시동이 꺼지는 것을 방지하기 위해 자동적으로 작용하는 회전 조속 장치가 필요하다.

이와 같은 이유로 분사 펌프에는 다음과 같은 거버너가 설치되어 있다.

- 공기식 거버너 : 기관의 흡입압의 변화로 조속 작용을 한다.
- 기계식 거버너 : 펌프 캠 축에 달려 있는 플라이 웨이트의 원심력을 이용하여

조속 작용을 한다.
• 복합식 거버너 : 공기식 거버너와 기계식 거버너의 복합형 거버너이다.

일반적으로 공기식 거버너는 전속도 거버너를 사용하며 기계식 거버너는 최대 최저 속도 거버너 또는 전속도 거버너를 사용한다.

(1) 공기식 거버너

① 공기식 거버너의 작동 원리

엔진의 회전 속도는 부하의 증감에 반비례하여 변화한다.
만약, 부하가 변화하지 않으면 회전 속도는 연료 공급량에 비례하며, 공급량이 증가하면 회전 속도는 올라가고, 공급량이 감소하면 회전 속도는 내려간다.
디젤 엔진은 일반적으로 기관의 회전 속도를 조절하는데 있어서 연료 공급량을 조정하여 회전 속도를 조정하며, 흡입 공기량의 조정은 특별히 하지 않는다.
그러나 엔진 회전 속도를 낮추기 위해 연료 공급량을 감소시키면 그것에 필요한 흡입공기량은 당연히 적어도 된다.
따라서 연료 공급량을 감소시킬 때는 그것과 더불어 흡입 공기량을 감소시켜도 충분한 공기 과잉율을 유지할 수 있으므로 실제적으로 연소에 지장이 없다.
따라서 공기 흡입 계통 중간에 벤츄리와 에어 밸브를 설치하여 기관 회전 속도를 낮출 때는 에어 밸브를 닫아 흡입 공기 압력을 낮출 수 있다.
이 부압을 이용하여 분사 펌프의 제어 랙을 움직여 연료 분사량을 감소시킨다.
또한 부하가 감소하여 엔진 회전 속도가 올라가면 벤츄리부를 통과하는 흡입 공기 속도가 상승되며, 벤츄리부의 부압이 강해지기 때문에 제어 랙은 연료 분사량 감소 방향으로 움직여 공급 연료가 적어지므로 기관 회전 속도가 내려가 규정 회전 속도로 안정된다.
이것이 공기식 거버너의 작동 원리이다.
보시형의 공기식 거버너에는 MZ형과 MN형의 2가지 형식이 있다.

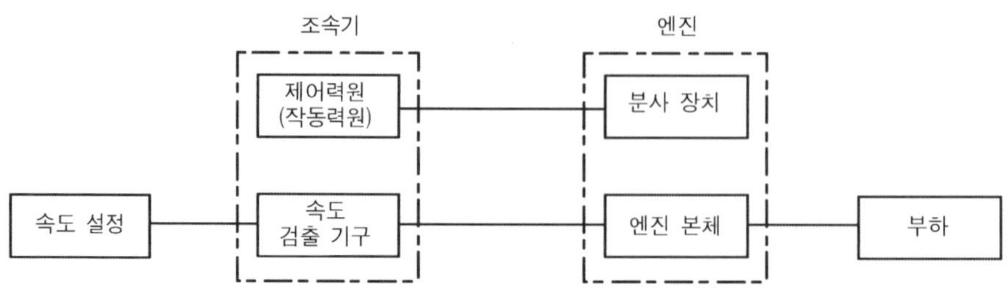

그림 10.13 엔진-거버너-분사 장치 시스템

(2) 기계식 거버너

공기식 거버너는 연료의 분사량을 스로틀 밸브의 열림 정도 변화 및 엔진 회전 속도에 의해 얻어지는 부압 변화를 이용하여 자동적으로 조절한다. 반면 기계식 거버너는 분사 펌프 회전 속도의 변화에 따르는 플라이 웨이트의 원심력 변화를 이용한다. 기계식 거버너의 종류에는 전회전 속도 범위에 걸쳐 조속 작용을 하는 전속도 거버너의 RSV형 거버너와 최고 회전 속도와 최저 속도만 조속 작용을 하는 최고·최저 속도 거버너의 RSVD, RQ, RAD형 거버너가 있다.

① 기계식 거버너의 작동 원리

기계식 거버너는 그림 10.14와 같이 2개의 플라이 웨이트를 캠 축에 장치하여 회전시키면 플라이 웨이트는 바깥으로 벌어지려고 한다. 이 힘을 원심력이라 한다.

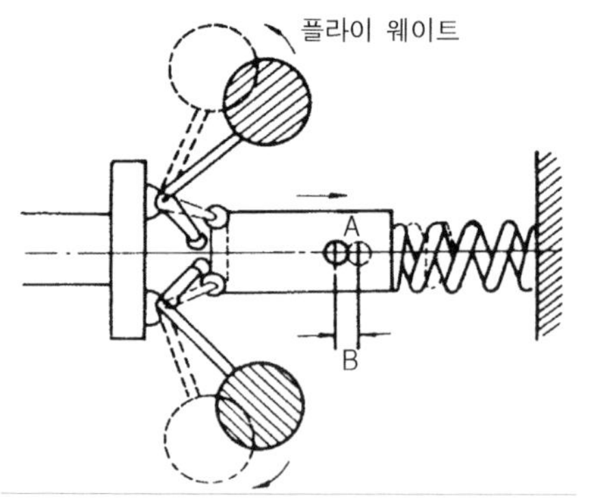

그림 10.14 스프링과 플라이 웨이트의 균형

이 플라이 웨이트에 작용하는 원심력은 회전 속도에 따라 달라지며, 회전 속도가 증가하면 커지고 반대로 회전 속도가 감소하면 원심력도 작아진다.

플라이 웨이트에는 2개의 롤러가 붙어 있으며, 회전 속도가 증가하면 원심력이 그림 10.14와 같이 커져 플라이 웨이트는 바깥쪽으로 벌어지며, 롤러를 밀고 있는 스프링은 압축되면서 A점은 오른쪽으로 B량만큼 이동한다. 또한 회전 속도가 저하되면 원심력이 감소하므로 롤러는 스프링 힘에 밀려 플라이 웨이트는 안쪽으로 닫혀 원래의 A점으로 되돌아가고 그 때의 작은 원심력과 스프링 힘은 균형을 이루게 된다.

② 연료의 증감 기구

분사 펌프에서는 제어 랙이 제어 피니언을 움직여 피니언에 고정되어 있는 제어 슬리브가 플런저를 회전시켜 연료를 증감시킨다. 랙이 거버너쪽으로 끌리게 되면 분사량이 감소하도록 플런저가 조립되어 있으며, 반대로 펌프 본체쪽으로 밀게 되면 분사량은 증가하도록 되어 있다. 그림 10.15는 연료를 증감하는 링크 기구를 나타낸 것이다. 그림에서 시프터는 가이드 레버에 의해 위로부터 매달려 있으며, 아래를 지점으로 한 플로팅 레버가 공유 지점 B에서 가이드 레버에 결합되어 플로팅 레버의 선단은 링으로 제어 랙에 접속되어 있다.

시프터 및 가이드 부시가 가이드 레버의 아래를 오른쪽으로 밀게 되면, 공유 지점 B는 오른쪽으로 이동하며, 플로팅 레버는 오른쪽으로 기울어 제어 랙을 연료 분사량 감소 방향으로 당기게 되어 분사량이 감소하게 된다.

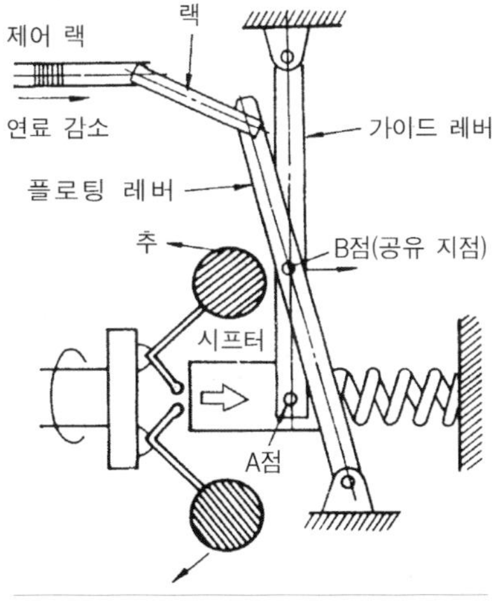

그림 10.15 연료의 증감 기구

반대로 가이드 레버의 아래가 왼쪽으로 움직이게 되면 플로팅 레버는 왼쪽으로 기울어 연료 분사량이 증가하게 된다.
즉, 기관 회전 속도가 상승하게 되면 원심력은 커져 시프터는 오른쪽으로 이동하므로 분사량은 감소하고 규정 이상의 회전 속도의 상승을 방지한다. 반대로 엔진의 회전 속도가 저하하게 되면 원심력이 감소하며, 시프터는 스프링에 의해 왼쪽으로 다시 밀리게 되므로 랙은 연료 증가 방향으로 움직이고 기관의 회전 속도를 올려 언제나 일정한 회전 속도를 유지하도록 작용한다.

4) 자동식 타이머

디젤 엔진에 있어서는 연료의 착화 지연이 있다. 만약에 착화 지연이 시간적으로 일정하다고 가정하면, 고속 회전시에는 진각시키고 저속시에는 지연시켜야 한다.
즉, 엔진의 회전수에 따라서 그 때마다 적절한 분사 시기 조정을 운전중에 할 필요가 있다.
수동식 타이머는 운전 중에 조정자가 일일히 분사시기를 조정해야 하는 불편이 있으므로 분사시기를 자동 조정하는 자동 타이머가 사용되고 있다.

(1) 타이머의 구조

자동식 타이머는 회전수에 의해서 변화하는 것으로 플라이 웨이트에 작용하는 원심력을 이용하여 그 원심력과 타이머 스프링의 스프링력의 균형을 맞추어 어느 회전수에 있어서 진각 특성을 나타낼 수 있게 한다.
그림 10.16은 자동식 타이머의 분해도이다.
2개의 플라이 웨이트는 각각 1개의 구멍이 있으며, 이 구멍을 플라이 웨이트 홀더에 고정한 베어링 핀에 삽입하면 플라이 웨이트를 지지할 수 있다.
플라이 웨이트는 진각 특성을 만드는 데 필요한 곡면이 형성되어 그 면에 플랜지의 다리가 접하는 구조로 되어 있다.
한편 베어링 핀과 플랜지의 다리에는 각각 스프링 시트가 가공되어 타이머 스프링이 장치되어 있어서 이것들을 보호하는 타이머 케이스는 플라이 웨이트 홀더의 나사에 의해서 고정된다.

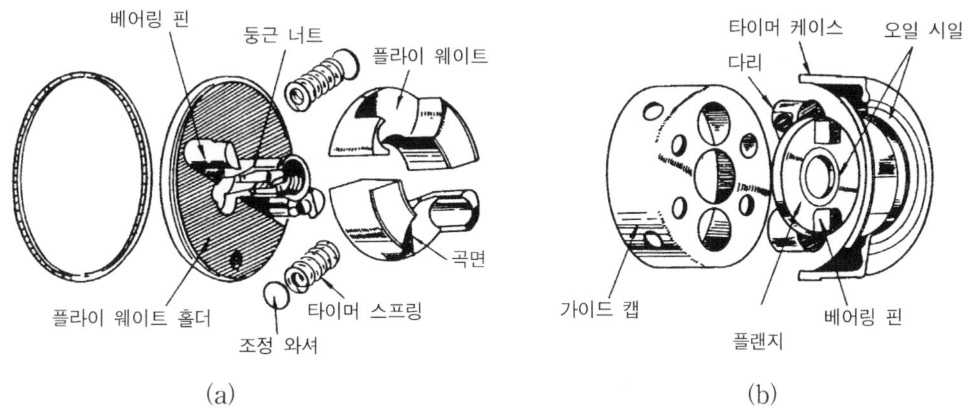

그림 10.16 자동식 타이머

플랜지와 가이드 캡은 일체로 용접되어 있으며 이것은 가이드 캡과 타이머 케이스에 의해서 플랜지의 중심을 맞추기 위한 것이다.

또한 자동식 타이머는 우회전용과 좌회전용이 있는데 우회전용은 좌회전용에 사용할 수 없으며 이와 반대의 경우도 마찬가지이다.

이 양자는 플라이 웨이트와 플라이 웨이트 홀더 및 플랜지가 좌우 대칭으로 되어 있다.

또한 타이머 케이스에 있어서 우회전용은 왼 나사에 의해서, 좌회전용은 오른 나사에 의해서 플라이 웨이트 홀더에 장치되어 있으므로 운전중에는 언제나 죄는 상태가 된다.

(2) 자동식 타이머의 작동

플랜지에 있는 2개의 다리는 각각 플라이 웨이트의 곡면에 타이머 스프링의 힘에 의해서 밀착되어 있다.

그림 10.17(a)는 정지 상태를 나타낸 것으로 플라이 웨이트에는 원심력이 작용하지 않고 타이머 스프링의 장치 길이는 가장 긴 상태가 된다.

분사 펌프가 회전하기 시작하면 플라이 웨이트에 원심력이 작용하여 베어링 핀을 지점으로 하여 밖으로 확장되도록 회전 변위(變位)가 생긴다.

이때에 플라이 웨이트의 곡면이 큰 역할을 하게 된다. 플라이 웨이트의 회전 변위에 따라 플랜지 다리는 플라이 웨이트의 곡면으로 밀리게 되지만 플랜지는 폴에 의해서 기관의 펌프 구동축에 연결되어 있으므로 움직일 수가 없다.

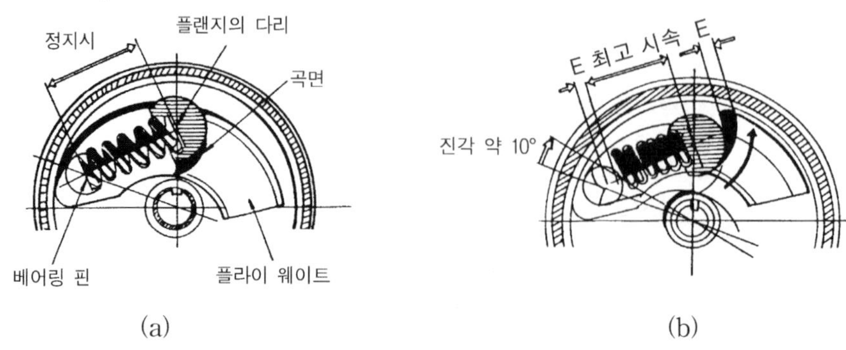

그림 10.17 자동식 타이머

따라서 타이머 스프링이 압축되면서 베어링 핀을 플랜지의 다리 쪽으로 끌어당기게 된다. 베어링 핀은 플라이 웨이트 홀더에 고정되며 플라이 웨이트 홀더는 키에 의해서 분사 펌프의 캠 축에 고정되어 있다.

결국 엔진 펌프 구동축에 대하여 위상(位相)이 진각되어 그만큼 분사 시기가 빨라지는 결과가 된다. 이 상태를 나타낸 것이 그림 10.17(b)의 그림이다.

이것은 우회전 전용을 나타내고 있으나 만약에 이것을 좌회전용에 사용할 때는 플랜지의 다리는 타이머 스프링을 압축하기만 하고 타이머의 역할을 하지 않는 것을 알 수가 있다.

일반적으로 자동식 타이머의 진각은 분사 펌프의 캠 축으로 10°까지 진각되도록 되어 있다.

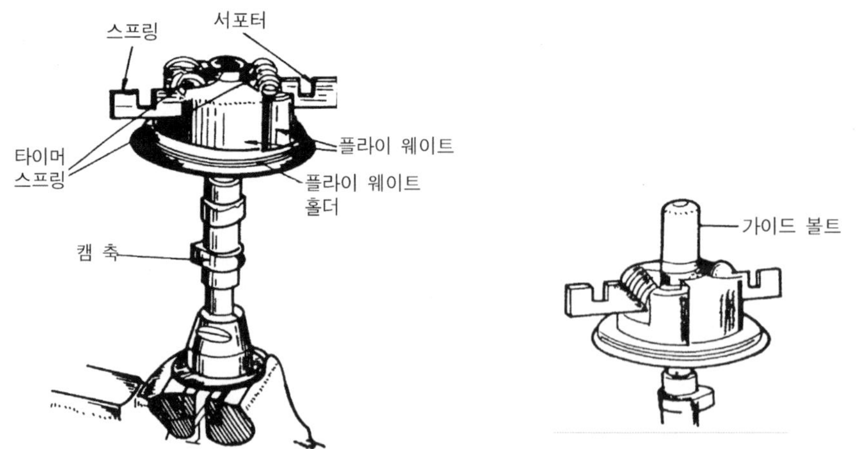

그림 10.18 자동식 타이머의 설치 형상

(3) 자동식 타이머의 조정

자동식 타이어의 성능은 어떤 회전 범위에 있어서 조정의 진각 특성을 하고 있는가를 측정하여 그에 알맞게 타이머 스프링의 장착 하중을 조정한다.
앞에서 설명한 것과 같이 플랜지의 다리가 플라이 웨이트를 밀도록 작용하므로 조정에 사용하는 분사 펌프는 일정한 것이라야 하며, 그렇지 않으면 측정치를 비교할 수가 없다.
조정용에는 6기통의 7mm 플런저 펌프가 사용된다.

5) 분사 노즐

(1) 분사 노즐의 형식과 기능

분사 노즐은 디젤 엔진 중에서 가장 중요한 기능을 하는 부품중의 하나이다.
분사 노즐은 매우 엄격한 정확도를 가져야 한다.
실제 노즐의 가공은 미크론(1/1,000mm) 단위로 이루어지며, 확대경에 의한 검사가 필요한 부품으로 연료가 분사되는 노즐(구멍)은 지름이 0.2~0.6mm 정도의 작은 구멍이다.
노즐은 연소실 형상과 엔진의 성능에 따라 몇 가지 형식이 사용되고 있다.

노즐에 요구되는 성능을 요약하면 다음과 같다.
① 분사 펌프로부터 압송된 연료를 정확하게 분사할 것
② 착화하기 쉽게 연료를 미립화하여 연소가 효율적으로 이루어질 것
③ 분사 기간을 정해진 시기와 시간에 완료할 것
④ 고온과 고압에서도 장시간의 내구성을 가질 것
⑤ 정비성이 좋을 것
⑥ 가격이 쌀 것

위의 각 항에 대하여 구체적으로 설명하면 다음과 같다.
①항에 대하여 : 1회당의 분사량은 엔진의 크기와 과급의 유무, 연소실의 형식, 부하의 대소에 따라 다르지만, 어느 것이나 1회당의 분사량은 분사 펌프측에서 결정된다.
따라서 노즐은 펌프의 계량이 끝난 연료를 그대로 정확하게 분사할 수 있는 기

능이 있어야 한다.

②항에 대하여 : 엔진 내부에서의 착화 현상은 고온 공기 중에서 기화한 연료에서부터 일어난다.

따라서 연소 행정의 발단이 되는 불꽃의 핵은 기화한 연료이지만 작은 입자의 연료일수록 전량이 기화하기 쉽기 때문에 미립자로 분사되어야 한다.

③항에 대하여 : ①항에서 설명한 것과 같이 분사량은 펌프측에서 결정되지만, 분사 종기의 노즐 상태 여하에 따라 여분의 연료를 노즐이 분사하는 일이 있다. 따라서 분사 시작이 중요한 것과 같이 분사 끝 마감도 중요하다.

④항에 대하여 : 정밀한 가공을 한 부품이라도 기능의 변화가 심하면 실용성이 없다. 연소시의 고온 고압에 노출되는 부품이므로 가혹한 상태에 견딜 수 있어야 한다.

⑤항에 대하여 : 정비의 난이성이 실용 가치의 기준이 된다.

⑥항에 대하여 : 정밀 부품이기 때문에 가격이 다소 고가이다.

(2) 노즐의 형식과 특징

① 직접 분사용 노즐(구멍형 노즐)

직접 분사식 연소실 엔진에는 주로 구멍형 노즐이 사용되고 있다.

구멍형 노즐의 보기를 그림 10.19에 나타낸다. 뒤에서 설명하는 여러 가지 노즐과 같이 노즐 보디와 니들 밸브의 두 가지 부품으로 구성되어 있으나, 보디 선단에 오리피스(Orifice)라고 하는 작은 구멍이 있다.

오리피스는 통상 4~8개이지만, 엔진에 따라서는 10개 이상의 분사 구멍이 있는 것도 있다.

구멍의 지름은 일반적으로 0.2~0.4mm 정도로 대단히 작은 것이며, 분무 상태가 우산을 편 것과 같이 원뿔형이 되도록 각도가 있다.

이 각도는 100~140° 정도이며 엔진에 따라 다르다.

니들 밸브는 그림 10.19와 같이 3단계의 굵기로 되어 있다.

가압된 연료가 펌프를 거쳐 생크 구멍으로 들어오면 밸브 단면적 차에 의해 밸브를 위로 밀어 열 수 있는 힘이 발생한다.

밸브는 스프링에 의해 분사 구멍쪽으로 눌려 있으므로 평상시에는 닫혀 있으나 가압된 연료에 의해 밸브가 열리면 연소실로 연료가 분사된다.

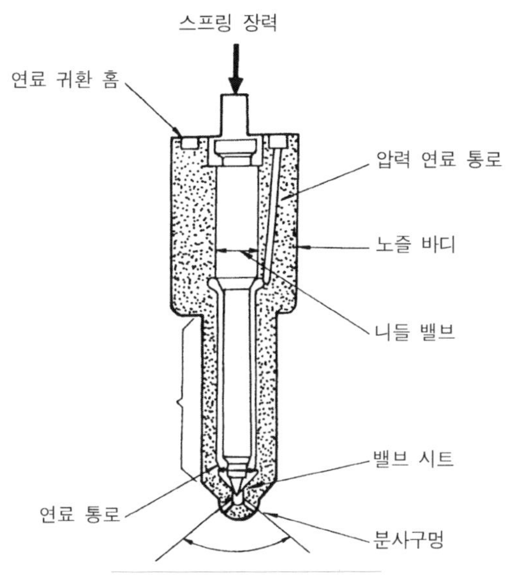

그림 10.19 노즐 홀더(구멍형)

연료의 압력은 200~300kg/cm^2 정도의 높은 압력인데 이 압력은 미세한 입자의 연료를 멀리 보내는데 필요한 압력이다.
이러한 성질을 침투성(Penetration)이라고 하며 일반적으로 이와 같은 침투성을 좋게 하기 위해서는

첫째, 노즐의 오리피스를 길게 할 것
둘째, 오리피스의 지름을 너무 작게 하지 않을 것
셋째, 연료의 점도가 적당할 것
넷째, 압력이 높을 것

등이 필요하다.

구멍형 노즐은 연소실(직접 분사식) 내부에 직접 연료를 분사하여 효율이 좋은 연소를 하기 위해 오리피스를 작게 만든 것이기 때문에 압력을 다른 형식보다 다소 높게 한다.
노즐 보디와 니들 밸브의 접동부는 각각 안지름과 바깥지름을 초정밀 다듬질(Super Finishing)하여 결합하기 때문에 틈새는 4/1,000~8/1,000mm 정도로 아주 작다.
따라서 접동부의 윤활은 연료(일반적인 경우)로 하게 된다.

실제로 엔진에 조립하는 경우에는 노즐을 노즐 홀더에 조립하여 분사 압력을 조정한 후 엔진에 조립되도록 하고 있다.

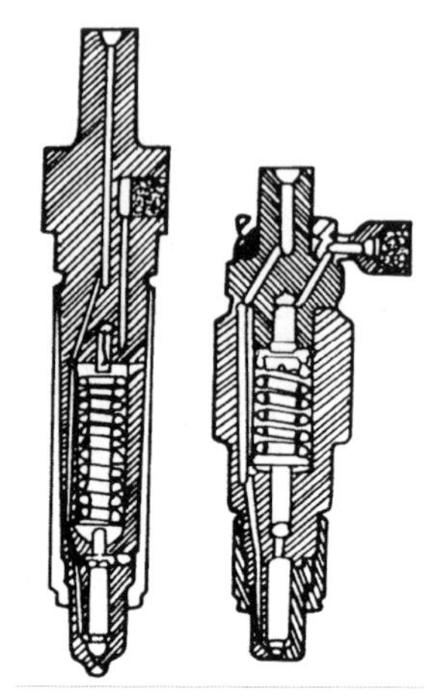

그림 10.20 노즐을 노즐 홀더에 조립한 상태

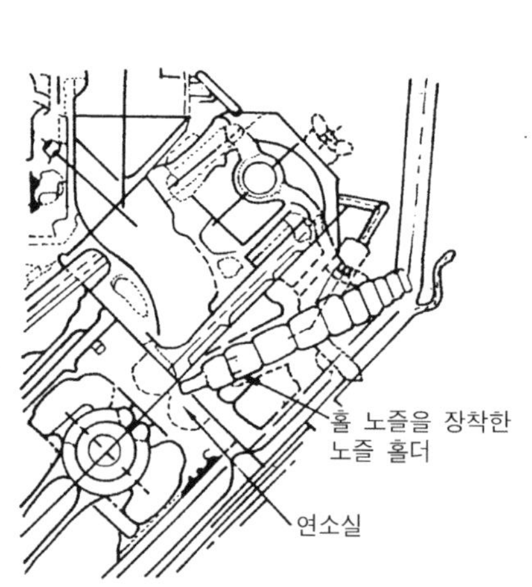

그림 10.21 홀 노즐의 홀더

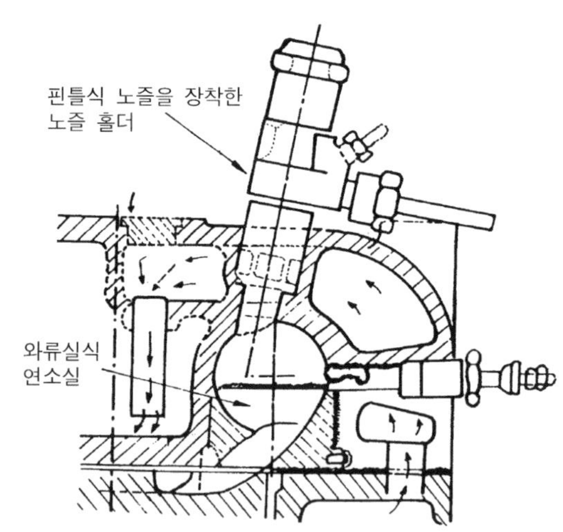

그림 10.22 실린더 헤드에 조립된 노즐 홀더

엔진 가동중 노즐이 과열할 때에 용착(熔着)이 생겨 보디와 니들 밸브가 고착된다. 자동차용 엔진에서 노즐의 과열방지를 위해서 연료 자체에 의한 냉각작용에 의존하는 경우가 많으며, 동시에 노즐 홀더를 통해 실린더 헤드 속을 흐르는 냉각수로 열이 빠져 나가도록 되어 있다.

② 부실식용 노즐(핀틀 노즐 또는 스로틀 노즐)

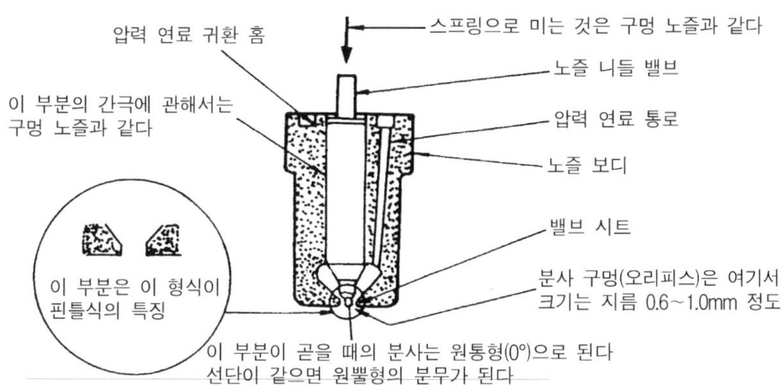

그림 10.23 핀틀 노즐의 예

부실식 연소실은 와류실식과 예 연소실식의 2종류로 분류된다.

부실식 연소 방식은 1차 연소와 2차 연소의 2단계 연소를 하여 연료와 공기의 완전 혼합과 연소를 도모하고 있다.

노즐 자체의 연료 미세화를 위한 필요성은 직분식 정도로 크지 않으나, 분사 구멍(Orifice)은 큰 것 하나를 사용한다.

핀틀(Pintle)식에서는 노즐 보디의 선단 중앙에 1개의 분사 구멍이 있으며, 그의 단면에 특징이 있다.

그리고 일단 니들 밸브가 밸브 시트에서 떨어져 분사가 시작되면 분사의 전기간(극히 짧은 순간)에 걸쳐 거의 같은 상태로 분무가 계속되는 것이 특징이다.

스로틀 노즐은 핀틀식과 외관이 거의 같지만 오리피스와 니들 밸브 선단의 모양이 다르다(그림 10.25).

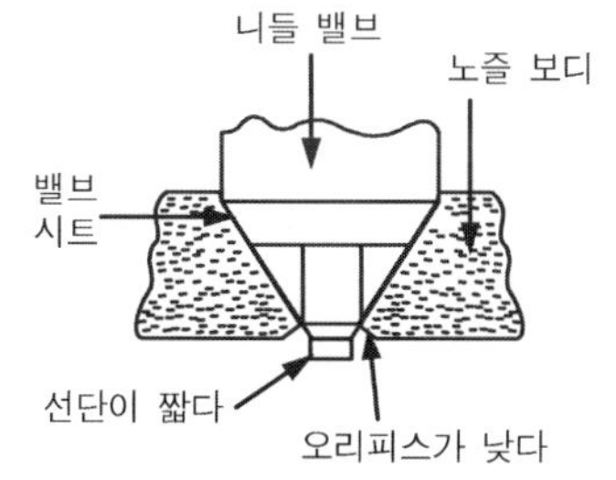

그림 10.24 핀틀 노즐의 선단부(Ⅰ)

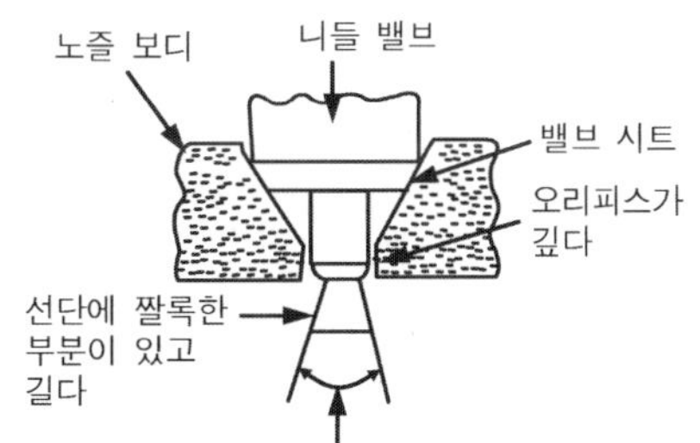

그림 10.25 스로틀 노즐의 선단부

따라서 니들 밸브가 열리기 시작하는 시기에는 분사량이 적지만 전부 열리면 많아지도록 되어 있다.

그 효과는 연소 초기에는 착화 지연이 되는 연료가 적어 디젤 노크가 감소되는 등 이점이 생긴다.

연소실과 조합되는 일이 많기 때문에 노즐 홀더에 결합되어 엔진에 조립되는 것은 구멍형 노즐(Hole Type Nozzle)의 경우와 같다.

지금까지 설명한 세 가지 종류의 노즐 중에서 구멍형은 분무의 입자가 다른 노즐보다 미세하기 때문에 시동성이 좋다.

반대로 핀틀식이나 스로틀식은 분무의 입자가 구멍식에 비해 크며, 연소실의 특성과 연관되어 시동성이 저하한다.

(실제의 엔진에서는 예열 플러그 또는 흡기 예열 버너 등을 병용하기 때문에 실용상의 지장은 없다.)

핀틀식(그림 10.26)은 스로틀식의 개량형이며, 메인 오리피스 외에 다른 또 하나의 분사 구멍이 설치되어 있다.

지름은 0.2mm 정도이며, 스프레이 구멍은 니들 밸브의 열림이 작을 때, 즉 니들 밸브 리프트의 양이 적을 때 상대적으로 메인 오리피스보다 많은 양을 분사한다. 이것은 분사 초기와 아이들링 등 경부하시에 해당한다.

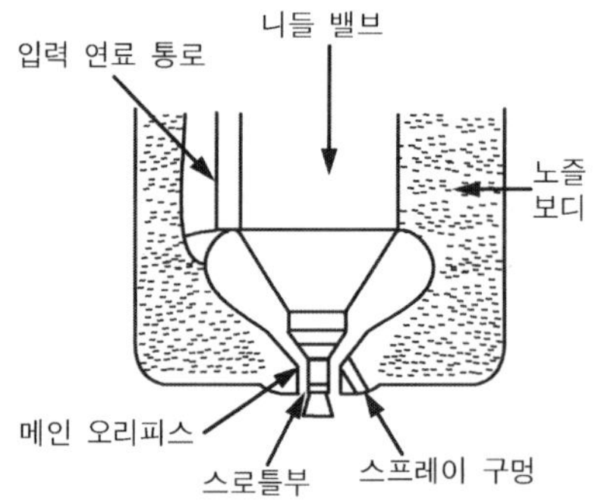

그림 10.26 핀틀 노즐의 선단부(II)

이와 같이 작은 구멍으로부터 작은 입자의 분무에 의해 연료의 착화가 촉진되어 정숙한 연소와 시동성이 향상된다.

분사량이 많아지면 메인 오리피스로부터 분사가 상대적으로 많아진다. 이 상태는 그림 10.28과 같다.

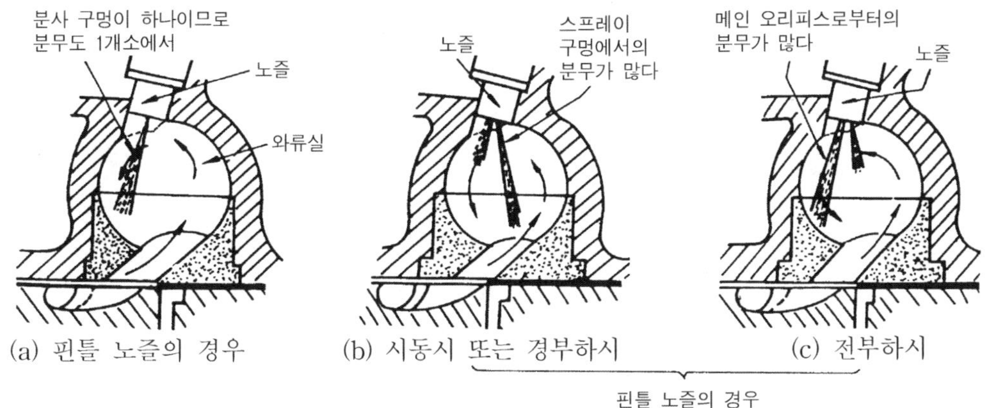

그림 10.27 핀틀 노즐의 연소실내의 분사

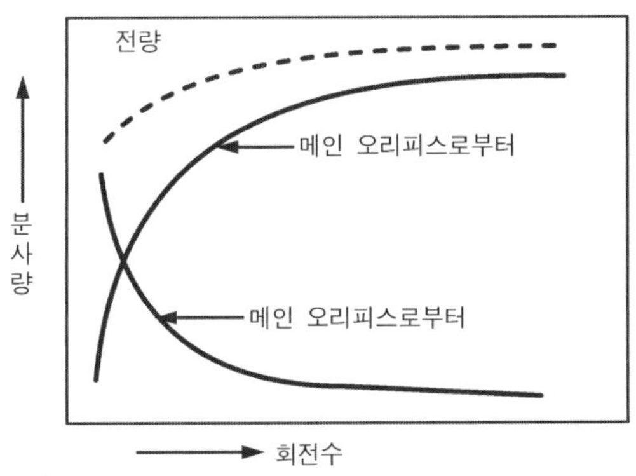

그림 10.28 핀틀 노즐의 분사 특성도

③ 노즐 홀더의 구조 기능

㉠ 노즐 홀더의 기능

- 노즐을 엔진의 지정된 위치에 조립한다.
- 노즐에서 분사되는 연료에 소정의 압력을 가하도록 한다.
- 연소실 내의 기밀을 유지한다.
- 노즐 보디와 니들 밸브 사이에서 누출된 연료를 연료 계통으로 복귀시킨다.
- 연료속의 먼지를 여과한다.

㉡ 노즐 홀더의 종류와 구조

노즐 홀더는 분사 압력의 조정 방법에 따라 나사 조정식과 조정용 시임식의 두 가지가 있다.

㉢ 패킹의 종류 : 노즐 보디와 엔진측 시트 사이의 기밀을 유지하기 위해 사용되는 패킹은 크게 나누어 두 가지가 있다.

그림 10.29는 구리제의 패킹이다. 풀림(Annealing)을 하여 경도를 낮추어 노즐과 시트 사이의 양쪽에 충분히 닿도록 하여 기밀을 유지하도록 되어 있다.

이 형식은 비교적 오래된 엔진에 사용되고 있으며, 패킹을 통해 노즐을 냉각하는 것으로 알려져 있다.

또 하나는 얇거나 아주 두꺼운 강판제이며, 전자는 프레스 가공한 것이며, 후자는 절삭 가공 또는 프레스 가공한 것이다.

이 형식은 구리제 패킹의 경우에 열전달을 기대하는 것 보다 오히려 열에 대한 절연성을 기대하는 것이 특징이다(그림 10.30).

또한 노즐과 노즐 홀더의 종류에 캡슐형이라는 형식이 있다.

이것은 분사 펌프와 노즐의 기능을 일체화한 것으로 각 실린더마다 독립되어 있는 것으로 생각하면 된다.

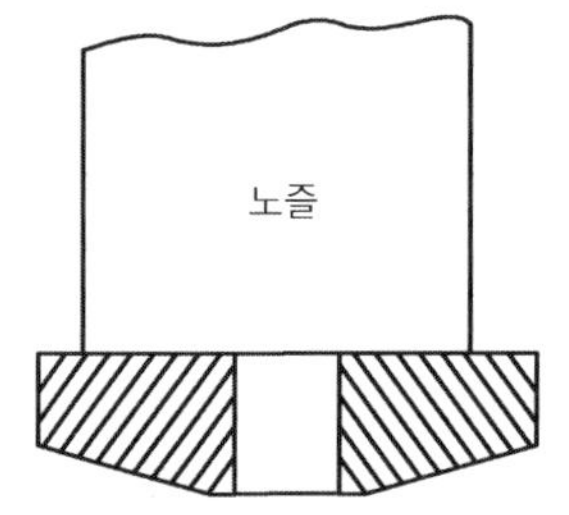

그림 10.29 구리제 노즐 패킹

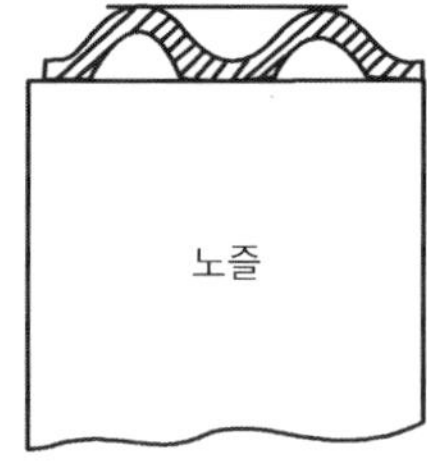

그림 10.30 강철제 노즐 패킹

2. 분배형 연료 분사 펌프(보쉬형)

(1) 구조

독립형 분사펌프의 경우에는 플런저와 플런저 배럴은 기관의 실린더 수와 같은 수가 필요하지만 분배형 펌프에서는 실린더 수와 관계없이 1개만 있으면 된다. 또한 독립형 펌프와 달리 연료 공급 펌프, 거버너, 타이머 등은 모두 펌프 하우징 속에 들어가 있다.

또 독립형 펌프에 비해 펌프 엘리멘트(플런저와 플런저 배럴)가 하나면 되므로 전체의 부품 점수가 적고, 독립형 펌프의 약 절반으로 축소시킬 수 있다.

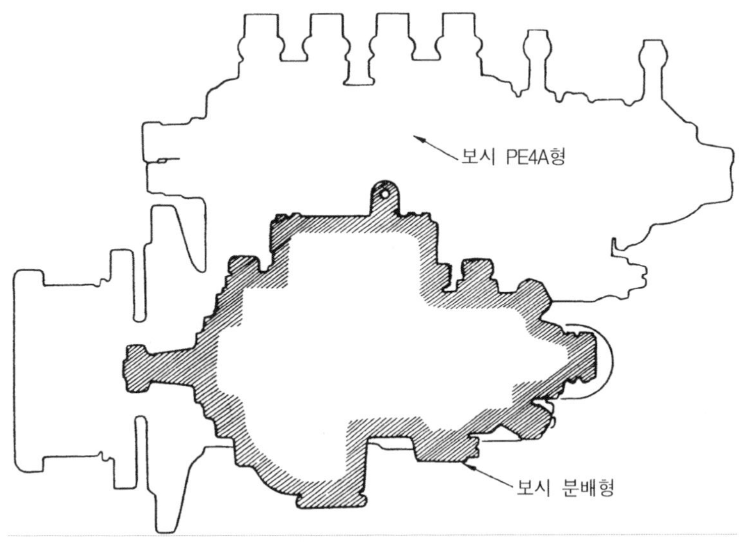

그림 10.31 보시 분배형 FE4A형 펌프의 형상 비교

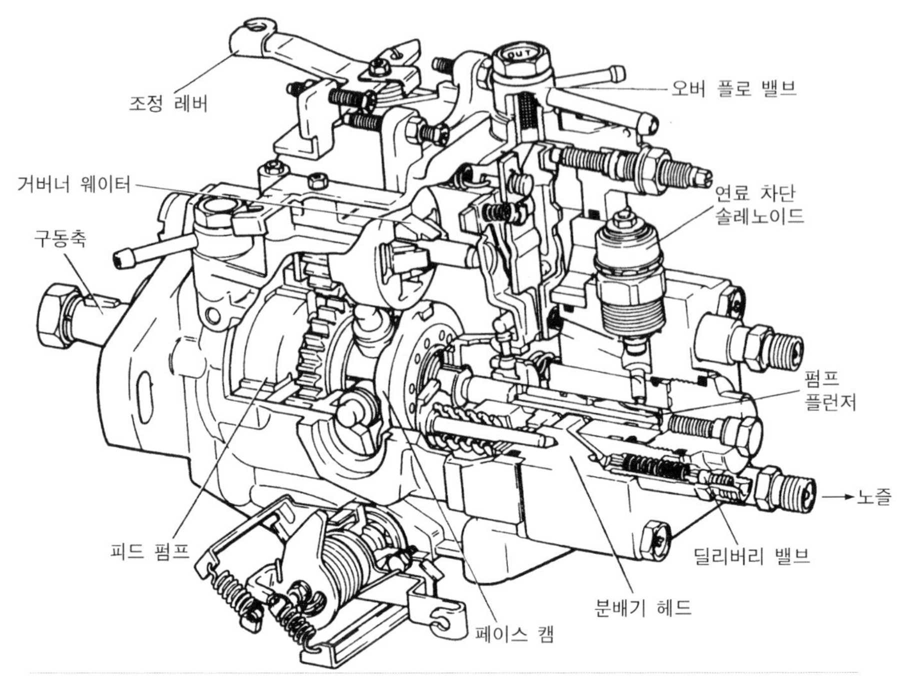

그림 10.32 분배형 연료 분사 펌프

외관도 분배형 펌프는 그림 10.32와 같이 펌프 하우징과 하이드로릭 헤드의 두 가지로 대별된다.

그것은 다음과 같은 부분으로 구성되어 있다.

① 펌프 하우징 관계

- 구동축
- 공급 펌프
- 레귤레이팅 밸브
- 캠 디스크
- 자동 타이머
- 메카니컬 거버너

② 하이드롤릭 헤드 관계

- 플런저
- 오토매틱 타이머
- 스타팅 디바이스
- 풀 로드 리미터
- 딜리버리 밸브

③ 펌프

- 펌프 하우징 : 하우징은 알루미늄 합금 주물로 만든 것으로서 공급 펌프, 구동축, 캠 등을 내장하고 있으며 구동축에 의해서 플런저를 구동한다.
- 하이드롤릭 헤드 : 분배형 분사 펌프에 있어서 가장 중요한 부분으로서 이 속에는 연료를 압송, 분배하는 플런저나 분사량을 제어하는 미터링 밸브가 조립되어있으며 그 끝에는 자동 시동 장치(Automatic Starting Device)가 장치되어 있다.
- 기계식 거버너
  구동축에 의해서 기어를 거쳐서 증속되어 회전하는 4개의 플라이 웨이트는 그 원심력에 의해서 미터링 밸브를 이동시킴으로 연료의 흡입 포트의 교축(Throttling)이 달라져 플런저내로 흡입하는 양을 자동적으로 제어한다.
- 공급 펌프 : 구동축에 키에 의해 고정되어 있으며, 구동축과 같은 회전 속도로 구동되는 베인형의 공급 펌프(Feed Pump)가 사용되고 있다. 또 이 부분에는 송유 압력을 제어하는 레귤레이팅 밸브가 있다.
- 오토매틱 타이머 : 공급 펌프에서 보내오는 연료 송유 압력의 변화에 의해 피스톤이 작동하며, 그 피스톤에 연결되어 있는 레버를 거쳐서 롤러 홀더를 회전시켜서 플런저의 리프트 시작 시기를 바꿈으로 기관 회전 속도와 송유 압력에 대응하는 적정 진각을 할 수 있다.

(2) 기능

① 작동의 개요

그림 10.33은 분배형 인젝션 펌프의 작동 설명도이다. 구동축은 기관에 의해서 구동되며 4행정 디젤 엔진용은 기관 회전 속도의 1/2로 회전한다.
이 구동축의 회전은 키에 의해서 베인형의 공급 펌프를 구동하여 연료 송유 압력을 높인다.
송유 압력은 레귤레이팅 밸브에 의해서 조정되며 회전 속도에 대한 송유압 특성이 규정된다. 이 유압은 연료를 미터링 밸브 입구로 송입함과 동시에 오토매틱 타이머의 진각을 결정한다.
한편 펌프 하우징 내에는 원통형의 롤러 홀더 그림 10.33 ⑩이 있으며, 이것에 4개의 롤러가 고정되어 있다.

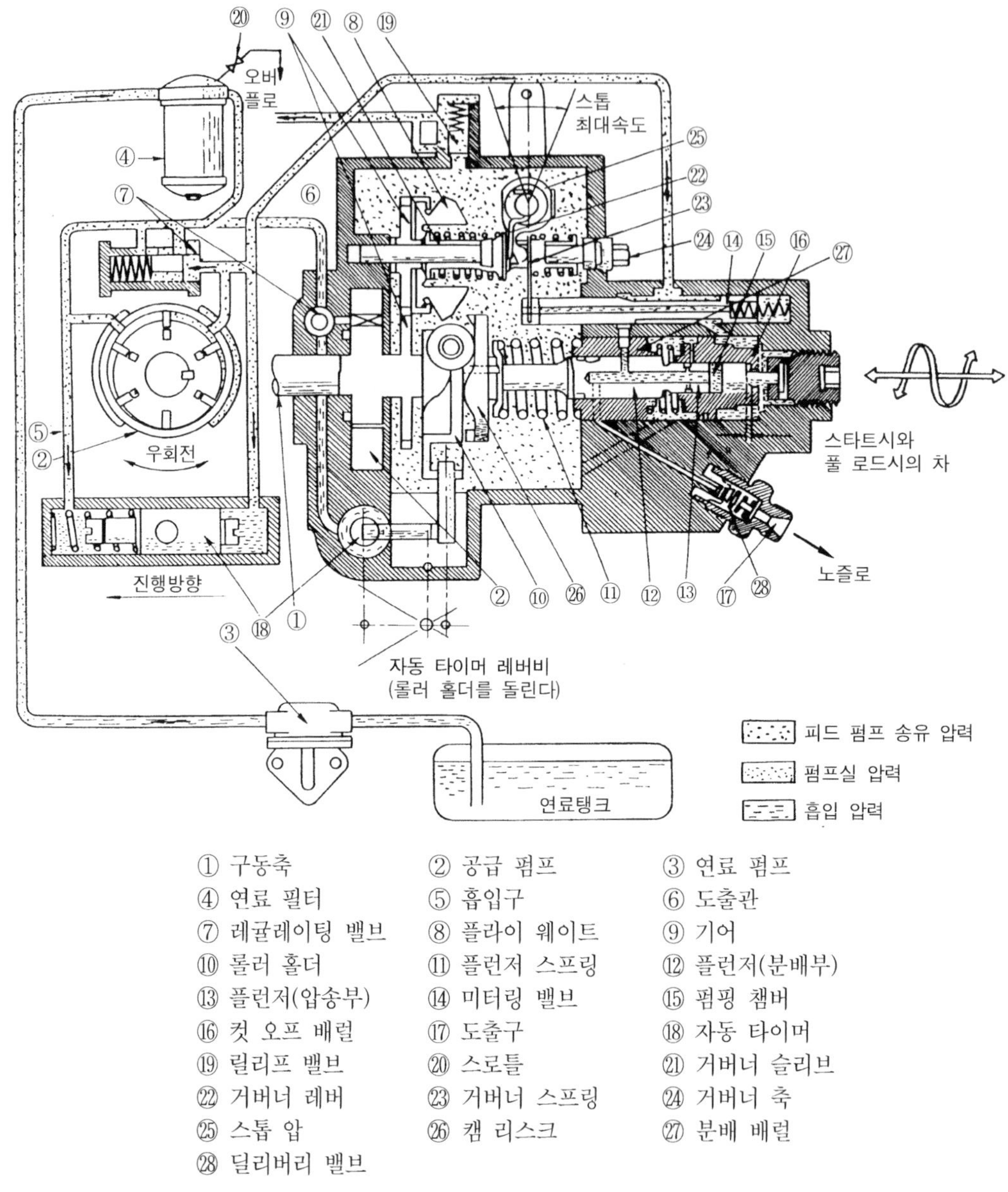

그림 10.33 분배형 펌프의 작동도

이 롤러에 캠 디스크가 플런저 스프링으로 밀어 붙여져 있으므로 구동축의 회전은 앞에서 설명한 공급 펌프를 구동함과 동시에 드라이빙 디스크를 거쳐서 캠 디스크를 회전시킨다.

이 캠은 독립형 분사 펌프의 판캠(Plate Cam)과 달리 면캠(Face Cam)으로 되어 있으며, 원주에 기관의 수만큼 볼록한 산이 있으므로 캠 디스크는 회전과 동시에 일정한 왕복 운동을 한다.

따라서 캠 디스크에 접속되어 있은 플런저는 분배를 위한 회전과 연료의 흡입 압송을 위한 왕복 운동을 동시에 한다.

플런저가 작동하여 분배기 배럴의 흡입 구멍과 플런저의 흡입 구멍이 서로 만나는 위치에서 미터링 밸브를 통과한 연료가 플런저내로 유입되며 계속해서 플런저가 회전하면 흡입 구멍은 닫히고 플런저가 리프트 하는데 따라 배출 구멍이 열린다.

또다시 플런저가 리프트하면 플런저 내의 연료는 압축되어서 고압이 된다.

플런저에 설치된 배출 구멍은 1개이며, 이것이 회전하여 분배기 배럴의 회전 방향으로 기관의 실린더 수와 같은 수만큼 설치된 배출 구멍과 서로 만나게 되면 고압 연료를 순차적으로 각 기통에 분배하여 딜리버리 밸브를 밀어서 열고 분사 파이프를 지나서 노즐에서 기관의 연소실로 분사된다.

분사량의 제어는 미터링 밸브와 컷 오프 밸브에 의해서 제어하게 된다.

즉, 엔진의 부분 부하의 상태에서는 제어 레버를 조작하면 미터링 밸브가 움직이게 되어 연료가 유입하는 통로의 교축(絞縮 : 오무리기), 개도(開度 : 열림)를 조절하므로 플런저로 유입하는 연료의 양이 달라져서 분사량이 제어된다.

또한 기관 전부하시의 최대 분사량의 컷 오프 밸브의 위치에 의해서도 결정된다.

(3) 작동

① 연료 공급 기구

㉠ 공급 펌프는 그림 10.34에 있어서 로터가 오른쪽으로 회전하기 시작하면 펌프의 블레이드가 원심력 작용으로 외주 방향으로 벌어지기 때문에 블레이드와 블레이드의 사이에 각각 공간을 만들게 되므로 로터의 회전에 따라 연료의 흡입쪽은 점차 공간의 용적이 커지면서 실내의 압력이 내려가서 새로운 연료가 흡입된다.

그 다음에 로터가 회전하여 브레이드가 꼭지점을 지나가면 이 공간의 용적이 점차로 작아지기 때문에 연료가 압축되어 토출구에서 송출된다.

공급 펌프의 연료 송유량은 분사량의 몇 배가 되므로 과잉으로 보내지는 연료는 레귤레이팅 밸브를 지나서 또다시 공급 펌프의 흡입쪽으로 되돌아간다.

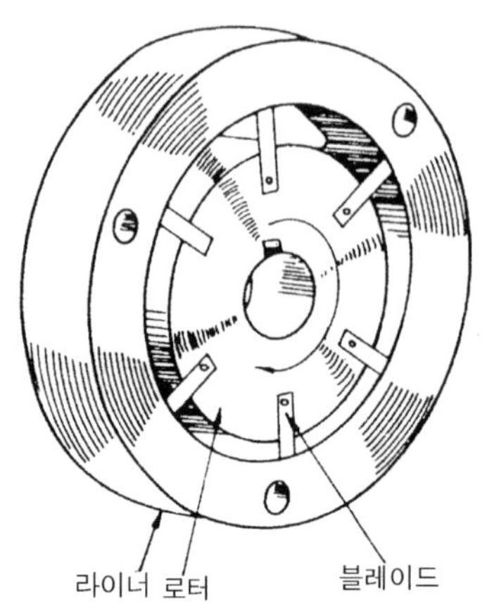

그림 10.34 피이드 펌프의 구조

㉡ 분배 헤드(Distributor Head) : 구동축의 구동은 구동 디스크(Driving Disc)를 거쳐서 캠 디스크로 전달된다. 이 캠 디스크의 구동측 끝면에는 면 캠이 있으므로 롤러 홀더에 방사형으로 장착되어 있는 롤러 위를 캠 디스크가 회전하면서 행정(왕복) 운동을 한다. 따라서 캠 디스크에 연결된 플런저도 같은 운동을 하게 되는 것이다. 플런저는 2개의 서로 다른 지름을 가지고 있으며 지름이 굵은 부분이 분배부로서 기관의 실린더 수와 같은 수의 흡입 구멍과 1개의 배출 구멍이 나 있으며 하이드롤릭 헤드(Hydrolic Head)에 압입된 분배 배럴(Distributor Barrel)에 정밀한 활동 상태로 결합되어 있다. 연료의 흡입은 공급 펌프에서 압송된 연료는 미터링 밸브의 노치부를 지나서 흡입 구멍으로부터 플런저 속으로 흘러 들어가므로 이 미터링 밸브를 이동시키면 노치부의 교축·개도가 변하여 플런저내로 충전하는 양이 제어된다.

플런저가 작동하면 그림 10.35와 같이 먼저 흡입 구멍이 닫히고 연료를 압축하기 시작하여 계속해서 플런저의 배출구와 분배 배럴의 배출 구멍 1개와 만나게 되므로 압축된 고압 연료는 노즐로 압송된다. 그림 10.36과 같이 플런저 내의 고압 연료는 배출 구멍으로부터 노즐로 압송된다. 플런저가 계속 상승하여 고압 발생부(지름이 가는 부분)에 설치되어 있는 컷 오프 밸브의 구멍과 만나면 연료의 분사가 끝나게 된다. 연료의 분사가 끝나고 홈(Compensation Groove)과 분배 배럴의 배출 구멍이 서로 만나면 딜리버리 밸브까지의 통로 속은 균일한 송유 압력으로 회복됨으로써 분사량의 각 실린더 간의 간섭이나 무분사 등의 나쁜 현상이 생기는 것을 방지하고 매번 정상 분사를 하게 된다.

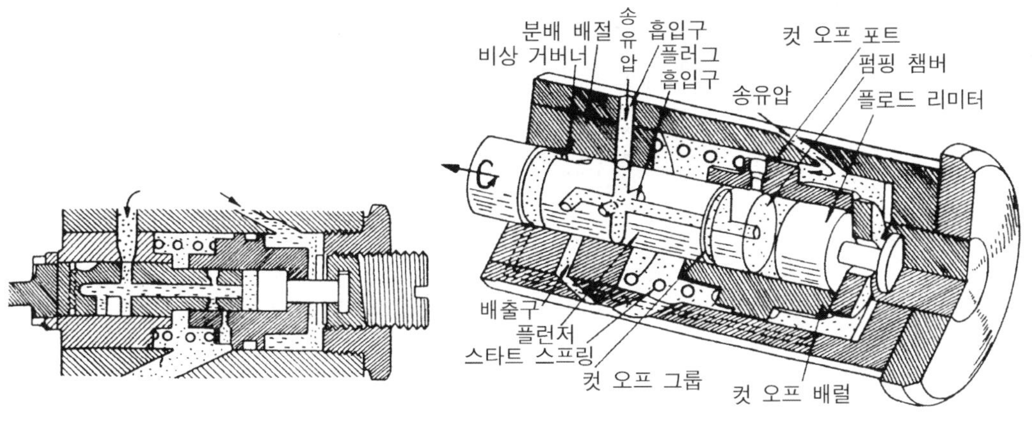

(a) 흡입 행정 (b) 플런저의 흡입 행정

그림 10.35 플런저의 흡입 행정

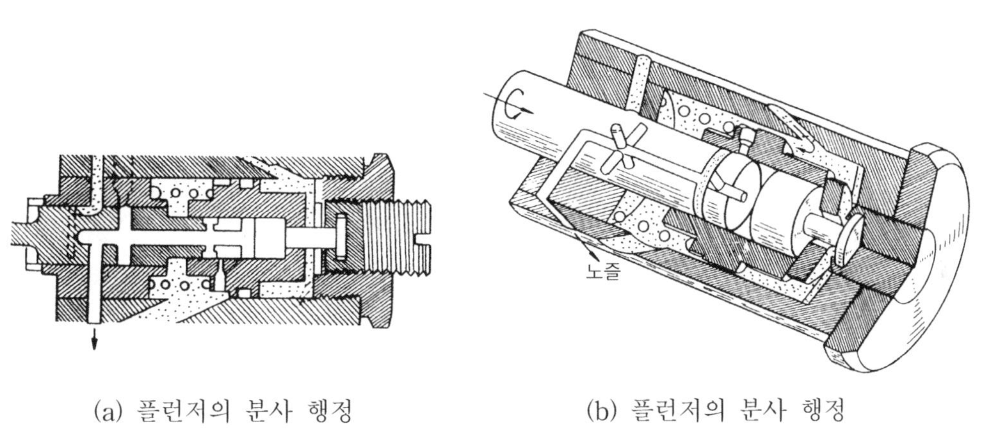

(a) 플런저의 분사 행정 (b) 플런저의 분사 행정

그림 10.36 플런저의 분사 행정

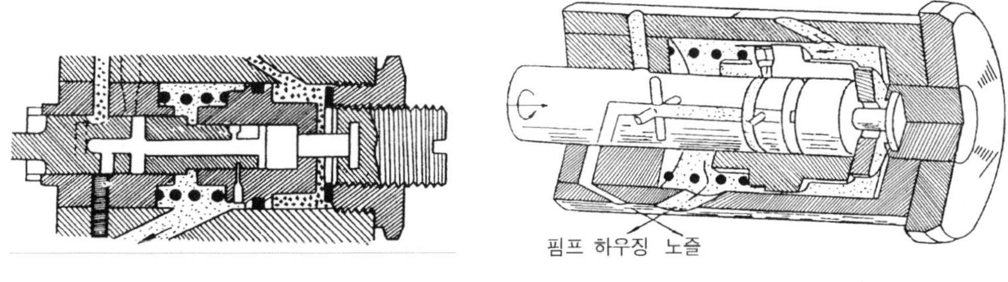

(a) 분사 끝 (b) 연료 분사 행정

그림 10.37 연료 분사 행정

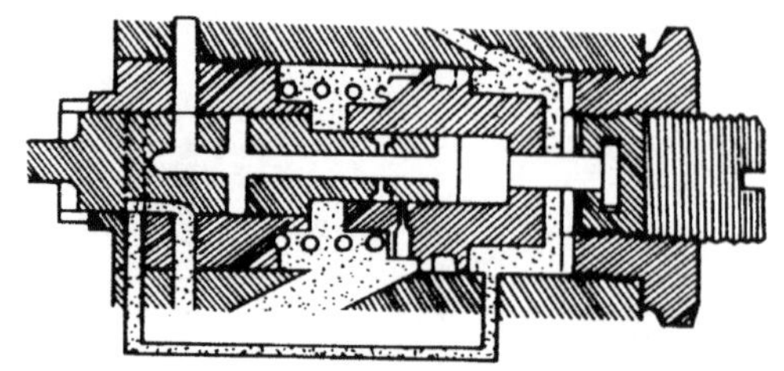

그림 10.38 균압 행정

② 제어 기구

㉠ 스타팅 디바이스 : 기관의 시동성을 좋게 하기 위해서 그림 10.39와 같은 자동 시동 장치(Automatic Starting Device)를 내장하고 있다.

기관 정지의 상태에서는 하이드롤릭 헤드 내에 있는 컷 오프 밸브는 스타트 스프링의 힘에 의해서 조정 시임으로 정해진 위치까지 밀어 붙여져 있다.

이 결과 플런저의 컷 오프 그룹과 컷 오프 배럴의 구멍이 만나는 분사 끝 위치가 풀 로드의 상태보다 늦어지므로 최대 분사량보다 많은 시동시의 연료 공급을 할 수 있다.

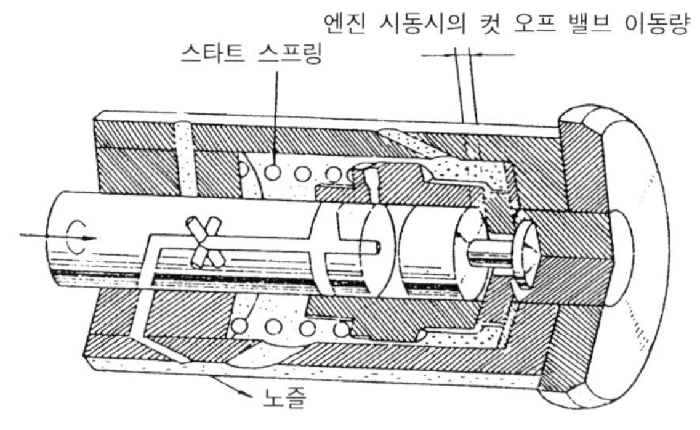

그림 10.39 스타팅 다바이스

㉡ 풀 로드 분사량 : 시동 후에 기관 회전 속도가 상승하는데 따라 피드 펌프의 송유 압력이 상승한다.

이 송유 압력은 컷 오프 밸브의 외측 끝단에도 전달되므로 송유 압력이 높아지면 컷 오프 밸브는 스타트 스프링을 압축하여 시동시의 위치로부터 최대 분사량의 위치까지 이동한다.

㉢ 아이들링 제어 : 펌프의 제어 레버를 아이들링 위치로 당기면 그림 10.40과 같이 미터링 밸브는 아이들링 위치로 이동하며 흡입 구멍의 연료 통로 교축 개도를 아이들링 분사량이 얻어질 수 있는 개도로 제어한다.

아이들링 운전 상태에서는 제어 레버를 조작하지 않는 한 미터링 밸브는 이동하지 않기 때문에 교축 개도는 일정하지만 기관 회전 속도가 변화하면 플런저의 흡입 구멍의 열림 시간이 회전 속도에 의해서 증감하기 때문에 플런저 내에 흡입하는 양이 자동적으로 제어된다.

따라서 아이들링 회전 속도를 제어하기 위한 거버너는 불필요하게 되고 교축 특성만으로 안정된 회전을 얻을 수 있다.

즉, 회전 속도가 상승하면 구멍 열림 시간이 짧아지므로 플런저 내로 유입하는 양은 감소하고 분사량이 적어지므로 기관 회전은 규정의 아이들링 회전 속도로 되돌아간다.

반면에 회전 속도가 저하하려고 하면 분사량은 자동적으로 증가하여 회전 속도가 저하하는 것을 방지한다.

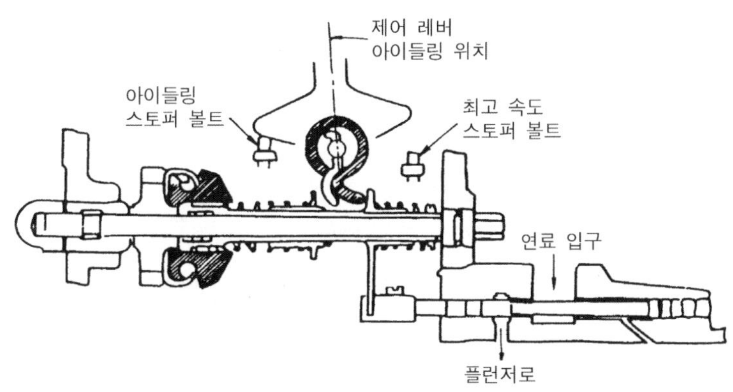

그림 10.40 아이들링 제어

㉣ 고속 회전의 제어 : 그림 10.41과 같이 기계식 거버너는 구동축에 의해서 기어로 증속되어서 회전하고 있으므로 4개의 플라이 웨이트(Fly Weight)는 그의 회전에 의해서 생기는 원심력으로 거버너 슬리브를 축방향으로 밀어서 미터링 밸브를 움직여 분사량을 제어한다.

즉, 제어 레버를 아이들링 위치에서 최고 회전 속도쪽으로 이동시키면 거버너 스프링은 천천히 가압되어서 미터링 밸브를 분사량이 증가하는 방향으로 움직이게 하므로 기관의 회전 속도가 상승한다.

이와 같이 상용 회전의 범위에 있어서는 제어 레버 위치를 적당히 정함으로써 임의의 기관 회전 속도가 얻어지며 제어 레버를 최고 속도 스토퍼에 닿는 위치까지 최대로 밀면 최고 회전 속도가 된다.

지금 제어 레버 열림 정도를 일정으로 하였다고 하면, 플라이 웨이트의 원심력과 가압된 거버너 스프링의 균형을 이루는 위치에 따르는 분사량이 미터링 밸브에 의해서 얻어지므로 기관은 일정 회전으로 회전할 수 있다.

만약, 기관의 부하가 감소하면 기관 회전이 상승하므로 플라이 웨이트의 원심력이 커져서 거버너 스프링의 스프링력을 이겨내고 미터링 밸브 위치를 분사량 감소의 방향으로 밀어서 기관 회전의 상승을 방지한다.

반대로 기관의 부하가 증가하여 회전이 저하하면 거버너 스프링의 작용으로 미터링 밸브의 분사량 증가의 방향으로 움직여서 기관 회전의 저하를 방지한다.

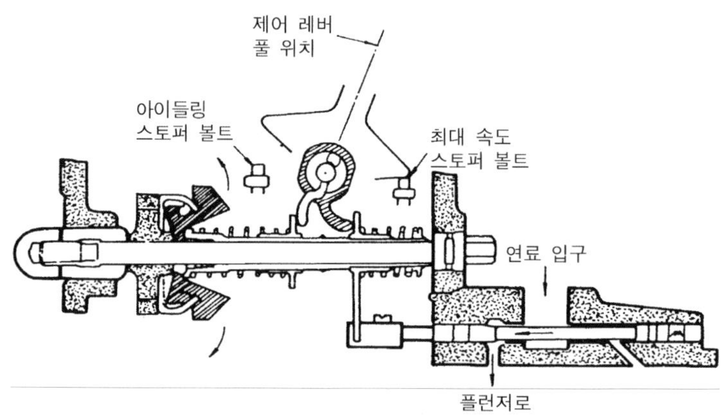

그림 10.41 고속 제어

㉤ 타이머 : 그림 10.42는 타이머의 구조를 나타낸 것이다.

분사 펌프의 회전 속도가 상승하면 공급 펌프의 송유 압력이 상승하여 타이머 피스톤이 타이머 스프링의 힘을 이겨내고 이동한다.

이 피스톤은 구동축과 직각방향으로 슬라이드 한다.

이 움직임은 슬라이딩 조인트, 슬라이딩 블록을 거쳐서 원통형의 롤러 홀더를 구동축의 회전과 반대의 방향으로 작동시켜 캠의 리프트 시기를 앞당겨 분사 개시시기를 진각시킨다.
따라서 이 타이머는 유압의 변화에 의해서 작동하는 하이드롤릭 타이머이다.

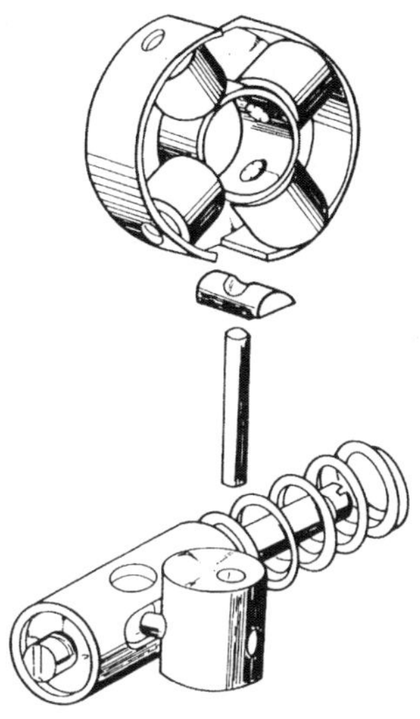

그림 10.42 타이머의 구조

10.4 전자제어 디젤분사 장치

디젤 엔진의 연료 장치는 연소실 안의 고압, 고온의 공기에 연료를 고압의 분무 상태로 분사하는 일을 한다.
연료의 분사는 시각적인 조건으로 분사시기, 분사기간, 분사율(단위시간 또는 단위 회전각도에 대한 연료 분사량) 및 분무상태, 즉 연소실 안에서 분무의 도달거리 또는 관통력, 분포상태, 미립화의 정도 등은 연소실의 모양과 더불어 혼합기의 형성과 연소패턴을 결정하기 때문에 엔진의 성능에 큰 영향을 준다.
그러므로 디젤 엔진의 연료분사장치는 엔진의 심장부라고도 할 만큼 중요한 기능을 가지고 있다.
자동차용 디젤 엔진의 연료분사장치는 무기 분사식(Airless Injection Type)을 사용한 사바테 사이클 연소방식을 채택한 형식을 사용하고 있다.
무기 분사식은 연료에 압력을 가하여, 분사노즐을 통해 고압으로 연료를 분사하게 하는 형식으로 독립식, 분배식, 유닛 분사식 및 공동식이 있다.

1. 디젤 연료 분사 장치의 형식

1) 독립식

펌프 제어식이라고도 하며, 독립형 분사펌프를 사용한 형식이다.
이 형식은 실린더 수와 같은 수의 플런저가 일렬로 배열된 독립형 펌프를 사용한 것으로, 구조가 복잡하고 조정이 어려우나 고속용 기관에 적합하며 디젤 엔진의 연료 장치 중 가장 많이 사용되는 형식이다.

2) 분배식

실린더 수에 관계없이 1개의 플런저로 각 실린더에 분배하는 펌프를 사용하는 형식으로, 구조가 간단하고 조정이 쉬우나 실린더 수가 많은 경우에는 부적합하며 주로 소형(중형) 자동차의 연료 장치에 사용된다.

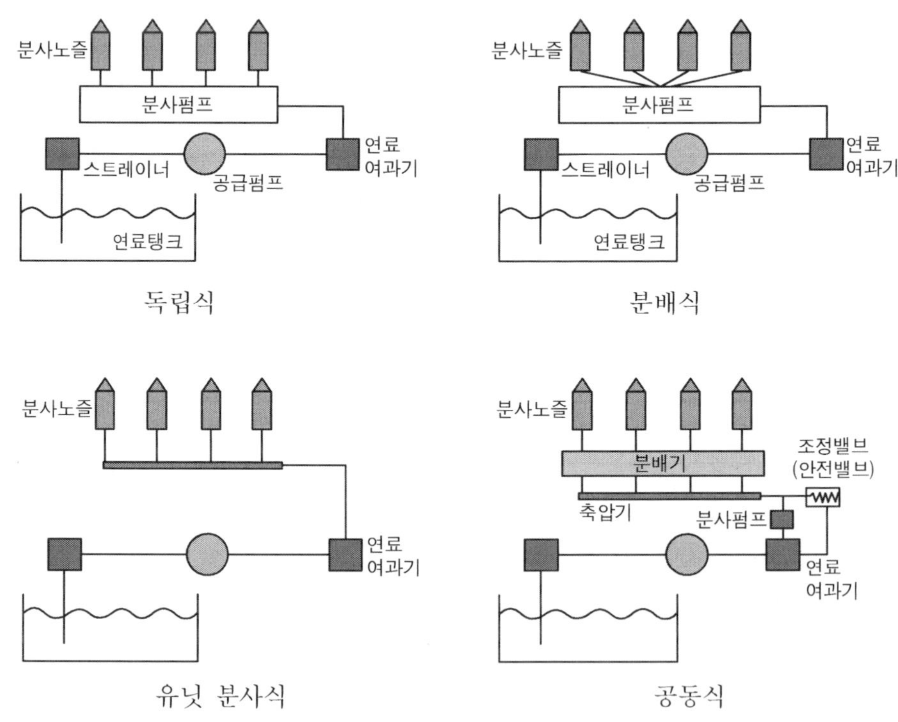

그림 10.43 디젤 연료분사 장치의 형식

3) 유닛 분사식

펌프와 노즐이 일체로 된 유닛 인젝터를 각 실린더마다 설치하는 형식으로, 2사이클 디젤 엔진이나 건설장비의 일부에 사용한다.

4) 공동식

분사 펌프는 하나이나 축압기(Accumulator)가 있어 고압의 연료를 저장하였다가 분배기로 각 실린더에 공급하는 형식으로 기계식 가솔린 연료분사장치에 사용하는 형식과 같다.

2. 전자 제어 분사 장치의 특징

전자 제어 분사 장치는 기계식 거버너와 타이머를 전기적인 제어 기구로 바꿔 놓은 것으로서 연료의 압송 기구는 기계적 방식과 같다. 전자 제어 분사 시스템의 구성을 독립형 펌프를 예로 들어 그림 10.44에서 설명한다.
구성은 펌프 본체, 센서, ECU(Electronic Control Unit), 액츄에이터로 분류된다.
센서는 엔진, 차량의 상태 및 운전자의 조작량(의사)을 검출하여 ECU에 전달한다.
기본 센서로서는 엔진 회전 속도 센서, 제어 랙 위치 센서, 분사 시기(진각) 센서 및 액셀 개도 센서가 있다. ECU는 센서에서의 정보에 의해 최적한 분사량 및 분사 시기를 연산하여 각각을 제어하는 액츄에이터에 지령한다.
또한 엔진 제어 이외의 제어(예를 들면, 변속기 제어)를 하는 ECU와 데이터 통신을 하여 상대 시스템의 상황도 가미한 최적 분사량 및 분사 시기의 제어를 함과 동시에 상대의 시스템이 필요로 하는 정보를 송신하는 기능을 갖는 경우도 있다.
액츄에이터는 ECU에서의 지령에 의해 분사량 및 분사 시기를 조절하는 부재를 구동한다.
독립형 분사 장치에 있어서는 분사량 조절 부재인 제어 랙의 위치 제어를 하는 거버너 액츄에이터와 엔진 구동축과 캠 축과의 위상차를 제어하여 분사 시기를 제어하는 타이머 액츄에이터가 있다.

전자 제어 분사 장치는 기계식 제어 장치에 비해서 다음과 같은 특징을 가지고 있다.

① 기계식 제어 장치에 비해서 제어 자유도가 크다.

분사량 제어를 예로 들어 그림 10.44에서 설명한다.

기계식 제어 장치는 기본 제어 정보인 엔진 속도와 액셀 개도를 각각 플라이 웨이트의 원심력과 스프링력으로 바꿔서 양자의 힘의 균형에 의해 제어 랙 위치를 제어하고 있다.

보상 제어 정보인 냉각수 온도나 흡기 압력은 서머 왁스(Thermo Wax) 및 다이어프램 등을 사용하여 링크 기구를 거쳐서 스프링 힘의 균형 위치를 바꿔 제어 랙 위치를 보상 제어하고 있다.

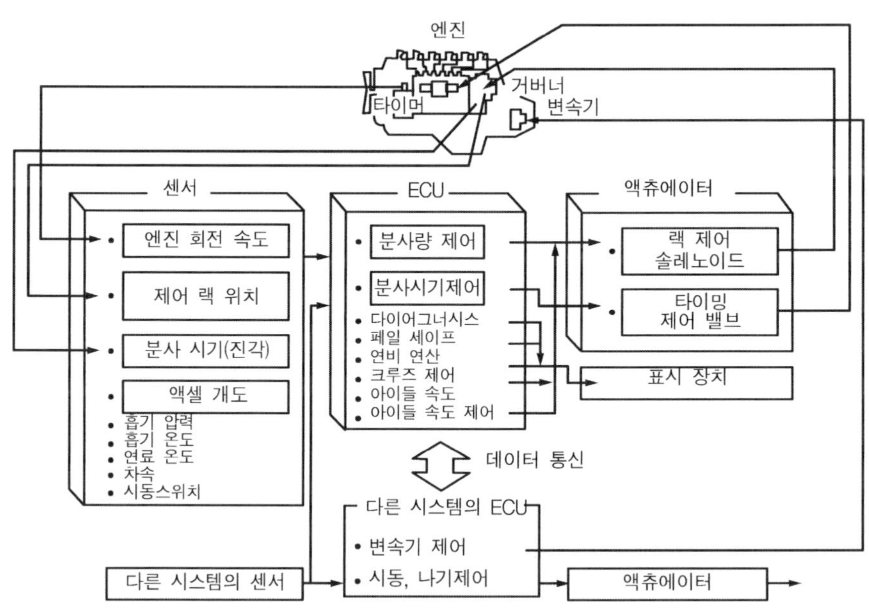

그림 10.44 전자 제어 열형 분사 시스템

따라서 스프링 특성의 범위 내에서 제어 패턴을 설정하므로 자유도는 작다. 또 정보량이 많아지면 링크가 복잡해져 장치가 대형화하기 때문에 엔진 탑재상의 제약으로 검출하는 정보량이 제약된다.

이것에 비해서 전자 제어 분사 장치에서는 엔진 상태나 환경 조건은 각종 센서로 검출되어 ECU는 엔진 상태에 가장 적합한 제어 패턴을 액츄에이터에 지령한다.

또 정보의 검출에는 기계적인 링크가 불필요하므로 정보량에 제약이 없으며 가장 적합한 정보를 가장 적합한 위치에서 검출할 수가 있다.

② 제어 대상량을 직접 검출하여 피드 백 제어를 할 수 있으므로 기계적인 마모에 의한 미소 변화의 보상과 제어 정밀도의 향상이 가능하다.

③ 서비스성, 안전성의 향상을 위해 진단, 페일 세이프(Fail Safe) 기능을 추가할 수 있다.

④ 데이터 통신기능의 추가에 의해 토털시스템 기능의 향상, 구성의 간소화가 가능하다.

⑤ ECU의 프로그램 변경만으로 쉽게 기종 전개를 할 수 있다.

3. 전자 제어 분사 장치의 구성과 작동

1) 전자 제어 독립형 분사 펌프

독립형 분사 펌프의 전자 제어 시스템은 거버너 액츄에이터에 의한 제어 랙의 위치 결정 제어 및 타이머 액츄에이터에 의한 엔진과 분사 펌프간의 위상차 제어를 전기적으로 함으로써 분사량 및 분사 시기의 제어를 하고 있다.

이 시스템 특유의 구성품인 거버너 액츄에이터 및 타이머 액츄에이터를 주로 설명한다.

(1) 거버너 액츄에이터

전자 제어 독립형 분사 펌프의 거버너 액츄에이터는 기계식 거버너의 플라이 웨이트의 역할을 하는 것으로서 원심력 대신에 전자력 또는 전자·유압력을 이용하여 제어 랙의 위치를 제어한다.

표 10.1 대표적인 거버너 액츄에이터

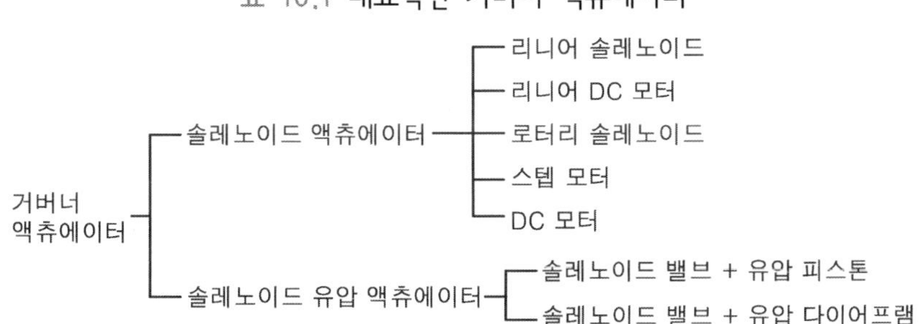

표 10.1에 전자 제어 분사 장치의 대표적인 거버너 액츄에이터의 형식을 보여준다. 그림 10.45에서 리니어 솔레노이드 방식을 예로 들어 구조와 작동을 보여주고 있다.

리니어 솔레노이드의 코일에 흐르는 전류가 증가하면 무빙 코어에 화살표 방향의 흡인력이 작용하여 리턴 스프링 하중과 균형을 이루는 위치까지 무빙 코어가 움직인다.

제어 랙은 무빙 코어에 직결되어 있으므로 무빙 코어와 연동해서 분사량을 증가시킨다.

거버너 액츄에이터와 같은 케이싱 내에는 제어 랙 위치 센서와 센서 앰프 및 회전 속도 센서가 내장되어 있다.

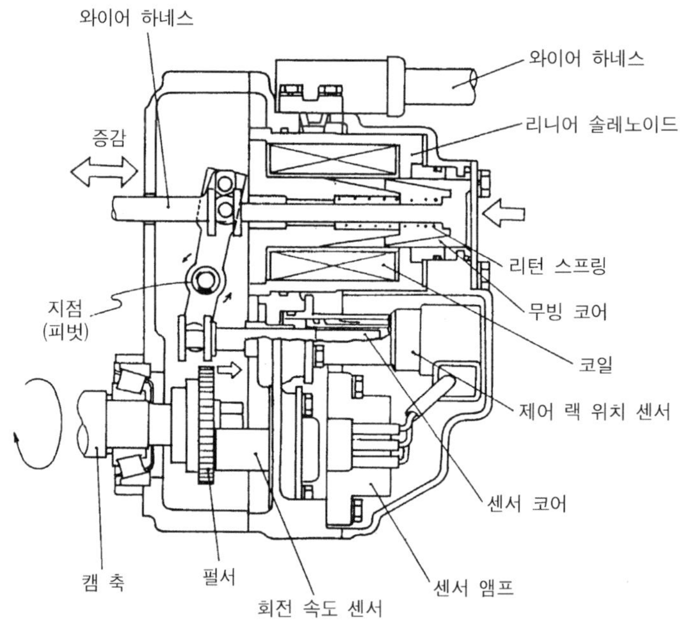

그림 10.45 리니어 솔레노이드 방식 거버너 액츄에이터의 구조

(2) 타이머 액츄에이터

타이머 액츄에이터는 엔진쪽 구동축과 캠 축 사이에 있으며 양자의 위상을 조절하므로 분사 펌프의 구동 토크를 전달할 필요가 있다.

따라서 위상의 조절에 커다란 힘을 필요로 하므로 유압을 이용하여 제어되는 것이 많다.

진각 기구의 대표 예로는 편심 캠 방식과 헬리컬 스플라인 방식이 있다.

편심 캠 방식을 예로 들어 그림 10.46에서 설명한다.

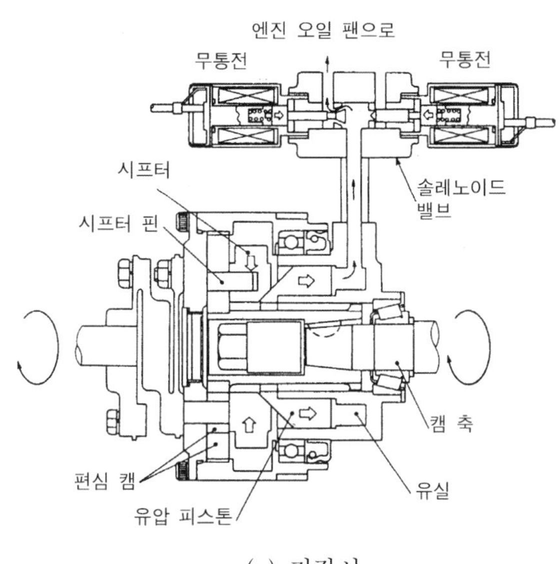

(a) 지각시

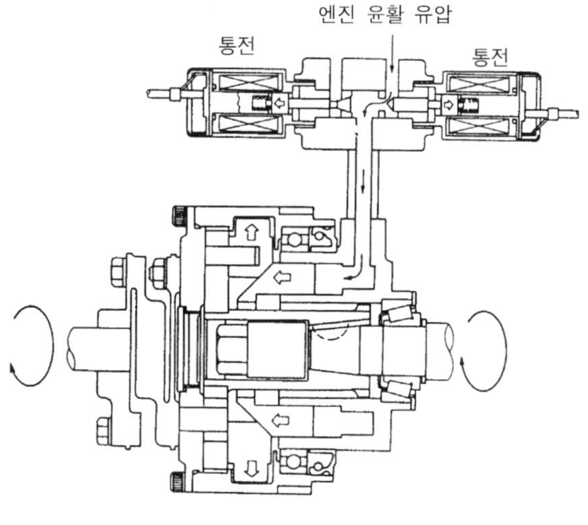

(b) 진각시

그림 10.46 타이머 액츄에이터 작동도

전자밸브(솔레노이드 밸브)는 ECU에 의해 구동되며 유압 피스톤에 작용하는 유압을 제어한다.

유압 피스톤은 좌우 방향으로 움직여 시프터를 상하 방향으로 움직인다.

시프터의 움직임은 시프터 핀을 거쳐서 편심 캠에 전달되며 편심 캠을 돌게 하여 편심 캠의 기구에 위해 엔진쪽 구동축과 캠 축의 위상을 바꾼다.

다음에 위상차(진각량)의 검출 방법에 대하여 그림 10.47에서 설명한다.

엔진쪽 구동축 및 캠 축쪽에는 각각 회전 속도 및 진각 펄스(Pulse)가 장착되어 있으며 각각의 펄스에 대응하여 센서가 장착되어 있다.

이 두 센서에서의 신호 NE 및 NP로부터 위상차가 검출된다.

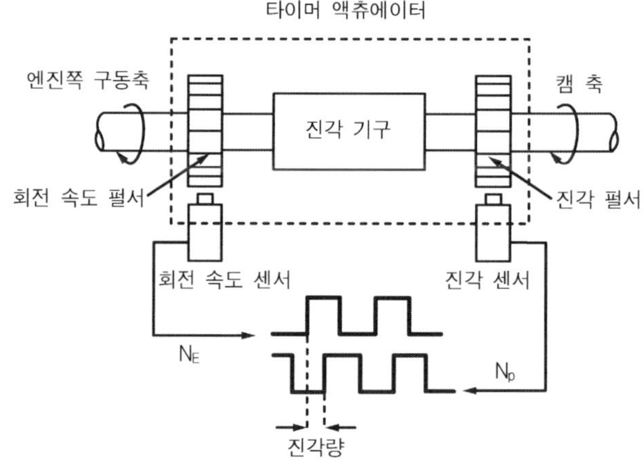

그림 10.47 위상차(진각량)의 검출

(3) ECU

ECU의 블록도의 일 예를 그림 10.48에 나타낸다.

제어·연산을 하는 CPU, 각종 프로그램 및 데이터를 보존하는 ROM, 입·출력 회로, 전원 및 구동 회로 등으로 구성되어 있다.

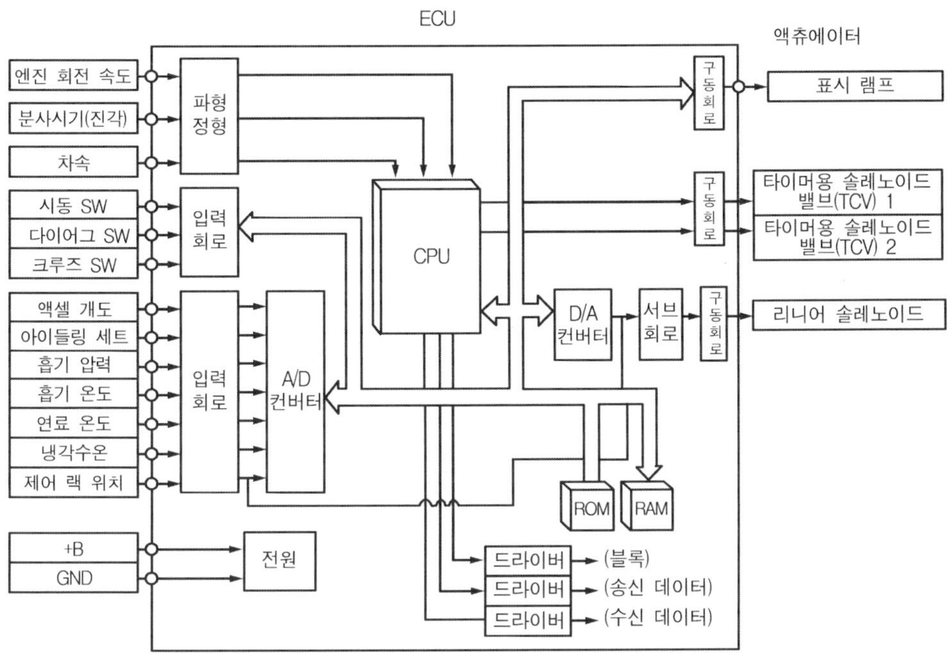

그림 10.48 ECU 블록도

표 10.2 주요 센서의 기능

검출 항목		검식 방식	동작 원리
위치	제어 랙 위치	· 인덕턴스 변화식 · 와전류식	· 페라이트 코어 위치에 의한 코일 인덕턴스의 변화 · 구리판 위치에 의한 와전류의 변화
	액셀 개도	· 포텐셔 미터식 · 와전류식	· 저항 접촉 위치에 의한 전기 저항의 변화 · 구리판 위치에 의한 와전류의 변화
회전	엔진 회전 속도	· 솔레노이드 발전식	· 자성체 펄서 회전에 의한 투자율의 변화
	분사 시기(진각값)	· 솔레노이드 발전식	· 자성체 펄서 회전에 의한 투자율의 변화
입력	흡기 압력	· 반도체식	· 피에조 저항 효과
온도	흡기 온도	· 서미스터	· 전기 저항의 온도 변화
	연료 온도	· 서미스터	· 전기 저항의 온도 변화
	냉각수 온도	· 서미스터	· 전기 저항의 온도 변화

(4) 센서

시스템에서 사용되고 있는 주요 센서를 표 10.2에 나타낸다.

2) 전자 제어 분배형 분사 펌프

전자 제어 분배형 펌프 시스템의 구성은 분사 펌프를 제외하고 전자 제어 독립형 분사 펌프 시스템과 거의 다르지 않다.
전자 제어 분배형 분사 펌프는 그의 분사량 및 분사 시기 제어 방식의 차이에 의해서
(1) 위치 제어 방식
(2) 시간 제어 방식
2종류로 대별된다.

(1) 위치 제어 방식 전자 제어 분배형 분사 펌프

디젤 승용차용으로서 초기에 개발된 것으로서 보쉬(Bosch)사, 디젤 기기(주) 등에서 제조되고 있다.
전자 제어 분배형 분사 펌프의 구조를 그림 10.49에 나타낸다.

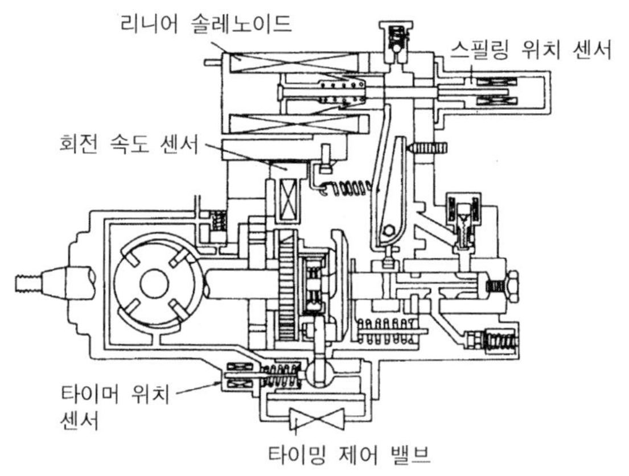

그림 10.49 위치 제어 방식 전자 제어 분배형 분사 펌프

㉠ 분사량 제어

분사량 제어 방식의 모식도를 그림 10.50에 나타낸다.
ECU는 전자 제어 독립형 분사 펌프와 같이 엔진의 운전 상태에 적합한 분사량을 연산하여 그의 결과를 구동 회로에 출력한다.
구동 회로는 이 결과를 지령 값으로 하여 액츄에이터(리니어 솔레노이드)의 위치를 피드 백하면서 출력을 제어한다.

이와 같이 해서 VE형 분사 펌프의 스필링을 목표의 위치에 제어하여 분사량을 정한다. 보쉬사나 디젤 기기(주)는 액츄에이터로서 그림 10.51과 같이 로터리 솔레노이드를 사용하고 있다.

이것은 로터의 회전 각도에 의해 축 하단에 설치된 편심 볼의 위치를 바꿈으로써 스필링의 위치를 제어해서 분사량을 정한다.

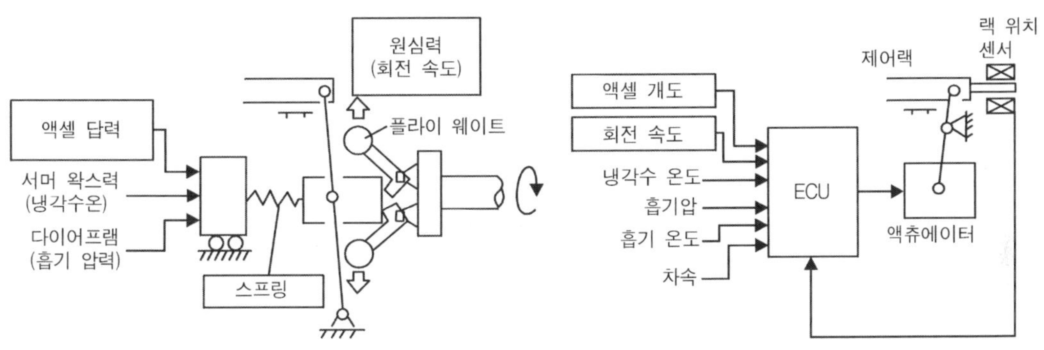

그림 10.50 분사량 제어의 모식도

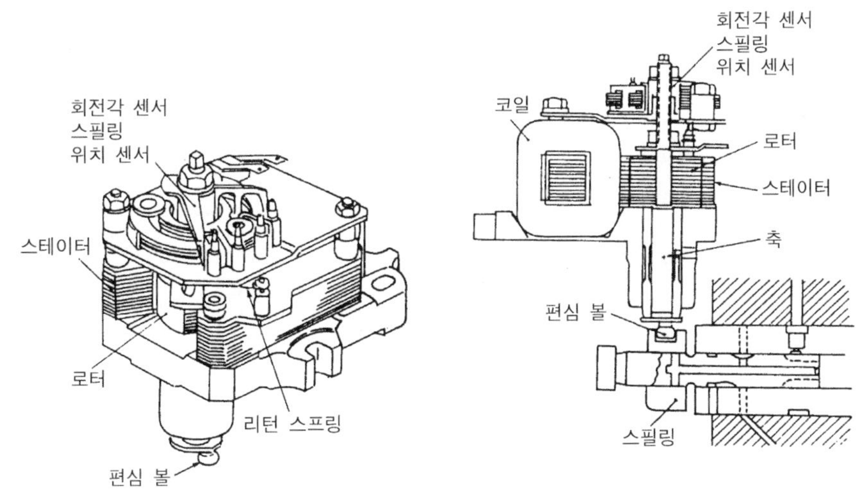

그림 10.51 로터리 솔레노이드식 액츄에이터

㉡ 분사 시기 제어

분사 시기 제어 방법을 그림 10.52에서 설명한다.

VE형 분사 펌프의 타이머 피스톤의 펌프실과 연통하는 통로에 설치된 타이밍 제어 밸브를 듀티비 제어에 의해 개폐해서 펌프실 압을 변화시켜 분사시기를 제어한다.

이 방식에서는 타이머 피스톤의 위치를 센서에 의해서 검출하여 피드 백 제어한다.

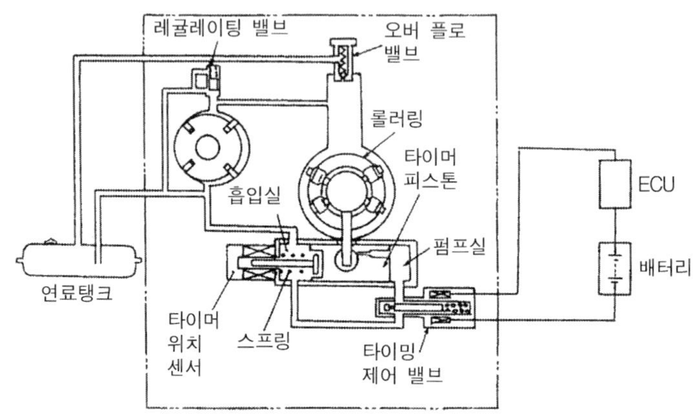

그림 10.52 분사 시기 제어 모식도

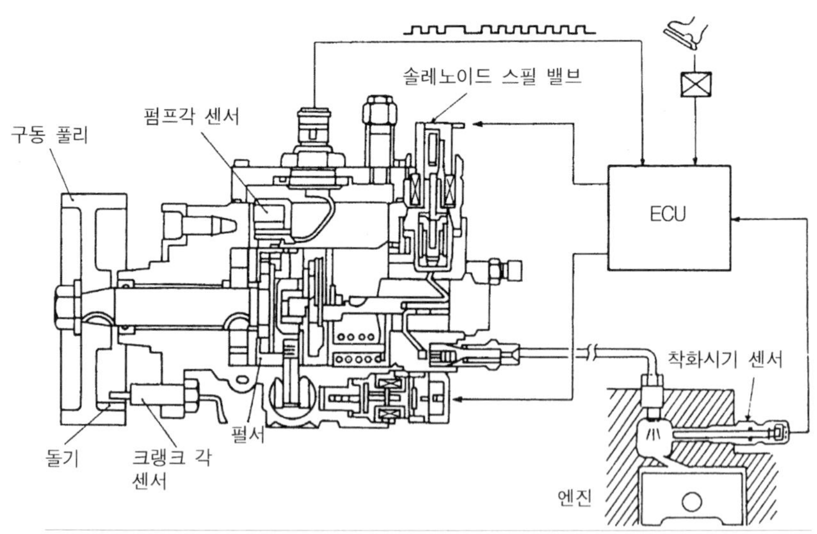

그림 10.53 시간 제어 방식 전자 제어 분배형 펌프 시스템

(2) 시간 제어 방식 전자 제어 분배형 분사 펌프

마이크로 컴퓨터는 내부에 반드시 클럭(Clock)을 가지고 있으며 시간 제어 방식 쪽이 위치 제어 방식에 비해서 전자 회로를 간소화 할 수 있다.
또 위치 센서는 불필요하며 액츄에이터는 전자 밸브(솔레노이드 밸브)를 사용하고 있기 때문에 분사 펌프는 소형화 할 수 있다.
그림 10.53은 현재 생산되고 있는 시스템으로 분사량 제어는 솔레노이드 스필 밸브로 하고 분사 시기의 피드 백은 착화 시기 센서의 신호로 하게 된다.
이 시스템의 분사량 제어 원리를 그림 10.54에 나타낸다.

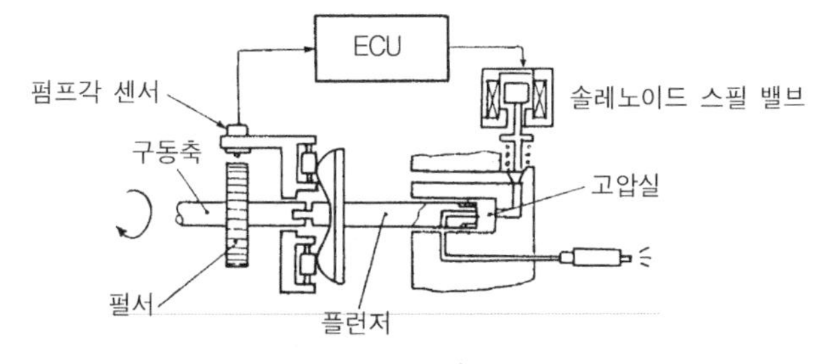

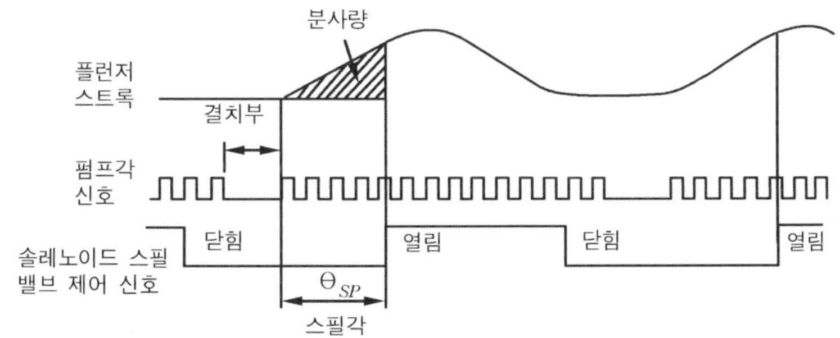

그림 10.54 분사량 제어의 원리

㉠ 분사량 제어

구동축이 회전하면 플런저가 상승하여 연료의 압송이 개시된다.
이 때 구동축과 일체로 회전하는 결치부(잇날이 없는 부분)를 가진 펄스 잇날의 위치를 펌프앵글 센서에 의해서 검출한다.
닫고 있던 솔레노이드 스필 밸브는 플런저의 상승 개시인 결치부로부터 목표 분사량에 상당하는 스필각이 되면 ECU 신호에 의해 밸브가 열려 압송이 끝난다.

스필각은 ECU에 의해서 시간 환산되고 있다.

전자 스필 밸브는 고내압력, 고응답성 및 대유량 특성을 실현하기 위해서 파일럿식 솔레노이드 밸브가 사용되고 있다.

솔레노이드 스필 밸브의 구조를 그림 10.55에 나타낸다.

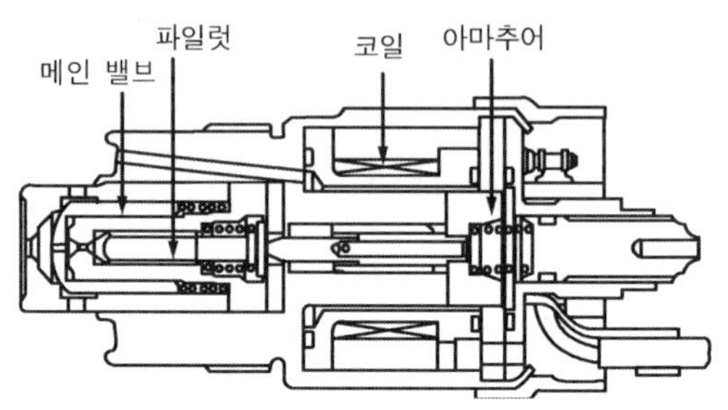

그림 10.55 솔레노이드 스필 밸브의 구조

솔레노이드 스필 밸브는 작은 지름 밸브 시트를 갖는 파일럿 밸브(전자 밸브)와 큰 지름 밸브 시트를 갖는 메인 밸브(자동 밸브)로 구성되며 작은 지름의 파일럿 밸브에 의해 고내압력과 고속 응답성을, 큰 지름의 메인 밸브에 의해 대유량 특성을 실현하고 있다.

작동을 그림 10.56에서 설명한다.

· 압송

플런저실의 압력파가 오리피스를 지나서 메인 밸브실에 전파되면 메인 밸브실내의 압력은 상승한다.

메인 밸브의 수압 면적은 플런저실 쪽보다도 메인 밸브실 쪽이 크기 때문에 수압력은 Ap<Bp가 되며 고압이 될수록 메인 밸브는 시트에 밀어붙여져 유밀을 유지한다.

메인 밸브가 열려 있는 동안은 노즐에 연료를 압송하고 있다.

· 파일렛 스필

ECU에 의해 코일의 통전이 차단되면 연료 압력과 스프링 하중에 의해서 파일럿 밸브가 열려 메인 밸브실의 연료가 저압의 펌프실로 유출하여 메인 밸브실의 압력이 저하한다.

· 메인 스필

압력차에 의해 메인 밸브가 열리게 되어 다량의 연료가 펌프실로 유출하여 플런저실의 압력이 저하하여 압송이 종료한다.

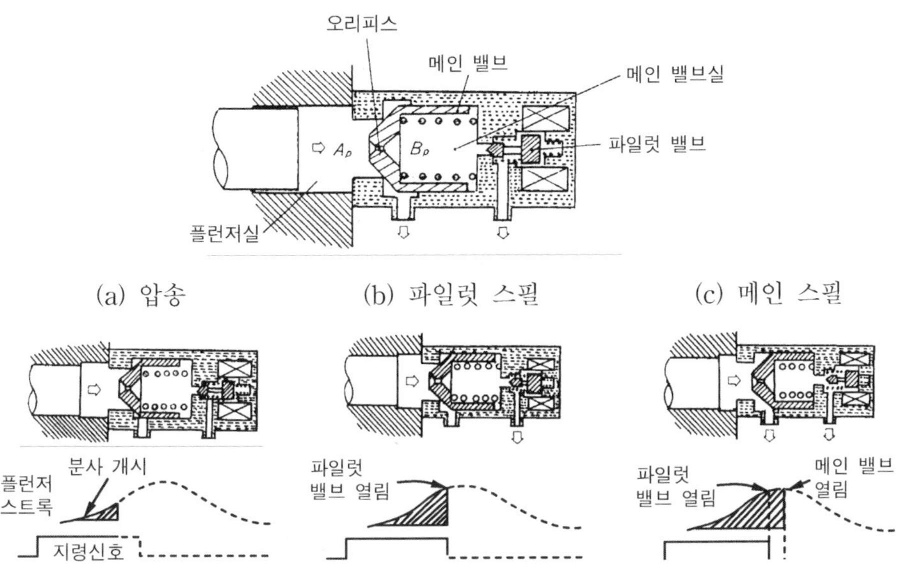

그림 10.56 솔레노이드 밸브의 작동 원리

파일럿 밸브의 밸브 열림 시기, 즉 분사량을 결정하기 위한 펌프앵글 신호를 검출하는 펌프앵글 센서의 장착 위치를 그림 10.57에 나타낸다.

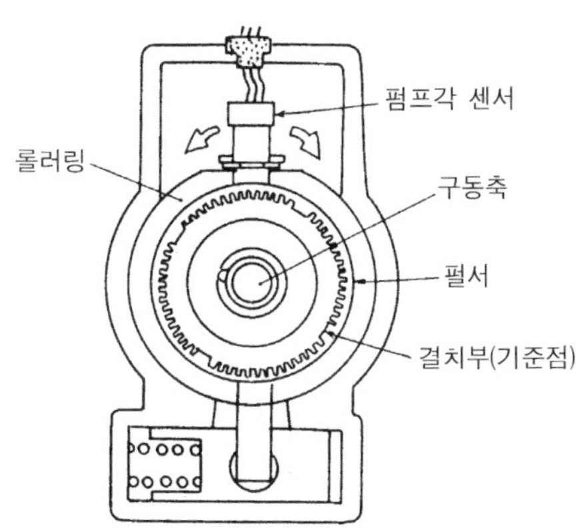

그림 10.57 펌프각 센서 장착도

펌프앵글 센서는 롤러링 위에 장착되어 있으므로 분사 시기 제어를 위해 타이머를 작동시켜도 펌프각 센서는 롤러링과 더불어 회전하므로 연료 압송 개시점으로부터 파일럿 밸브 개변까지의 캠각도는 변하지 않으며 분사량은 분사 시기와 독립으로 제어할 수 있다.

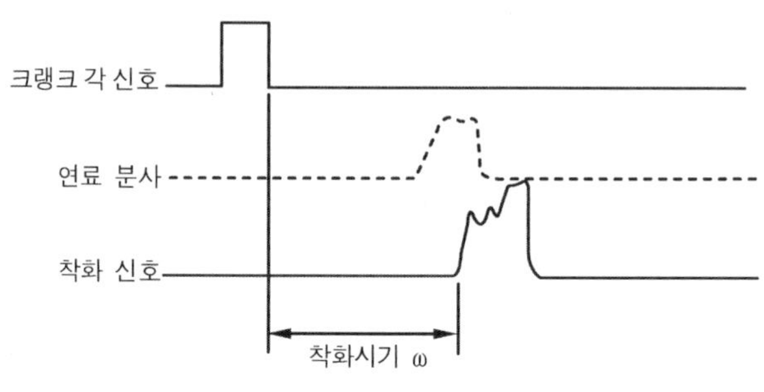

그림 10.58 착화시기의 검출

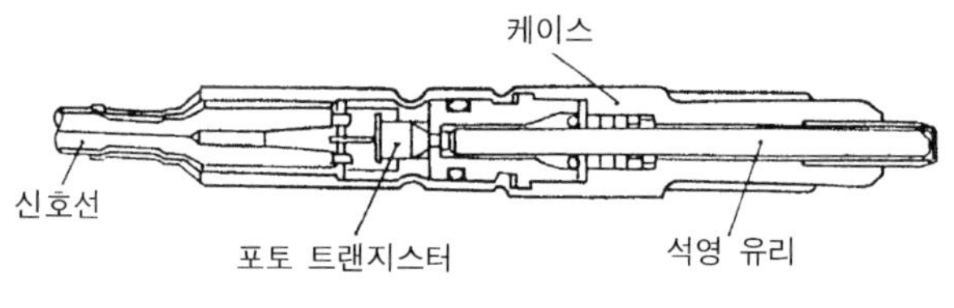

그림 10.59 착화 시기 센서

㉡ 분사 시기 제어

그림 10.57에 나타낸 구동 풀리의 돌기의 위치를 크랭크 각 센서에 의해서 크랭크 각도 위치로서 검출한다.

ECU는 그림 10.58과 같이 크랭크 각 신호와 착화시기 센서에 의해 검출된 착화 신회의 위상차 ω를 시간 환산하여 목표값과 비교하여 목표 착화 시기가 되도록 타이밍 제어 밸브를 제어한다.

엔진의 연소실에 장착한 착화시기 센서는 그림 10.59와 같이 엔진의 연소망을 포토 트랜지스터에 의해서 전기 신호로 변환한다.

이와 같이 착화시기를 피드 백 제어함으로써 연료의 성상(세탄가 등) 대기압, 노즐 개변압 등의 변화의 영향을 보상할 수가 있다.

착화 시기 센서 이외에 시간 제어 시스템용 분사 시기 센서로서 그림 10.60과 같이 노즐 니들의 상승을 검출하는 노즐 니들 리프트 센서도 사용되고 있다.

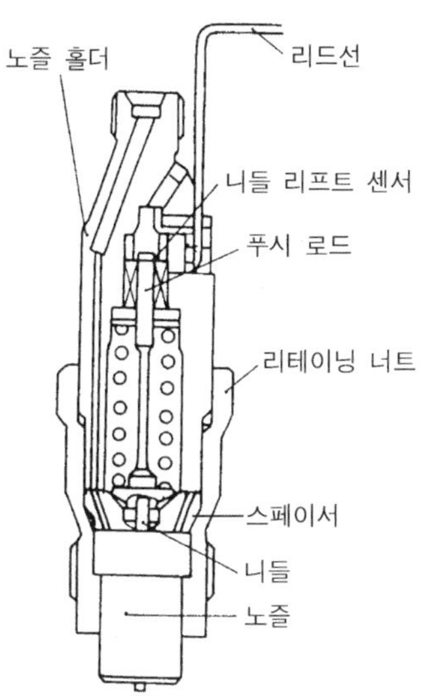

그림 10.60 노즐 니들 리프트 센서(Bosch사)

4. 커먼레일 전자제어 분사장치

1) 커먼레일 방식의 개요

디젤기관의 소음 감소와 연료의 경제성 및 유해 배기가스 저하 등의 필요성은 항상 대두되었으나 기계적으로 제어되는 기존의 연료 분사 시스템으로 대응하기에는 한계가 있었다. 이러한 요구사항을 만족시키기 위하여 정밀하고, 정확하게 계측되는 연료 분사량과 함께 고압의 분사 압력을 구축하는 장치가 필요하다. 이에 따라 디젤기관의 전자제어화 및 고압 직접 분사 장치를 개발하여 사용하게 되었다. 이에 따라 기존의 연료 분사 시스템에 의한 분사 압력은 150Bar 정도에 불과하였으나, 커먼레일 방식의 도입으로 최대 분사 압력을 약 1600Bar 정도까지 실현하기에 이르렀다.

지금까지 사용되던 디젤연료 분사장치는 분사압력을 얻기 위하여 캠 구동 장치를 사용했으며 그 원리는 분사압력이 속도증가와 함께 증가하고 이에 따라 분사 연료량이 증가하는 방식이었다. 이러한 장치는 분사압력이 매우 낮은 경우에만 실제로 사용할 수 있었다. 이러한 캠구동 방식과 달리 승용차나 상용차에 이용되고 있는 커먼레일 분사(Common Rail Injection) 장치에서는 분사압력의 발생과 분사과정이 완전히 별개로 이루어진다.

이렇게 압력발생과 분사를 분리하기 위해서는 고압을 유지할 수 있는 고압 어큐뮬레이터(High-Pressure Accumulator)나 레일(Rail)이 필요하게 된다.

이 시스템에서는 종래의 노즐홀더 위치에 솔레노이드가 부착된 노즐이 장착되고, 고압은 레디얼 피스톤 펌프(Radial Piston Pump)에 의해서 생성되는데, 일정한 범위 내에서는 엔진 회전수와는 독립하여 자유롭게 회전속도를 조정할 수 있다.

커먼레일 시스템의 장점은 엔진 설계시 연료의 압력발생과 분사를 분리해서 생각할 수 있기 때문에 연소와 분사과정 설계를 자유롭게 할 수 있다.

즉, 엔진 맵을 이용하여 엔진 운전조건에 따라서 연료 압력과 분사시기를 조정할 수 있기 때문에 엔진의 회전속도가 낮을 때도 고압분사가 가능해져서 완전연소를 추구할 수 있다.

또한 파이롯트 분사하면 배기가스와 소음을 더욱 저감할 수 있으며, 연료분사는 유압제어로 노즐 니들에 의해 조절되므로 분사 종료시까지 신속하게 조절 가능하다.

결국 커먼레일 시스템으로 인해 디젤 엔진은 획기적으로 배기가스를 저감하고, 연비를 향상시키는 것이 가능해졌다고 볼 수 있다.

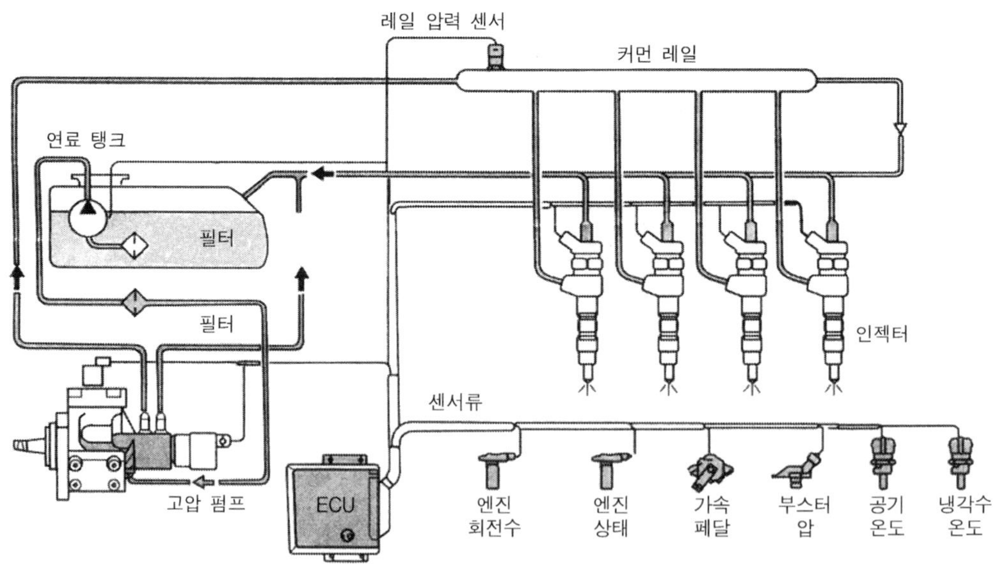

그림 10.61 커먼레일 방식의 구성

커먼레일 방식의 주요 구성부품은 고압의 연료를 저장하는 어큐뮬레이터(축압기 : Accumulator)인 커먼레일을 비롯하여 초고압 연료 공급장치, 인젝터(Injector), 전기적인 입·출력 요소, 컴퓨터(ECU) 등이다.

2) 제어 시스템 구성

(1) 분사량 제어

분사량은 커먼레일 내 압력과 인젝터에 보내지는 펄스 폭에 의해 제어된다.
분사량 계산은 엔진 조건에 따른 매회 목표 분사량이 결정되고, 이 펄스 폭 (Pulse Width)은 엔진맵에 의해 프로그램 된 분사량에 맞게 결정된다.

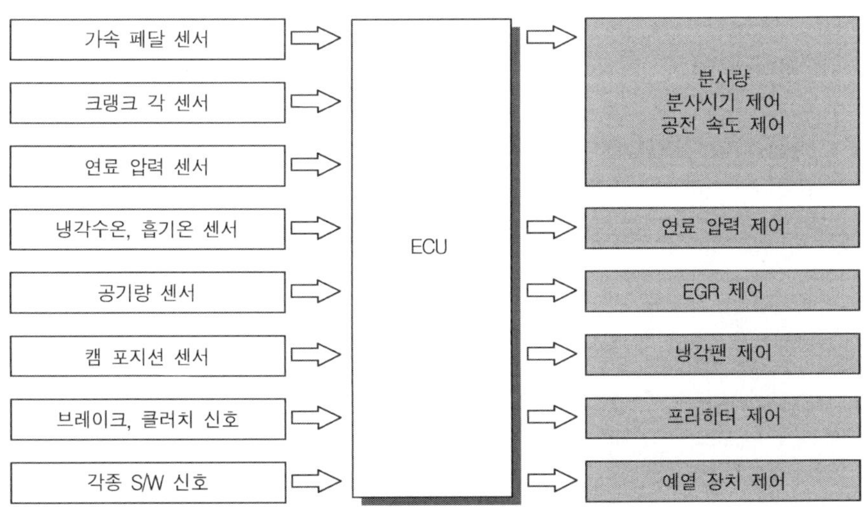

그림 10.62 제어 시스템 구성도

(2) 분사시기 제어

분사시기 계산은 엔진 회전속도와 부하를 기준으로 흡기 상태 및 냉각수 온도를 고려한 수정 값으로 최종 분사시기를 결정한다.
분사시간 계산은 결정된 분사시기 값을 엔진 회전속도에 따라 시간 값으로 환산한다.

(3) 분사율 제어

① 델타 방식

인젝터 내에 있는 원 웨이 오리피스의 단면경을 이용하여 분사량 증가 정도를 제한한다.

각 엔진에 맞는 최적 분사율 패턴은 커먼 레일 압력과 원 웨이 오리피스 단면경에 따라 선택될 수 있다.

② 파이럿트 방식

매회 분사시 인젝터를 2번 구동시키고 하드웨어 성능은 파이롯트 인젝션량을 $1mm^3$/Stroke 이하로 하고 파이롯트 인젝션 시간은 1ms 이하로 한다.

③ 부트 형상 방식

인젝터 내의 원 웨이 오리피스 대신 부트 밸브가 장착되며 특정 프리 리프트 포인트(Pre-Lift Point)에서 노즐 니들을 일시적으로 멈춘다.

프리 리프트량과 다양한 오리피스 단면경에 따라 다양한 부트 패턴을 얻을 수 있다.

(4) 분사압 제어

커먼레일의 고압센서로부터 신호를 감지하여 고압 공급펌프의 토출량을 변화시킴으로써 제어된다.

분사압 계산은 각 센서 신호를 바탕으로 최종 분사압을 결정한다.

펌프 컨트롤 밸브(Pump Control Valve) 구동시기 계산은 분사시기(=분사 크랭크 각도)를 실현하기 위하여 고압 공급 펌프의 펌프 컨트롤 밸브를 제어하여 구동 펄스의 시작 시간을 결정한다.

고압 공급펌프에 의한 연료 공급은 인젝터에서의 분사시기와 거의 일치하므로 연료소비와 공급이 균형을 이루고 고압 연료의 방출과 손실이 줄어든다.

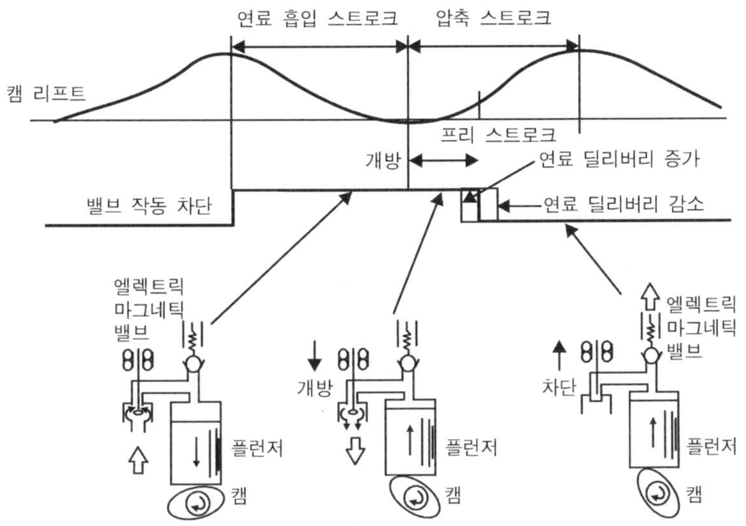

그림 10.63 고압펌프 분사압 제어 시스템 구성도

(5) 센서

① 가속페달 센서

디젤 차량은 연료량으로 엔진의 회전수와 부하를 제어했기 때문에 분사펌프에 액셀러레이터(Accelerator) 케이블이 연결되어 있었지만 커먼레일 디젤에서는 고압 펌프에서 엔진으로 들어가는 연료량을 제어하는 것이 아니기 때문에 케이블이 필요 없게 되었다.
그래서 액셀러레이터 페달 위에 센서를 설치하여 페달을 밟는 정도에 따라서 신호의 변화가 ECU로 입력되어 엔진을 가, 감속하게 된다.

② 크랭크 각 센서

크랭크 각 센서는 엔진의 크랭크 축에 장착되어있는 톤휠(Tone Wheel, 원형판 큰에 60등분된 돌기가 있는 것)의 회전을 감지하여 엔진이 회전하고 있는지를 ECU에 알려주는 기능을 한다.
크랭크 각 센서는 영구 자석 주변에 구리로 된 코일을 감아놓아서 이 자석에 금속이 가까이 가거나 멀어지거나 하면 영구자석의 자기력선의 변화가 발생하여 구리선에서 자기 유도 작용에 의해 전기가 발생되는 원리를 이용한 것이다.
ECU는 이 신호를 바탕으로 엔진의 회전 속도를 감지하고 현재 피스톤의 위치를 파악하여 연료분사시기와 분사량 등을 결정하는데 사용한다.

톤휠은 차량마다 약간의 차이는 있지만 보통 원을 60등분으로 분할하여 돌기가 만들어져 있으며 1회전 하였는지를 참조하기 위해 2개의 돌기를 뺀 58개 돌기로 구성되었다.

원을 각도로 표시한다면 360°가 되고 이것을 60분할하면 한 돌기당 6°의 각도가 주어진다.

보쉬 사에서는 이 6°를 다시 8등분하여 0.75°씩 엔진의 회전각을 측정하고 있으며, 이 측정값을 토대로 고회전시에 정밀한 분사시기 제어가 이루어진다.

③ 연료 압력센서(레일압력 센서)

레일압력센서는 커먼레일에 장착되었으며, 고압 펌프에서 압축되어 레일로 보내지는 연료의 압력을 오차 없이 측정 하도록 되어있다.

ECU는 연료 압력 센서에서 측정된 값을 가지고 연료의 분사량과 분사시기를 결정하는 요소로 사용하기 때문에 ECU로 입력되는 센서 중에 크랭크 각 센서 다음으로 중요한 센서이다.

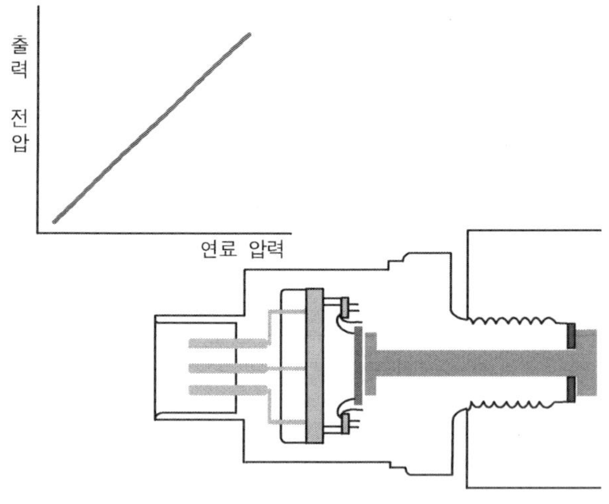

그림 10.64 연료 압력 센서의 구조

센서 내부에는 얇은 막이 있으며 이 막 상단에 피애조 저항을 붙여 막이 연료 압력에 의해 움직이면 저항 값이 변화되어 센서 출력 값으로 표시된다.

④ 냉각수온 센서

냉각수온 센서의 기능은 가솔린 엔진에서와 같이 초기 시동시 엔진의 온도를 측정하여 ECU로 하여금 연료 분사량과 분사시기를 결정하게 하고 공회전 RPM을 제어하는데도 사용하고 있다.
한냉시에는 프리히터를 작동시키거나 열간시에는 냉각팬을 작동시키는 등에 많이 사용하기도 한다.
엔진온도가 과도하게 상승할 경우는 엔진보호 차원에서 연료량을 감량하기도 한다.

⑤ 공기량 센서

디젤차량에는 스로틀 밸브라는 것이 없기 때문에 회전수와 관계없이 흡입 공기가 항상 100% 실린더 안으로 흡입되게 되어 있어 어떻게 보면 흡입 공기량 센서가 없어도 된다고 할 수 있다.
그러나 날로 심각해지는 대기 환경문제가 전 세계적으로 대두되면서 차량에서 배출되는 배기가스에 대한 규제 또한 엄격하게 관리되어야 하기 때문에 전자제어 디젤 차량에서는 흡입되는 공기의 양을 정확하게 계측할 필요가 있다.
기체는 주변의 온도와 압력에 의해서 부피 변화에 따른 밀도의 변화가 심하기 때문에 엔진으로 흡입되고 있는 실질적인 공기량을 측정하지 않으면 연료 분사량에 따른 혼합비의 오차가 발생하게 된다.
이로 인하여 배기가스 중에 검댕이나 질소 산화물 등의 오염물질이 많이 배출된다. 그래서 엔진 ECU에서는 흡입 공기량을 측정하여 EGR밸브를 제어하는데 사용하며 공기의 밀도로 인한 연료 보정용으로도 사용하고 있다.
그렇기 때문에 흡입 공기량 센서가 고장이 나게 되면 EGR밸브 작동은 중지하게 되고 이로 인하여 배기가스 배출을 억제하기 위해 엔진출력을 2700rpm 이하로 제한하게 된다.

⑥ 캠 포지션 센서

ECU는 각각의 피스톤 위치는 알 수 있어도 그 피스톤이 어떤 실린더 피스톤인지는 알 수 없으므로 캠 축에 센서를 설치하여 크랭크 각 센서와 캠 축에 설치되어있는 센서와의 위상을 비교하여 현재 어떤 실린더의 피스톤이 어떤 위치에 있는지를 알 수 있는 것이다.

캠 포지션 센서의 원리는 크랭크 각 센서와 비슷한데 영구자석과 홀 소자라는 반도체를 같이 사용하여 영구자석에서 자기력의 변화가 발생하면 홀 소자가 스위치 역할을 하게 되고 이렇게 되면 내부회로가 통전이 되어 출력선 쪽으로 전압이 출력된다.

3) 연료 장치 구성

커먼레일 디젤차량의 연료 계통은 초정밀 가공되어있기 때문에 아주 작은 불순물에 의해서도 치명적인 결과를 발생시킬 수 있다.
따라서 연료계통 정비시는 오염된 장갑이나 먼지가 많은 곳은 피해야 한다.

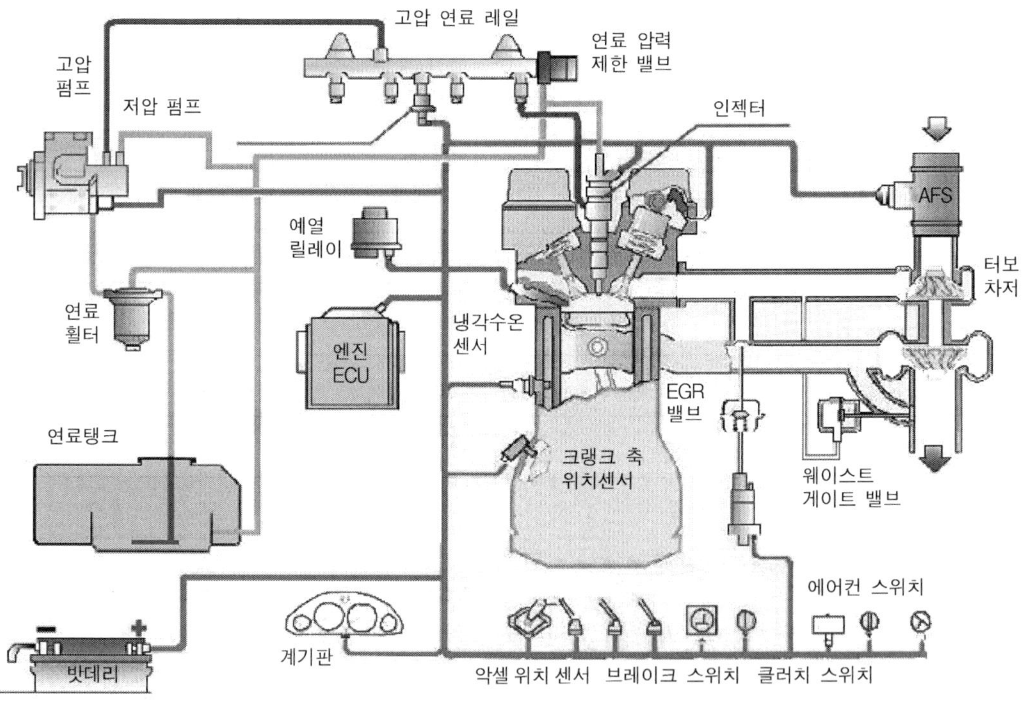

그림 10.65 연료 장치 구성도

연료 계통은 크게 3부분으로 구분되는데, 첫 번째는 저압연료 계통으로 연료탱크에서 연료 필터를 거쳐 고압 펌프 직전까지를 말한다.
두 번째는 고압연료 계통으로 고압 펌프에서 커먼레일을 거쳐 인젝터까지이다.
세 번째는 리턴연료 라인으로 고압 펌프와 인젝터 그리고 커먼레일에서 리턴되는 연료라인을 말한다.

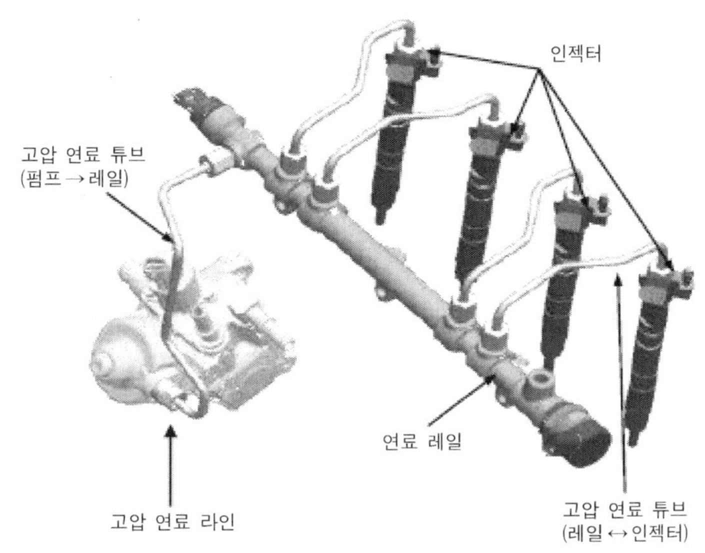

그림 10.66 고압 연료 라인

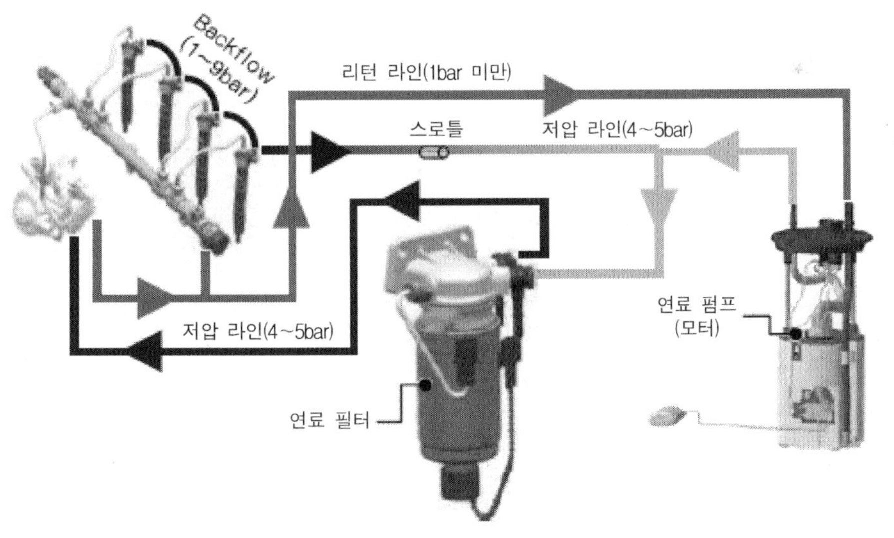

그림 10.67 저압 연료 라인

이 라인들 중에서 차량 시동과 운행에 문제를 줄 수 있는 연료라인은 저압 연료 라인과 고압연료 라인으로 이 두 연료라인에 문제가 발생하게 되면 커먼레일의 연료 압력에 문제를 일으켜 시동불능이나 부조 및 매연 과다 등을 유발하게 된다.

또한 고압 펌프 전까지의 저압연료 계통은 기존의 디젤차량 구조와 다르게 전기식 저압 연료 펌프가 장착되어 있다.

이것의 장점은 Key-On시 바로 작동하여 연료탱크로부터 연료를 바로 압송하여 원활하게 고압 펌프로 연료를 공급하므로 시동성 향상과 라인내의 잔류 공기를 빠른 시간에 배출시키는 효과가 있다.

하지만 단점으로 고장이 발생하게 되면 시동이 전혀 이루어지지 않는 치명적인 결과를 가져오기도 한다.

(1) 연료 필터 및 히팅장치

디젤의 연료 필터는 수분과 이물질을 걸러내고 연료를 예열하는 기능을 수행한다. 커먼레일 엔진의 연료 공급 장치에서 연료에 수분이 유입되면 겨울철 동결로 인해 연료의 흐름이 방해되어 시동 및 공회전 불량 등의 주요 원인이 되기도 한다.

그림 10.68 연료 필터

① 수분분리

커먼레일 엔진의 연료 탱크에 수분이 유입되면 고압펌프, 필터, 인젝터 등 연료 공급 시스템 전체의 고장 원인이 되고 부품의 마모 및 손상을 일으킬 뿐만 아니라 부품에 녹이 발생하여 시동 불량 및 고장의 원인이 된다.

그래서 모든 커먼레일 엔진에는 연료 필터에 수분을 분리해주는 기능이 있는데 이는 연료에 함유된 수분을 분리해 따로 탱크에 저장하는 것이다.
일정량 이상의 수분이 필터 하단부에 쌓이면 계시판에 수분 분리기 경고등이 켜지는데 이때 연료 필터의 수분을 제거해 주어야 한다.

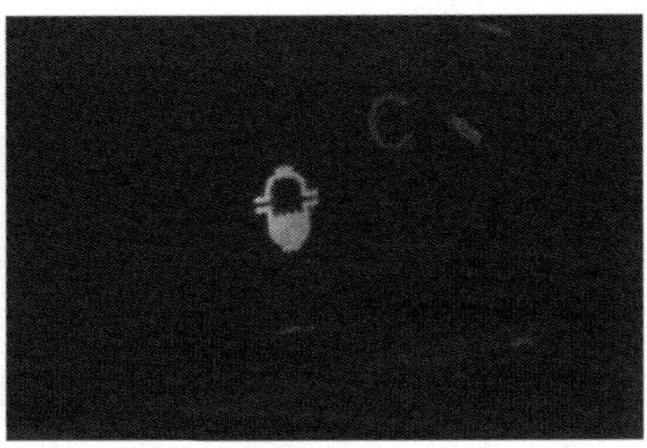

그림 10.69 수분센서와 수분 경고등

② 연료 예열

디젤 연료의 성분 중 파라핀계(CcH2n+2) 성분은 영하의 기온에서 응고가 되기 쉬운데 이로 인해 시동이 잘 걸리지 않을 수도 있다. 이러한 현상을 방지하기 위해 연료 필터에는 가열 장치가 있어 영하의 온도에서는 히터가 작동해 이 파라핀계 성분을 녹여주는 역할을 한다.
연료 필터의 히터는 ECU의 제어와는 상관없이 연료 필터 내 연료 온도 스위치 on/off에 따라 작동한다. 영하 3°C에서 스위치의 접점이 붙으며 릴레이가 on되면 히터가 작동하여 연료를 가열되는 방식으로 모든 커먼레일 엔진이 동일하다.

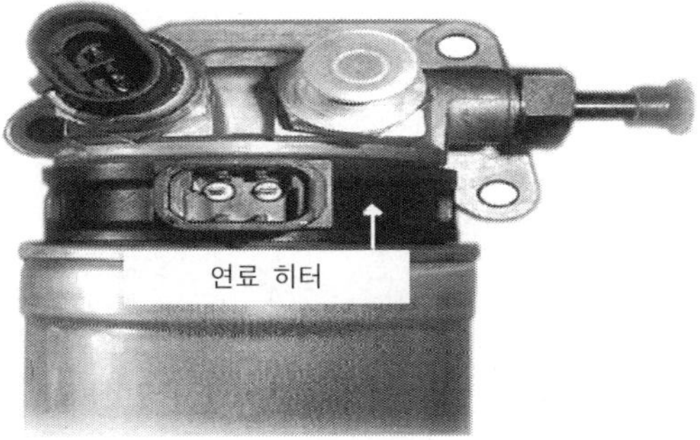

그림 10.70 연료 히터와 연료 온도 스위치

③ 이물질 분리

연료 필터도 공기 필터나 다른 필터와 마찬가지로 디젤에 포함된 찌거기 등 외부 이물질을 분리하는 기능을 가지고 있다.

④ 오버플로우 밸브와 플라이밍 펌프(연료 필터 외부에 장착된 스프링이 달림 펌프)

연료 필터 상단에 설치된 오버플로우 밸브는 커먼레일이 일정한 압력을 유지하기 위해 여과된 연료를 공급하고 연료의 유량을 일정하게 유지할 수 있도록 볼과 스프링 등으로 나사 모양으로 장착되어 있다.

그림 10.71 오버프로우 밸브와 플라이밍 펌프

(2) 고압 공급 펌프(High Pressure Feed Pump)

엔진구동 중 필요로 하는 고압을 발생하고 고압의 연료를 커먼레일에 공급하는 역할을 하며, 연료 압력 조절 밸브와 저압 펌프 일체형으로 된 것이 있는 반면 저압과 고압 펌프가 따로 분리된 형이 있다.
고압 펌프는 캠 축 또는 타이밍 체인에 의해 구동되며 통상 헤드옆 부분에 장착되어있다.
고압 펌프는 3개의 플런저가 방사형으로 위치하고 있으며 편심 캠에 의해 동작한다. 고압 펌프가 1회전 하게 되면 최대 약 0.7cc 정도의 연료가 토출된다.
저압 연료가 최소 0.5~1.0bar는 되어야 고압 펌프 입구의 오리피스 밸브를 밀어 올려 고압 연료계통으로 연료가 공급된다.

연료 압력이 낮으면 펌프내부는 연료에 의해 윤활되지만 고압라인으로 연료가 흐르지 못해 시동불량이 될 수 있다.
이 오리피스 밸브가 고착되어도 시동불량 원인이 될 수 있다.

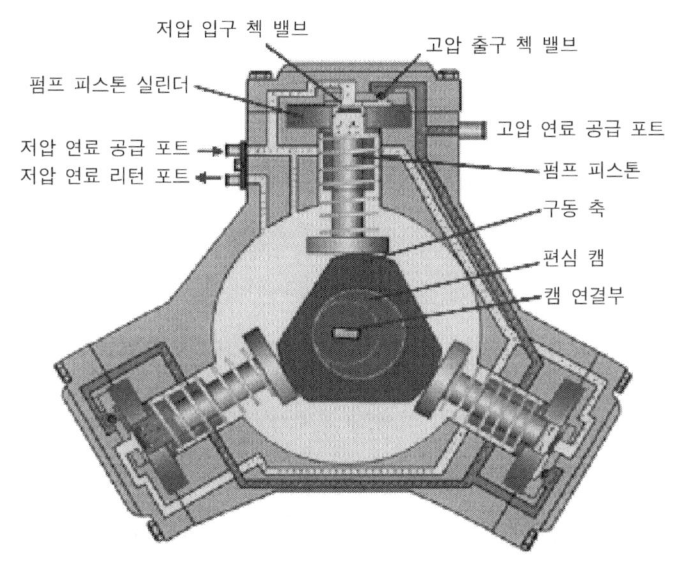

그림 10.72 고압 펌프의 내부구조

(3) 연료 압력 조절 밸브

ECU에서 목표로 하는 설정 압력으로 고압의 연료를 분사하기 위해서는 커먼레일에 축압된 연료가 언제나 일정하게 유지 제어될 수 있어야 한다. 이러한 압력 제어를 가능하게 만드는 장치가 연료 압력 조절 밸브이다.
압력조절 밸브는 듀티 제어되며 듀티값에 따라 연료 흐름을 단속하는 구조로 되어 있다.
예를 들어 현대 A엔진의 경우 압력조절 밸브에서의 연료 흐름은 듀티가 0%이면(전류값이 작아지면) 연료 통로를 완전히 개방하여 모든 연료가 고압 펌프쪽으로 흘러가도록 한다.
듀티가 100%이면(전류값이 커지면) 연료 통로를 막아 연료가 리턴되도록 한다.
한편 연료 압력 조절 밸브의 듀티를 가지고 연료계통의 누설유무도 판단할 수가 있다.

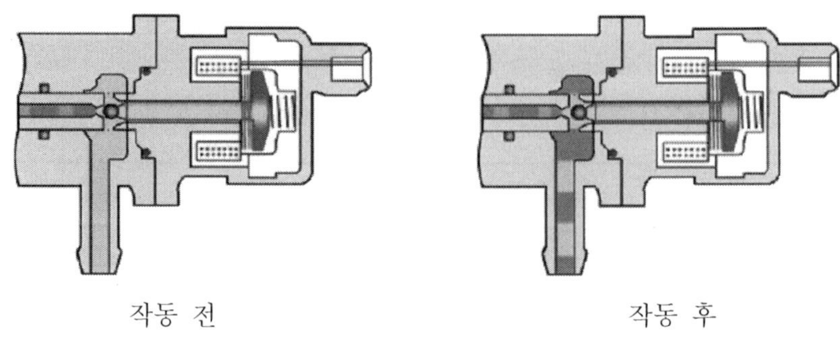

그림 10.73 연료 압력 조절 밸브의 작동

(4) 레일압력 제한 밸브

엔진이 고회전시 연료계통 또는 기계적인 문제가 발생하여 커먼레일의 압력이 일정압력 이상으로 상승함으로서 각 부품이 파열하는 것을 방지할 목적으로 전기적으로 제어할 수 없는 비상사태를 대비하여 커먼레일 끝단에 압력 제한 밸브를 설치하기도 한다.

비상시 커먼레일의 압력이 1750Bar 이상 되면 스프링의 힘을 이기고 압력제한 밸브가 열려 내부의 연료가 리턴라인을 통하여 탱크로 리턴되도록 되어있는 일종의 릴리프 밸브이다.

그렇기 때문에 압력제한 밸브는 평상시에는 항상 닫혀 있어야 되고 만약 밸브에서 연료가 누설이 된다면 엔진 시동성 및 공회전 상태 그리고 출력에서 문제를 줄 수 있다.

(5) 인젝터

커먼레일 디젤차량은 초 고압의 연료 압력으로 작동하기 때문에 연료 분사를 담당하고 있는 인젝터 또한 가솔린 인젝터와는 구조 자체가 다르다.

가솔린 차량의 인젝터는 내부의 솔레노이드 코일에 의해 니들 밸브를 직접 열어 연료를 분사하는 방식이었다.

하지만 커먼레일 디젤의 인젝터는 솔레노이드 코일로 니들밸브를 직접 작동시키는 것이 아니고 니들밸브 상단의 컨트롤 챔버실의 압력과 하단의 니들밸브실의 압력차를 이용하는 것이다.

니들밸브 상단의 컨트롤 챔버실에는 오리피스 홀이 있고 이 통로를 통하여 연료가 리턴되면 컨트롤 챔버 압력이 니들밸브 실의 압력보다 낮아져서 니들밸브가 위로 들어 올려져서 열리는 구조로 되어있다.
인젝터 솔레노이드에 전류가 흐르지 않으면 오리피스 홀은 볼에 의해 닫히고 니들밸브실 보다 상대적으로 면적이 더 넓은 콘트롤 챔버실의 압력이 상승하게 되면 니들밸브는 압력에 의해 아랫방향으로 닫히도록 되어있다.
그렇기 때문에 사용 압력에 비해서는 상대적으로 작은 전류를 가지고도 인젝터의 작동이 가능하다.

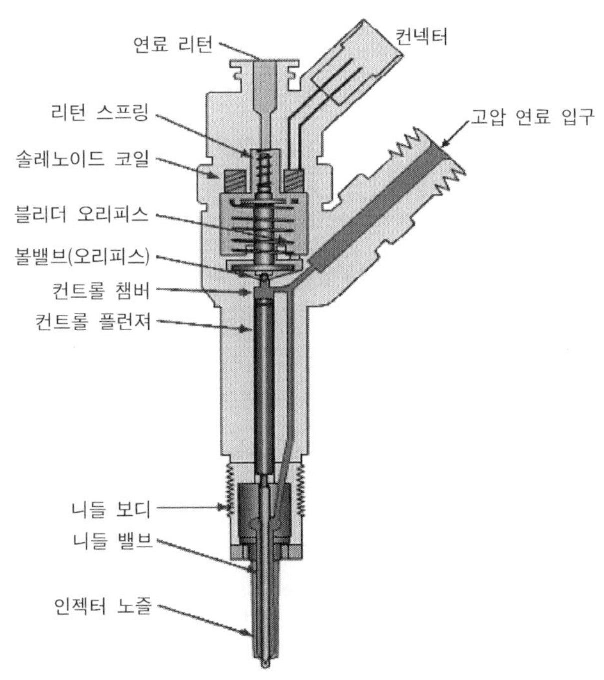

그림 10.74 인젝터의 구조

최근에는 솔레노이드의 자력을 대신해 피에조 소자의 압전 효과를 이용해 연료를 분사하는 방식이 개발되었다. 이 방식은 솔레노이드 타입 인젝터의 코일 자력에 의해 움직이는 플런저와 같은 기능을 피에조 소자가 대신한다고 할 수 있다. 압전 효과 는 소자에 전위가 걸리면 형상에 작은 변화가 생기고, 결정에 물리적 압력이 가해지면 결정의 양면 간에 전위차가 생기는 현상을 말한다.
피에조 인젝터 내부의 피에조 액츄에이터에는 ECU로부터 최대 100V 이상의 전압이 가해지고 가해진 전압은 약 90μm 단위로 이루어진 피에조 적층에 전기장을 일으켜 1.5~2% 정도로 길이를 증대시킨다. 이 길이가 액츄에이터의 스트로크가 되기 때문에 피에조 액츄에이터를 구성하고 있는 적층의 개수가 곧 최대 확장 길이를 결정하게 된다.

그러나 이렇게 증대된 길이는 약 45㎛(0.045㎜)로 매우 작은 양이기 때문에 실제로 니들 밸브의 움직임을 제어하기는 어렵다. 그래서 피에조 액츄에이터 끝에 이 길이를 확장시키는 장치인 '유압커플러'를 연결해 인젝터 구동에 필요한 압력 조절 밸브를 열고 닫는다.

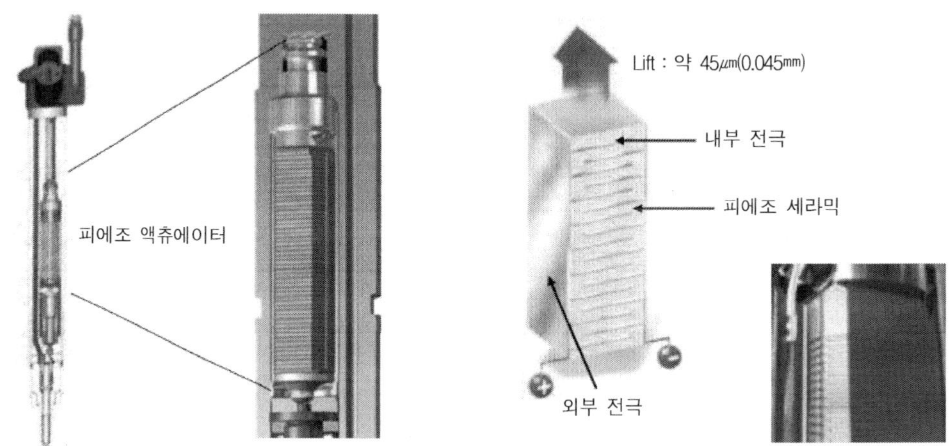

그림 10.75 피에조 액츄에이터

피에조 인젝터는 이렇게 높은 전압을 가하면 피에조 적층이 팽창되고 다시 전압을 해제하면 수축되는 원리를 이용해 인젝터를 구동하기 때문에 솔레노이드 방식에 비해 응답성이 현저히 빨라 정밀한 연료분사 제어에 적합한 특징을 가지고 있다.

5. 유니트 인젝터 시스템(Unit Injector System)

1) 개요

오늘날 디젤 엔진은 더욱더 성능과 연비의 향상 그리고 배기가스와 소음의 감소가 요구되고 있다.

이러한 요구로 직접 분사 디젤 엔진에서는 각 실린더 마다 개별적인 인젝션 펌프를 설치하는 유니트 인젝터 시스템(Unit Injector System)이라고 하는 것이 개발되었다.
결국 분사펌프가 인젝터 가까이에 위치하기 때문에 인젝터의 분사 정밀도가 더욱 향상되고, 실린더 헤드나 실린더블록에 직접 장착되므로 엔진의 소음을 줄일 수 있다.
승용차용 유니트 인젝터의 경우 노즐 압력을 2000bar까지 올릴 수 있으며, 연료 압력이 높을수록 분무입자가 작아지기 때문에 공기와 연료의 혼합이 좋아지며 완전연소에 가까운 연소가 이루어진다.
각 실린더에서는 연료가 실린더마다 장착된 연료분사 모듈에 의해 분사된다.
이 연료분사 모듈 안에는 노즐과 펌프가 하나의 어셈블리 부품으로 되어있다.
이 인젝션 장치에는 솔레노이드가 내장되어 있기 때문에, 솔레노이드의 작동으로 분사개시 시기가 결정되며, 분사량은 솔레노이드 밸브 작동시간으로 결정된다.
분사시기와 분사량은 작동 당시의 엔진운전 상태와 주위 환경조건에 따라서 ECU에 의해서 결정된다.
유니트 인젝터 장치는 모듈로 되어 있기 때문에 엔진에 장착하기 쉬울 뿐만 아니라, 정비시에도 다른 부품들을 탈거할 필요 없이 바로 탈거하여 정비할 수 있기 때문에 정비성도 좋다.

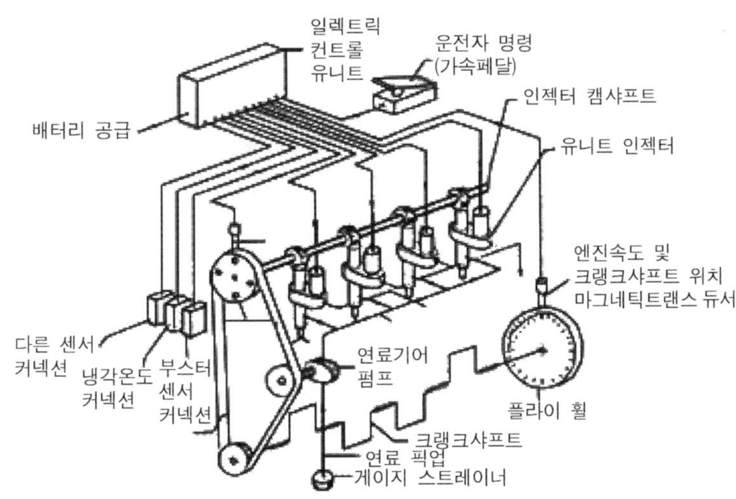

그림 10.76 유니트 인젝터 시스템의 구성도

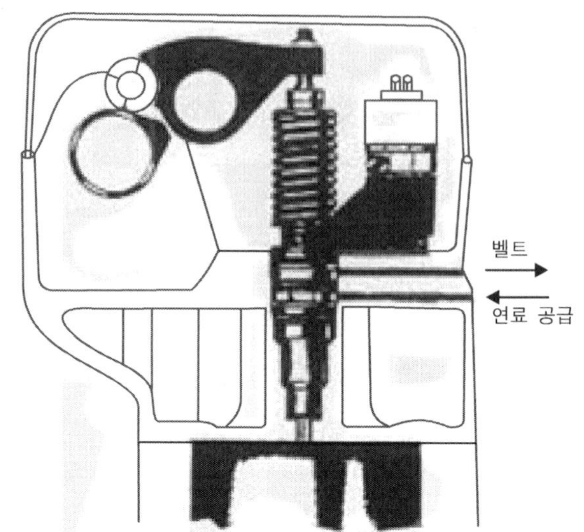

그림 10.77 실린더 헤드 내의 레이 아웃

유니트 인젝션 시스템은 실린더 헤드에 직접 장착되기 때문에 엔진 초기 설계시부터 장착을 고려해야 하며, 각각의 펌프는 엔진 오버헤드 캠 축에 의해 록커 암에 의해 구동된다. 이 장치는 솔레노이드 밸브와 인젝션 노즐 사이의 거리가 매우 가깝기 때문에 분사압력 고압화에 유리하다.

이로 인해 최근에 개발된 어떤 분사방식 보다도 연소 최고압력이 높고 고출력과 배기가스 저감에 장점이 있다.

승용차에 사용되는 유니트 인젝터에는 특히 기계식 파이롯트 인젝션 기능이 있다. 이 기능은 노즐-니들 댐핑과 결합되어 불과 $1.5mm^3$의 파이롯트 인젝션을 하여 연소소음을 줄이는 역할을 한다.

유니트 인젝션 시스템은 오픈 또는 클로즈 루프 컨트롤로 조절 가능하며, 구성 부품의 열화나 노후에 따른 보정 기능도 있다.

2) 시스템 구성

(1) 유니트 인젝터

유니트 인젝터는 로커 암으로부터 전달된 동력이 플런저를 구동하여 연료의 압력을 발생시키는 펌핑 요소와 ECU의 지시에 따라 솔레노이드를 구동시켜 스필 밸브(Spill Valve)의 개폐시기를 제어하는 제어부, 최종적으로 전달된 연료의 압력에 의해 실린더 내로 연료를 분사하는 노즐부로 구분할 수 있다.

(2) 스피드 센서(캠 및 크랭크)

전자유도 현상을 기초로 감겨진 코일에 작용하는 자속의 변화가 코일에 기전력을 발생하는 원리로 작동한다.
센서의 원주 상에 돌출 또는 함몰된 이빨을 갖는 센서 휠을 갖는다.
금속으로 된 센서 휠이 센서부근을 지날 때 센서의 영구자석에 의해 형성된 자기장에 영향을 주게 된다.
그 자속의 변화에 따라 주변 코일에 기전력이 유도된다.
이 기전력의 변화가 와이어를 통해 출력되고 같은 출력특성이 나타난다.

(3) 공기 압력 센서

공기 압력 센서는 압력에 따라 저항 값이 변하는 압전 소자의 특성을 이용한 압력측정용 센서를 사용했다.
ECU로부터 일정전압이 인가됐을 때 압력에 따라 변화된 소자의 저항이 출력단의 전압을 변화시키고 이 출력값을 압력으로 환산하여 ECU가 인식한다.

(4) 온도 센서(공기 및 냉각수)

일반적으로 도체는 온도가 상승함에 따라 저항값이 증가하는 특성을 나타낸다.
그러나 온도 센서는 온도가 증가함에 따라 저항이 작아지는 써미스터 소자의 특성을 이용한다.

(5) 페달 센서(포텐셔 미터)

포텐셔 미터는 일반 오디오 또는 텔레비젼에 쓰이는 가변저항과 같은 원리로 이루어져 있다.
전체 저항 R상에 변위에 따라 이동하는 출력단자를 구성하며 센서의 변위가 생겨 접점이 이동되면 그에 따라 접점까지의 저항이 변하고 이는 출력단자의 전압변화로 나타난다.
위의 원리를 이용한 것이 포텐셔 미터이며, 페달 센서는 일반적으로 페달 어셈블리되거나 또는 페달 근처에 설치되어 링크로 연결되는 구조를 갖는다.

10.5 시동 보조 장치

1. 개요

1) 역할

디젤 엔진은 엔진의 공기 압축열에 의해서 연료의 착화를 하는 것이다.
냉한시에는 열손실이 크고 압축열만으로는 연료의 착화가 어려워져 엔진의 시동이 곤란하다.
시동 보조 장치의 역할은 디젤 엔진의 냉한시에 있어서 연료의 착화를 용이하게 하여 엔진의 시동을 보조하는 데 있다.
그 외에 엔진 시동 후에도 소정 시간만 시동 보조 장치를 작동시켜(After Glow) 시동 직후의 엔진 매연과 엔진의 소음을 저감하는 역할도 한다.

2) 종류

시동 보조 장치에는 표 10.3과 같이 대별하여 글로 시스템(Glow System)과 인테이크 히터 시스템(Intake Heater System)이 있다.

표 10.3 시동 보조 장치와 그의 적용

차종	엔진 구분	시동 보조 장치	
		글로 시스템	인테이크 히터 시스템
승용차	부연소실식		
소형 트럭	부연소실식		
	직접 분사식		
중형 트럭	부연소실식		
	직접 분사식		○
대형 트럭	직접 분사식		○

글로 시스템은 부연소실에 글로 플러그를 장치하여 연소실내의 공기 온도를 높이고 분사된 연료의 착화 열원이 되어 연료의 착화를 용이하게 한다.
이것에 비해서 인테이크 히터 시스템은 흡기관에 인테이크 히터를 장치하여 흡

기를 가열하고 가열 흡기를 주연소실에 송입함으로써 연료의 착화를 용이하게 한다.

일반적으로 글로 시스템은 부연소실식 디젤 엔진에 사용되며, 인테이크 히터 시스템은 배기량이 큰 직접 분사식 디젤 엔진에 많이 사용되고 있다.

글로 시스템의 특징은 표 10.4와 같은 우수한 속열성에 의한 퀵 스타트가 있으며 인테이크 히터 시스템은 큰 열출력에 의한 애프터 글로를 한다.

표 10.4 시동 보조 시스템의 특징

구분		시동 보조 방식	속열성	소비 전력	애프터 글로 능력
글로 시스템		착화열원	○	○	△
인테이크 히터 시스템	버너식	흡기 가열	△	○	◎
	전열식			△	○

· 속열성 : 소정의 온도에 도달할 때까지의 시간
· ◎ : 뛰어나다 ○ : 보통 △ : 다소 뒤 떨어진다

2. 글로 시스템

1) 종류와 특징

예열속도에 따라 글로 시스템은 표 10.5와 같이 3종으로 대별할 수 있다.

종래의 글로 시스템은 글로 플러그 자체의 온도 특성을 이용하며 특별한 제어를 하고 있지 않으므로 속열성은 뒤 떨어지며 애프터 글로를 필요로 하지 않을 때에 사용된다.

표 10.5 글로 시스템의 종류와 특징

구분	온도 제어 방식	착화 열원
종래의 글로 시스템	제어하지 않음 (글로 플러그의 온도 특성에 의존)	15~25초
자기 제어형 글로 시스템	전류 검출 제어	3~5초
급속형 글로 시스템	전기 제어(=시간 제어)	8~12초

자기 제어형 글로 시스템은 종래형 글로 시스템을 발전시킨 시스템이며 다소 속열성이 좋다.

종래형 글로 시스템과 같이 글로 플러그 자체의 온도 특성을 이용한 시스템이지만, 글로 플러그의 내부 기구로 온도를 자기 제어 하는 점이 다르다.
급속형 글로 시스템은 전기적으로 온도를 제어하기 위해 시스템의 구성 부품이 많아지나 속열성이 가장 좋고 주로 승용차에 사용되고 있다.
이 주요한 3방식의 사용 동향은 속열성 중요시로 종래형으로부터 급속형으로 전개되어 왔다. 최근에는 시스템이 간소하고 속열성도 비교적 빠른 자기 제어형 시스템이 많이 사용되고 있다.

2) 구조와 작동

(1) 종래의 글로 시스템

종래의 글로 시스템을 그림 10.78에 나타낸다. 글로 플러그는 릴레이를 거쳐서 전원에 직결되어 있으며, 예열 및 크랭크 중에 통전되어 엔진 시동과 동시에 통전은 차단된다. 타이머는 수온 센서에서의 신호에 의해 수온이 높을 때는 글로 플러그에의 통전 시간을 짧게 하고 낮을 때는 길게 결정한다.
통전은 램프 점등으로 표시되므로 운전자는 램프를 보면서 시동한다.
글로 플러그의 승온 특성을 그림 10.79에 나타낸다.
전원 전압이 직접 글로 플러그에 인가되므로 발열체의 내구 한도에서 말하면 12V계의 전원의 경우 인가 전압 11~12V일 때, 온도 1000℃~1100℃가 되는 글로 플러그가 사용되고 있다. 글로 플러그의 구조를 그림 10.80에 나타낸다. 발열체의 재료는 FeCr, NiCr 또는 Ni가 주로 사용되고 있다.

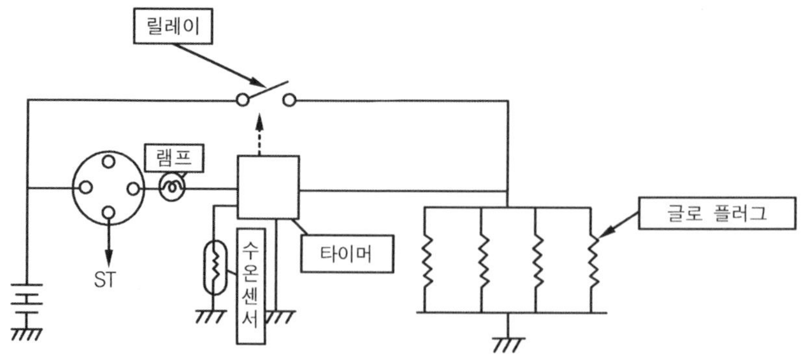

그림 10.78 종래형 글로 시스템

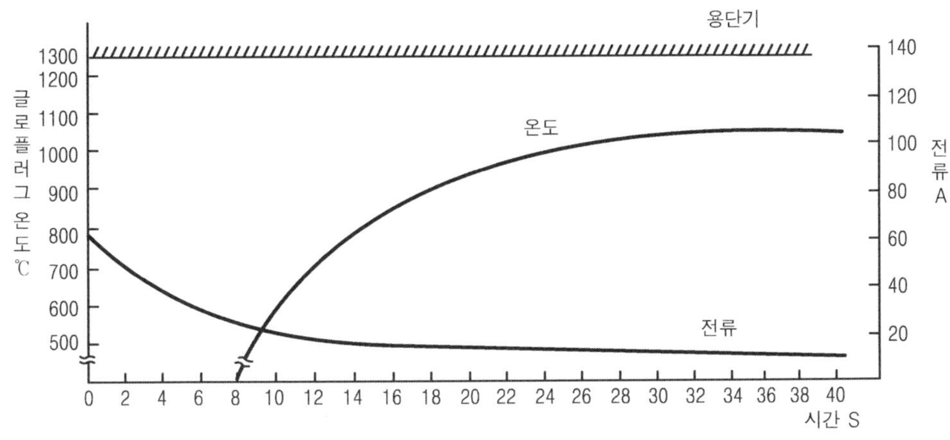

그림 10.79 종래형 글로 시스템의 온도, 전류 특성 예

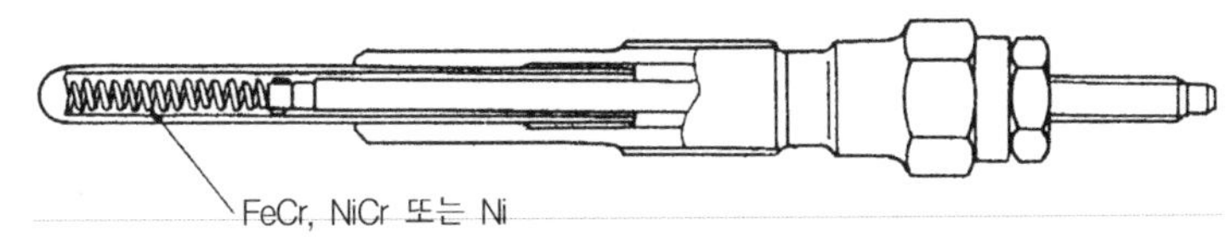

그림 10.80 종래형 글로 플러그

(2) 자기 제어형 글로 시스템

자기 제어형 글로 시스템은 그림 10.81과 같이 종래형 글로 시스템에 레지스터를 추가한 것이다. 글로 플러그는 예열·크랭크 시에는 메인 릴레이를 거쳐서 통전되는 직결 회로로 되어 있으며 램프 표시 방법도 종래형과 같다. 애프터 글로 시에는 서브 릴레이가 작동하여 레지스터를 거쳐서 통전된다. 타이머는 수온 센서에서의 신호에 의해 수온에 따라 애프터 글로 시간을 결정한다.

이 시스템에는 그림 10.82와 같이 자기 제어형 글로 플러그가 사용된다.

이 글로 플러그에는 일반적으로 고유 저항이 크고 저항 변화율이 작은 FeCr 또는 NiCr선을 사용한 래시 코일과 저항 변화율이 큰 Fe 또는 Ni선을 사용한 브레이크 코일의 2종의 발열체로 구성되어 있다. 글로 플러그에 전압이 인가되면 저항이 큰 래시 코일부가 급속으로 적열하고 다음에 브레이크 코일부가 열전도와 자기 발열에 의해 승온한다. 따라서 종래형 글로 플러그에 비해서 예열속도가 좋은 승온 특성이 얻어진다. 일정의 온도까지 승온시키면 발열체의 저항값이 증가하므로 전류를 감소하고 일정 온도로 유지된다.

이 시스템의 승온도 특성의 일 예를 그림 10.83에 나타낸다.

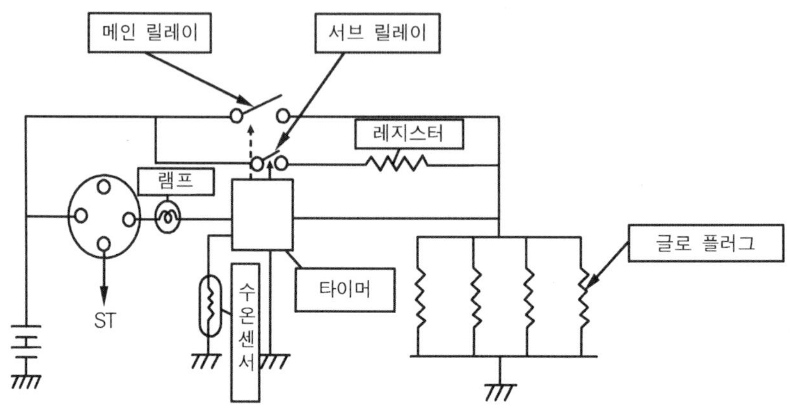

그림 10.81 자기 제어형 글로 시스템

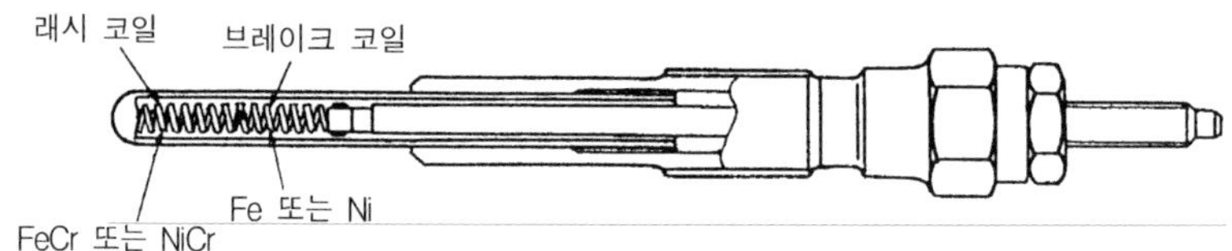

그림 10.82 자기 제어형 글로 플러그

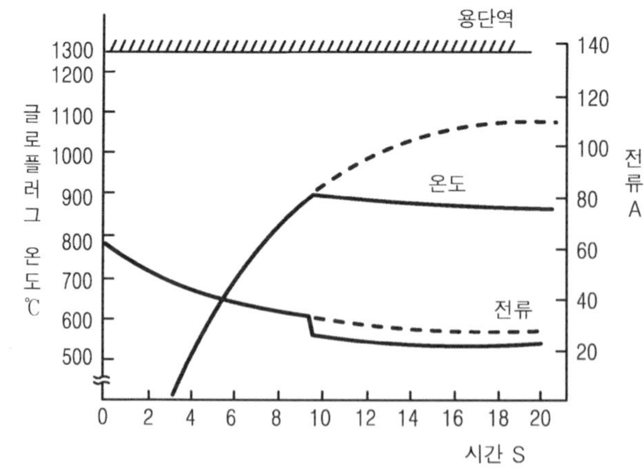

그림 10.83 자기 제어형 글로 시스템의 온도, 전류 특성 예

(3) 급속형 글로 시스템

급속형 글로 시스템은 그림 10.84와 같이 글로 플러그와 직열로 센싱 레지스터가 접속되어 있는 것이 특징이다.
메인 릴레이를 거쳐서 전원이 직결되면 글로 플러그의 온도가 급속으로 승온한다.
승온하면 발열체가 저항 변화율의 큰 Ni선으로 구성되어 있기 때문에 저항값이 증대하여 전류가 감소한다.
소정의 상한 온도에 상당하는 전류를 센싱 레지스터로 검출하여 서브 릴레이를 작동시킨다.
글로 플러그는 레지스터를 거쳐서 전원에 접속하기 때문에 큰폭으로 전류가 감소하여 온도가 저하한다.
소정의 하한 온도까지 저하하면 또다시 메인 릴레이가 작동한다.
이의 반복에 의해 설정된 상하 온도 폭으로 온도가 제어된다.
이 온도 특성을 그림 10.85에 나타낸다.
12V계 전압의 경우, 인가전압 6~7V로 온도 1000~1100℃로 설정되어 있는 것에 비해서 메인 릴레이가 작동하며 전원 직결이 될 때는 12V 정도의 전압이 인가되므로 급상승하여 급속 가열이 얻어진다.
또 램프 표시 방법, 애프터 글로 통전시간 제어의 기능은 자기 제어형 글로 시스템과 같다. 글로 플러그의 구조를 그림 10.86에 나타낸다.

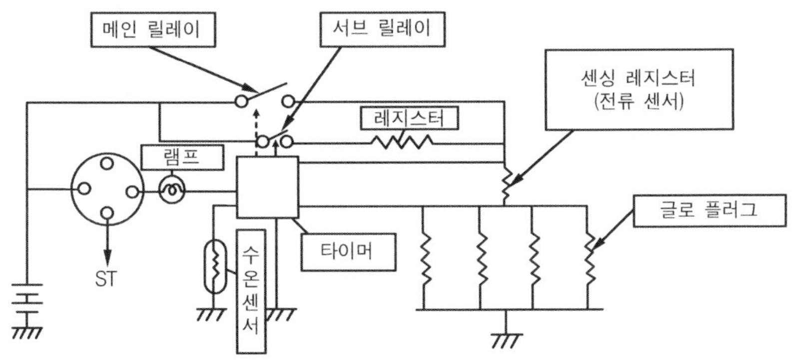

그림 10.84 급속형 글로 시스템

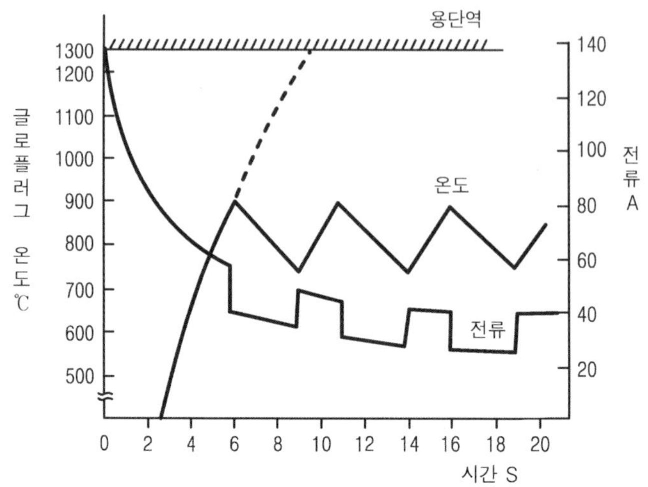

그림 10.85 급속형 글로 시스템의 온도, 전류 특성 예

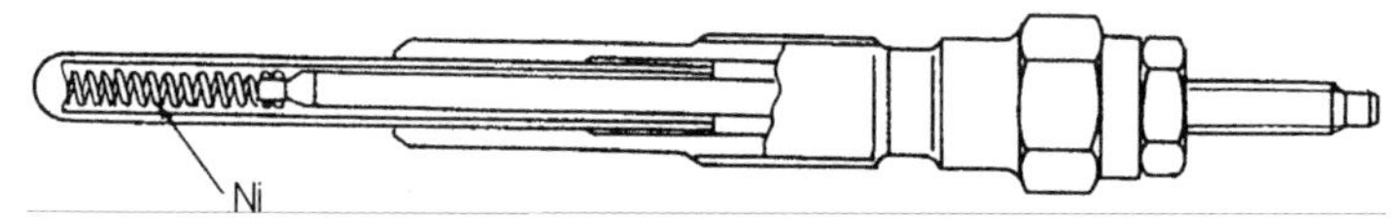

그림 10.86 급속형 글로 플러그

이상, 외피가 금속으로 구성된 글로 플러그를 사용한 글로 시스템을 나타냈다. 시스템 구성은 금속 타입의 글로 플러그와 같으나 외피가 세라믹으로 구성되며 내부에 발열체인 텅스텐이 매설된 세라믹스 글로 플러그도 사용되고 있다.

3. 인테이크 히터 시스템

(1) 종류와 특성

인테이크 히터 시스템은 대별하면 표 10.6과 같이 전열 히터로 흡기를 직접 가열하는 전열식과 전열 히터를 열원으로 하여 디젤 연료를 연소시켜 그의 연소열로 흡기를 가열하는 연소식이 있다.

전열식에는 전기 제어 방식에 따라 변환식과 비변환식이 있다.

연소식에는 열원에 시즈 히터(Seize Heater)를 사용하여 인테이크 히터의 외부에 연료 개폐의 솔레노이드 밸브를 설치한 방식과 열원에 맨살 히터를 사용해서 인테이크 히터의 내부에 연료 개폐를 위한 열팽창 밸브를 사용한 방식이 있다.

인테이크 히터의 특징은 글로 플러그에 비해서 열출력이 훨씬 크며 따라서 용량이 큰 엔진에 적합하다.
또 엔진 시동 후의 배기가스와 아이들링 소음의 저감에도 위력을 발휘한다.

표 10.6 인테이크 히터 시스템의 종류와 특징

종류		특징	적용 엔진
전열식	변환식	열출력이 크고 조작이 용이	직접 분사식 디젤 엔진
	비변환식		
연소식	시즈 히터 솔레노이드 밸브식	열출력이 특히 크다. 반면, 소비전력은 작다.	주로 대형의 직접 분사식 디젤 엔진
	맨살선 히터 열팽창 밸브식		

(2) 전열식

전열식 인테이크 히터의 구조 예를 그림 10.87에 나타낸다.
파형으로 구부러진 맨살의 띠모양의 히터가 보디 속에 지지용의 애자(Insulator)를 거쳐서 장치되어 있다.
전열식에는 변환식과 비변환식이 있으나 변환식은 인테이크 히터의 통전시의 발열온도를 높게 설정하여 히터의 승온을 빠르게 하고 있으므로 예열 시간은 짧아도 되지만, 그대로 전기를 계속 흘려 보내면 히터가 과승온하여 녹아 끊어질 염려가 있다.
따라서 승온은 전기 회로를 변환하여 과승온을 억제하는 방법을 쓰고 있으며 시스템이 다소 복잡하게 된다.
이것에 비하여 비변환식은 인테이크 히터의 통전시의 발열 온도를 낮게 설정하고 있으며 히터의 승온이 늦고 예열 시간은 길어지나 히터는 과승온하지 않으므로 변환을 위한 전기 회로는 불필요하며 시스템도 간단하다.

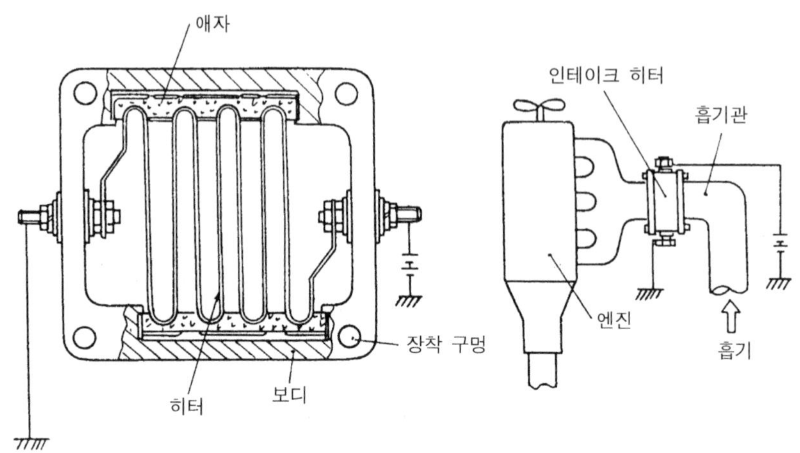

그림 10.87 전열식 인테이크 히터의 구조

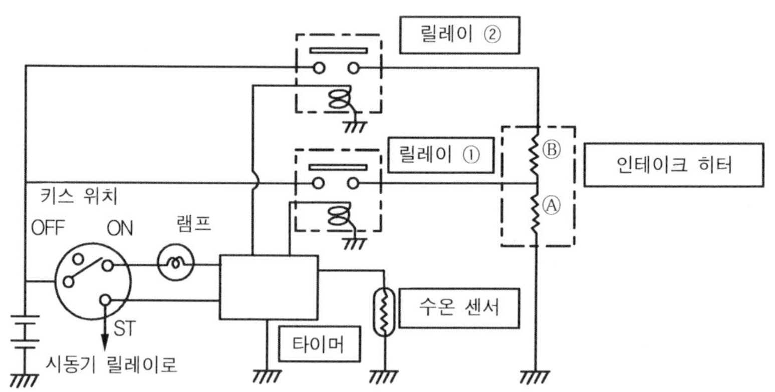

그림 10.88 전열 변환식 인테이크 히터의 시스템 구성도

전열 변환식 시스템의 구성 예를 그림 10.88에 나타낸다. 예열의 초기는 릴레이 ①이 작동하여 히터 Ⓐ에 전류가 흐른다.

히터 Ⓐ가 소정의 온도가 되면 릴레이 ①로부터 릴레이 ②로 전기 회로가 변환되어 히터 Ⓐ와 Ⓑ가 직렬로 접속된 상태로 통전되므로 저항값이 증가하여 히터에 흐르는 전류가 감소하게 되어 히터의 과승온이 억제된다.

엔진 시동 후에도 계속해서 히터 Ⓐ와 Ⓑ가 직렬로 접속된 상태로 통전되어 소정의 시간만 애프터 글로가 계속 된다.

(3) 연소식

열원에 시즈 히터를 사용한 연소식 인테이크 히터의 구조 예를 그림 10.89에 나타낸다.

장착용 하우징 속에 시즈 히터, 시즈 히터에 연료를 소정의 유량으로 교축하여 적하(滴下 ; Dripping)시키는 노즐, 적하한 연료의 기화를 촉진시키는 기화 튜브가 조립되어 있으며 시즈 히터의 선단부에는 연소를 안정시키기 위한 작은 구멍을 가진 커버가 장치된 형태로 구성되었다.

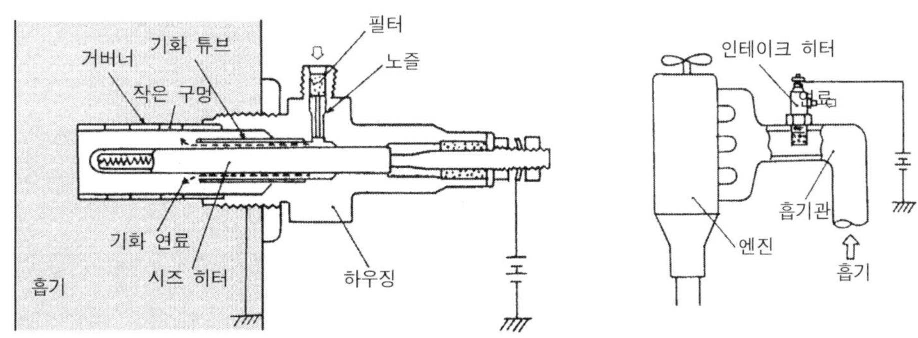

그림 10.89 연소식 인테이크

예열에 있어서 히터가 착화 온도에 도달한 다음에 크랭킹으로 바뀌면 연료가 인테이크 히터로 공급된다.

연료는 노즐에 의해서 소정의 유량으로 교축되어 적열한 시즈 히터와 기화 튜브와의 미소 틈새를 통과하는 동안에 기화하여 커버의 작은 구멍으로부터 도입되는 공기와 혼합하여 착화하여 연소를 시작한다.

이 연소열에 의해서 흡기가 가열되어 엔진의 시동이 보조된다.

엔진 시동 후에도 계속해서 이 연소는 지속되며 소정의 시간만큼 애프터 글로가 계속된다.

(숫자)

2실린더형 ······ 80
2행정 사이클 기관 ······ 16
3실린더형 ······ 80
4실린더형 ······ 81
4행정 ······ 355
4행정 사이클 기관 ······ 15
5실린더형 ······ 82
6실린더형 ······ 83
8실린더형 ······ 84

(ㄱ)

가변 머플러 ······ 243
가솔린 노크 ······ 369
가압식 ······ 139
경계 윤활 ······ 157
고체 윤활 ······ 158
공기 유량 센서 ······ 273
공기 혼입형 인젝터 ······ 314
공기식 거버너 ······ 384
공동식 ······ 411
공랭식 ······ 154
공연비 ······ 33
공회전 제어 ······ 308
과급기 ······ 250
과류방지 ······ 339
관성효과 ······ 235
그룹(Group) ······ 295
극압 윤활 ······ 157
기계식 거버너 ······ 384
기어 펌프 ······ 169
기어구동 방식 ······ 111
기화기 ······ 187, 224

(ㄴ)

나일론 수지팬 ······ 147
내연 기관 ······ 11
냉각 장치 ······ 135
냉각액 ······ 150
노즐 홀더 ······ 393
노크 센서 ······ 309
노크 제어(Knock Control) ······ 309

(ㄷ)

단행정 엔진 ······ 43
대기 압력 센서 ······ 302
도시 열효율 ······ 29
독립식 ······ 410
동기분사 ······ 294
드웰각 제어 ······ 306
디젤 노크 ······ 369
디젤 엔진 ······ 350
디젤 지수(diesel index) ······ 353
딜리버리 밸브 ······ 382

(ㄹ)

라디에이터 ······ 137
레일압력 ······ 438
릴리프 밸브 ······ 336

(ㅁ)

머플러 ······ 240
메탈형 개스킷 ······ 51

(ㅂ)

배기 장치 ······ 227
배기 행정 ······ 358
배기계통 ······ 239
밸런싱 웨이트 ······ 94
밸브 ······ 114
밸브 리프터 ······ 122
밸브 스프링 ······ 128
밸브 시트 ······ 127
밸브 클리어런스 ······ 124
밸브 타이밍 ······ 130
베어링 ······ 254
베인 펌프 ······ 171
베인식 ······ 274
벨로즈형 정온기 ······ 142

벨트구동 방식 ········ 109
보시형 ········ 399
복합식 거버너 ········ 385
복합형 개스킷 ········ 49
부동액 ········ 151
부식 ········ 164
분류식 ········ 174
분배식 ········ 410
분사 파이프 ········ 377
불꽃점화 기관 ········ 18
비동기분사 ········ 295
비산식 ········ 167
비중 ········ 163

(ㅅ)

산소 센서 ········ 323
세탄가(cetane number) ········ 353
소구착화 기관 ········ 18
수냉식 ········ 137
수분 ········ 166
수평 대향형 엔진 ········ 22
슈퍼 차저 ········ 258
스로틀 노즐 ········ 395
스로틀 보디 ········ 269, 278
스로틀 포지션 센서 ········ 300
스월 인젝터 ········ 320
스파이더 팬 ········ 147
시저스 기어 구동 방식 ········ 110
실린더 블록 ········ 39

(ㅇ)

알루미늄 메탈 ········ 100
압송식 ········ 167
압축 링 ········ 67
압축착화 기관 ········ 18
액츄에이터 ········ 304
연료 압력 레귤레이터 ········ 336
연료 압력 센서 ········ 321
연료 장치 ········ 179
연료 펌프 구동모터 ········ 335
연료 펌프 릴레이 제어 ········ 321
연료 필터 ········ 376
연소 행정 ········ 357
연소식 ········ 453
열막식 ········ 276
열선식 ········ 276
열형 분사 펌프 ········ 378
열효율 ········ 28
오버 헤드 캠 축식 ········ 107
오일 링 ········ 67
오일 펌프 ········ 168
오토텐셔너 ········ 262
와류실식 ········ 364
왁스 펠릿형 정온기 ········ 143
외연 기관 ········ 11
워터 펌프 ········ 140
원통형 소음기 ········ 242
유닛 분사식 ········ 411
유성 ········ 165
유압계 ········ 175
유체 윤활 ········ 156
유체 클러치 ········ 147
윤활 장치 ········ 155
응고점 ········ 164
이젝터식 소음기 ········ 243
인젝터 ········ 292, 438
인젝터 드라이버 ········ 320
인터쿨러 ········ 256
인화점 ········ 164
일체 팬 ········ 146
임계 압축비 ········ 353
임펠러 ········ 253

(ㅈ)

잔류 탄소 ········ 164
장행정 엔진 ········ 43
전동 팬 ········ 149
전류식 ········ 174
전열식 ········ 451
점도 ········ 165

점도 지수 ···· 166
정미 열효율 ···· 29
정방형 엔진 ···· 43
정온기 ···· 142
제트식 기관 ···· 13
증기압 ···· 208
증발기 ···· 222
진공 록 오프 스위치 ···· 223

(ㅊ)

차단판식 소음기 ···· 242
차속 센서 ···· 303
체인구동 방식 ···· 108

(ㅋ)

칼만 와류식 ···· 275
캠 ···· 113
캠 축 ···· 112
캠 축 구동 방식 ···· 108
커넥팅 로드 ···· 73
커먼레일 ···· 439
컨버터 ···· 247
켈밋 메탈 ···· 99
크랭크 축 ···· 76
크랭크 케이스 ···· 45
크러시 ···· 101

(ㅌ)

터빈 ···· 253
터빈식 기관 ···· 12
통전 시간(通電時間) ···· 305
트로코이드 펌프 ···· 169

(ㅍ)

팬 클러치 ···· 148
팬(Fan) ···· 145
펌프 드라이버 ···· 334
펌프 서브 어셈블리 ···· 336
프리히터 ···· 221
플라이 휠 ···· 96
플런저 ···· 380
플런저 펌프 ···· 170
피스톤 ···· 57
피스톤 링 ···· 66
피스톤식 기관 ···· 11
핀틀 노즐 ···· 395

(ㅎ)

하이브리드 자동차 ···· 342
헤드 개스킷 ···· 48
홀드 모드 ···· 264
화이트 메탈 ···· 99
흡기 매니폴드 ···· 230
흡기 온도 센서 ···· 302
흡기 장치 ···· 227
흡입 행정 ···· 356
희석도 ···· 166
히팅장치 ···· 434

(A)

AFC 방식 ···· 270
API ···· 161

(D)

D-제트로닉 ···· 266
DOHC ···· 120

(E)

ECU ···· 416
EGR 제어 ···· 315

(G)

GDI 엔진 ···· 327

(K)

K-제트로닉 ···· 267

(L)

L-제트로닉 ······ 266
LPG ······ 205

(M)

MAP센서 방식 ······ 271
MIL ······ 161
MPC 방식 ······ 271
MPI(Multi Point Injection) ······ 269

(P)

Parallel(병렬) Hybrid 방식 ······ 348
PT ······ 152

(S)

SAE ······ 161
Series(직렬) Hybrid 방식 ······ 347
Series-Parallel Hybrid 방식 ······ 348
SPI(Single Point Injection) ······ 268
SPT ······ 151

(V)

V형 엔진 ······ 21

알기쉬운 자동차 기관

지 은 이	송기홍 · 이재득 · 강금원
펴 낸 이	김형근
펴 낸 곳	도서출판 기한재
주 소	경기도 파주시 회동길 56 (파주출판도시)
전 화	031)955-0900~2
팩 스	031)955-0100
등 록	1990년 3월 15일 제2-968호
발 행	2024년 3월 5일 1판 4쇄
정 가	22,000원

Published by Kihanjae Co.
ISBN 978-89-7018-716-7
http://www.kihanjae.com
E-mail : kihanjae@daum.net